"十四五"高等教育学校教材·计算机软件工程系列

NX1953 模具设计基础

吉喆　陈正　徐杰　等编著

哈爾濱工業大學出版社

内容简介

本书主要介绍 NX1953 建模及模具设计的方法和过程。全书共 12 章:第 1、2 章主要讲述二维草图绘制、建模、钣金零件设计方法;第 3~7 章主要讲述注塑模设计过程,包括注塑模设计准备和分型、模架和标准件设计、浇注系统与冷却系统设计;第 8~12 章主要讲述级进模设计过程,包括中间工步设计、条料排样、模架和标准件设计、凸模和凹模镶块设计。本书从全局的角度讲述建模思路,从细节的角度将设计过程分为多个可以操作的步骤,便于学习。书中通过大量实例讲述了建模和模具设计方法,读者通过学习可以快速掌握产品模型、模具设计方法,也可以举一反三地进行复杂产品模型、模具的开发设计。

本书可以作为高等工科院校相关专业课程的教材,同时也可以作为产品、模具设计工程师的参考教材和企业培训教材。

图书在版编目(CIP)数据

NX1953 模具设计基础/吉喆等编著.—哈尔滨:哈尔滨工业大学出版社,2024.1

ISBN 978-7-5767-1007-6

Ⅰ.①N… Ⅱ.①吉… Ⅲ.①模具-计算机辅助设计-应用软件 Ⅳ.TG76-39

中国国家版本馆 CIP 数据核字(2023)第 151023 号

策划编辑 王桂芝
责任编辑 林均豫
出版发行 哈尔滨工业大学出版社
社　　址 哈尔滨市南岗区复华四道街 10 号　邮编 150006
传　　真 0451-86414749
网　　址 http://hitpress.hit.edu.cn
印　　刷 哈尔滨市工大节能印刷厂
开　　本 787 mm×1 092 mm　1/16　印张 20.5　字数 460 千字
版　　次 2024 年 1 月第 1 版　2024 年 1 月第 1 次印刷
书　　号 ISBN 978-7-5767-1007-6
定　　价 78.00 元

前　言

Siemens NX 是西门子公司的一款功能强大的 CAD/CAE/CAM 软件，广泛应用于模具、电子、汽车、航空、造船等工业领域。Siemens NX 软件包含了建模、装配、制图、钣金、塑料模向导、级进模向导等多个模块，其功能覆盖了产品从概念设计到生产的全过程，可以帮助工程师大幅提高设计速度。NX 软件系列采用连续发布流程，在产品设计及加工制造的所有领域不断推出新功能和一些新的设计工具，使得产品设计过程更加方便、高效。

本书是包含产品建模、钣金件设计、塑料模设计、级进模设计的综合教程，在讲解零件产品建模、模具设计理论和方法的基础上，通过大量实例讲述了产品建模、模具设计的一般过程。通过本书的学习，读者可以理解 Siemens NX 软件基于专业知识的设计理念，能够掌握产品和模具设计所需的专业技能。

本书讲述产品建模、模具设计知识，注重全局和细节的有机结合：从全局的角度讲述复杂模型、模具设计的整体思路；从细节的角度将设计过程分为多个可以操作的步骤。读者学习后，可以快速掌握产品模型、模具设计的方法，也可以举一反三地进行复杂产品模型、模具的开发设计。

本书共 12 章，各章主要内容如下。

第 1 章为 NX1953 基础功能介绍，主要包括 NX1953 概述、工作界面以及模型对象的操作方法。

第 2 章为 NX1953 建模基础，介绍二维草图绘制、实体建模、曲面建模和钣金设计，这些内容是产品设计的基础。

第 3 章为注塑模设计基础，介绍注塑模的结构以及各组成部分的功能，并通过一个实例讲解注塑模向导设计模具的思路和过程。

第 4 章为注塑模设计准备和分型，介绍模具装配结构和模具坐标系的定义方法，创建工件的方法，型腔布局的方法，以及分型的原理和方法等。

第 5 章为注塑模模架和标准件设计，详细介绍注塑模模架结构、标准件以及侧向抽芯机构的结构、功能和设计方法。

第 6 章为注塑模浇注系统与冷却系统设计，介绍注塑模浇注系统、冷却系统、腔体的结构、各组成部分的作用以及设计过程和方法。

第 7 章为注塑模设计综合实例，通过实例详细介绍注塑模的设计过程。

第 8 章为级进模设计基础，主要介绍级进模的结构和各组成部分的功能，并通过一个实例讲解级进模向导设计模具的思路和过程。

第 9 章为级进模条料排样，主要介绍中间工步设计、初始化项目、毛坯布局、废料设计、条料排样和计算冲压力的方法。

第 10 章为级进模模架和标准件设计，详细介绍模架结构和标准件功能，以及级进模模架设计、设计工装、标准件的设计方法。

第 11 章为级进模凸模和凹模镶块设计，主要介绍冲裁凸、凹模，折弯凸、凹模，成形凸、凹模的尺寸、安装参数以及设计方法。

第 12 章为级进模设计综合实例，通过实例详细介绍级进模的设计过程。

本书由中国矿业大学教材建设专项资金资助出版，在撰写过程中得到了徐州达一重锻科技有限公司、鑫芯半导体科技有限公司的支持，在此一并表示感谢。

本书由吉喆、陈正、徐杰、任宣儒、王延庆撰写，全书由吉喆统稿。刘庆、朱旭阳、李龙飞、陈思颖、沈晓峰等人在本书撰写过程中提供了大量帮助。

由于作者水平有限，书中难免存在疏漏和不足，欢迎广大读者批评指正。本书附带相关模型文件，可以通过扫描每章章首页的二维码下载，按照书中提供的实例源文件修改方式修改。

作　者

2023 年 11 月

目　录

第 1 章　NX1953 基础功能介绍

SiemensNX(简称 NX)是 Siemens PLM Software 推出的一款功能强大的 CAD/CAE/CAM 软件,广泛应用于模具、电子、汽车、航空、造船等工业领域,覆盖了产品从概念设计到生产的全过程,可以帮助工程师大幅提高设计速度。本章主要介绍 NX1953 的功能模块、操作界面以及模型对象操作方法。

1.1　NX1953 概述

NX 起源于美国麦道飞机公司,是基于 C 语言开发实现的。NX 的第一个版本于 2002 年由 EDS 公司发布,它是一个集 CAD/CAE/CAM 于一体的数字化产品开发软件,采用了全新的用户交互模式、基于知识的结构体系以及最开放的协同设计。2004 年,UGS 公司从 EDS 公司分离出来,新发布的 NX 版本在工作界面、交互式窗口上做了脱胎换骨的调整,具有 Windows 的风格,更多地采用智能推断,动态操作功能得到增强,操作更具便捷性,可大幅度提高设计效率。2007 年,Siemens 收购 UGS 公司并成立 Siemens PLM Software。此后,Siemens PLM Software 对 NX 不断更新,直至今天的 NX19 系列版本。NX19 系列采用连续发布流程,在产品设计及加工制造的所有领域不断推出新功能和一些新的设计工具,能够帮助用户更高效地构建 3D 数字结构。

NX 的主要技术特性如下:

1. 产品开发过程无缝集成

NX 将产品开发应用程序集成在一个可控制的管理开发环境中,并相互衔接,产品数据和工程流程管理工具提供了单一的信息源,从而可以协调开发各个工作阶段,实现产品"概念设计→外观造型设计→详细结构设计→数字仿真→工装设计→零件加工"等设计过程的无缝对接。

2. 集成的仿真、验证和优化

NX 中全面的仿真和验证工具,可在开发流程的每一步自动检查产品的性能和可加工性,以便实现闭环、连续、可重复的验证。这些工具提高了产品质量,同时可减少错误和实际样板的制作费用。

3. 知识驱动型自动化

NX 可以帮助用户收集和重用企业特有的产品和流程知识,使产品开发流程实现自动化,减少重复性工作,同时减少错误的发生。

4. 满足软件二次开发需要的开放式用户接口

NX 提供了多种二次开发接口。例如:应用 Open UI Style 开发接口,用户可以开发自己的对话框;应用 Open GRIP 语言,用户也可以进行二次开发;应用 Open API 和 Open++工具,用户可以通过 VB、C++和 Java 语言进行二次开发,而且支持面向对象程序设计的全部技术。

1.2 NX1953 工作界面

NX1953 安装完成后,双击桌面上的快捷方式图标或依次单击“开始\Siemens NX\NX”选项打开软件,NX1953 中文版启动界面如图 1.1 所示。

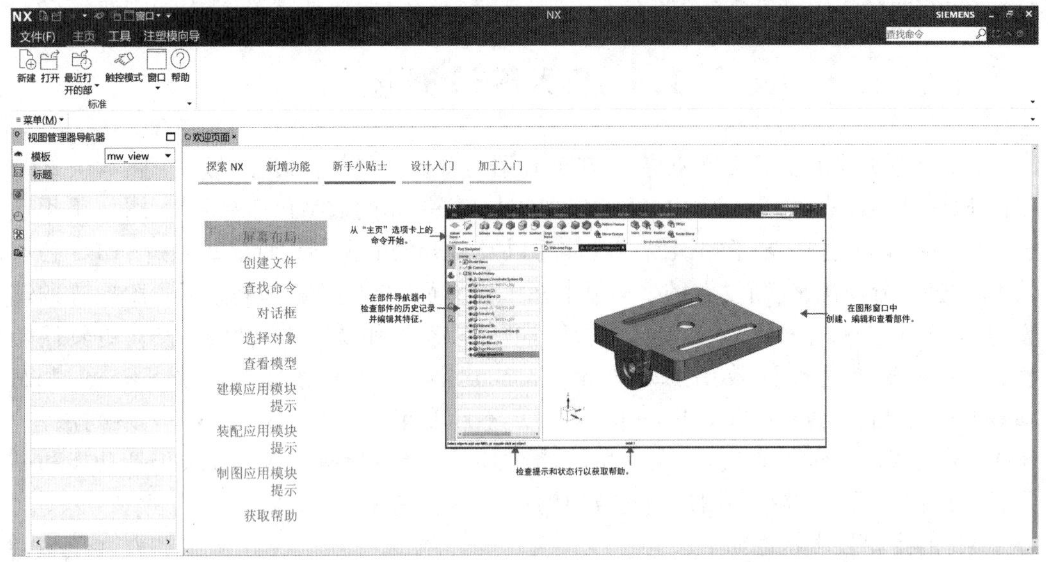

图 1.1 NX1953 中文版启动界面

在图 1.1 界面左上角单击“新建”选项,指定好文件名和存储路径后,进入 NX1953 工作界面,如图 1.2 所示。工作界面是设计师与 NX 软件系统交流的平台,包括标题栏、应用模块菜单、功能区、菜单、工作区、资源工具条、提示行和状态行等区域。

1. 标题栏

标题栏显示了软件名称、当前模块、当前工作部件文件名,当前工作部件文件的修改状态等信息。

2. 应用模块菜单

NX 软件功能强大,包含很多模块,通过不同的模块来实现工业设计与制造的各种用途。单击应用模块菜单中的“应用模块”选项,可以看到 NX1953 中常用的应用模块,包括基本环境模块、建模模块、钣金模块、制图模块、模具模块等,如图 1.3 所示。

基本环境模块是 NX 建模的公共平台,提供最基本的操作,比如对象的缩放、对象的显示和隐藏、对象显示样式设置等。基本环境模块是其他模块的基础,是执行其他交互应用模块的先决条件，给用户提供了一个交互的环境。

图 1.2　NX1953 工作界面

图 1.3　NX1953 应用模块

建模模块是 NX 的基础核心模块，应用于三维建模，由它建立的几何模型可应用于其他模块。本模块可以实现的功能有实体建模、特征建模、自由形式建模、同步建模等。使用者可以根据自己的想法和需要进行设计，大幅提升造型效果和造型速度。

钣金模块为工程师提供了一整套工具进行钣金件设计，以便工程师在了解材料特性知识和制造过程的基础上，智能化地设计和管理钣金零部件。

制图模块让工程师能够通过三维模型创建二维工程图纸。制图模块支持自动生成图纸，包括正交视图投影、剖视图、辅助视图、局部放大图和轴侧视图等，也可以完成视图的相关编辑，还支持对工程图的标注，包括尺寸标注、注释标注以及装配零件清单表的创建等。制图模块创建的工程图与三维模型完全关联，对模型所做的任何更改都会自动反映在图纸中。

模具模块包含注塑模设计向导（简称注塑模向导）、级进模设计向导（简称级进模向导）等内容，帮助工程师完成注塑模、级进模等模具设计。注塑模设计向导自动产生注塑模具装配结构及其他注塑模设计所需的结构，帮助工程师完成分型线、凸模和凹模设计。级进模具设计向导包含了多工位级进模具设计知识，具有高性能的条料开发、工位定义、凸模和凹模设计及其他冲模设计能力。注塑模和级进模设计向导还提供了大量的标准件库及标准模架库，简化了模具设计过程，从而提高了模具设计效率。

3. 功能区

功能区提供了常用的建模命令,并按照命令的功能分为多个工具栏,极大方便了建模工作。在功能区有些命令按钮呈现灰色,处于非激活状态,这是因为它们目前还没有处在发挥功能的环境中,当进入相关环境,便会自动激活。

4. 菜单

菜单栏包含了 NX 软件的主要功能命令。在菜单栏中,命令按照下拉式菜单形式进行管理,软件中所有命令都按照其功能归属到不同的菜单。

5. 工作区

工作区是 NX 软件主要的工作区域,建模、绘制工程图和模具创建过程都在这个区域完成。

6. 资源工具条

资源工具条包括“部件导航器”“装配导航器”“约束导航器”“重用库”“Web 浏览器”“历史记录”等工具,以树形结构管理模型、约束关系。其中,部件导航器显示建模的先后顺序和模型的父子关系,父对象显示在模型树的顶部,子对象显示在父对象之下;装配导航器显示装配体的层次关系;约束导航器显示装配体的约束关系。

7. 提示行和状态行

提示行和状态行位于 NX 工作界面的底部,左边是提示行,右边是状态行。在执行命令操作时,提示行显示执行命令必须进行的操作,或者提示下一步操作。状态行显示系统或者图形当前的状态,比如显示被选取模型的信息。

1.3 模型对象操作方法

模型对象包括实体、片层、草图、曲线(在软件中泛指二维对象)等,这些对象的操作方法包括选择、平移、缩放、旋转、视图方位设置、显示样式设置、显示与隐藏、编辑对象显示、信息查询、图层设置等。通过这些操作,用户可在建模过程中从各个视角观察模型对象,编辑对象的透明度和颜色,提取模型的信息,辅助模型创建。这些操作既可以通过基本环境模块中功能区选项或者菜单选项完成,也可以通过鼠标操作完成。

1.3.1 对象的选择

对象选择是一个普遍的操作,在很多操作过程中,如对象的显示、隐藏都需要选择对象。对象选择的常用方法有鼠标左键选择、“类选择”对话框选择和从对象列表中选择。

1. 鼠标左键选择

鼠标左键选择对象包括点选和框选两种方式。当鼠标靠近所选对象时,对象将高亮显示,单击鼠标左键可以将其选中。当选择对象较多时,可以在选择对象范围按下鼠标左键,移动鼠标画出矩形框,然后放开鼠标左键,被矩形框包围的对象将高亮显示表示被选中。

2.“类选择”对话框选择

“类选择”对话框是选择对象的一种通用功能，通常与其他命令结合使用，可以分类选择对象，一次可以选择一个或者多个对象。“类选择”对话框也提供了对象过滤方法，使用非常方便。扫描本章二维码并打开文件“第 1 章\塑料零件. prt”，如图 1.4 所示。选择“菜单\编辑\显示和隐藏\隐藏”，此时系统弹出图 1.5 所示“类选择”对话框，单击对话框“过滤器”选项区“类型过滤器”按钮，弹出“按类型选择”对话框，在对话框中选择“曲线”，单击“确定”按钮，然后在“类选择”对话框中“对象”选项区单击“全选”按钮，则图形中所有曲线被选中。在“类选择”对话框单击“确定”，所有曲线被隐藏，如图 1.6 所示。

打开“类选择”对话框后，一般“对象”选项区“选择对象”命令会处于激活状态。当要隐藏的对象数量较少时，可以用鼠标左键直接在图形区选择对象，然后单击对话框“确定”按钮，隐藏对象。

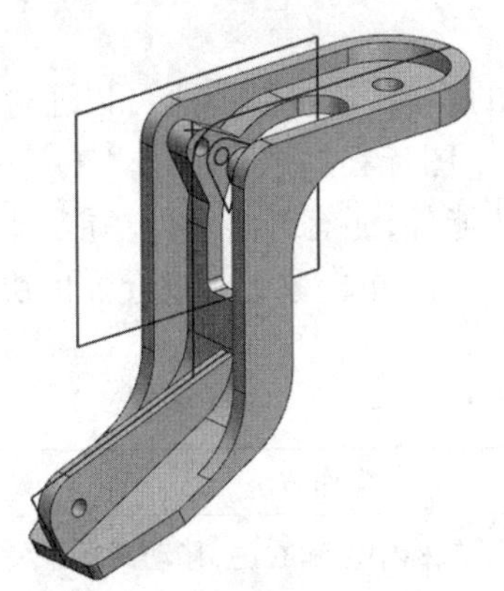

图 1.4　塑料零件

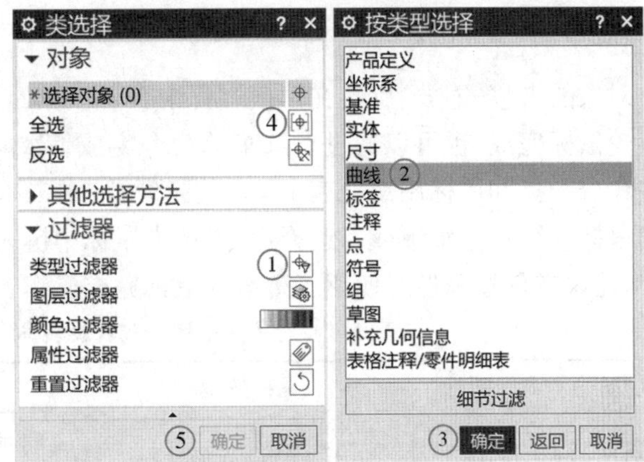

图 1.5　“类选择”对话框

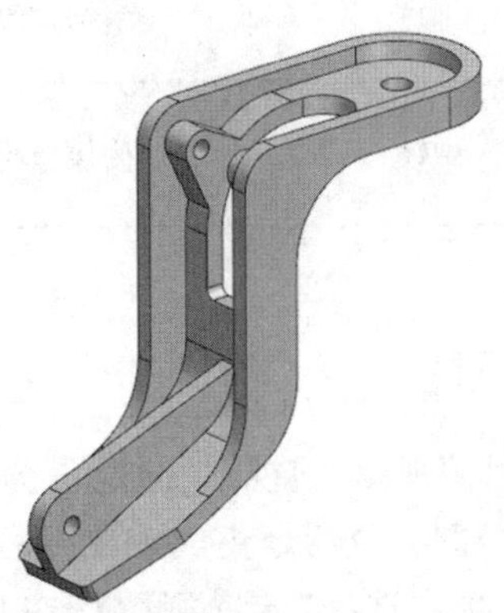

图 1.6　隐藏曲线后的模型

3. 从对象列表中选择

当多个对象重叠在一起时，直接选择内部对象比较困难，这时可以将鼠标移动到待选模型位置处，单击鼠标右键，在弹出的快捷菜单中单击“从列表中选择”命令，弹出“快速拾取”对话框，如图 1.7 所示。对话框中显示与鼠标相交的所有对象，如面、边、体等对象，鼠标移动到的对象，图形区会高亮显示，以供选择。

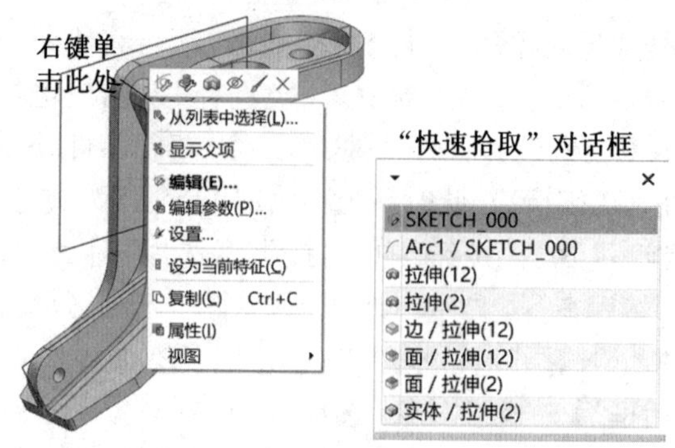

图 1.7　"快速拾取"对话框

1.3.2　对象的平移、缩放、旋转

对象的平移、缩放、旋转在建模过程中有着极其重要的作用，这些功能既可以通过三键滚轮鼠标完成，也可以通过点选菜单命令完成，菜单命令图标在"视图\操作"工具栏，菜单命令图标和鼠标用法见表 1.1。鼠标除了表 1.1 的功能外，还有许多其他功能，比如单击鼠标左键选择菜单或者选择命令，单击鼠标中键表示确定，单击鼠标右键会弹出快捷菜单，建议在创建模型时使用三键滚轮鼠标完成操作。

表 1.1　对象的平移、缩放、旋转命令和鼠标用法

功能	命令图标	鼠标按键	操作方法
平移		中键（滚轮）+右键	同时按下鼠标中键和右键，移动鼠标，平移对象
缩放		中键	滚动鼠标滚轮，缩放对象
旋转		中键	按住鼠标滚轮，移动鼠标，旋转对象

1.3.3　对象视图方位设置

在 NX 中可以将模型对象以俯视图、前视图、仰视图、轴测图等视图方位显示，从而便于从各个视角观察模型。对象视图方位命令集成在鼠标右键快捷菜单中，在图形工作区单击鼠标右键，在弹出的快捷菜单中选择"定向视图"，在弹出的二级菜单中可进行视图方位设置。对象视图方位设置和显示效果见表 1.2。

1.3.4　对象显示样式设置

在 NX 中可以将模型对象以着色模式、线框模式等样式显示，以便得到不同的显示效果。显示样式命令在"视图\显示\样式"下拉菜单中，也可以点击鼠标右键，在快捷菜单

"渲染样式"中选择。对象显示样式设置的命令图标和显示效果见表 1.3。

表 1.2　对象视图方位设置和显示效果

视图方位	命令图标	显示效果	视图方位	命令图标	显示效果
俯视图			后视图		
左视图			仰视图		
前视图			正三轴测图		
右视图			正等测图		

表 1.3　对象显示样式设置和显示效果

命令	命令图标	命令效果说明	显示效果
带边着色		用光顺着色,并显示实体的边	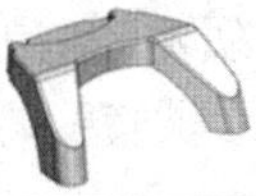
着色		用光顺着色,不显示实体的边	
带有隐藏边的线框		以线框模式显示模型,不显示隐藏边,在旋转视图时动态更新	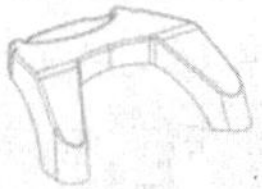
带有淡化边的线框		以线框模式显示模型,隐藏边淡化,在旋转视图时动态更新	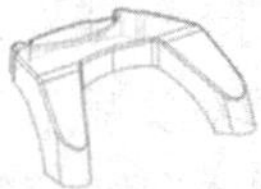

1.3.5　对象的显示与隐藏

在创建模型时,当工作区中对象太多,不便于观察和操作时,可将暂时不需要的对象隐藏,需要的时候再显示出来。NX 提供了多种对象显示和隐藏的方法,主要的命令功能说明如下。

1. 显示和隐藏

在"视图\内容"工具栏中单击"显示和隐藏"命令图标,弹出图 1.8 所示"显示和隐藏"对话框。在对话框中单击"显示"或者"隐藏",对应类型的对象(比如实体、小平面体等)被显示或者隐藏。

2. 立即隐藏

在"视图\内容"工具栏单击"立即隐藏"命令图标,会弹出"立即隐藏"对话框,在图形工作区选择对象后立即被隐藏。

显示和隐藏 ? ×

类型	显示	隐藏
全部		
几何体		
体		
实体		
小平面体		

关闭

图 1.8 “显示和隐藏”对话框

3. 隐藏

单击“菜单\编辑\显示和隐藏\隐藏”命令图标，弹出“类选择”对话框，提示选择要隐藏的对象，在图形工作区选择对象后，单击“确定”，完成对象的隐藏。

4. 显示

单击“菜单\编辑\显示和隐藏\显示”命令图标，系统弹出“类选择”对话框，同时显示被隐藏的对象和提示用户选择要显示的对象。在图形工作区选择对象后，单击“确定”，显示被隐藏的对象。

1.3.6 编辑对象显示

编辑对象显示命令可以设置对象的透明度和颜色，从而方便显示模型被遮盖的细节结构或者区分不同的模型。单击“视图\对象\编辑对象显示”命令图标，系统弹出“类选择”对话框，提示选择对象。在图形工作区选择对象后（图 1.9 原始模型），弹出“编辑对象显示”对话框，将透明度设置为 50%（图 1.10），编辑对象显示效果如图 1.9 所示。在“编辑对象显示”对话框单击“颜色”对应图标，会弹出“对象颜色”调色板，选择一种颜色后，单击“确定”完成对象的颜色设置。

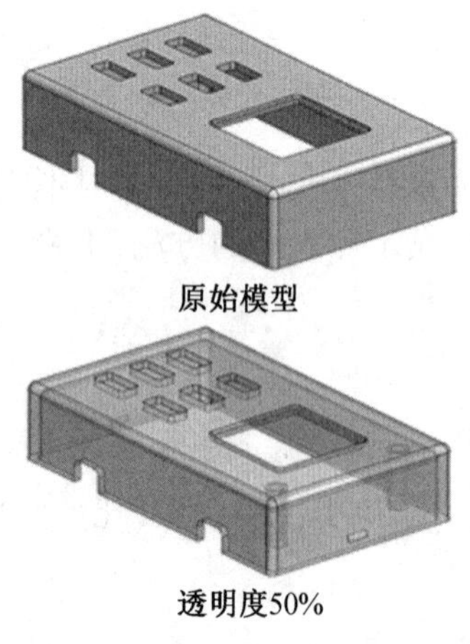

图 1.9 编辑对象显示效果

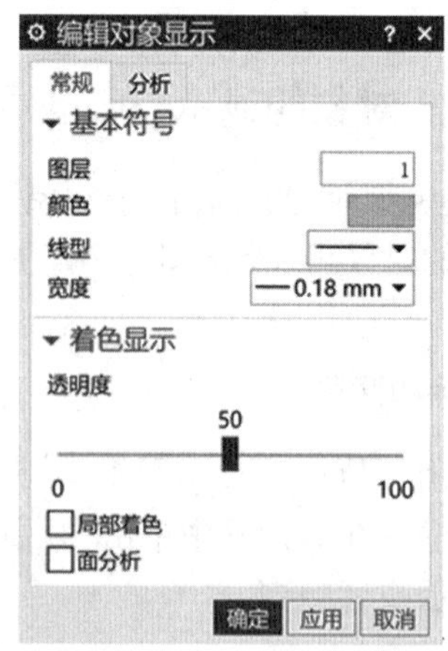

图 1.10 “编辑对象显示”对话框

1.3.7　对象信息查询

NX 提供了模型对象几何信息计算与测量功能，可以在建模过程中分析模型的长度、角度、体积等参数。对象信息查询命令在应用模块选项菜单“分析\测量”工具栏，单击“测量”图标，系统弹出“测量”对话框（图 1.11）。在“要测量的对象”列表区选择“点”，分别单击图 1.12 所示两个点，系统显示两点之间的距离。在“要测量的对象”列表区选择“对象”，鼠标移动到图 1.12 模型后，单击鼠标右键，在快捷菜单中单击“从列表中选择”选项，在“快速选取”对话框中选择实体，系统即显示测量模型实体的表面积、体积等参数（图 1.13）。

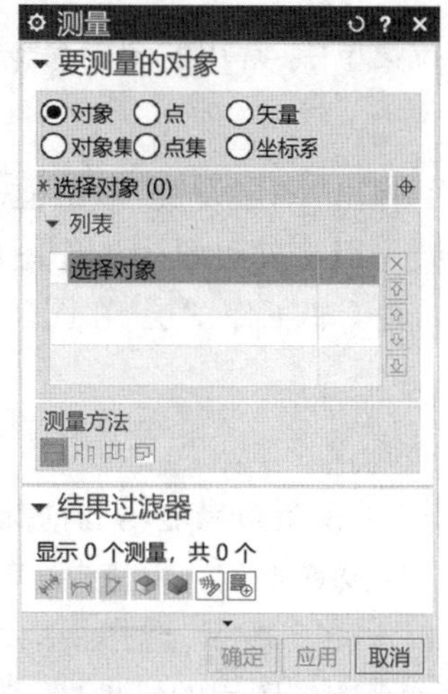

图 1.11　“测量”对话框

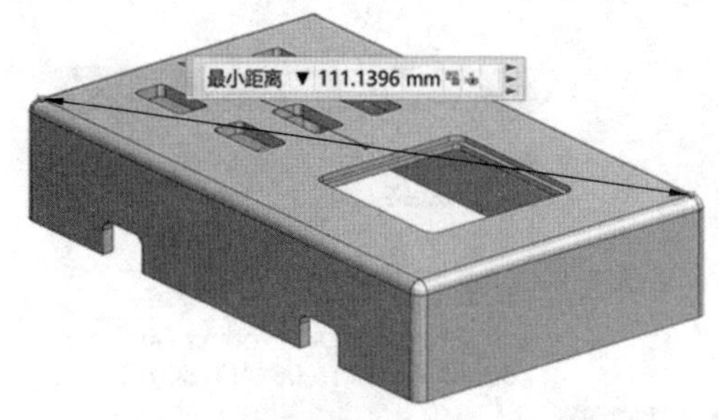

图 1.12　测量两个面之间的夹角

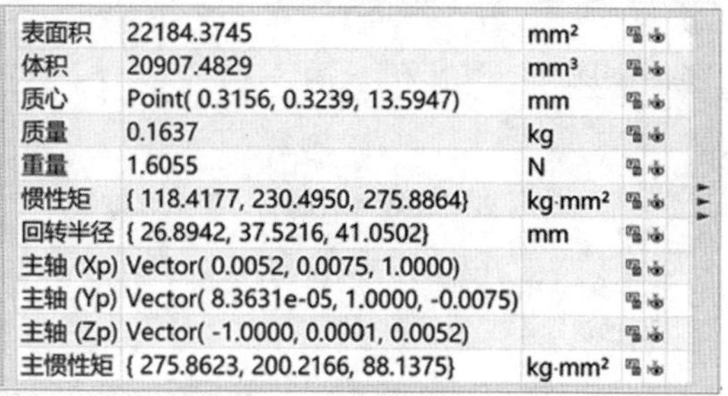

表面积	22184.3745	mm^2
体积	20907.4829	mm^3
质心	Point(0.3156, 0.3239, 13.5947)	mm
质量	0.1637	kg
重量	1.6055	N
惯性矩	{ 118.4177, 230.4950, 275.8864}	$kg \cdot mm^2$
回转半径	{ 26.8942, 37.5216, 41.0502}	mm
主轴 (Xp)	Vector(0.0052, 0.0075, 1.0000)	
主轴 (Yp)	Vector(8.3631e-05, 1.0000, -0.0075)	
主轴 (Zp)	Vector(-1.0000, 0.0001, 0.0052)	
主惯性矩	{ 275.8623, 200.2166, 88.1375}	$kg \cdot mm^2$

图 1.13　测量模型实体的参数

1.3.8　对象图层设置

在 NX 中最多可以设置 256 个图层，图层号分别用 1 ~ 256 表示。图层的主要作用是管理模型对象，每个图层上可以含有任意数量的对象，也可以将对象放置在不同的图层中。建议将同种类型的对象放在一个图层中，推荐的图层对象类型见表 1.4。

在 NX 中，一个模型对象的所有图层中只有一个图层是工作图层，所有工作只能在工作图层上进行。如果要在某图层中创建对象，则应在创建前使其成为工作图层。可以对其他图层进行可见性、可选择性的设置来辅助建模工作。

表 1.4　推荐的图层对象类型

图层号	对　　象	类别名
1 ~ 20	实体	SOLID
21 ~ 40	草图	SKETCH
41 ~ 60	曲线	CURVE
61 ~ 80	参考对象	REFERENCE
81 ~ 100	片体	SHEET
101 ~ 200	工程制图对象	DRAFT

图层命令在“菜单\格式”下拉菜单中,常用的图层命令用法说明如下。

1. 图层设置

单击“菜单\格式\图层设置”,弹出“图层设置”对话框,如图 1.14 所示。在“工作层”文本框输入图层号,按“Enter”键,可以将其设置为工作图层;也可以在“图层”列表区双击图层号,将其设置为工作图层。对于非工作图层,在图层号前勾选则显示图层对象,取消勾选则隐藏图层对象。

2. 视图中可见图层

“视图中可见图层”命令用来在多视图布局显示的情况下,单独指定每个视图中各图层的可见性,而不受图层属性的全局设置影响。单击“菜单\格式\视图中可见图层”,弹出“视图中可见图层”对话框 1,如图 1.15 所示,选择视图后,单击“确定”按钮,弹出“视图中可见图层”对话框 2,可以设置视图中图层的可见性。

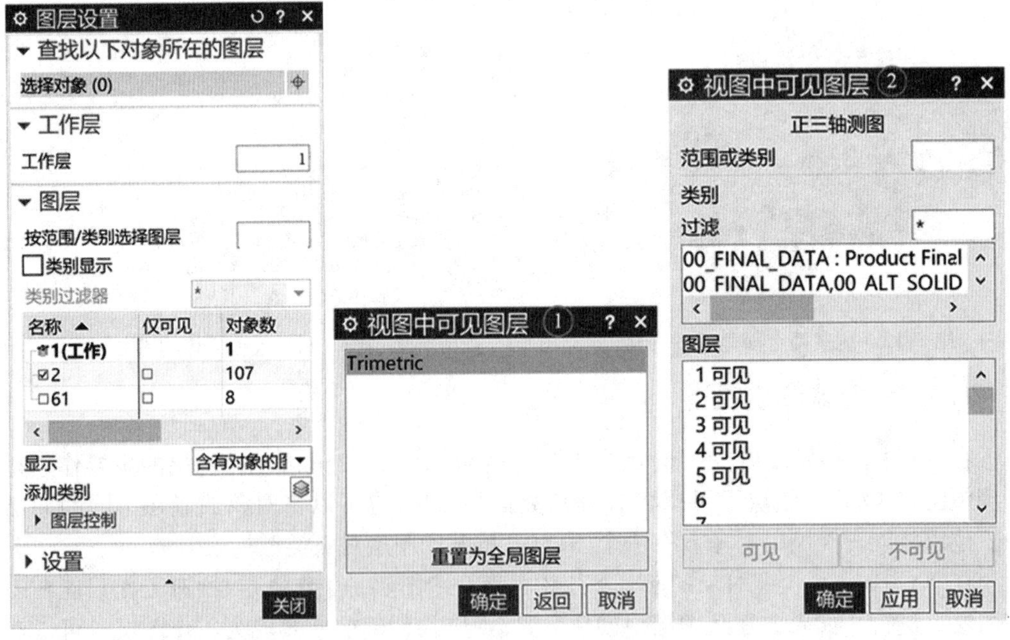

图 1.14　“图层设置”对话框　　　图 1.15　“视图中可见图层”对话框

3. 图层的类别

在 NX 中可以将多个存放相似对象的图层构成一组，每组称为一个图层类，图层类用定义的名称区分，如 Solid、Sheet、Curve 等，从而有效地管理图层。

单击“菜单\格式\图层类别”，弹出图 1.16 所示“图层类别”对话框。在对话框“类别”文本框输入图层类别名“Sheet”，单击“创建/编辑”，然后在弹出的“图层类别”对话框中选择图层类中包含的图层，单击“添加”将所选的图层添加到 Sheet 类中，然后单击“确定”，新建的图层类 Sheet 显示在“过滤”列表区。

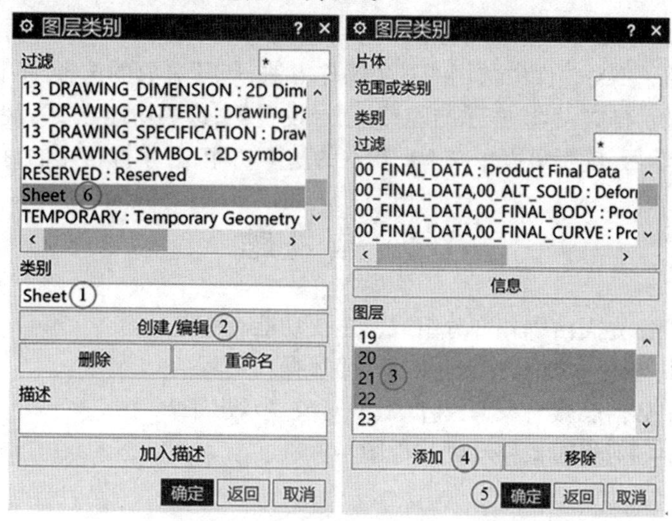

图 1.16　“图层类别”对话框

4. 移动至图层

移动至图层命令用于将选定的对象从其原图层移动到指定的图层中，原图层中不再包含这些对象。单击“菜单\格式\移动至图层”，弹出“类选择”对话框，选择图 1.17 中的基准平面为移动对象，在“类选择”对话框单击“确定”，弹出“图层移动”对话框（图 1.18），在该对话框“目标图层或类别”文本框输入目标图层号“90”，单击“确定”，基准平面则被移动到 90 层。由于 90 层不可见，因此基准平面被隐藏，结果如图 1.19 所示。

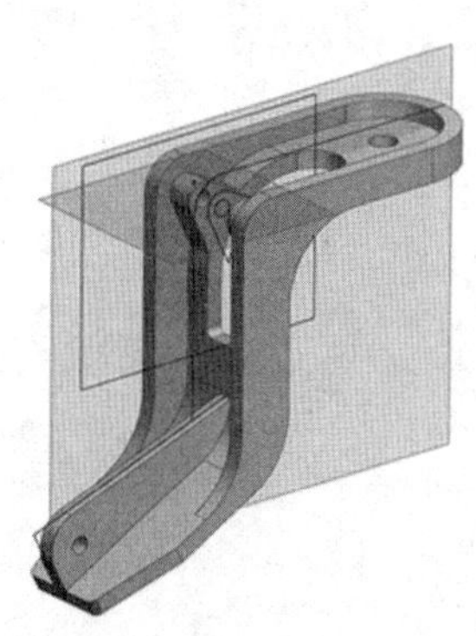

图 1.17　选择基准平面

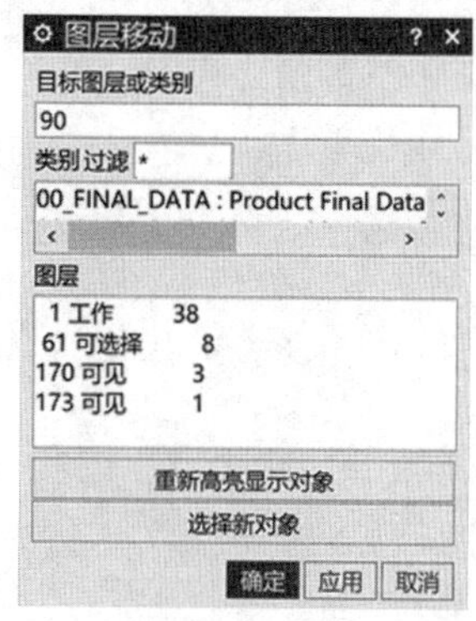

图 1.18　“图层移动”对话框

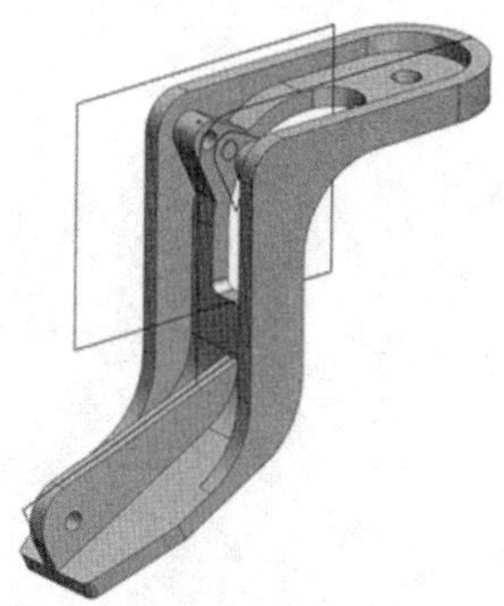

图 1.19　移动后的效果

5. 复制至图层

“复制至图层”命令在“菜单\格式”下拉菜单中，用于将选定的对象从其原图层复制到指定的图层中。“复制至图层”命令操作过程与“移动至图层”命令相似，命令执行后原图层和目标图层中都包含选择的对象。

1.4　本章小结

本章首先简单介绍了 NX 软件系统的发展过程、技术特点、工作界面和主要功能模块，然后详细介绍了 NX 软件中常用的对象操作方法，包括对象的选择、平移、缩放、旋转、视图方位设置、显示样式设置、显示与隐藏、图层设置等，这些功能在 NX 建模中会经常用到。通过本章的学习，读者可以了解 NX 软件的基本功能，并掌握常用的对象操作方法。

1.5　思考题

1. NX1953 工作界面由哪几部分组成？主要功能有哪些？
2. NX1953 中选择对象的方法有几种？简述操作过程。
3. NX1953 中如何隐藏对象，并将隐藏的对象显示出来？
4. NX1953 中如何将对象移动到其他图层？

第 2 章　NX1953 建模基础

三维建模是 NX 的核心功能，用来创建零部件的三维模型。NX 基于特征创建三维模型时，首先创建一个反映零件主要形状的基础特征，然后再添加其他特征。NX 在创建每个特征时会保留参数信息，帮助用户快速进行模型结构设计和编辑。本章主要介绍 NX 实体建模、曲面建模和钣金设计的方法，以及用于辅助建模的二维草图的绘制方法。

2.1　二维草图绘制

草图是二维平面内的曲线，草图曲线示例如图 2.1 所示。草图是 NX 中建立模型的一个重要工具，通常在创建三维模型前，先要绘制草图曲线。在 NX 中绘制草图时，先定义草图绘制平面，然后绘制曲线。草图曲线的大小和位置可以随意绘制，再通过添加草图尺寸约束和几何约束来精确控制曲线的尺寸、形状和位置。草图曲线绘制后，可通过实体建模命令、曲面建模命令或者钣金命令，在草图的基础上创建三维模型。三维模型和草图曲线相关联，修改草图后，三维模型也会随之更新。

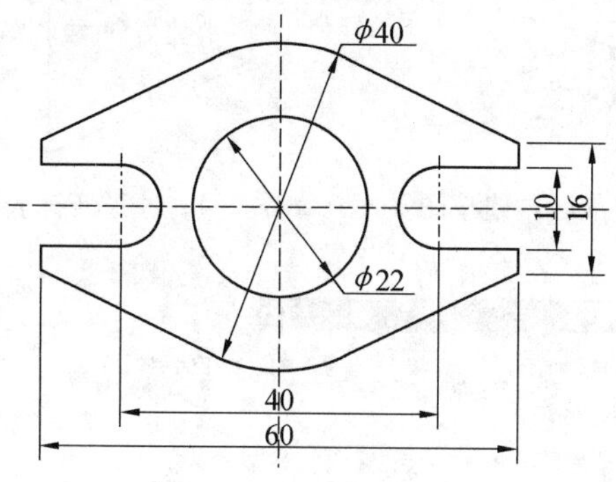

图 2.1　草图曲线示例

2.1.1　进入和退出草图环境的方法

进入 NX 草图环境，先要进入建模环境。打开 NX 后，选择“文件\新建”，在“新建”对话框的“模板”选项卡选取“模型”，然后设置好文件名和存储路径，单击“确定”，进入建模环境。单击“菜单\插入\草图”命令图标，弹出图 2.2 所示“创建草图”对话框，该对话框用来指定草图的绘制平面，在第一个下拉列表中提供了两种创建方法，分别是“基于平面”和“基于路径”。

“基于平面”方法通过指定平面（如坐标系的基准面图 2.3）或者实体表面（图 2.4），

将其作为草绘平面。在选择平面或者实体表面后，系统会自动判断草图方位和坐标原点，用红色矢量表示草图的水平方向，用绿色矢量表示草图的竖直方向。当要更改草图方位时，可以在“创建草图”对话框中单击“反向”图标。草图坐标原点也可以在“创建草图”对话框设置，单击“点对话框”按钮，弹出图 2.5 所示“点”对话框，可以在“输出坐标”列表区直接输入新原点的坐标，或者通过捕捉点的方式重新指定草图坐标原点。

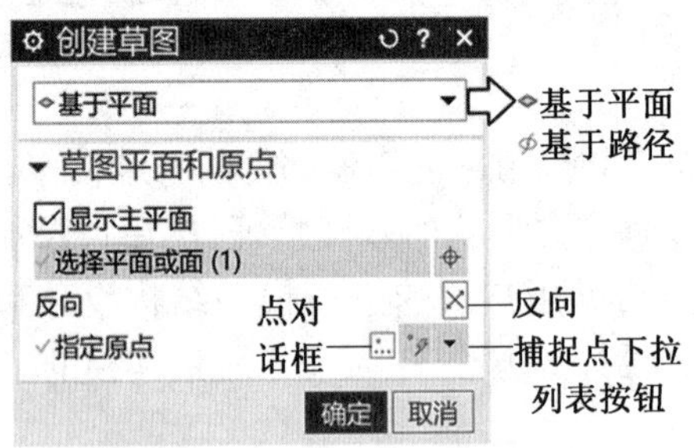

图 2.2　“创建草图”对话框

“基于路径”方法借助现有曲线，创建过曲线指定点与曲线垂直或与曲线平行的平面作为草绘平面。用该方法创建草图平面时，绘图区域内需要有可供选择的实体边线、直线、圆弧等曲线。

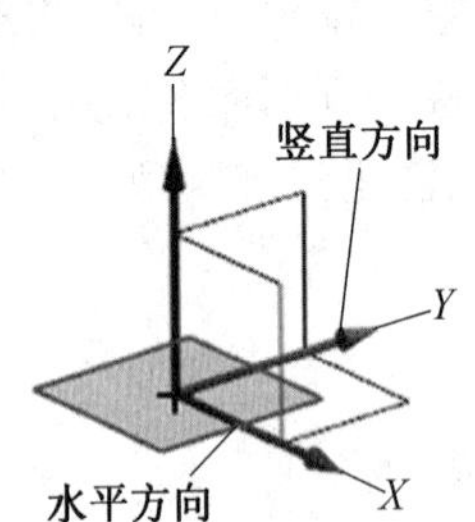

图 2.3　通过坐标系基准面创建草图平面

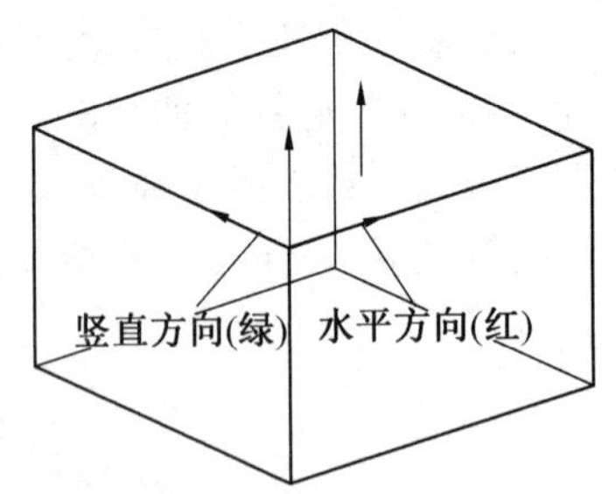

图 2.4　通过实体表面创建草图平面

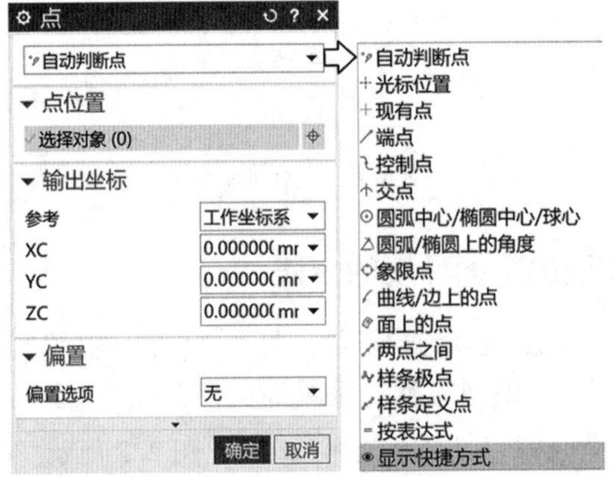

图 2.5　“点”对话框

指定草绘平面后，单击“创建草图”对话框中的“确定”，进入草绘环境。在草图绘制结束后，单击“完成”图标，退出草图环境，回到建模环境。

2.1.2　草图环境设置

草图环境变量用来指定草图中曲线、尺寸和约束的样式、大小、颜色等，需要在绘制草图前设置。进入建模环境后，单击“菜单\首选项\草图”，弹出“草图首选项”对话框，如图 2.6 所示。该对话框有 3 个选项卡，分别是“草图设置”“会话设置”和“部件设置”选项卡。“草图设置”用来控制草图尺寸的显示方式、文本、大小等相关样式。“会话设置”用来控制对齐角、约束符号显示和视图方向等。“部件设置”用来设置曲线、尺寸、参考曲线的颜色，建议使用系统默认的颜色设置。

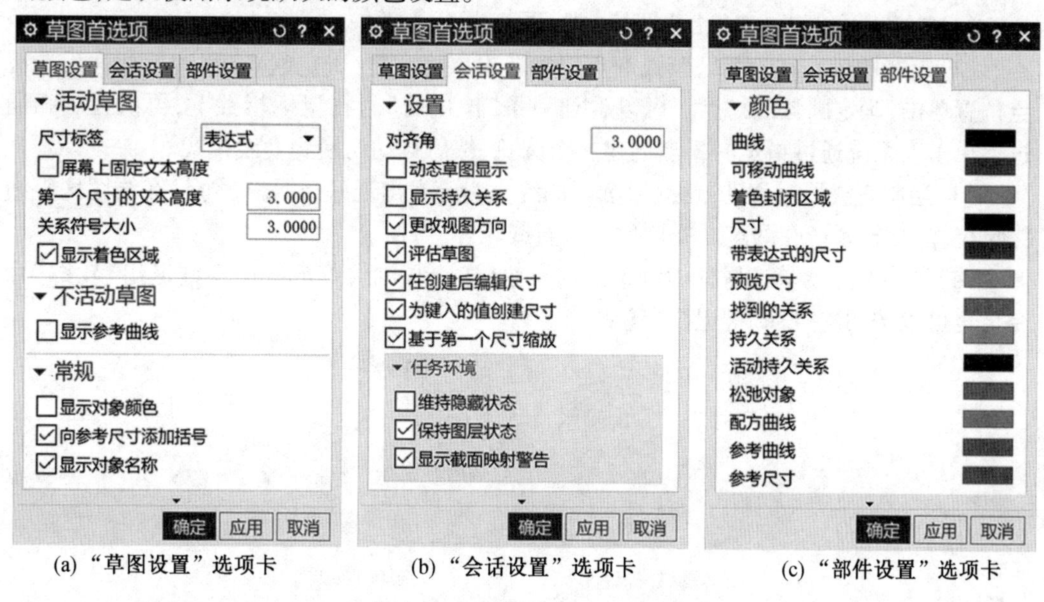

(a) “草图设置”选项卡　(b) “会话设置”选项卡　(c) “部件设置”选项卡

图 2.6　“草图首选项”对话框

2.1.3　二维草图曲线绘制

草图环境提供了轮廓、直线、圆弧等草图绘制命令，如图 2.7 所示，本节介绍其中大部分命令的功能和使用方法。

图 2.7　草图绘制相关命令

1. 轮廓

“轮廓”命令用来绘制连续的直线段或者圆弧。在绘制曲线时，上一条曲线的终点是下一条曲线的起点。

单击“轮廓”图标，弹出图 2.8 所示对话框。其中，“对象类型”用于指定绘制的轮廓曲线是直线段还是圆弧，通过指定起点和终点绘制直线段，通过指定三点绘制圆弧；“输入模式”用来指定点的坐标是通过坐标模式还是参数模式确定,坐标模式和参考模式分别通过直角坐标值和极坐标值来确定点的位置。其他草图绘制曲线点坐标的输入模式与轮廓曲线相同。

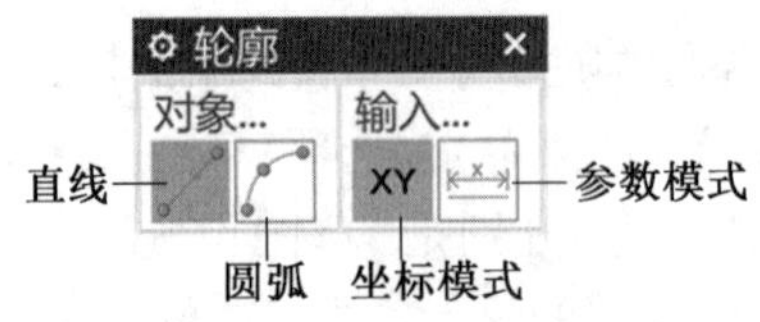

图 2.8 “轮廓”对话框

通过轮廓曲线绘制图 2.9 所示圆弧和直线的过程如下:

(1)选择命令。单击“轮廓”图标,选用圆弧模式。

(2)绘制圆弧。在绘图区圆弧起点位置单击鼠标左键,确定起点,移动鼠标然后在终点位置单击,确定圆弧的终点。可以看到一条“橡皮筋”附在鼠标指针上,再次在圆弧通过点单击。系统通过指定的 3 点创建一个圆弧,然后自动切换到直线模式。

(3)绘制直线段。移动鼠标,以圆弧的终点为起点出现一条“橡皮筋”,在绘图区直线终点位置单击,系统在两点之间创建一条直线段。

(4)结束命令。单击鼠标中键结束轮廓曲线绘制,再次单击鼠标中键退出“轮廓”命令。也可以按两次“Esc”键退出“轮廓”命令。

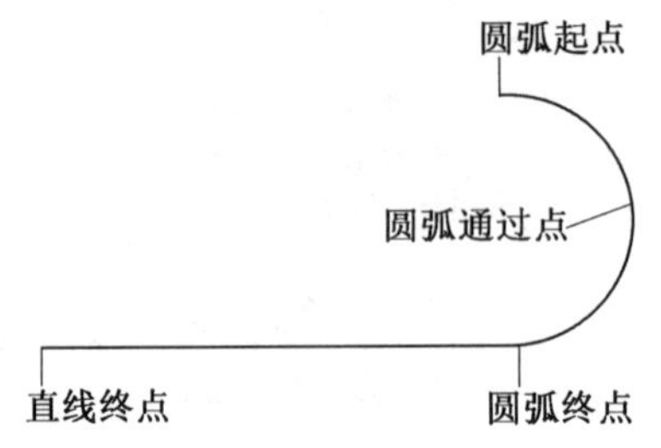

图 2.9 绘制轮廓曲线

2. 直线

“直线”命令通过指定两个端点来绘制一条直线段,绘制方法与使用“轮廓”命令绘制直线段的方法类似。

3. 圆弧

单击“圆弧”图标,弹出图 2.10 所示对话框。“圆弧”命令提供了两种绘制圆弧的方法:三点画圆弧、中心点和端点画圆弧。三点画圆弧的方法与轮廓曲线中画圆弧方法类似,圆心、端点圆弧分别指定圆弧的圆心、起点和终点来绘制圆弧。

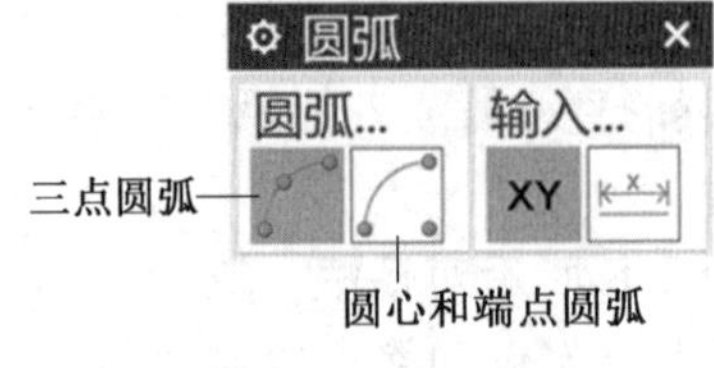

图 2.10 “圆弧”对话框

4. 圆

“圆”命令提供了两种绘制圆的方法,分别是圆心和直径定圆、三点定圆。圆心和直径定圆指定圆心和圆上任意一点,根据该点到圆心的距离来确定圆的半径,从而绘制圆。三点定圆分别指定圆上的 3 个点来绘制圆。

5. 矩形

单击“矩形”图标,弹出图 2.11 所示对话框。在“矩形”对话框中提供了 3 种方法来绘制矩形,分别是按两点、按三点和从中心。

图 2.11　“矩形”对话框

按两点方法分别指定对角线上的两点来创建矩形,矩形的边与草图的 X 轴和 Y 轴平行,如图 2.12(a)所示。按三点方法分别指定 3 个角点来绘制矩形,系统分别以第 1 和第 2 个点确定的直线段、第 2 和第 3 个点确定的直线段为长和宽绘制矩形,如图 2.12(b)所示。从中心方法分别指定矩形的中心,边的中点和一个角点来绘制矩形,如图 2.12(c)所示。按三点和从中心方法可以绘制斜置矩形。

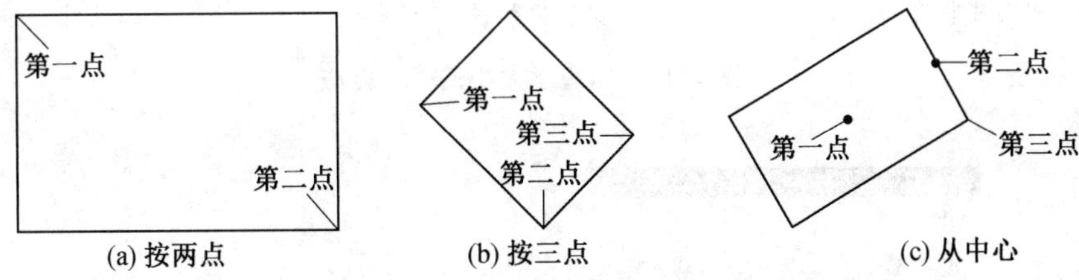

图 2.12　矩形的绘制方法

6. 多边形

单击“多边形”图标,弹出图 2.13 所示“多边形”对话框。多边形创建过程包含 3 步,首先指定多边形的中心点,然后输入多边形的边数,最后指定多边形的大小。

多边形大小有 3 种确定方法,分别是通过指定多边形的内切圆半径、外接圆半径和边长来确定多边形的大小,如图 2.14 所示。3 种方法中,多边形的旋转角意义不同:对于内切圆半径法,旋转角是相对于中心点和边中点连线的转角;对于外接圆半径法和边长法,旋转角是相对于中心点和角点连线的转角。

7. 椭圆

单击“椭圆”图标,弹出“椭圆”对话框,如图 2.15 所示。绘制椭圆需要指定中心点,在对话框中输入大半径、小半径和旋转角的值,然后单击“确定”。椭圆参数示意如图 2.16所示。

图 2.13　“多边形”对话框

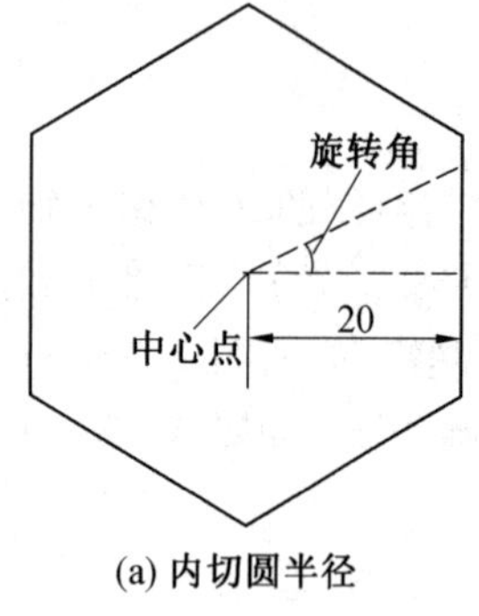

(a) 内切圆半径

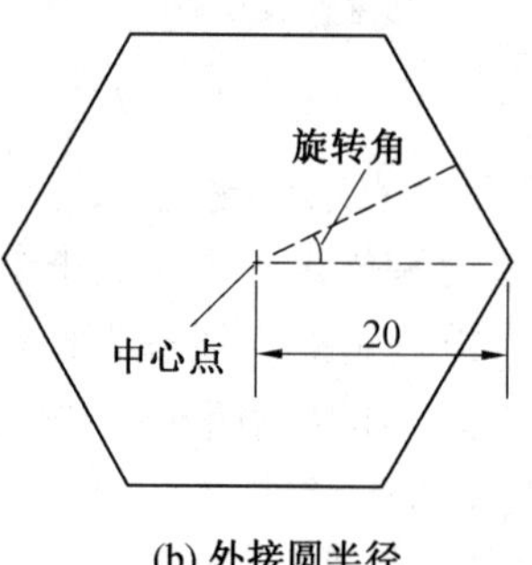

(b) 外接圆半径

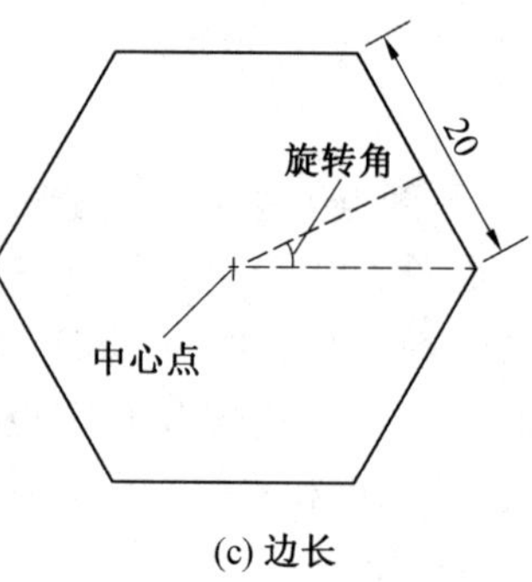

(c) 边长

图 2.14　六边形大小的确定方法

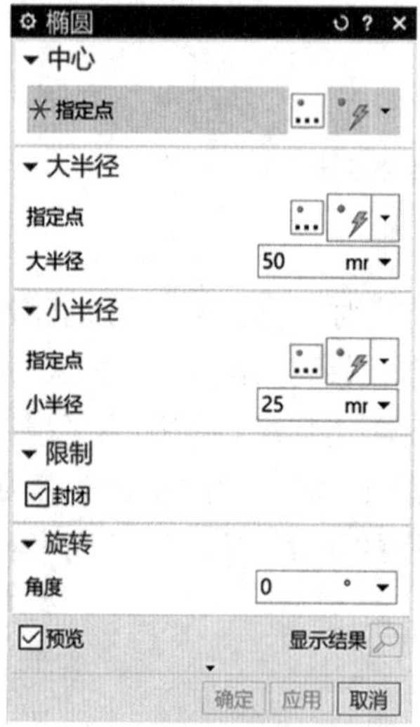

图 2.15　“椭圆”对话框

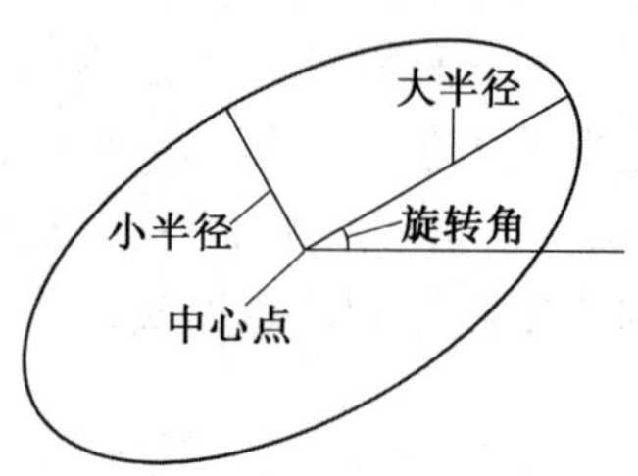

图 2.16　椭圆参数示意图

8. 样条

样条曲线是通过任意多个点的平滑曲线。单击“样条”图标，弹出“艺术样条”对话框，如图 2.17 所示。系统提供了两种绘制样条曲线的方法，分别是通过点和根据极点，如图 2.18 所示。通过点是指生成的样条曲线通过指定点，根据极点是以指定点为极点创建样条曲线。

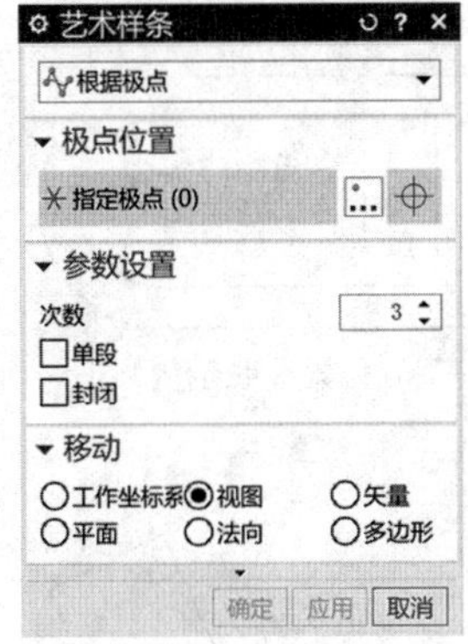

图 2.17　“艺术样条”对话框

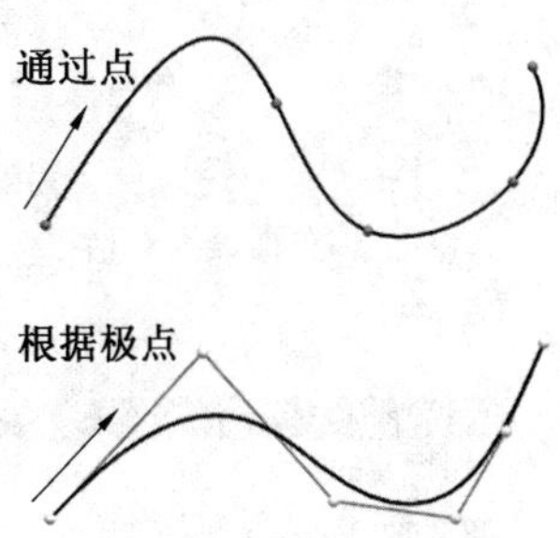

图 2.18　绘制样条曲线

9. 投影曲线

“投影曲线”命令将三维实体、片体或者曲线投影到草绘平面，快速生成草绘曲线。图 2.19(a) 所示为圆柱模型，以圆柱底面为草绘平面，进入草绘环境后如图 2.19(b) 所示。单击“投影曲线”图标，选择图 2.19(b) 所示的边线，则将曲线投影到草绘平面，成为草绘曲线，如图 2.19(c) 所示。

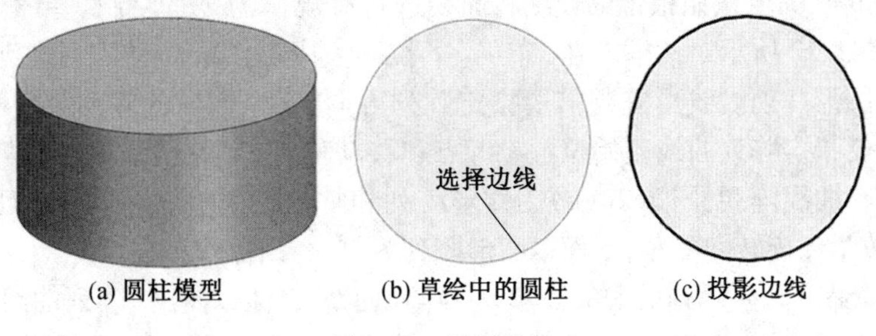

(a) 圆柱模型　(b) 草绘中的圆柱　(c) 投影边线

图 2.19　投影曲线

10. 偏置曲线

“偏置曲线”命令将草绘曲线按照指定的方向和距离进行复制移动。单击“偏置曲线”图标，弹出图 2.20(a) 所示对话框，单击选择图 2.20(b) 所示初始曲线，输入偏置距离，如果偏置方向不符合要求，可以单击“反向”图标进行切换，然后单击鼠标中键完成曲线偏置，结果如图 2.20(b) 所示。

11. 镜像曲线

“镜像曲线”命令将草绘曲线按照指定的中心线进行镜像。单击“镜像曲线”图标，弹出图 2.21(a) 所示“镜像曲线”对话框，单击选择图 2.21(b) 所示初始曲线，然后单击鼠标中键切换到选择中心线操作,选择图 2.21(b)所示的中心线,得到镜像曲线。可以用实线作为中心线,镜像后自动变为双点划线。

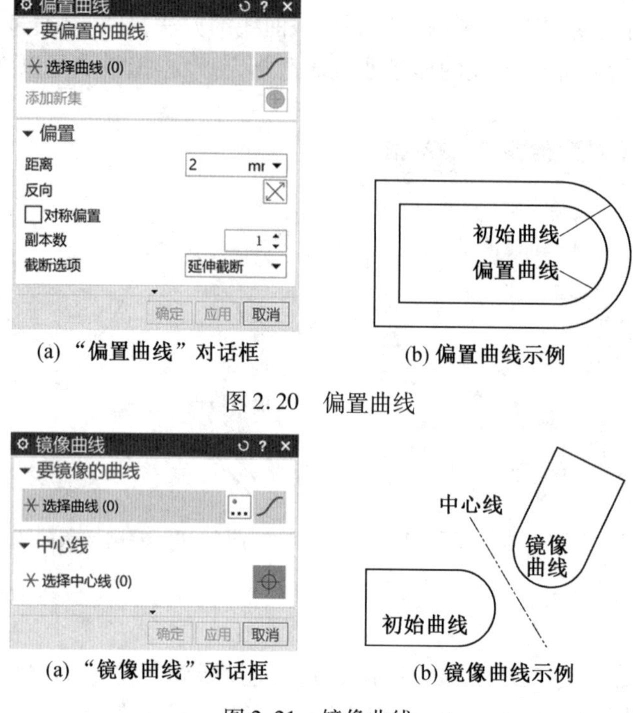

(a) “偏置曲线”对话框　　(b) 偏置曲线示例

图 2.20　偏置曲线

(a) “镜像曲线”对话框　　(b) 镜像曲线示例

图 2.21　镜像曲线

12. 阵列曲线

“阵列曲线”命令按照指定的规则将曲线进行有规律的多重复制。单击“阵列曲线”图标,弹出图 2.22 所示对话框。在“布局”下拉列表中提供了 3 种阵列规则:线形阵列、常规阵列和圆形阵列。线形阵列需要指定阵列方向、每个方向的阵列数量和间隔距离。常规阵列需要指定阵列曲线起始位置参考点和移动位置参考点,系统根据两点确定的距离和方向进行曲线阵列,图 2.22(b)为线形阵列和常规阵列示例。圆形阵列需要指定旋转点、旋转数量和旋转间隔角,下面以圆形阵列为例,介绍操作过程。

(1)选择命令和要阵列的曲线。单击“阵列曲线”图标,弹出“阵列曲线”对话框,系统默认要求选择曲线,选择图 2.22(c)所示初始曲线。单击鼠标中键,系统切换到阵列参数的定义。

(2)定义阵列参数。在“布局”下拉列表中选择“圆形”,然后选择图 2.22(c)所示的旋转点。在“数量”和“间隔角”文本框分别输入“6”和“60°”,表示阵列 6 条曲线,间隔角 60°。

(3)结束命令。阵列参数定义完成后,阵列的曲线高亮显示,单击鼠标中键,完成曲线阵列,如图 2.22(c)所示。

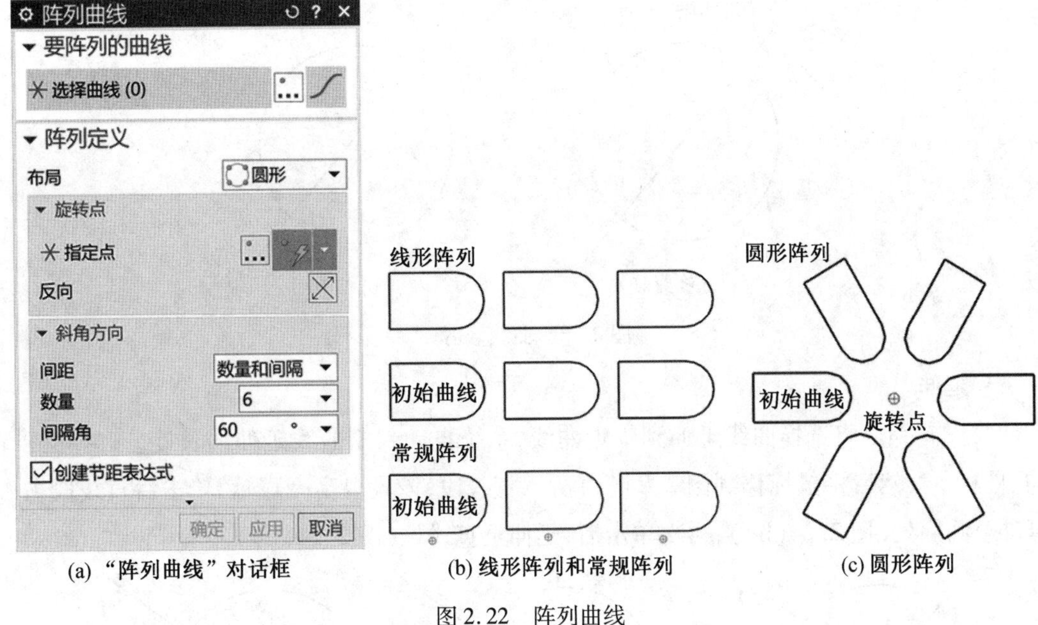

(a) “阵列曲线”对话框　(b) 线形阵列和常规阵列　(c) 圆形阵列

图 2.22　阵列曲线

13. 将一般草绘曲线转换为参考曲线

参考曲线是绘制草图的辅助线,以虚线显示。草图中的直线、圆、圆弧、样条曲线等都可以转换为参考曲线。选取要转换的曲线,然后选择“菜单\工具\转换至\自参考对象”,或者用鼠标右键单击曲线,在弹出的快捷菜单中选择“转换为参考”图标,被选取的曲线即转化为参考曲线。

2.1.4　草图的编辑

在草图曲线绘制过程中,通常需要对已经绘制的曲线进行修剪、延伸、倒斜角、圆角等操作。

1. 快速编辑

用鼠标左键单击草图曲线,曲线会高亮显示,同时会出现控制点,比如直线的端点和中点,样条曲线的通过点或者极点。此时左键单击控制点,移动鼠标可以移动控制点,从而修改曲线;当鼠标左键在远离控制点的位置单击曲线,移动鼠标则可以移动整个曲线。鼠标双击椭圆、样条等曲线,则会显示曲线创建时的对话框,可以在对话框中输入大半径、小半径等参数,从而修改曲线。

2. 修剪

“修剪”命令将曲线修剪到任一方向上最近曲线的交点,系统自动判断所选择的曲线与最近曲线的交点,从而将所选部分修剪掉。选择“修剪”图标,然后鼠标移到图 2.23(a)所示直线段后,该段以高亮显示,高亮显示段在最近的交点处终止,单击后直线段被修剪掉,结果如图 2.23(b)所示。如果不选择“修剪”图标,鼠标移到图 2.23(a)所示直线段,整条直线高亮显示,按下“Delete”键,则整条曲线被删掉。

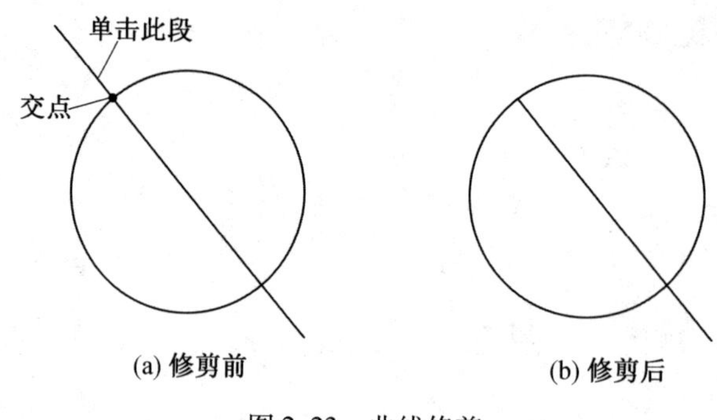

图 2.23　曲线修剪

3. 延伸

“延伸”命令将选择曲线延伸到临近曲线，系统自动判断曲线延伸的长度。选择“延伸”图标，然后将鼠标移到图 2.24(a)所示直线段，该段以高亮显示，单击后直线段被延伸至圆周处(图 2.24(b))，再次单击后，延伸至直线处(图 2.24(c))。

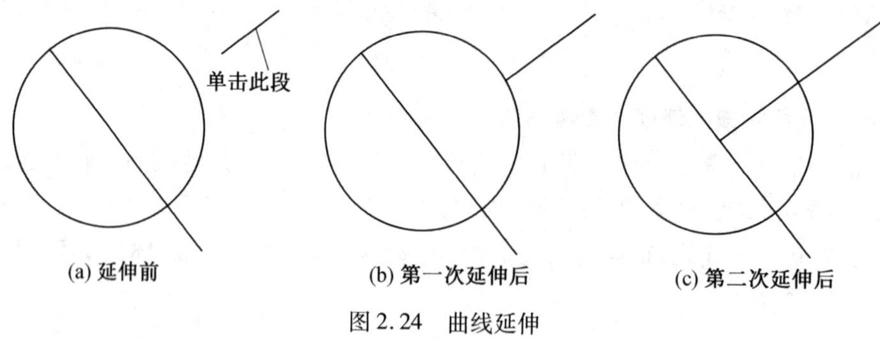

图 2.24　曲线延伸

4. 倒斜角

“倒斜角”命令提供了 3 种倒斜角的方法，分别是对称、非对称以及偏置和角度，如图 2.25 所示。选择“倒斜角”图标，在弹出的对话框中设置好倒斜角的方法和参数值，然后分别单击要倒斜角的两条边，移动鼠标后斜角会随之移动，在合适的位置单击，完成曲线间倒斜角。

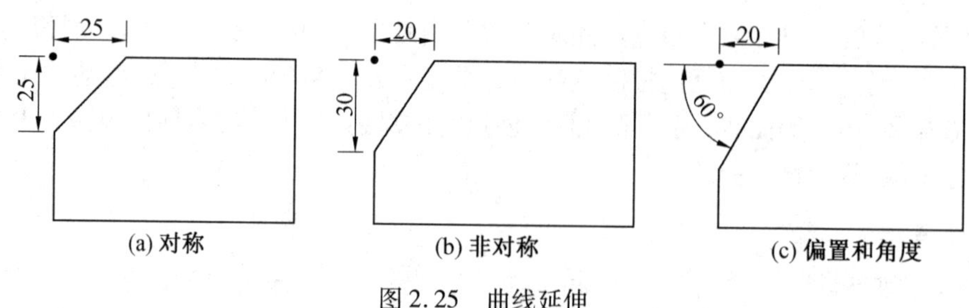

图 2.25　曲线延伸

5. 圆角

“圆角”命令在两条或者 3 条曲线之间倒圆角。单击“圆角”图标，分别选择图 2.26(a)所示的矩形边，移动鼠标后圆角会随之移动，在合适的位置单击，结果如图

2.26(b)所示。

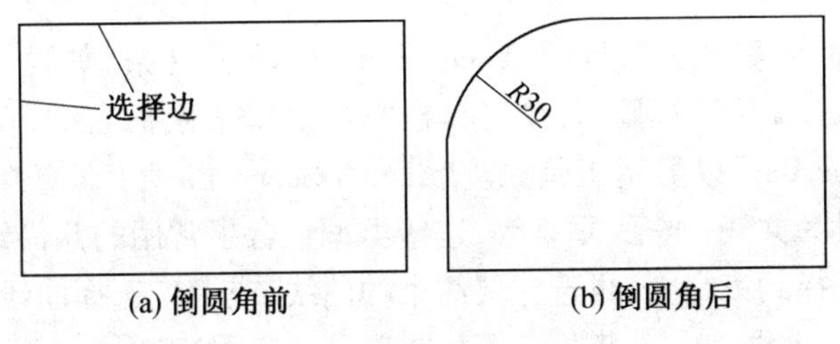

图 2.26　倒圆角

2.1.5　草图的约束

草图的约束包括尺寸约束和几何约束。尺寸约束就是对标注草图曲线的尺寸,比如长度、角度、直径等进行约束;几何约束用来给草图曲线定位,比如平行、相切、共线等。通过添加约束可以获得尺寸和形状准确的曲线。通常情况下,绘制草图后需要添加约束,以满足使用要求。

1. 尺寸约束

草图绘制工具条中提供的尺寸约束工具有快速尺寸、线性尺寸、径向尺寸、角度尺寸等。其中快速尺寸提供的尺寸约束方法有自动判断、水平、竖直、点到点、垂直、圆柱式、斜角、径向和直径,这些类型包含了常用的尺寸标注类型。

下面以快速尺寸为例,介绍操作过程。

(1)选择命令。单击"快速尺寸"图标,弹出图 2.27 所示对话框。

(2)标注角度。在"方法"下拉列表中选择"自动判断",然后分别选择图 2.28 中角度所在的两条边,出现角度尺寸,移动鼠标到合适位置,然后单击左键完成角度标注。

(3)标注直径。在"方法"下拉列表中选择"直径",然后选择图 2.28 所示圆,移动鼠标到合适位置,然后单击左键完成直径标注。

尺寸标注完成后,单击鼠标左键可以移动尺寸,双击左键可以重新输入尺寸值,驱动曲线按照尺寸值改变。其他尺寸约束工具的使用方法与快速尺寸相似。

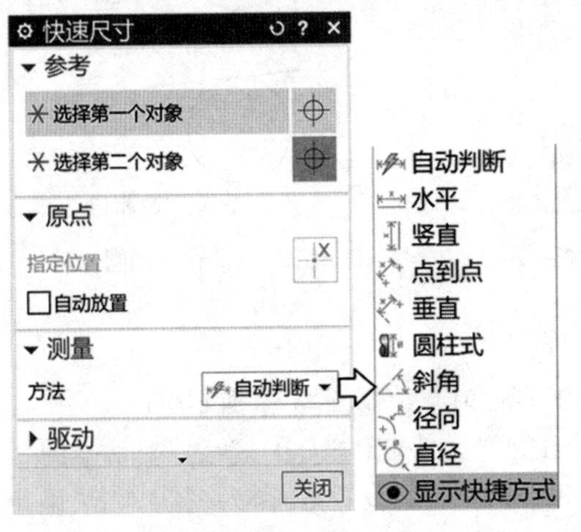

图 2.27　"快速尺寸"对话框

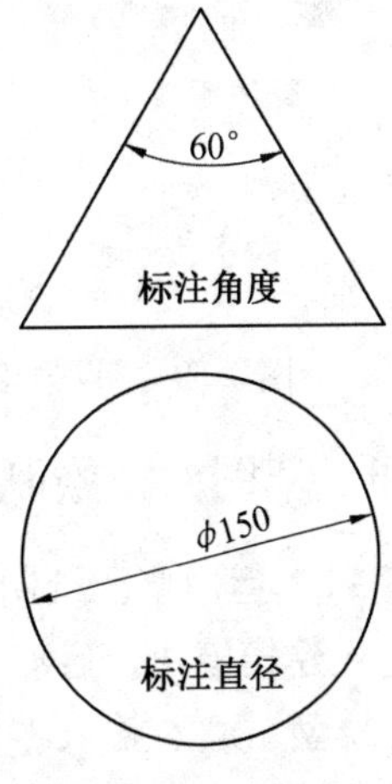

图 2.28　尺寸标注

2. 几何约束

“几何约束”命令集中在“Sketch Scene Bar”浮动工具条，如图 2. 29 所示。如果“Sketch Scene Bar”工具条没有显示，在工具栏空白处单击鼠标右键，在弹出的快捷菜单中单击“Sketch Scene Bar”以显示工具条。“Sketch Scene Bar”工具条中提供的约束工具类型有设为重合、设为共线、水平、垂直等，这些类型包含了常用的几何约束类型。添加几何约束时，可以先选择约束命令，再选择要约束的曲线，或者先选择曲线再选择约束命令。

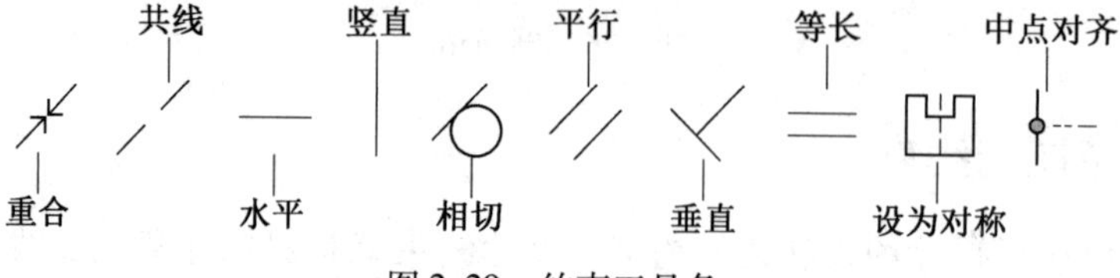

图 2.29 约束工具条

几何约束使用方法都是相似的，下面以直线和圆相切为例，介绍操作过程。

(1)先选择“相切”命令再选择曲线。单击“Sketch Scene Bar”工具条中的“相切”图标，弹出“设为相切”对话框，如图 2.30 所示。默认情况下，先选的曲线为运动曲线，后选的曲线为静止曲线。先后选择图 2. 31(a)中的直线和大圆，相切结果直线移向圆，并与圆相切。

(2)先选择曲线再选择“相切”命令。鼠标左键先后单击图 2. 31(b)中的小圆和直线，然后单击“相切”命令，结果如图 2. 31(c)所示：直线不动，小圆移动到与直线相切的位置。

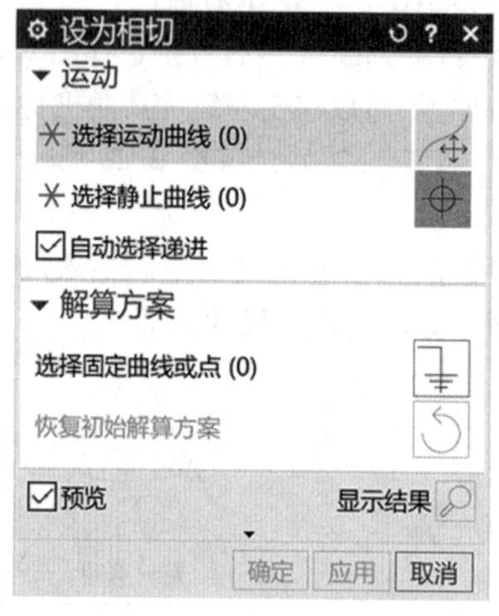

图 2.30 “设为相切”对话框

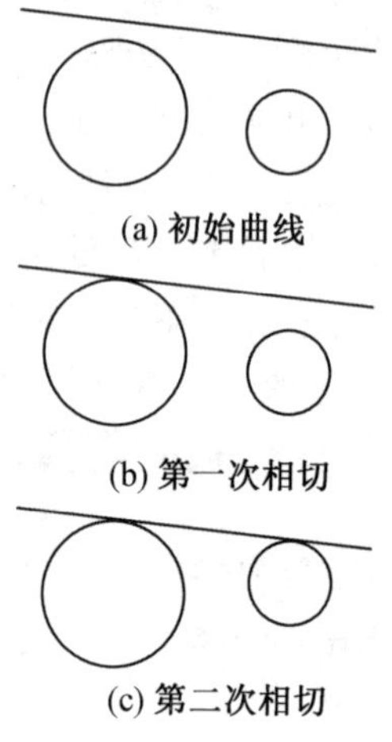

图 2.31 直线和圆相切

2.1.6 草图曲线绘制实例

【例 2.1】 运用草图绘制、编辑、约束等知识，绘制图 2.32 所示草图。

(1)进入建模模块。启动 NX 软件，选择“文件\新建”，在“新建”对话框的“模板”选项卡选取“模型”模板，输入零件名字“Sketch”，然后设置好存储路径，单击“确定”按钮，进入建模环境。

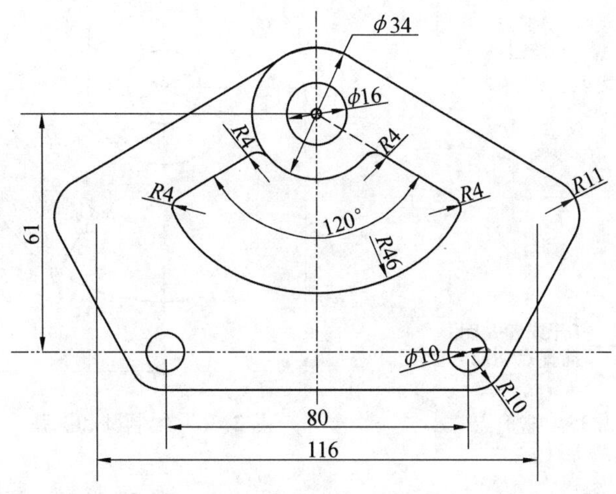

图 2.32　草图范例

(2)进入草绘环境。选择“菜单\插入\草图”,弹出“创建草图”对话框,选择 $X-Y$ 平面为草绘平面,单击对话框中的“确定”按钮或鼠标中键,进入草绘环境。

(3)绘制参考线。进入草绘环境,系统自动创建的水平参考线和竖直参考线可以作为草图定位参考线,但是这两条参考线不能用于草图曲线修剪,因此需要重新绘制参考线。绘制图 2.33 所示两条直线,直线长度比草图长度和宽度方向最大尺寸略大。单击鼠标左键依次选择两条直线,然后选择“菜单\工具\转换至\自参考对象”或者在弹出的快捷菜单中单击“转换为参考”图标,将两条直线转换为参考线,如图 2.34 所示。

图 2.33　绘制参考直线　　图 2.34　转换为参考线

(4)绘制 $\phi16$、$\phi34$ 的圆和 $R46$ 的圆弧。单击“圆”图标或者其他草绘曲线图标,系统会自动弹出图 2.35 左上角所示捕捉点按钮。展开捕捉点工具后,会出现端点、中点、曲线上的点等捕捉功能。$\phi16$、$\phi34$ 的圆和 $R46$ 的圆弧的圆心在竖直参考线上,在绘制前要激活“曲线上的点”功能。通常捕捉点功能都要激活,以方便绘图。在竖直参考线上捕捉一点为圆心,绘制 $\phi16$ 的圆。然后捕捉 $\phi16$ 圆的圆心,绘制 $\phi34$ 的圆和 $R46$ 的圆弧,并标注尺寸,如图 2.36 所示。

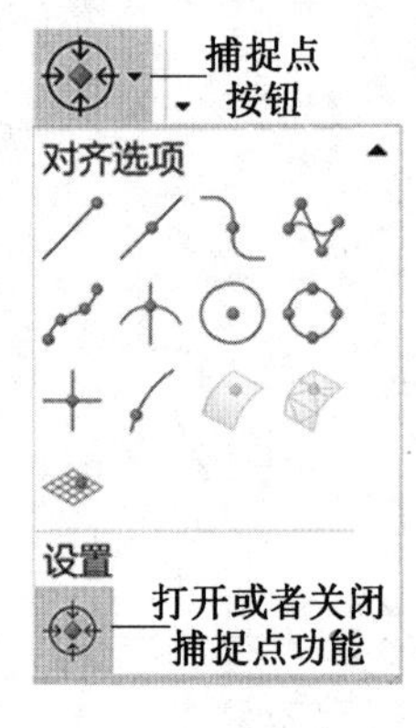

图 2.35　捕捉点

图 2.36　绘制圆和圆弧

(5)绘制与竖直轴夹角为 60°的斜线,并修剪。以 ϕ16 圆的圆心为起点,绘制斜线,并标注斜线与竖直轴夹角为 60°,如图 2.37(a)所示。修剪多余线段,结果如图 2.37(b)所示。

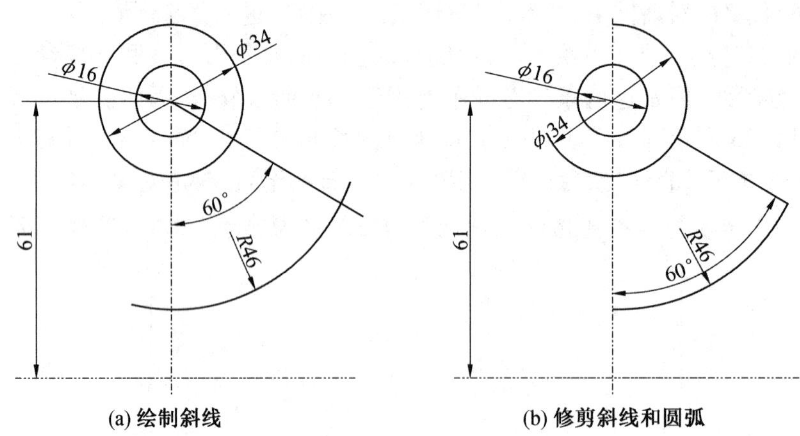

(a) 绘制斜线　(b) 修剪斜线和圆弧

图 2.37　绘制斜线及修剪

(6)绘制与 ϕ34 圆弧相切,且与竖直轴夹角为 60°的斜线,并修剪。绘制图 2.38(a)所示直线,约束直线与 ϕ34 圆弧相切,且与图 2.37 绘制的斜线平行,然后修剪多余线条,结果如图 2.38(b)所示。

(7)绘制 ϕ10 和 ϕ20。捕捉水平参考线上的点为圆心,绘制 ϕ10 的圆。以 ϕ10 圆心绘制 ϕ20 圆,并标注尺寸,如图 2.39 所示。

(8)绘制与 ϕ20 圆相切的两条直线。绘制图 2.40(a)所示两条直线,然后约束两条直线与 ϕ20 相切,并修剪多余线条,结果如图 2.40(b)所示。

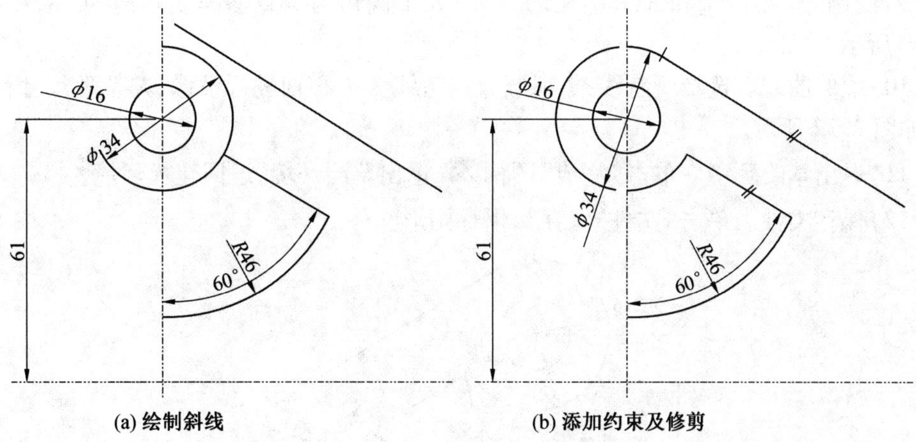

图 2.38　绘制与 $\phi34$ 圆弧相切斜线并修剪

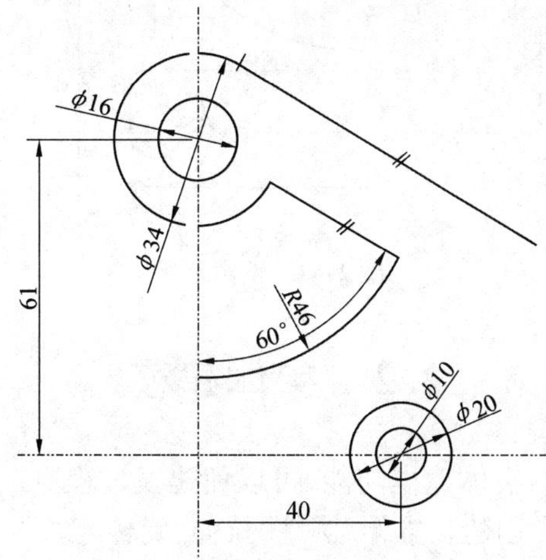

图 2.39　绘制 $\phi10$ 和 $\phi20$ 的圆

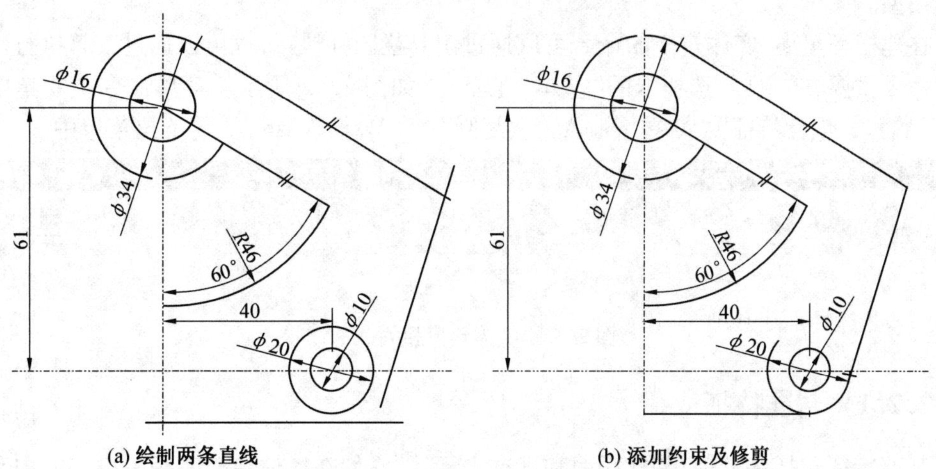

图 2.40　绘制与 $\phi20$ 圆相切的两条直线

(9)倒圆角。倒 $R4$ 和 $R11$ 圆角,并标注 $R11$ 圆角与竖直参考线距离为 58,结果如图 2.41所示。

(10)镜像曲线。选择所有线条,以竖直参考线为中心轴进行镜像,并整理尺寸标注,结果如图 2.32 所示。

(11)退出草绘环境。单击“完成”图标,退出草绘环境,返回建模环境。

(12)保存文件。单击“文件\保存”,保存图形文件。

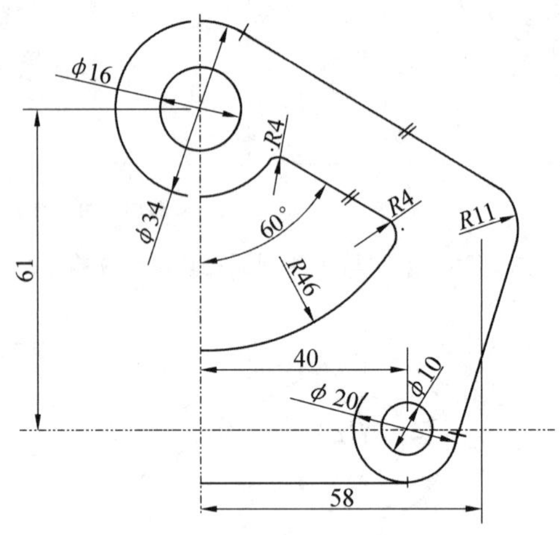

图 2.41　倒圆角

2.2　实体建模

NX 软件提供了强大的实体建模功能,可以使建模过程更加简便、直观和实用。NX软件基于特征创建模型,先创建长方体、圆柱、拉伸、旋转等基本特征,然后通过拔模、倒角、抽壳、打孔等功能细化特征,并辅之以布尔运算、特征修剪、复制等功能,可以快速生成实体模型。

在建模环境中,实体建模的命令可以通过工具栏图标执行,也可以通过菜单执行。工具栏命令主要在“主页”选项卡的“基本”工具栏,如图 2.42 所示。菜单命令主要集中在“菜单\插入\设计特征”“菜单\插入\关联复制”“菜单\插入\组合”等下拉菜单中。

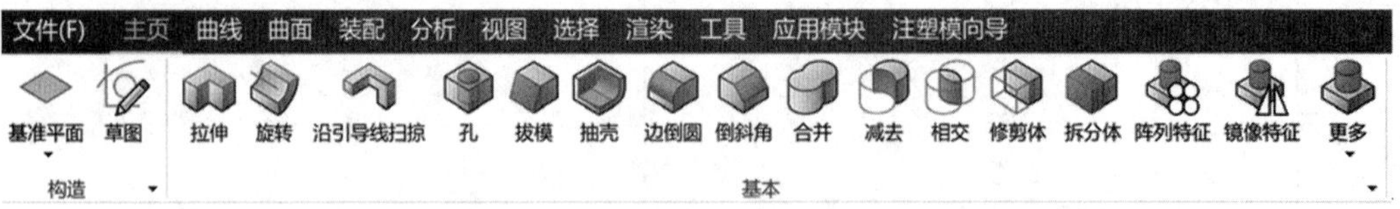

图 2.42　实体建模相关命令

2.2.1　基准特征

基准特征包括基准轴、基准平面和基准坐标系,它们在实体建模时用来指定方向和方位,起到辅助建模的作用。

1. 基准轴

基准轴为创建特征提供方向参考。单击“基准轴”图标或选择“菜单\插入\基准\基准轴”，弹出“基准轴”对话框，如图 2.43(a)所示。图 2.43(b)为通过“自动判断”方法创建的基准轴。“基准轴”对话框中提供的生成方法及说明见表 2.1。

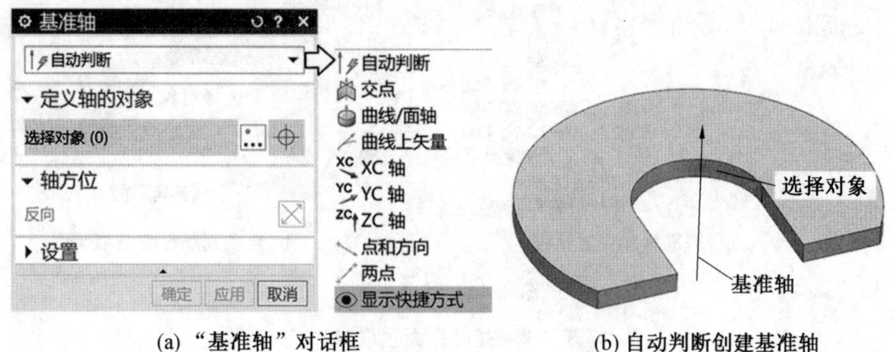

(a) “基准轴”对话框　(b) 自动判断创建基准轴

图 2.43　基准轴

表 2.1　基准轴生成方法及说明①

生成方法	功能说明
自动判断	根据选择对象自动确定生成方法，并创建基准轴
交线	通过两个平面、基准面的交线创建基准轴
曲线/面轴	创建与直线重合或者通过圆柱面、圆锥面轴线的基准轴
曲线上矢量	过曲线上某点，沿曲线在该点处的切线、法线方向创建基准轴
XC 轴	创建与 *XC* 轴平行的基准轴
YC 轴	创建与 *YC* 轴平行的基准轴
ZC 轴	创建与 *ZC* 轴平行的基准轴
点和方向	从指定点沿着指定方向创建基准轴
两点	通过两点定义基准轴，基准轴方向由第一点指向第二点

2. 基准平面

基准平面是建模的辅助面。使用“基准平面”命令，可以很方便地为草图或者实体特征提供各种方位的辅助平面。

单击“基准平面”图标或选择“菜单\插入\基准\基准平面”，弹出“基准平面”对话框，如图 2.44(a)所示。图 2.44(b)为通过“自动判断”方法创建的基准平面。“基准平面”对话框中提供的生成方法说明见表 2.2。

---

①　表 2.1 中的“*XC* 轴”“*YC* 轴”“*ZC* 轴”生成方法在对应软件中均显示为正体，但本书基于对表达形式的标准性、统一性的考虑，书中凡涉及类似情况的坐标轴、变量等均采用斜体表示（变量对应修改下标，如软件中的参数“L2”改为“L_2”，依此类推）。

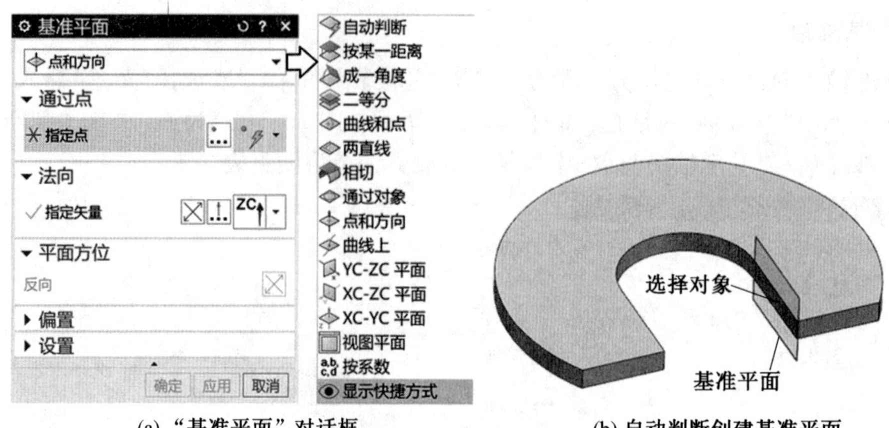

(a) “基准平面”对话框　　(b) 自动判断创建基准平面

图 2.44　基准平面

表 2.2　基准平面生成方法

生成方法	含义说明
自动判断	根据选择对象自动确定生成方法,并生成基准平面
按某一距离	创建与一个面相距指定距离的基准平面
成一角度	创建与选定平面呈指定角度的基准平面
二等分	根据选择的两个平面,创建中间平面或者平分角度平面
曲线和点	选择曲线上一个点时,过该点垂直于曲线切向方向创建基准平面;选择曲线上两个点时,过第一个点垂直于两点连线创建基准平面
两直线	通过选择的两条直线创建基准平面
相切	创建与曲面相切的基准平面
通过对象	根据选择实体的某一平面创建基准平面
点和方向	通过选择的点和方向创建基准平面
曲线上	过曲线上某点,生成与曲线相切或者垂直的基准平面
YC-*ZC* 平面	沿坐标系 *YC*-*ZC* 平面创建基准平面
XC-*ZC* 平面	沿坐标系 *XC*-*ZC* 平面创建基准平面
XC-*YC* 平面	沿坐标系 *XC*-*YC* 平面创建基准平面
视图平面	平行于视图平面,并通过工作坐标系原点创建基准平面

注:由于软件中坐标系名称存在“*X*”“*Y*”“*Z*”与“*XC*”“*YC*”“*ZC*”两种形式,故本书为与软件保持一致,未对其表达形式进行统一。

3. 基准坐标系

基准坐标系为特征提供定位参考,包括 3 个轴、3 个平面和 1 个原点。单击“基准坐标系”图标或选择“菜单\插入\基准\基准坐标系”,弹出“基准坐标系”对话框,如图 2.45(a)所示,图 2.45(b)为创建的基准坐标系示例。

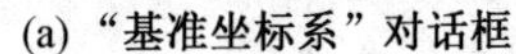

(a) “基准坐标系”对话框

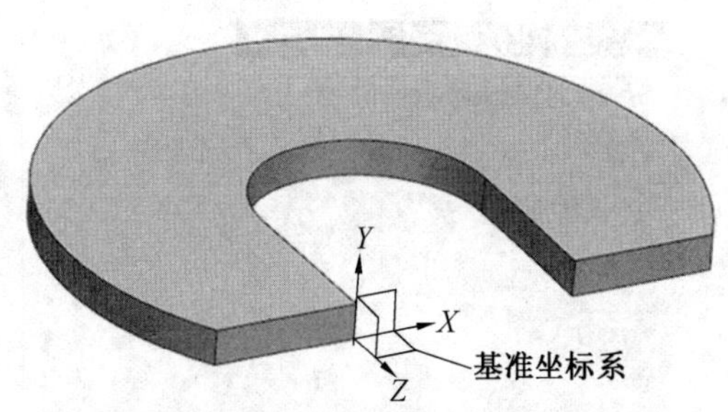

(b) 基准坐标系示例(由于原图为软件截屏，为了与软件一致，此图不加原点O，后同)

图 2.45　基准坐标系

2.2.2　基本特征

基本特征包括长方体、圆柱体、圆锥、球等，这些特征在实体建模中经常会用到。由于这些特征形状规则，通过给定参数便可以创建。

1. 长方体

选择“菜单\插入\设计特征\块”，弹出“块”对话框，如图 2.46 所示。在第一个下拉列表中，提供了 3 种创建长方体的方法：原点和边长、两点和高度、两个对角点。原点和边长通过指定原点和长、宽、高创建长方体；两点和高度通过指定底面两个对角点和高创建长方体；两个对角点通过指定体对角点创建长方体。通过这 3 种方法创建的长方体示例如图 2.47 所示。

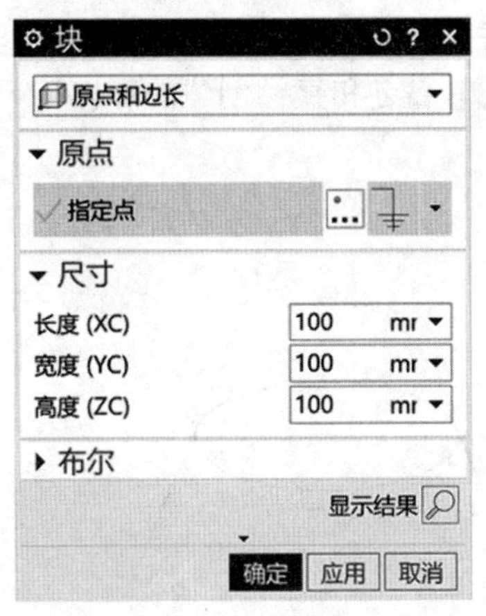

图 2.46　“块”对话框

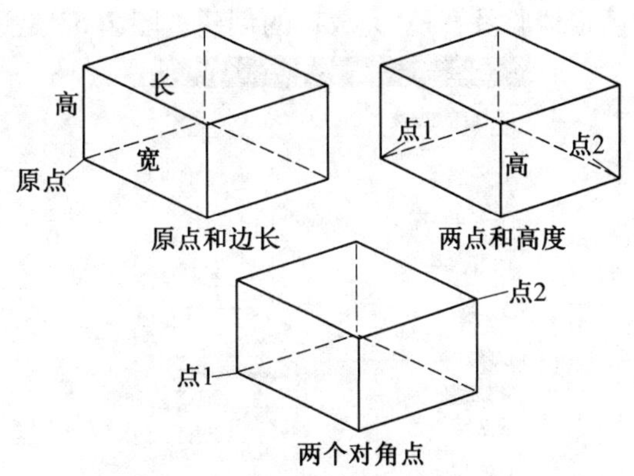

图 2.47　块创建方法

2. 圆柱体

选择“菜单\插入\设计特征\圆柱”，弹出“圆柱”对话框，如图 2.48 所示。在第一个下拉列表中，提供了两种创建圆柱体的方法：轴、直径和高度，圆弧和高度。轴、直径和高度方法,通过指定圆柱轴线方向和圆柱底面圆心,结合直径和高度创建圆柱体。圆弧和高度方法通过指定圆弧创建圆柱底面圆,并结合高度创建圆柱体,如图 2.49 所示。

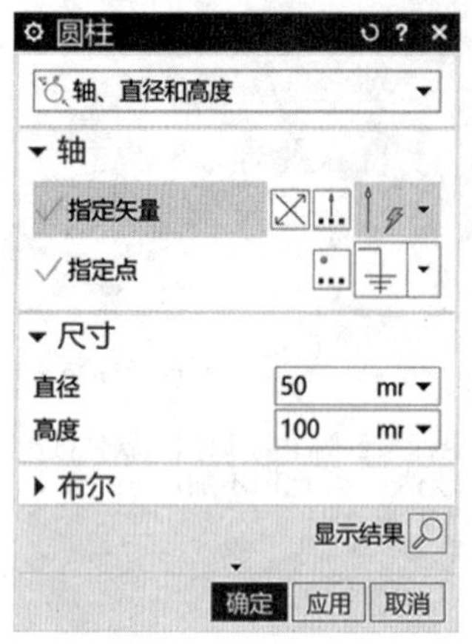

图 2.48　“圆柱”对话框

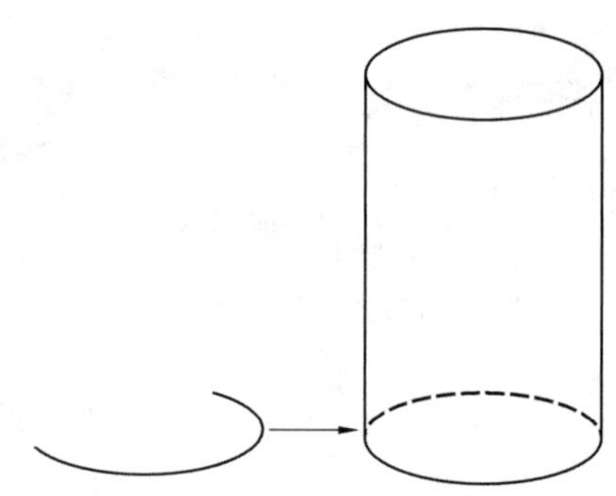

图 2.49　通过圆弧和高度创建圆柱体

3. 圆锥

选择“菜单\插入\设计特征\圆锥”,弹出图 2.50 所示“圆锥”对话框。对话框提供了 5 种创建圆锥的方法,分别是直径和高度,直径和半角,底部直径、高度和半角,顶部直径、高度和半角,两个共轴的圆弧,通过指定这些参数可以完成圆锥的创建。当指定顶部直径时,“圆锥”命令也可以创建圆台,图 2.51 是通过直径和高度创建的圆台。

4. 球

选择“菜单\插入\设计特征\球”,弹出图 2.52 所示“球”对话框。对话框提供了 2 种创建球的方法,分别是中心点和直径,圆弧。通过指定中心点和直径,或者指定圆弧,系统可以确定球心及直径,完成球的创建。图 2.53 是通过中心点和直径创建的球。

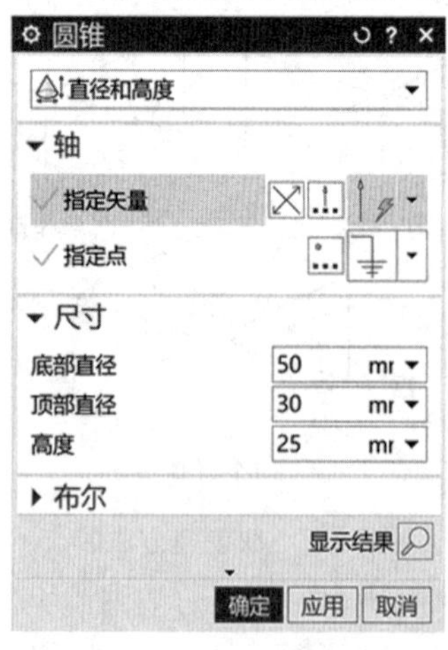

图 2.50　“圆锥”对话框

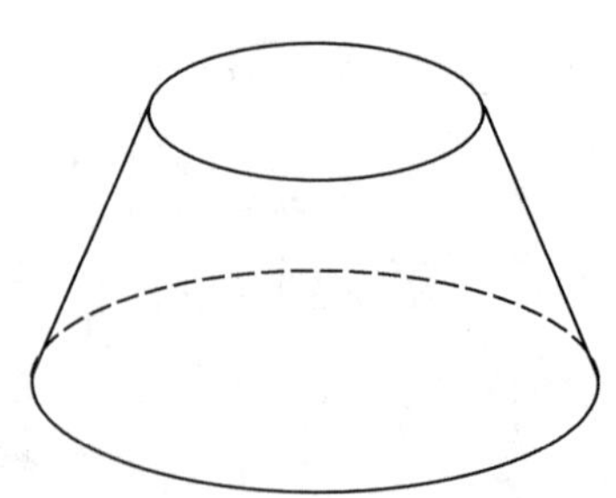

图 2.51　通过直径和高度创建的圆台

图 2.52　“球”对话框

图 2.53　通过中心点和直径创建的球

2.2.3　布尔运算

NX 软件实体建模时，先创建特征，然后将特征组合起来完成建模，这样可提高实体建模的灵活性和效率。特征组合的过程称为布尔运算或者布尔操作，主要包括合并、减去和相交 3 种操作，要求参与运算的实体有相互重合的部分。布尔运算在实体建模时应用广泛，可以独立操作。一般情况下，实体建模命令都有布尔运算选项，可以在建模时选择合适的布尔运算。

1. 合并

合并运算是将两个或多个特征（或实体）组合在一起构成单个实体，其公共部分完全合并到一起。单击“合并”图标或选择“菜单\插入\组合\合并”，弹出图 2.54 所示“合并”对话框。对话框要求先选择目标体，再选择工具体，目标体只能有一个，工具体可以有多个。运算的结果将工具体加在目标体上，结果类型与目标体的类型一致。合并运算效果如图 2.55 所示。

图 2.54　“合并”对话框

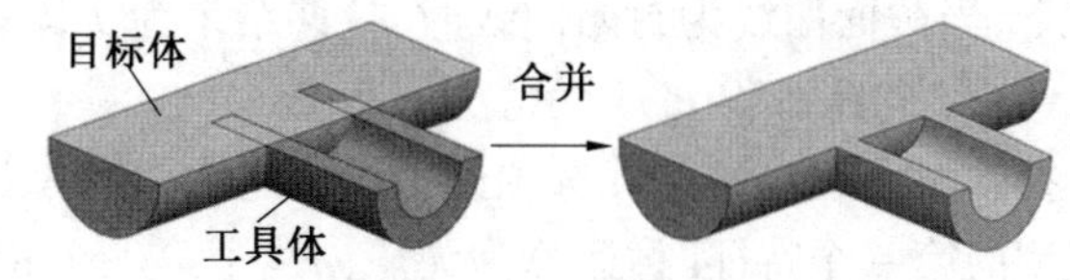

图 2.55　合并运算效果

2. 减去

减去运算是从目标体中减去一个或多个工具体的体积，即将目标体中与工具体公共的部分去掉。单击“减去”图标或选择“菜单\插入\组合\减去”，弹出“减去”对话框，其形式与“合并”对话框类似，要求先选择目标体，再选择工具体。图 2.55 中的目标体和工具体减去运算的效果如图 2.56 所示。

3. 相交

相交运算是将两个或多个实体合并成单个实体，运算结果取公共部分体积，构成单个实体。单击“相交”图标或选择“菜单\插入\组合\相交”，弹出“相交”对话框，其形式也与“合并”对话框类似。图 2.55 中的目标体和工具体相交运算的效果如图 2.57 所示。

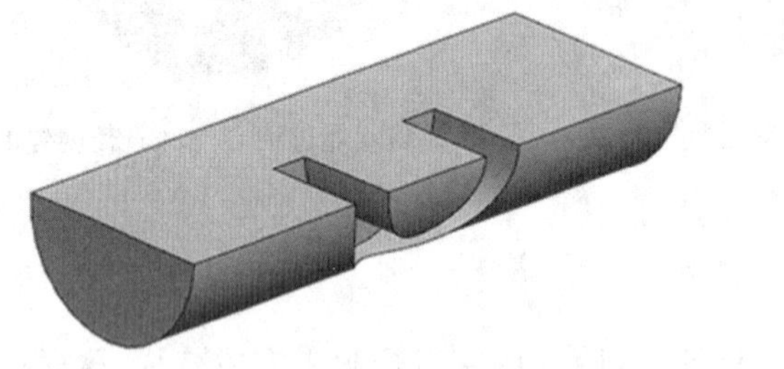

图 2.56　减去运算

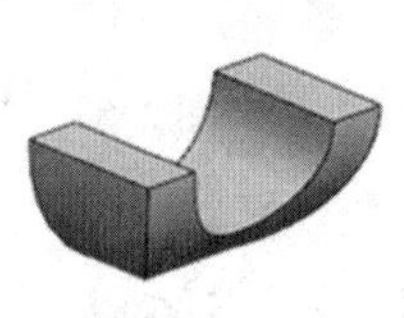

图 2.57　相交运算

2.2.4　扫描特征

扫描特征是通过截面曲线沿引导方向或者引导线扫描生成。当截面曲线、引导方向或者引导线发生变化时，扫描特征也会随之变化。扫描特征包括拉伸、旋转、沿引导线扫掠等，在实体建模过程中广泛应用。

1. 拉伸

“拉伸”命令是将曲线、实体或者片体边缘沿指定方向拉伸成实体或者片体。单击“拉伸”图标或选择“菜单\插入\设计特征\拉伸”，弹出图 2.58 所示“拉伸”对话框。其中，“选择曲线”选项用来提示选择截面曲线；“指定矢量”选项用于指定拉伸的方向，默认的拉伸方向为截面曲线所在面的法线方向；单击“反向”图标可以使拉伸方向反向，单击“指定矢量”选项右侧的下拉按钮，会弹出矢量选项，用以指定拉伸方向。

拉伸起始位置和终点位置可以用数值或者位置来指定。图 2.59(a)拉伸起始值为“20”，结束值为“50”；图 2.59(b)拉伸起始值为“40”，结束值为直至选定的基准面。默认情况下，当截面曲线为封闭曲线时，拉伸结果为实体；当截面曲线为非封闭曲线时，拉伸结果为片体，如图 2.59(c)所示。

拉伸对话框布尔运算选项区可以指定无、合并、减去、相交 4 种运算。当创建的特征是模型的第一个特征时，运算为无。创建了第一个特征以后可以指定合并、减去、相交运算，实现在拉伸过程中以增加材料或者减去材料的方式创建实体。

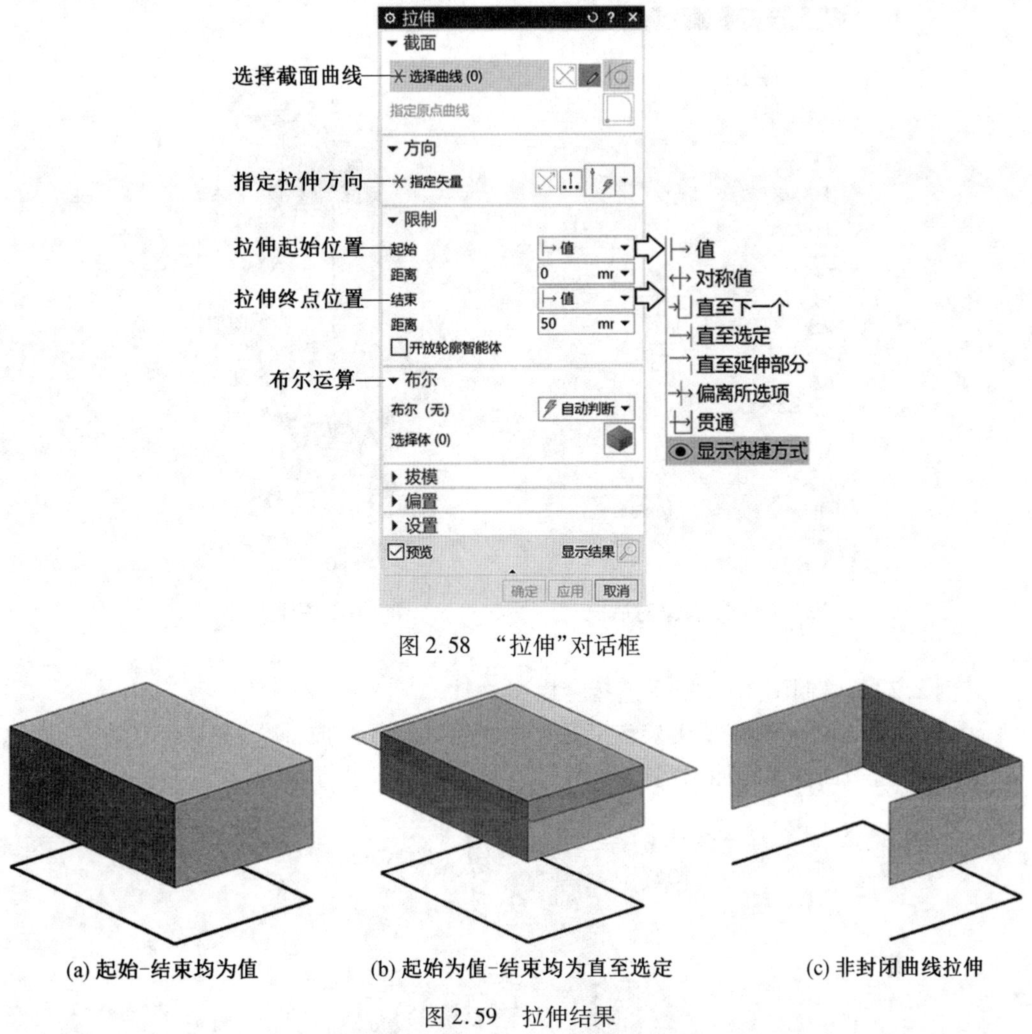

图 2.58　“拉伸”对话框

(a) 起始-结束均为值　　(b) 起始为值-结束均为直至选定　　(c) 非封闭曲线拉伸

图 2.59　拉伸结果

2. 旋转

“旋转”命令是将截面曲线绕指定轴旋转一定角度创建特征，适合于构造旋转体特征。单击“旋转”图标，或者选择“菜单\插入\设计特征\旋转”，弹出图 2.60 所示“旋转”对话框。创建旋转特征，需要指定截面曲线、旋转轴方向、旋转操作的基准点以及旋转的起始和终止角度。当截面曲线为非封闭曲线且旋转角度小于 360°时会得到片体；当旋转角度为 360°时会得到实体，如图 2.61 所示。

图 2.60　“旋转”对话框

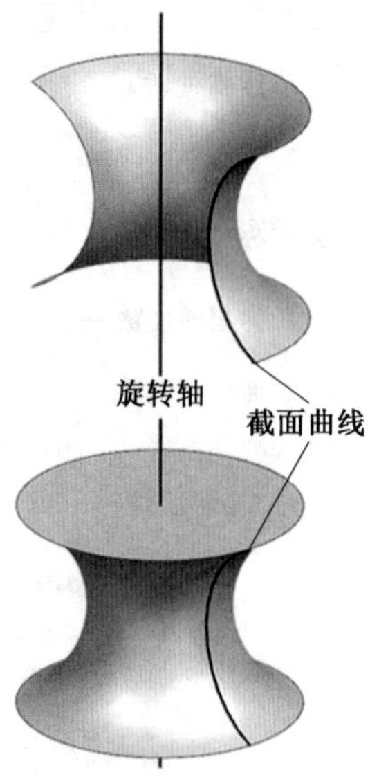

图 2.61　旋转结果

【**例 2.2**】　绘制图 2.62 所示连接套模型。

图 2.62 所示连接套主要由旋转特征和侧面拉伸特征组成，侧面和底部还存在孔，这些孔可以通过截面曲线拉伸出实体，用布尔运算选择减去进行创建。

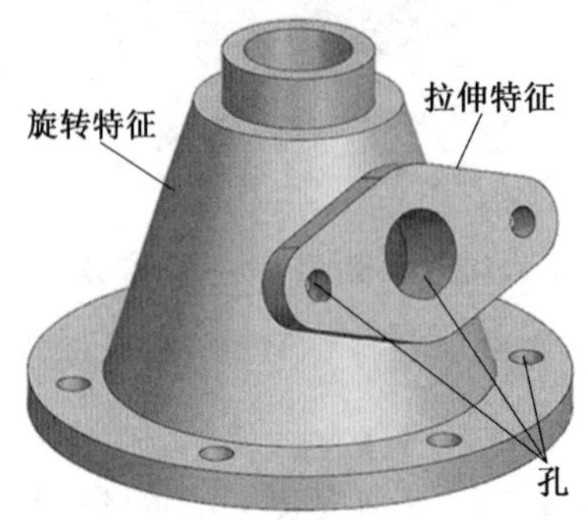

图 2.62　连接套模型

步骤 1　进入建模模块。

启动 NX 软件，选择“文件\新建”，在“新建”对话框的“模板”选项卡选取“模型”模板，输入零件名字“连接套”，然后设置好存储路径，单击“确定”按钮，进入建模环境。

步骤 2　创建旋转特征。

(1)绘制旋转特征截面曲线。

进入草绘环境。选择“菜单\插入\草图”，弹出“创建草图”对话框，选择“基于平面”选项，单击基准坐标系的 Z-X 平面为草绘平面，然后单击“创建草图”对话框的“确定”按钮，进入草绘环境。

绘制截面曲线。利用草图工具绘制图 2.63 所示旋转特征截面草图，并标注尺寸，然后单击"完成"图标，退出草绘环境，返回建模环境。

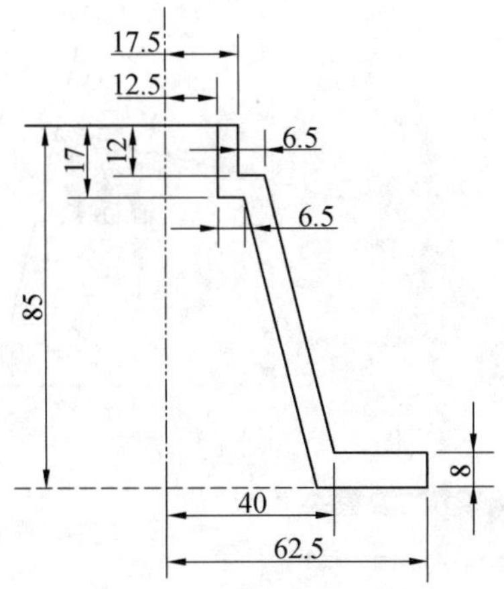

图 2.63　旋转特征截面草图

(2)创建旋转特征。

单击"基本"工具栏的"旋转"图标，弹出"旋转"对话框。选择图 2.63 草图为截面曲线，指定旋转矢量为基准坐标系的 Z 轴，旋转参考点为原点，旋转起始角度为"0°"，结束角度为"360°"，然后单击"旋转"对话框的"确定"按钮，完成旋转特征的创建，如图 2.64所示。

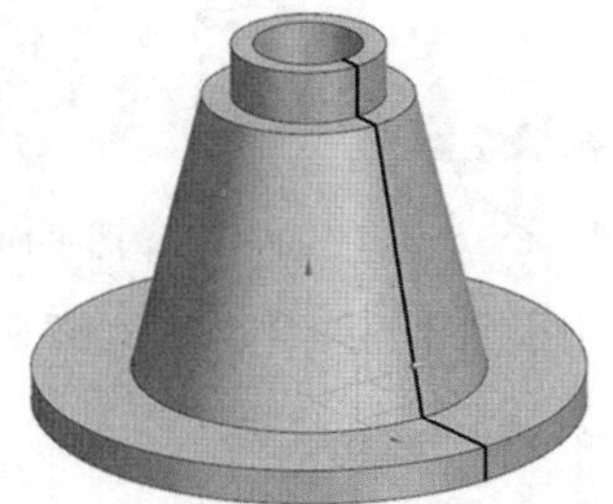

图 2.64　旋转特征

步骤 3　创建拉伸特征。

(1)创建辅助线。

侧面拉伸特征的草绘曲线是在斜平面上创建的，需要通过辅助线来创建草绘平面。在"创建草图"对话框选择"基于平面"选项，以 $Z-X$ 平面为草绘平面，绘制图 2.65 所示辅助线，然后单击"完成"图标，退出草绘环境。

(2)绘制侧面拉伸特征截面曲线。

进入草绘环境，创建侧面拉伸特征草图平面的过程如图 2.66 所示。在"创建草图"对话框选择"基于路径"选项，然后单击创建的辅助线为路径，在"平面位置"选项区单击"指定点"，然后单击辅助线端点，创建的草绘平面通过辅助线端点且垂直于辅助线。然后，分别单击"反转平面法向"和"草图方向"的反向图标，得到的草图平面 X 轴向右、Z 轴向前。最后单击"创建草图"对话框的"确定"按钮，进入草绘环境。

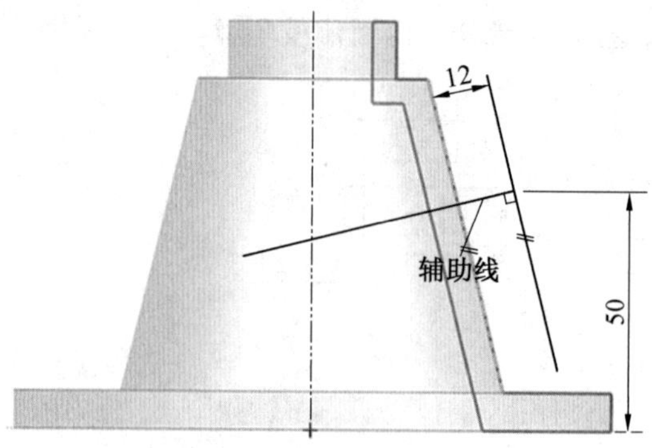

图 2.65　创建辅助线

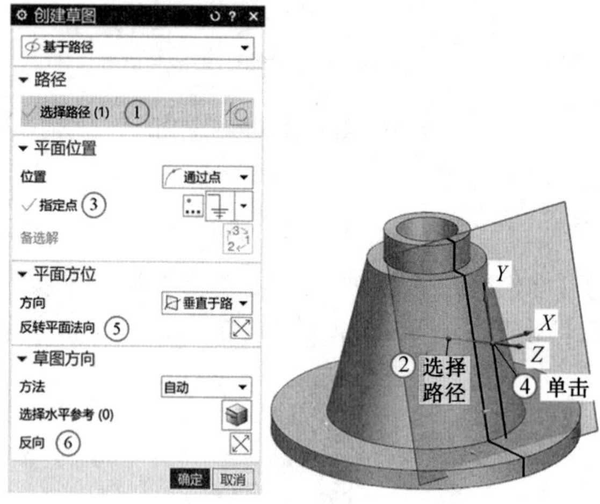

图 2.66　创建侧面特征草图平面

绘制拉伸特征截面曲线。利用草图工具绘制图 2.67 所示草图,并标注尺寸。然后单击“完成”图标,退出草绘环境,返回建模环境。

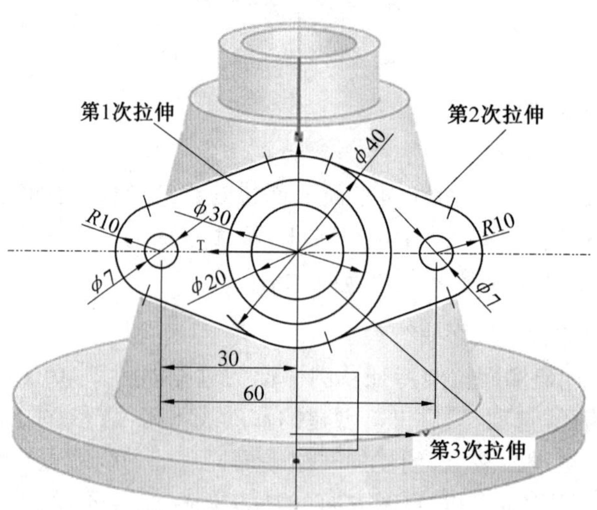

图 2.67　侧面拉伸特征草绘平面

(3)创建拉伸特征。

拉伸特征分三次完成,先创建第一个拉伸特征。单击“基本”工具栏的“拉伸”图标,选择图 2.67 中第一次拉伸曲线(ϕ30 的圆)为截面曲线,拉伸起始值为“0”,结束值为“直至选定”,选择旋转特征外表面为选定对象,布尔运算选择“合并”,以旋转特征为合并对象,然后单击“拉伸”对话框的“确定”按钮,结果如图 2.68(a)所示。

创建第二个拉伸特征。单击“基本”工具栏的“拉伸”图标,选择图 2.67 中第二次拉伸曲线(外圈草绘曲线和两个 ϕ7 的圆)为截面曲线,拉伸起始值为“0”,结束值为“8”,布尔运算选择“合并”,然后单击“确定”按钮,结果如图 2.68(b)所示。

创建第三个拉伸特征。单击“基本”工具栏的“拉伸”图标,选择图 2.67 中第三次拉伸曲线(ϕ20 的圆)为截面曲线,拉伸起始值为“0”,结束值为“直至下一个”,布尔运算选择“减去”,然后单击“确定”按钮,结果如图 2.68(c)所示。

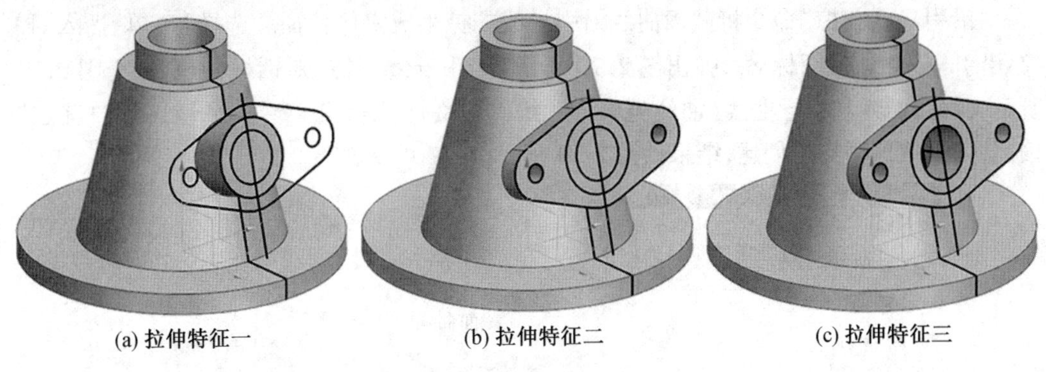

(a) 拉伸特征一　(b) 拉伸特征二　(c) 拉伸特征三

图 2.68　拉伸特征

步骤 4　创建连接套底部孔。

(1)草绘孔截面曲线。

进入草绘环境。选择“菜单\插入\草图”,弹出“创建草图”对话框,选择“基于平面”选项,单击选择基准坐标系的 X–Y 平面为草绘平面,然后单击“创建草图”对话框的“确定”按钮,进入草绘环境。

绘制孔截面曲线。使用“圆”命令绘制第一个圆,然后使用“阵列”命令复制出 5 个圆。“阵列”命令中选择第一个圆为阵列曲线,采用圆形阵列方式,旋转点为坐标原点,阵列数量为 6 个,间隔角为“60°”,阵列结果如图 2.69 所示。然后单击“完成”图标,退出草绘环境,返回建模环境。

(2)创建拉伸特征。

单击“拉伸”图标,选择图 2.69 中 6 个 ϕ8 的圆为拉伸的截面曲线,拉伸起始值为“0”,结束值为“8”,布尔运算选择“减去”,然后单击“拉伸”对话框的“确定”按钮,完成拉伸孔的创建。

步骤 5　保存文件。

隐藏曲线后,连接套如图 2.62 所示。单击“文件\保存”命令,保存文件。

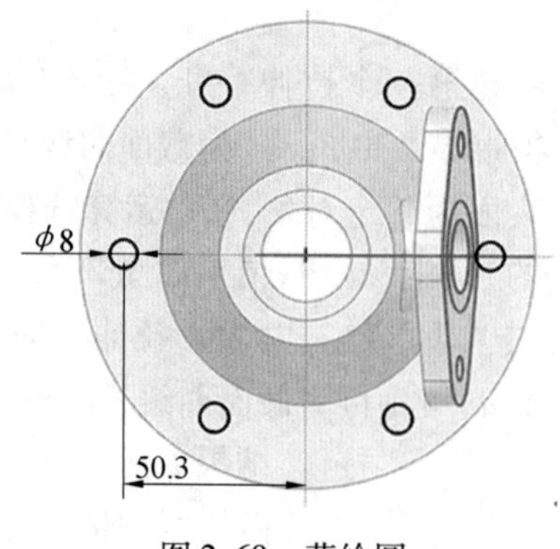

图 2.69　草绘圆

3. 沿引导线扫掠

“沿引导线扫掠”命令将截面曲线沿引导线扫掠生成实体特征。选择“菜单\插入\扫掠\沿引导线扫掠”图标，弹出图 2.70 所示“沿引导线扫掠”对话框，分别选择图 2.71 所示的截面曲线和引导曲线（曲线见本章二维码中文件：第 2 章\2-71. prt），单击“确定”按钮，完成扫掠特征的创建，结果如图 2.71 所示。

图 2.70　“沿引导线扫掠”对话框

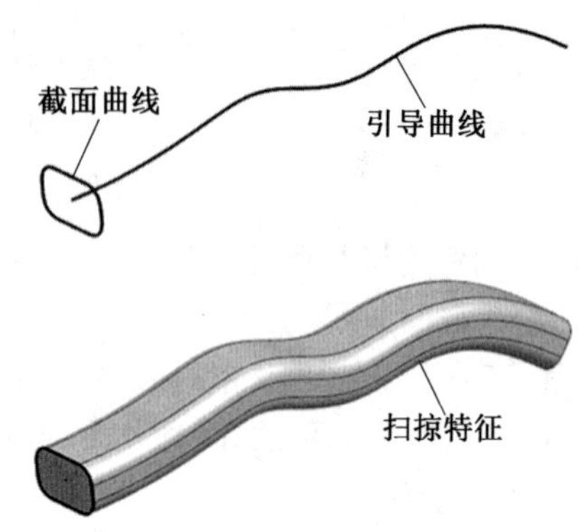

图 2.71　扫掠特征的创建

2.2.5　成形特征

成形特征是在已经创建模型的基础上，通过增加或者切除材料形成具有特定形状的特征，比如孔、凸起、筋板等。这些特征可以通过“拉伸”命令创建，然而使用成形特征命令可以更快捷、方便地创建。

1. 孔

“孔”特征是在实体模型中去除部分实体得到的特征。单击基本工具栏“孔”图标，或者选择“菜单\插入\设计特征\孔”，弹出“孔”对话框，如图 2.72 所示。“孔”对话框提供了 6 种类型的孔，分别是简单孔、沉头孔、埋头孔、锥孔、有螺纹孔和孔系列。“位置”选项区指定孔放置面及圆心点位置,“方向”选项区用于指定孔轴线方向,“限制”选项区用来指定孔的深度。

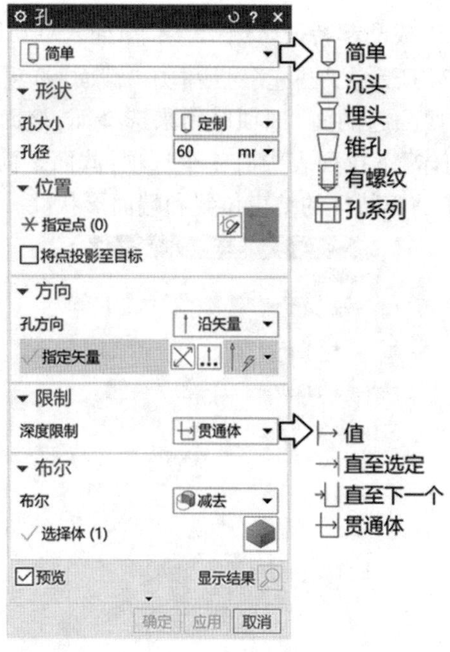

图 2.72　“孔”对话框

在长方体上创建孔的操作过程如图 2.73 所示。

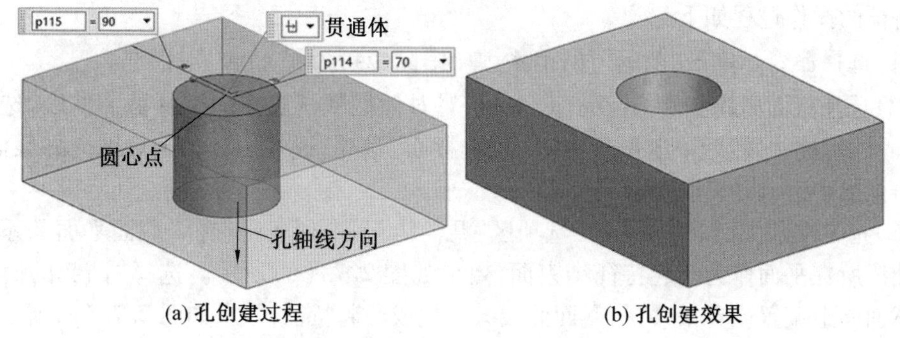

(a) 孔创建过程　　(b) 孔创建效果

图 2.73　创建孔

(1)选择命令。单击“孔”图标,弹出图 2.72 所示“孔”对话框。

(2)指定孔类型和尺寸。设置孔类型为“简单”孔,孔径为“60 mm”。

(3)指定孔位置。单击“孔”对话框“指定点”选项,移动鼠标到长方体上表面,长方体自动变为透明状。在图 2.73(a)所示圆心点单击,在指定位置出现孔的实体,并显示圆心到长方体两条边的尺寸,用来定位圆心点的位置。分别指定两个尺寸数值为“90”和“70”。

(4)指定孔深度和方向。“深度限制”为“贯通体”,孔轴线方向默认为其放置面法线方向,如图 2.73(a)所示。

(5)创建孔并结束命令。孔特征默认布尔运算为减去,设置参数然后单击“孔”对话框“确定”按钮,创建孔并结束命令,结果如图 2.73(b)所示。

2. 凸起

“凸起”命令用于快速生成凸起特征。选择“菜单\插入\设计特征\凸起”图标,弹出“凸起”对话框,如图 2.74 所示。“凸起”对话框中“截面”选项区用来指定曲线,该曲线决定了凸起特征的形状;“要凸起的面”选项区用来选择面,该面决定了凸起特征的起始位置;“端盖”选项区“几何体”下拉列表中有 4 个选项:截面平面、凸起的面、基准平面和选定的面,这些参数决定了凸起特征的结束位置和端面形状。

图 2.74 “凸起”对话框

以图 2.75(a)模型为例(原始文件见本章二维码中文件:第 2 章\2-75(a).prt),创建凸起特征的操作过程如下:

(1)选择命令。单击“凸起”图标,弹出图 2.74 所示“凸起”对话框。

(2)选择截面曲线和要凸起的面。“凸起”对话框默认要求先选择截面曲线,选择图 2.75(a)所示曲线,然后单击鼠标中键或“选择面”选项,选择图 2.75(a)球壳外表面,然后单击鼠标中键,切换到“端盖”选项区。

(3)指定端盖类型。在“端盖”选项区“几何体”下拉列表中选择“截面平面”,系统以截面曲线所在平面作为凸起特征结束面,效果如图 2.75(b)所示。选择“凸起的面”,系统将球面向上偏置或者平移,与截面曲线共同生成凸起特征,效果如图 2.75(c)所示。选择“基准平面”或者“选定的面”,系统以选择的面作为凸起特征结束面,选择 2.75(a)中基准平面后,凸起特征效果如图 2.75(d)所示。

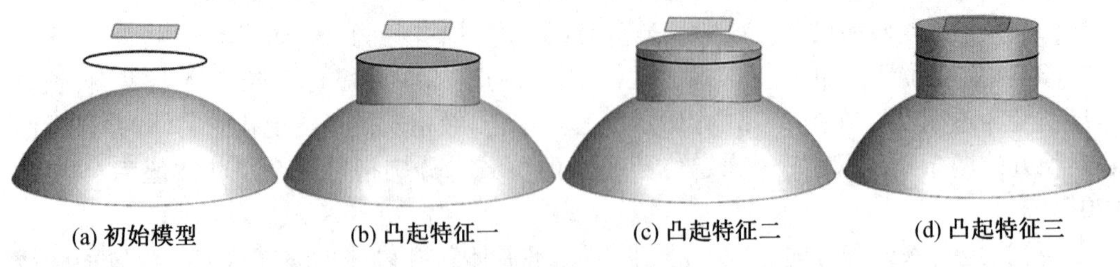

(a) 初始模型　(b) 凸起特征一　(c) 凸起特征二　(d) 凸起特征三

图 2.75 创建凸起特征

(4)结束命令。单击“凸起”对话框的“确定”按钮,创建凸起特征并结束命令。

3. 筋板

“筋板”命令用于快速生成加强筋。选择“菜单\插入\设计特征\筋板”图标，弹出“筋板”对话框，如图 2.76 所示。创建筋板需要指定生成筋板的体和曲线，筋板的方位、厚度和高度等参数。

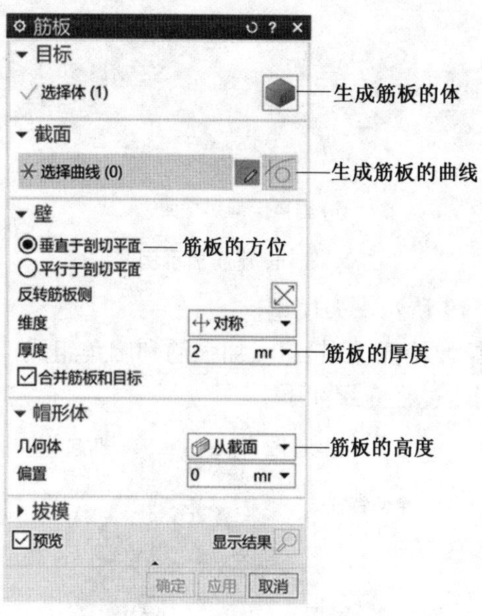

图 2.76　“筋板”对话框

以图 2.77(a)模型为例(原始文件见本章二维码中文件:第 2 章\2-77(a).prt)，图中截面曲线和模型底面平行，创建筋板特征的操作过程如下。

(1)选择命令。单击“筋板”图标，弹出图 2.76 所示“筋板”对话框。

(2)选择目标体和截面曲线。选择图 2.77(a)中生成筋板的目标体，系统自动切换到选择截面曲线，然后选择截面曲线。

(3)指定筋板厚度参数。在“壁”选项区选择“垂直于剖切平面”，指定筋板厚度为“4 mm”。

(4)指定筋板高度参数。在“帽形体”选项区“几何体”下拉列表选择“从截面”，在“偏置”文本框输入“0 mm”，表示筋板与截面线草绘平面无偏置。

(5)创建筋板。单击“筋板”对话框中的“确定”按钮，创建筋板特征并结束命令，效果如图 2.77(b)所示。

当在“壁”选项区选择“平行于剖切平面”，创建的筋板效果如图 2.77(c)所示。

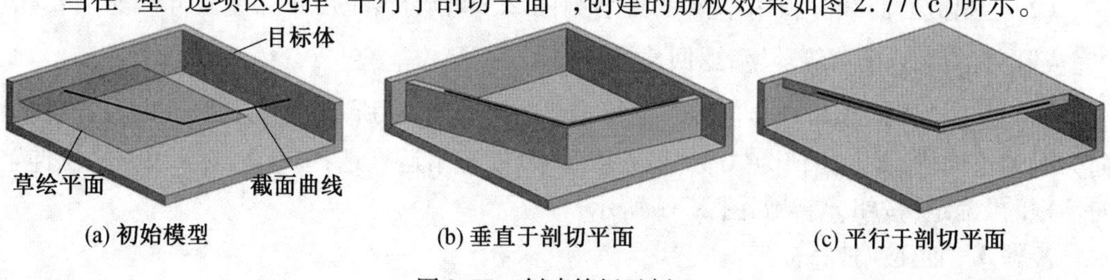

图 2.77　创建筋板示例一

当截面曲线与模型底面呈倾斜分布时，如图 2.78(a)所示(原始文件见本章二维码中文件:第 2 章\2-78(a).prt)，筋板创建过程与图 2.77 相同。当在“壁”选项区选择“垂直于剖切平面”时，创建的筋板效果如图 2.78(b)所示；当选择“平行于剖切平面”时，创建的筋板效果如图 2.78(c)所示，此时可以创建三角形加强筋。

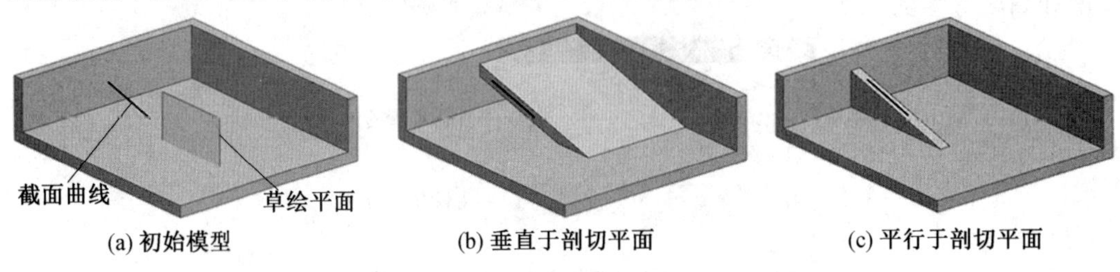

(a) 初始模型　(b) 垂直于剖切平面　(c) 平行于剖切平面

图 2.78　创建筋板示例二

【例 2.3】　绘制图 2.79 所示支架模型。

图 2.79 所示支架由拉伸特征、凸起、孔、加强筋和圆角组成。4 个圆角的创建过程详见2.2.6节，其余特征的创建过程介绍如下。

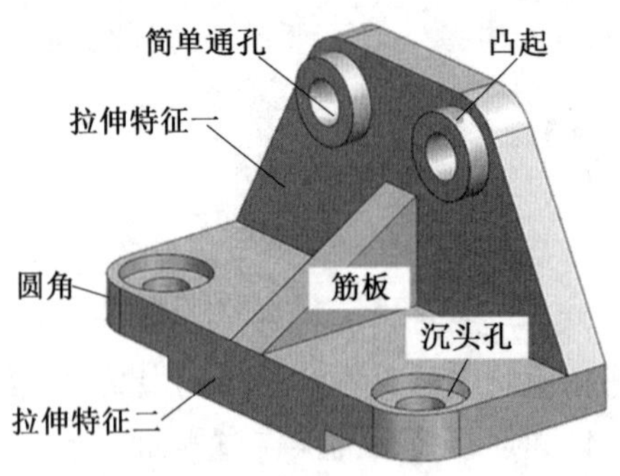

图 2.79　支架模型

步骤 1　进入建模模块。

启动 NX 软件，选择“文件\新建”，在“新建”对话框的“模板”选项卡选取“模型”模板，输入零件名字“支架”，然后设置好存储路径，单击“确定”按钮，进入建模环境。

步骤 2　创建拉伸特征一。

(1)进入草绘环境。选择“菜单\插入\草图”，弹出“创建草图”对话框，选择“基于平面”选项，单击基准坐标系的 $Z-X$ 平面为草绘平面，然后单击“创建草图”对话框的“确定”按钮，进入草绘环境。

(2)绘制截面曲线。利用草图工具绘制图 2.80 所示草图，并标注尺寸。然后单击“完成”图标，退出草绘环境，返回建模环境。

(3)创建拉伸特征。单击“拉伸”图标，选择图 2.80 所示草图为截面曲线，拉伸方向为 Y 轴正向，拉伸起始值为“0”，结束值为“20”，布尔运算选择“无”，然后单击“拉伸”对话框的“确定”按钮，结果如图 2.81 所示。

步骤 3　创建拉伸特征二。

(1)进入草绘环境。和拉伸特征一相同，以 $Z-X$ 平面为草绘平面，进入草绘环境。

(2)绘制截面曲线。利用草图工具绘制图 2.82 所示草图,并标注尺寸,然后退出草绘环境,返回建模环境。

(3)创建拉伸特征。单击“拉伸”图标,选择图 2.82 所示草图为截面曲线,拉伸方向为 $-Y$ 轴方向,拉伸起始值为“-20”,结束值为“83”,布尔运算选择“合并”,然后单击“拉伸”对话框的“确定”按钮,结果如图 2.83 所示。

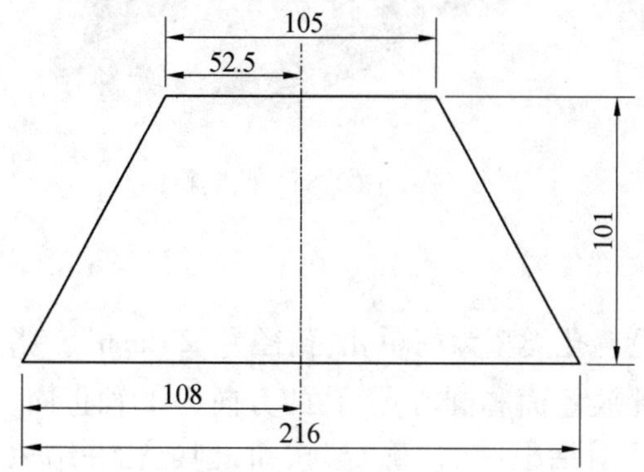

图 2.80　拉伸特征一的截面曲线

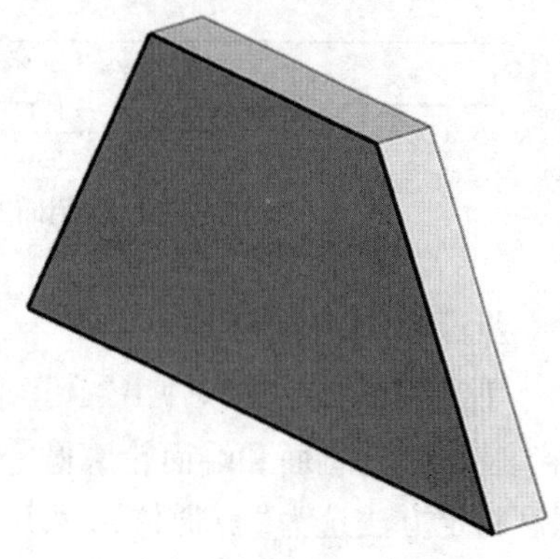

图 2.81　拉伸特征一

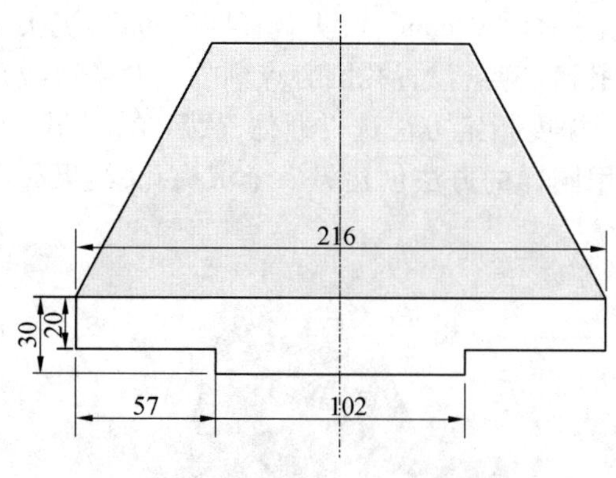

图 2.82　拉伸特征二的截面曲线

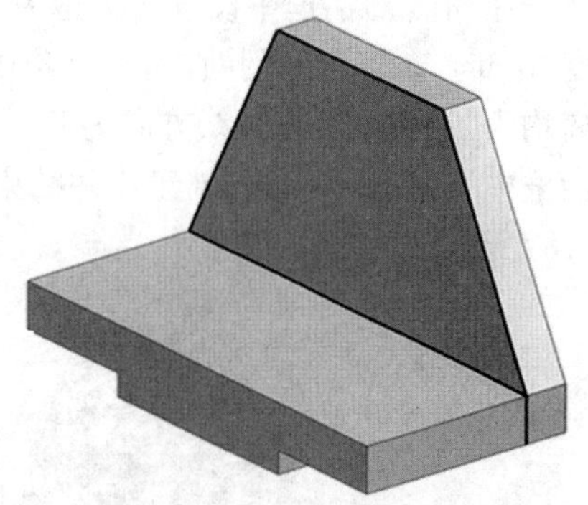

图 2.83　拉伸特征二

步骤 4　创建凸起特征。

(1)进入草绘环境。与拉伸特征一相同,以 Z-X 平面为草绘平面,进入草绘环境。

(2)绘制截面曲线。利用草图工具绘制图 2.84 所示草图,并标注尺寸。然后退出草绘环境,返回建模环境。

(3)创建凸起特征。单击“菜单\插入\设计特征\凸起”图标,弹出“凸起”对话框。选择图 2.84 所示左侧圆为截面曲线,单击鼠标中键切换到选择“要凸起的面”,单击图 2.85中对应的面,在“端盖”选项区“几何体”下拉列表选择“凸起的面”,位置选择“偏置”,在“距离”文本框输入“10 mm”,然后单击“凸起”对话框的“确定”按钮,完成凸起特征一的创建,结果如图 2.85 所示。采用相同的方法,创建另一个凸起特征。

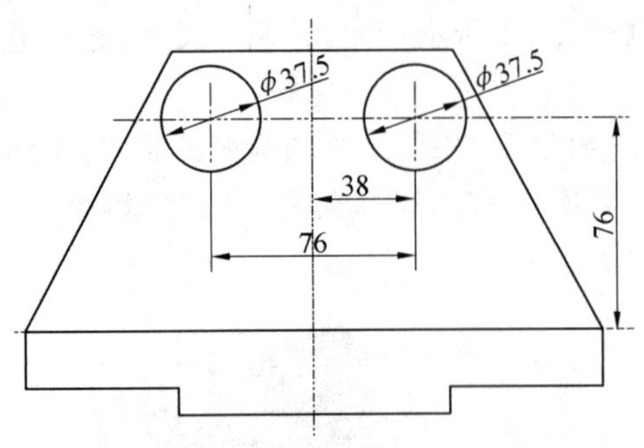

图 2.84　凸起特征的截面曲线

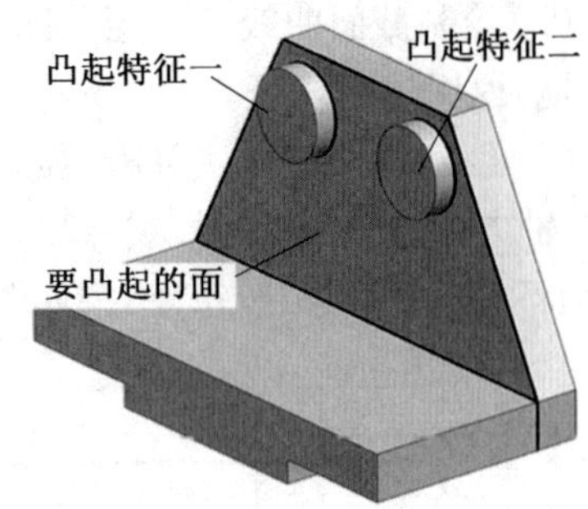

图 2.85　凸起特征

步骤 5　创建通孔。

单击“孔”图标，弹出“孔”对话框。设置孔类型为简单孔，孔径为“20 mm”。指定凸起特征一的端面和端面轮廓圆心分别为孔放置面和圆心点，孔的方向为 Y 轴正向，孔深度指定方法选为“贯通体”，然后单击“孔”对话框中的“确定”按钮，创建孔并结束命令。用同样的方法创建另一个通孔，结果如图 2.86 所示。

步骤 6　创建通沉头孔。

在“孔”对话框中设置孔类型为沉头孔，孔径为“20 mm”，沉头直径“40 mm”，沉头深度“6 mm”，然后选择拉伸特征二顶面一点为孔圆心点，设置孔圆心点到临近两条边线距离均为“25 mm”，孔轴线方向为 $-Z$ 轴方向，孔深度指定方法选贯通体，然后单击“孔”对话框中的“确定”按钮，创建孔并结束命令。用同样的方法创建另一个沉头孔，结果如图 2.87所示。

图 2.86　通孔特征

图 2.87　沉头孔特征

步骤 7　创建筋板。

(1)进入草绘环境。以 Z-Y 平面为草绘平面，进入草绘环境。

(2)绘制筋板截面曲线。利用草图工具绘制图 2.88 所示筋板截面曲线，并标注尺寸。然后退出草绘环境，返回建模环境。

(3)创建筋板特征。单击“菜单\插入\设计特征\筋板”图标，弹出“筋板”对话框。选择已经创建的支架模型为目标体，选择图 2.88 中直线段为截面线，在“壁”选项区选择“平行于剖切平面”，指定筋板厚度为“20 mm”，然后单击“筋板”对话框的“确定”按钮，完成加强筋的创建,结果如图 2.89 所示。

步骤 8　保存模型。

隐藏草绘曲线后,支架模型如图 2.79 所示。单击"文件\保存",保存支架模型文件。

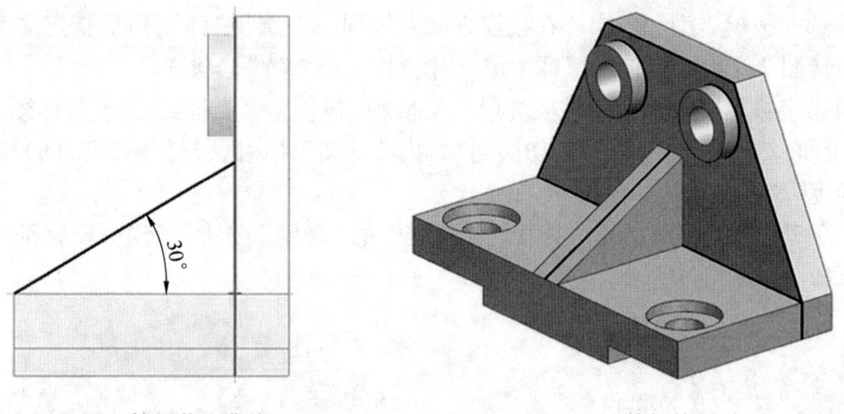

图 2.88　筋板截面曲线　　图 2.89　筋板特征

2.2.6　细节特征

细节特征用于对已经创建的模型进行局部修改和必要的细化,以获得更加实用的实体模型。细节特征主要包括拔模、抽壳、边倒圆和倒斜角等。

1. 拔模

拔模是将实体模型的表面沿着指定的方向倾斜一定的角度,该特征是零件的工艺特征,应用广泛。单击基本工具栏"拔模"图标,或者选择"菜单\插入\细节特征\拔模",弹出"拔模"对话框,如图 2.90 所示。"拔模"对话框提供了 4 种拔模方法,分别是面、边、与面相切和分型边。此外,"拔模"对话框还需要指定拔模方向、要拔模的面等参数。

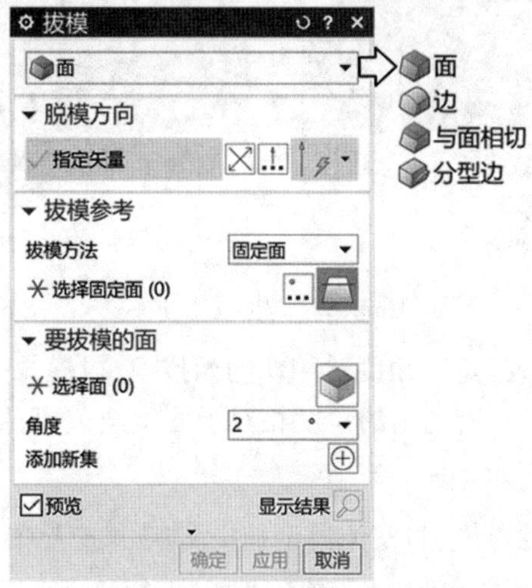

图 2.90　"拔模"对话框

面类型拔模是相对于固定面或者分型面拔模。以图 2.91(a)所示长方体模型为例,使用“面”方法拔模的操作过程如下。

(1)选择命令。单击“拔模”图标,弹出图 2.90 所示“拔模”对话框。

(2)选择拔模类型和方向。在拔模方法下拉列表中选择“面”,然后指定 Z 轴正向为拔模方向(图 2.91(a)),单击鼠标中键,切换到“拔模参考”选项区。

(3)指定拔模固定面和要拔模的面。切换到“拔模参考”选项区后,选择图 2.91(a)所示固定面,然后单击鼠标中键,切换到“要拔模的面”选项区,选择图 2.91(a)所示的面,并在“角度”文本框输入“15°”。

(4)创建拔模特征。单击“拔模”对话框中的“确定”按钮,创建拔模特征并结束命令,效果如图 2.91(b)所示。

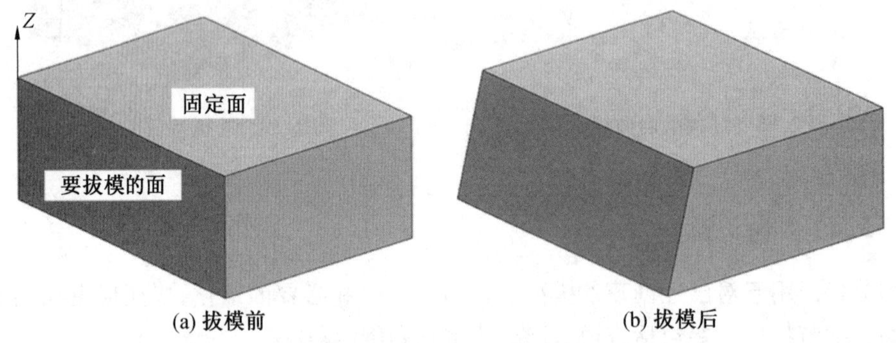

图 2.91 “面”方法拔模

其余 3 种拔模方法操作过程与“面”方法类似。“边”方法拔模先选择一组边,边所在面按指定的角度拔模,拔模效果如图 2.92 所示。

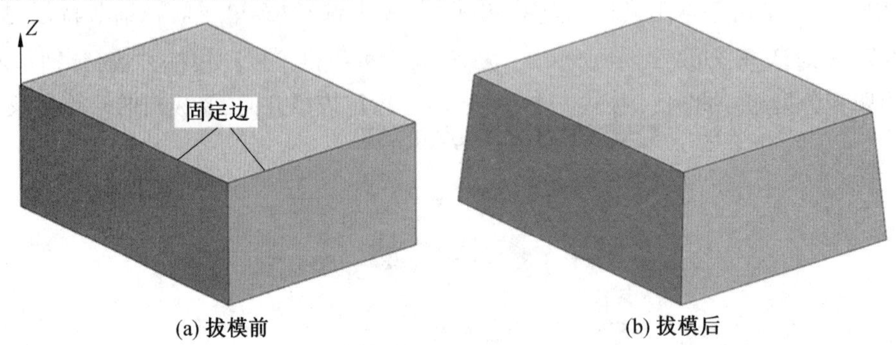

图 2.92 “边”方法拔模

“与面相切”拔模是按指定的角度对相切的面拔模,拔模效果如图 2.93 所示。“分型边”方法拔模先选择一组边,沿指定的角度相对于固定面拔模,拔模效果如图 2.94 所示。

2. 抽壳

“抽壳”是按照指定的厚度,将实体模型抽空为腔体或者在其四周创建壳体。单击基本工具栏“抽壳”图标或选择“菜单\插入\偏置或缩放\抽壳”,弹出“抽壳”对话框,如图 2.95 所示。“抽壳”对话框提供了两种抽壳类型,分别是“打开”和“封闭”。当选择

“打开”类型时，先选择面，再指定壳体厚度，生成壳体时会移除选择的面，然后创建出指定厚度的壳，如图 2.96 所示。当选择“封闭”类型时，先选择体，再指定壳体厚度，会生成中空的壳体，如图 2.97 所示。

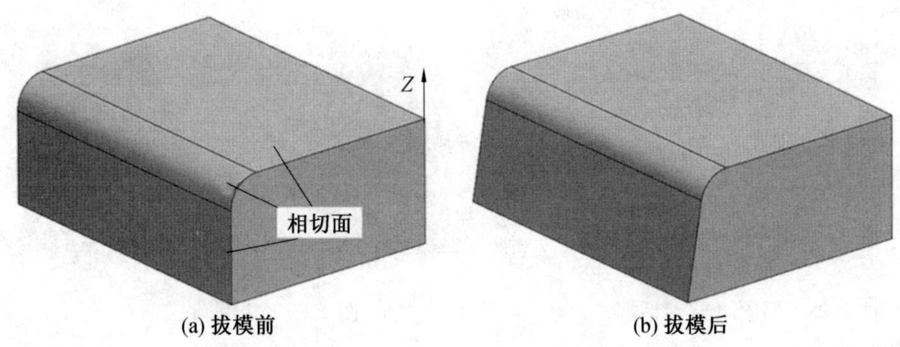

(a) 拔模前 (b) 拔模后

图 2.93 “与面相切”方法拔模

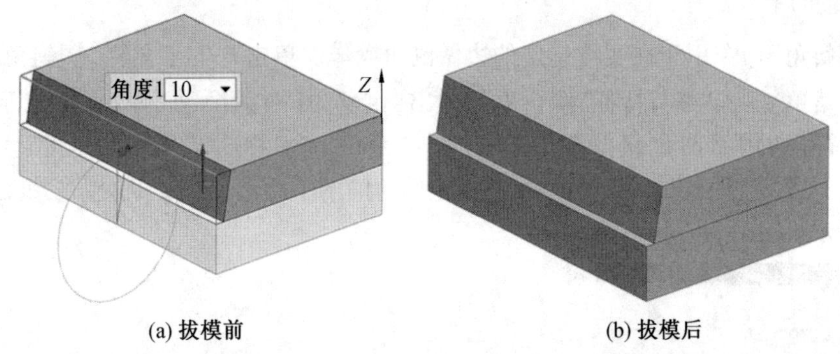

(a) 拔模前 (b) 拔模后

图 2.94 “分型边”方法拔模

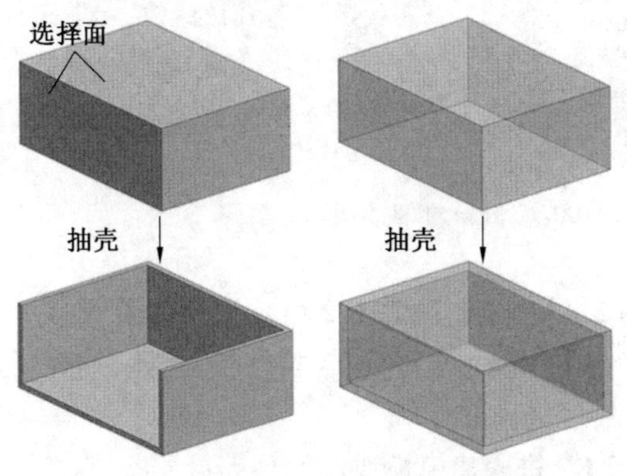

图 2.95 “抽壳”对话框 图 2.96 打开类型抽壳 图 2.97 封闭类型抽壳

3. 边倒圆

“边倒圆”命令使实体或者片体模型的尖锐边缘变成圆滑表面，倒圆半径可以不变也可以是变化的。单击基本工具栏“边倒圆”图标或选择“菜单\插入\细节特征\边倒圆”，弹出“边倒圆”对话框，如图 2.98 所示。对话框提示先选择要倒圆的边，选择图 2.99

中模型的 4 条边线,然后在对话框输入圆角半径值“25”,单击“确定”按钮,边倒圆效果如图 2.99 所示。

图 2.98　“边倒圆”对话框

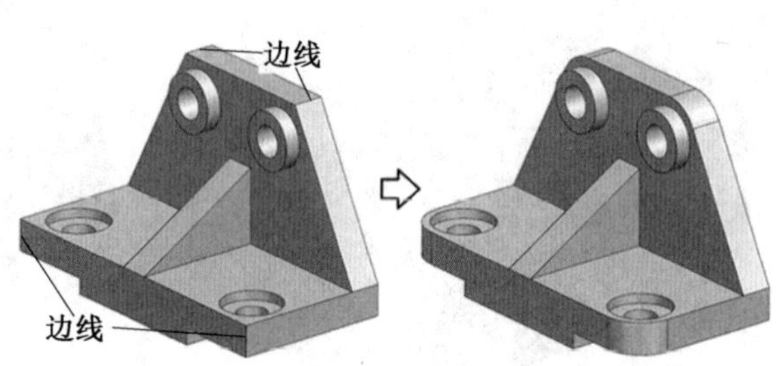

图 2.99　边倒圆

4. 倒斜角

“倒斜角”命令用于在实体指定的边做倒角操作。单击基本工具栏“倒斜角”图标或选择“菜单\插入\细节特征\倒斜角”,弹出“倒斜角”对话框,如图 2.100 所示。“倒斜角”对话框提供了 3 种倒斜角类型,分别是“对称”“非对称”和“偏置和角度”。选择“非对称”类型后,选择图 2.101 所示边线,指定倒角的两个距离,单击“确定”按钮,效果如图 2.101 所示。

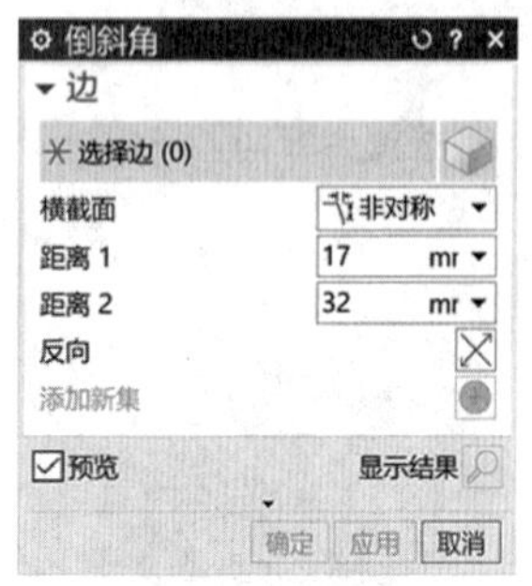

图 2.100　“倒斜角”对话框

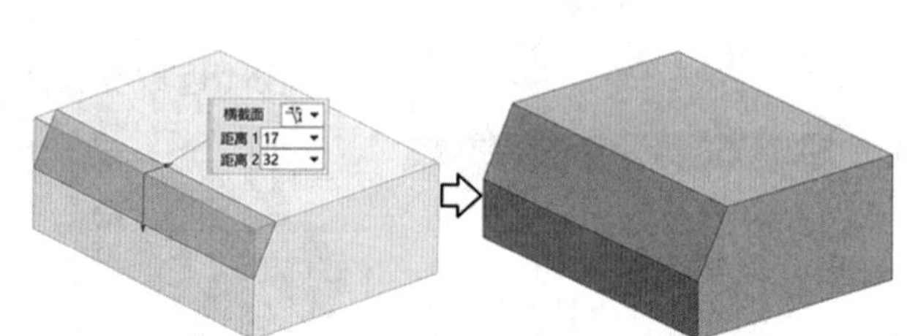

图 2.101　倒斜角

【例 2.4】　绘制图 2.102 所示塑料件模型。

图 2.102 所示塑料件包含拉伸特征、孔、抽壳、圆角、斜角等特征,其详细创建过程介绍如下。

步骤 1　进入建模模块。

启动 NX 软件,选择“文件\新建”,在“新建”对话框的“模板”选项卡选取“模型”模板,输入零件名字“塑料件”,然后设置好存储路径,单击“确定”按钮,进入建模环境。

步骤 2　通过“拉伸”命令创建塑料件基础特征。

(1)进入草绘环境。选择“菜单\插入\草图”,弹出“创建草图”对话框,选择“基于平面”选项,单击基准坐标系的 $Z-Y$ 平面为草绘平面,然后单击“创建草图”对话框的“确定”按钮,进入草绘环境。

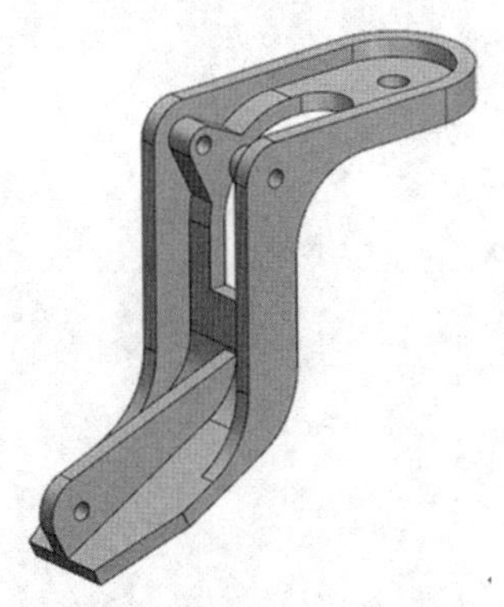

图 2.102　塑料件模型

(2)绘制截面曲线。利用草图工具绘制图 2.103 所示草图,并标注尺寸。然后单击“完成”按钮,退出草图,返回建模环境。

(3)创建拉伸特征。单击“拉伸”图标,弹出“拉伸”对话框后,选择图 2.103 所示草图为截面曲线,拉伸距离的“限制”方法选择“对称值”,距离为“52”,布尔运算选择“无”,然后单击“确定”按钮,结果如图 2.104 所示。

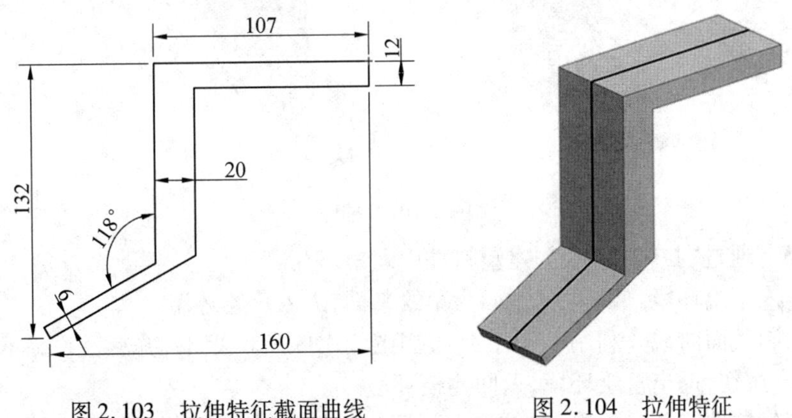

图 2.103　拉伸特征截面曲线　　图 2.104　拉伸特征

步骤 3　边倒圆。

单击“边倒圆”图标,弹出“边倒圆”对话框。选取图 2.105 所示半径为“26 mm”的两条边,设置圆角半径值,单击“确定”按钮,完成边倒圆。其余 4 个边倒圆特征操作过程相似,结果如图 2.106 所示。

步骤 4　抽壳。

单击“抽壳”图标,弹出“抽壳”对话框。选择抽壳类型为“打开”,选择图 2.107 所示的面,设置抽壳厚度为“6 mm”,单击“确定”按钮,抽壳结果如图 2.107 所示。

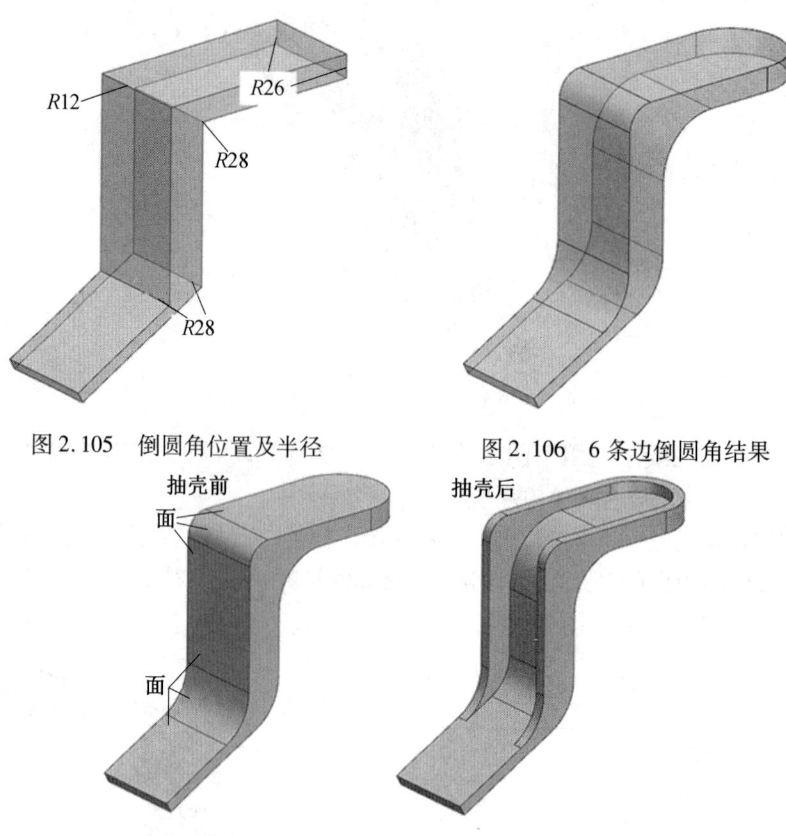

图 2.105　倒圆角位置及半径

图 2.106　6 条边倒圆角结果

图 2.107　抽壳

步骤 5　通过“拉伸”命令创建塑料件中间矩形孔。

(1)进入草绘环境。以 *Z-Y* 平面为草绘平面,进入草绘环境。

(2)绘制截面曲线。利用草图工具绘制图 2.108 所示矩形,并标注图示尺寸。然后单击“完成”按钮,退出草绘环境,返回建模环境。

(3)创建拉伸特征。单击“拉伸”图标,弹出“拉伸”对话框。选择图 2.108 所示草绘矩形为拉伸曲线,拉伸距离的“限制”方法选择“对称值”,距离的数值设为“20”,布尔运算选择“减去”,单击“确定”按钮,结果如图 2.109 所示。

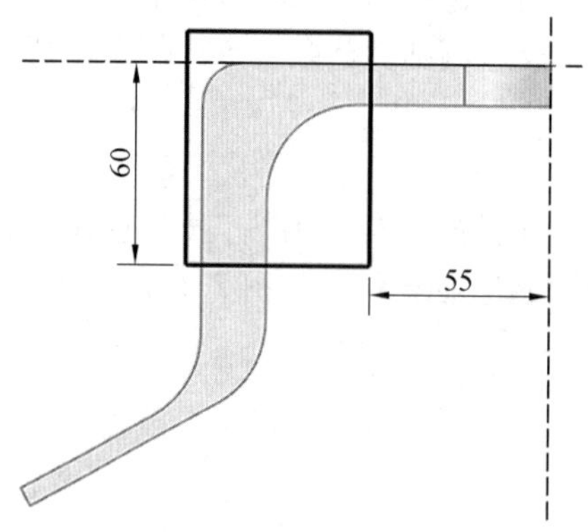

图 2.108　拉伸特征截面曲线

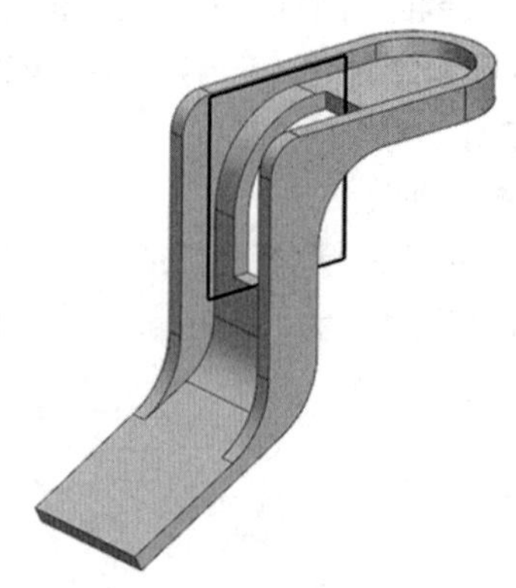

图 2.109　拉伸生成中间孔

步骤 6　打孔。

单击基本工具栏“孔”图标，弹出“孔”对话框。选择“简单”孔，孔径为“10 mm”，在“位置”选项区选择“指定点”，选择图 2.110 所示圆弧圆心，孔轴线方向为−*Z* 轴方向，孔深度指定方法选“贯通体”，单击“确定”按钮，创建孔特征，结果如图 2.111 所示。圆心点位置在图 2.110 边中点的 ϕ20 mm 的孔，创建过程与 ϕ10 mm 的孔相同。

图 2.110　孔截面圆心位置

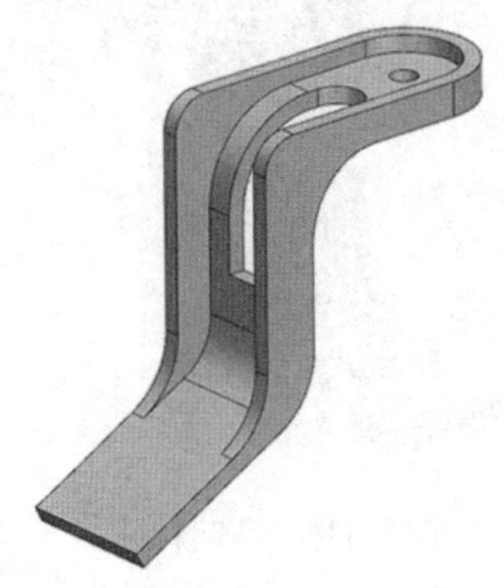
图 2.111　打孔结果

步骤 7　创建凸起特征。

(1)进入草绘环境。以 *Z*−*Y* 平面为草绘平面，进入草绘环境。

(2)绘制截面曲线。利用草图工具绘制图 2.112 所示凸起截面曲线，并标注尺寸。然后退出草图，返回建模环境。

(3)创建凸起特征。单击“菜单\插入\设计特征\凸起”，弹出“凸起”对话框。选择图 2.112 所示截面曲线，单击鼠标中键切换到选择“要凸起的面”，单击选择图 2.113 中对应的指示面，在“端盖”选项区中“几何体”下拉列表中选择“选定的面”，单击图 2.113 中对应的指示面，然后单击“确定”按钮，完成凸起特征的创建。另一个凸起特征的创建过程相同，结果如图 2.114 所示。

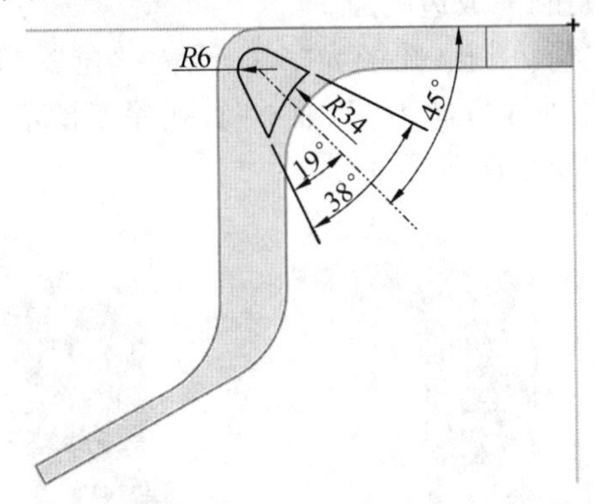

图 2.112　凸起截面曲线

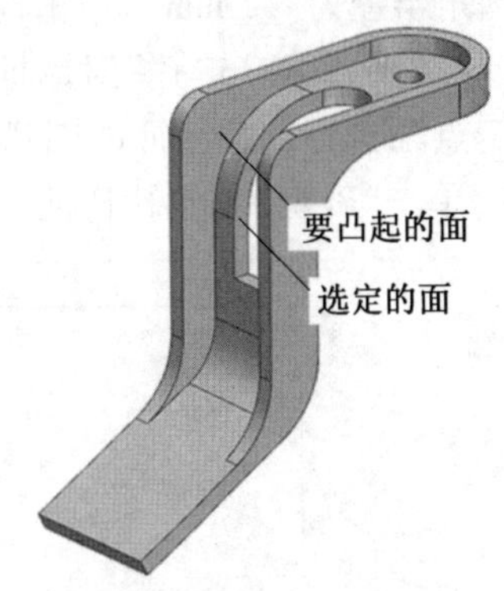

图 2.113　凸起特征参数

(4)凸起特征打孔。单击基本工具栏“孔”图标，弹出“孔”对话框。选择“简单”孔，孔径为“6 mm”，在“位置”选项区选择“指定点”，选择凸起特征的圆弧圆心，孔轴线方向为-*X* 轴方向，孔深度指定方法选“贯通体”，单击“确定”按钮，创建孔特征。另一个凸起特征及打孔创建过程相同，结果如图 2.115 所示。

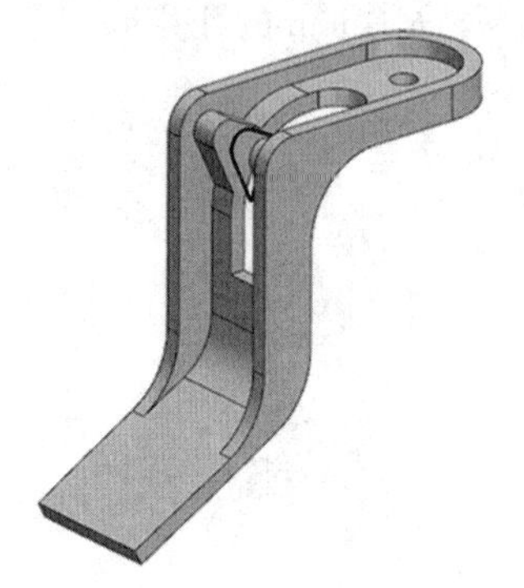

图 2.114　凸起特征

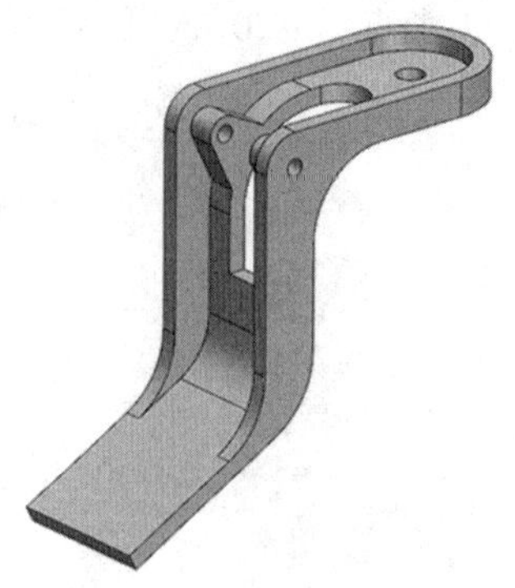

图 2.115　凸起特征打孔

步骤 8　创建筋板。

(1)进入草绘环境。以 *Z*-*Y* 平面为草绘平面，进入草绘环境。

(2)绘制截面曲线。利用草图工具绘制图 2.116 所示筋板特征截面曲线，并标注尺寸。然后退出草图，返回建模环境。图 2.116 中截面曲线可不与已创建的塑料件模型相交。

(3)创建筋板特征。单击“菜单\插入\设计特征\筋板”，弹出“筋板”对话框。选择已经创建的支架模型为目标体，选择图 2.116 中两条直线段为截面线，在“壁”选项区选择“平行于剖切平面”，指定筋板厚度为“6 mm”，然后单击“筋板”对话框的“确定”按钮，完成加强筋的创建，结果如图 2.117 所示。

(4)筋板倒圆角及打孔。单击“边倒圆”图标，弹出“边倒圆”对话框。选取筋板边线，设置圆角半径为“12 mm”，单击“确定”按钮，完成边倒圆。

单击“孔”图标，弹出“孔”对话框，选择“简单”孔，孔径为“6 mm”，在“位置”选项区选择“指定点”，选择倒圆特征的圆弧圆心，孔轴线方向为-*X* 轴方向，孔深度指定方法选“贯通体”，单击“确定”创建孔特征，结果如图 2.118 所示。

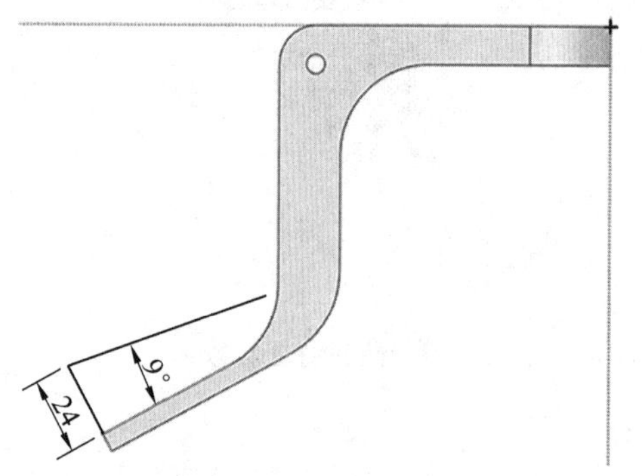

图 2.116　筋板特征截面曲线

图 2.117　筋板特征

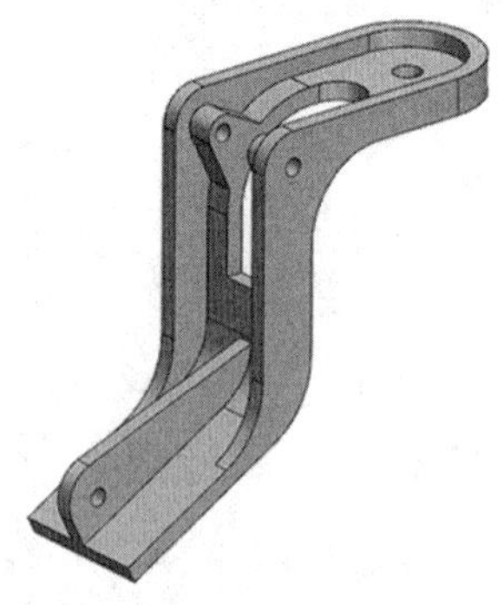

图 2.118　筋板倒圆角及打孔

步骤 9　倒斜角。

单击“倒斜角”图标，弹出“倒斜角”对话框，选择“非对称”斜角类型，指定两个距离分别为“10 mm”和“32 mm”，选择图 2.118 所示塑料件下端边线，如果斜角方向相反，单击对话框中的“反向”按钮，单击“确定”按钮，完成倒斜角，结果如图 2.102 所示。

步骤 10　保存模型。

单击“文件\保存”，保存塑料件模型文件。

2.2.7　修剪和复制

在实体建模时，经常需要对已有模型进行修剪、复制操作，创建复杂模型，从而快速、高效地进行建模。“修剪和复制”命令主要包括修剪体、拆分体、镜像和阵列等。

1. 修剪体

修剪体是通过面修剪实体模型，保留需要的一部分而删除另一部分。单击基本工具栏“修剪体”图标或选择“菜单\插入\修剪\修剪体”，弹出“修剪体”对话框，如图 2.119所示。选择图 2.120 中的长方体为修剪目标体，单击鼠标中键切换到选择工具体，选择曲面为工具体，系统会指示修剪方向，可以单击“反向”按钮切换，修剪方向指示一侧将被修剪掉。单击对话框中的“确定”按钮，修剪结果如图 2.120 所示。

图 2.119　“修剪体”对话框

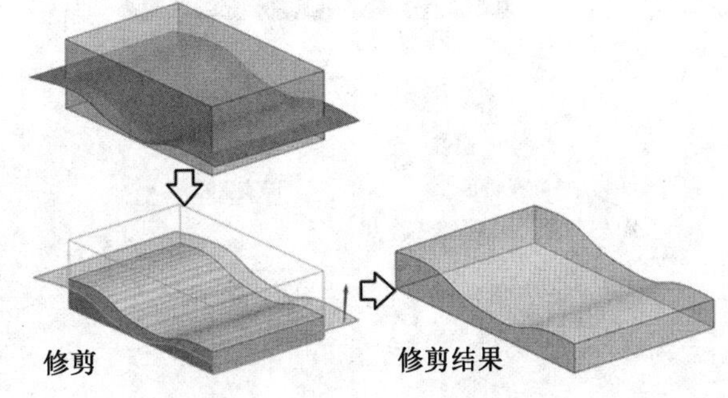

图 2.120　长方体修剪

2. 拆分体

“拆分体”是通过面将目标体一分为二。“拆分体”命令执行后模型参数会被保留，而修剪体命令执行后得到的是非参数化模型。单击基本工具栏“拆分体”图标或选择“菜单\插入\修剪\拆分体”，弹出“拆分体”对话框，如图 2.121 所示。“拆分体”命令操作过程与“修剪体”类似，图 2.120 中的长方体被曲面拆分后效果如图 2.122 所示。

图 2.121　“拆分体”对话框

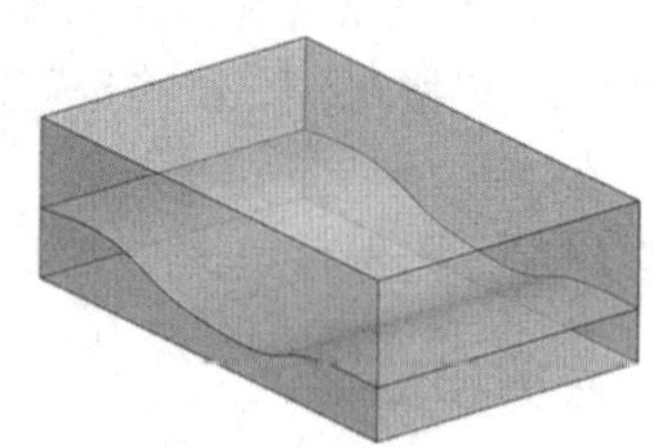

图 2.122　拆分体效果

3. 镜像

“镜像”命令用于通过平面将目标体进行镜像复制。“镜像”命令包括“镜像特征”“镜像面”和“镜像几何体”3 种，三者使用方法相似，下面以“镜像特征”为例讲解“镜像”命令的用法。单击基本工件栏“镜像特征”图标或选择“菜单\插入\关联复制\镜像特征”，弹出“镜像特征”对话框，如图 2.123 所示。分别选择孔和基准面为“要镜像的特征”和“镜像平面”，然后单击“确定”按钮，完成孔特征的镜像。

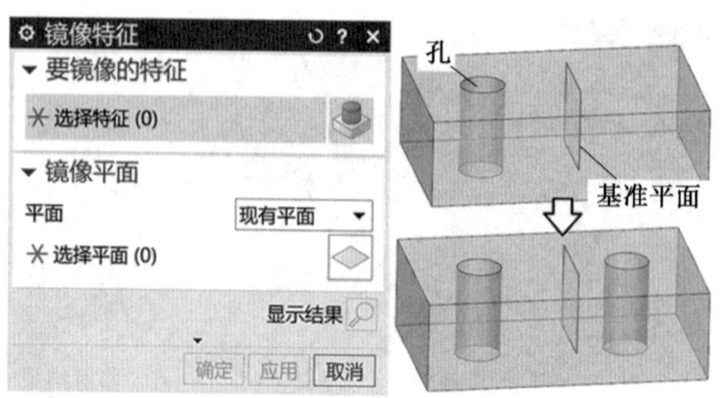

图 2.123　镜像特征

4. 阵列

“阵列”命令按照指定的规则将目标体进行多重复制。“阵列”命令包括“阵列特征”“阵列面”和“阵列几何体”3 种，使用方法相似。单击基本工具栏“阵列特征”图标或选择“菜单\插入\关联复制\阵列特征”，弹出“阵列特征”对话框，如图 2.124 所示。阵列特征“圆形”“线性”布局参数与草绘环境中“阵列曲线”参数类似，此处不再详述。圆形阵列效果如图 2.124 所示。

图 2.124　阵列特征

2.2.8　特征编辑

特征编辑是对已经创建特征的尺寸、位置等参数进行修改，实现特征的更新。特征编辑能够快速修改实体模型，提高绘图效率。

1. 编辑参数

“编辑参数”命令用于对特征参数进行修改，并更新特征。单击“菜单\编辑\特征\编辑参数”，弹出图 2.125 所示“编辑参数”对话框。对话框中列出了模型所有特征，在其中选择一个特征，比如“凸起(7)”，图形区中对应的特征会高亮显示，同样在模型中选择“凸起(7)”，“编辑参数”对话框中对应特征也会高亮显示。

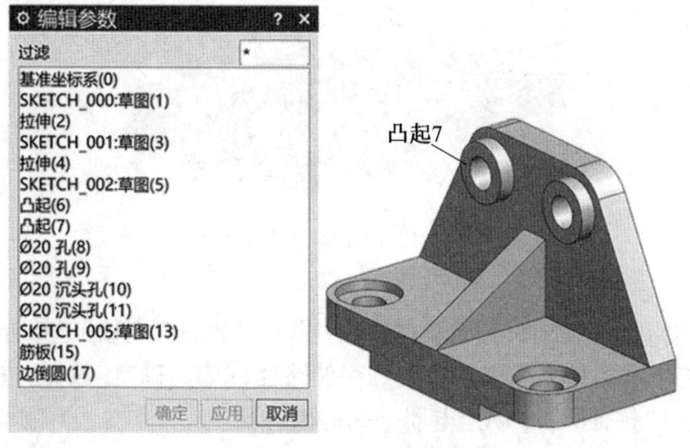

图 2.125　编辑参数

双击“编辑参数”对话框中的特征，或者在不打开“编辑参数”对话框的情况下，双击图形窗口中的特征，会弹出特征参数编辑对话框。双击图 2.125 中边倒圆特征，弹出图 2.126 所示“边倒圆”对话框，同时模型上也显示边倒圆特征的参数，可以根据需要进行修改。

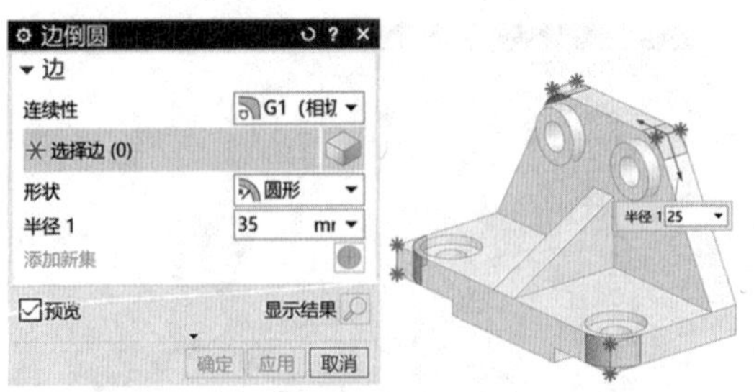

图 2.126 “边倒圆”对话框及相关参数

2. 移除参数

当模型特征较多时,使用“移除参数”命令可以移除模型的所有参数,以便缩短模型更新时间。单击“菜单\编辑\特征\移除参数”,弹出“移除参数”对话框,如图 2.127 所示。移除参数后,实体特征成为无参数模型,因此应慎重使用该命令。

图 2.127 “移除参数”对话框

2.2.9 实体建模实例

【例 2.5】 设计图 2.128 所示电器外壳模型。

图 2.128 所示电器外壳包含拉伸、拔模、抽壳、阵列、圆角等特征,其详细创建过程介绍如下。

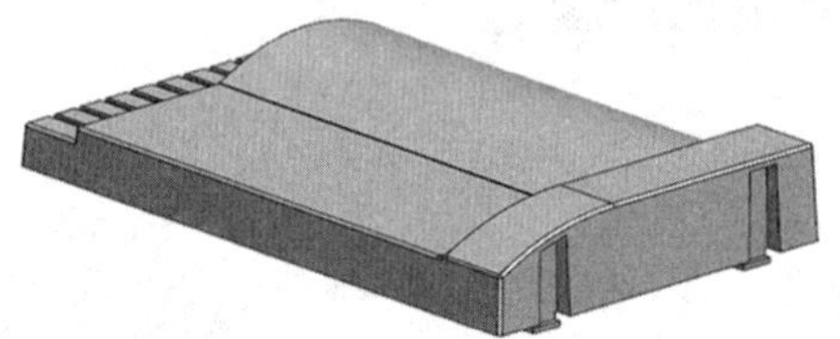

图 2.128 电器外壳模型

步骤 1 进入建模模块。

启动 NX 软件,选择“文件\新建”,在“新建”对话框的“模板”选项卡选取“模型”模板,输入零件名字“电器外壳”,然后设置好存储路径,单击“确定”按钮,进入建模环境。

步骤 2 通过“拉伸”命令创建电器外壳基础特征。

电器外壳基础特征包含 3 个拉伸特征,创建过程如下。

(1)进入草绘环境。选择“菜单\插入\草图”,弹出“创建草图”对话框,选择“基于平面”选项,单击基准坐标系的 Z-Y 平面为草绘平面,如图 2.129 所示,然后单击对话框的“确定”按钮,进入草绘环境。

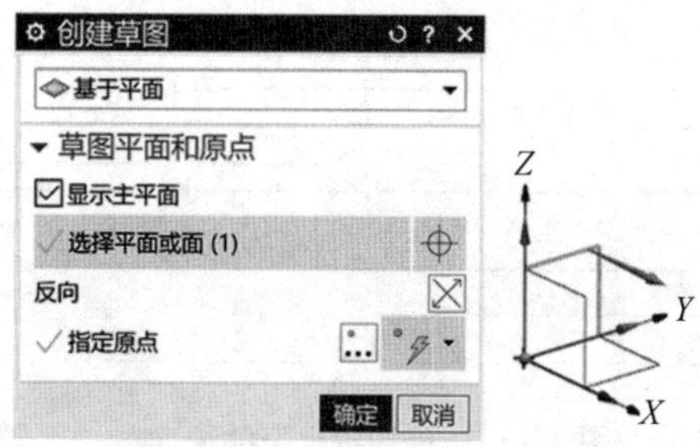

图 2.129　“创建草图”对话框

(2)绘制截面曲线。利用草图工具绘制图 2.130 所示草图,并标注尺寸。然后单击“完成”按钮,退出草图,返回建模环境。

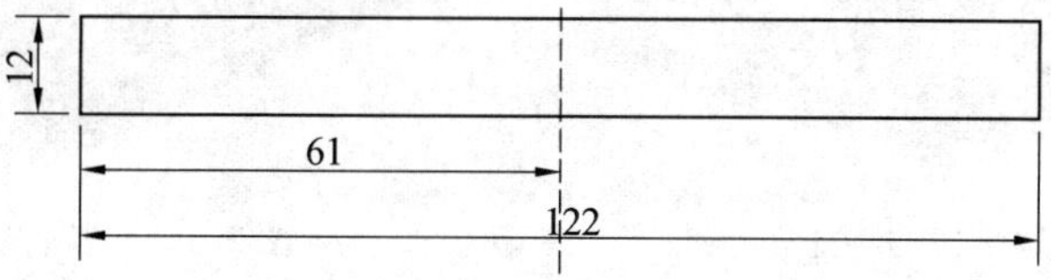

图 2.130　拉伸特征一截面曲线

(3)创建拉伸特征。单击“拉伸”图标,弹出“拉伸”对话框。选择图 2.130 草图为截面曲线,拉伸方向选择 X 轴正向,拉伸距离的“限制”方法选择“值”,起始距离为“75 mm”,结束距离为“95 mm”,布尔运算选择“无”,然后单击“确定”按钮,结果如图 2.131所示。

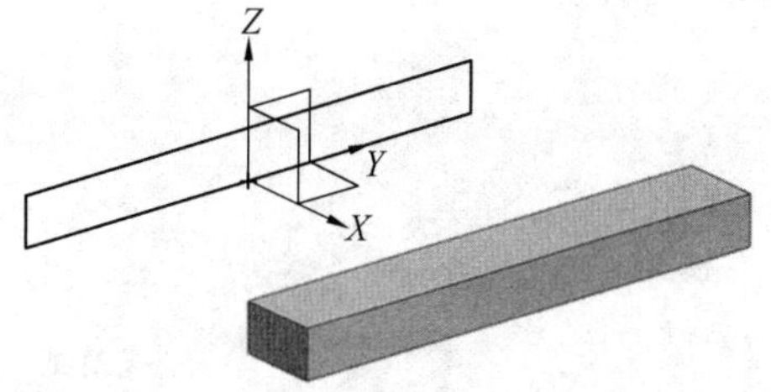

图 2.131　拉伸特征一

采用同样的方法创建第 2 个和第 3 个拉伸特征。第 2 个和第 3 个拉伸特征截面曲线分别如图 2.132、2.133 所示。第 2 个特征拉伸方向选择 X 轴正向,拉伸距离的“限制”方法选择“值”,起始距离为“-70 mm”,结束距离为“75 mm”,布尔运算选择“合并”,结果如图 2.134 所示。第 3 个特征拉伸方向选择 X 轴负向,拉伸距离限制方法选择“值”,起始距离为“70 mm”,结束距离为“95 mm”,布尔运算选择“合并”,结果如图 2.135 所示。

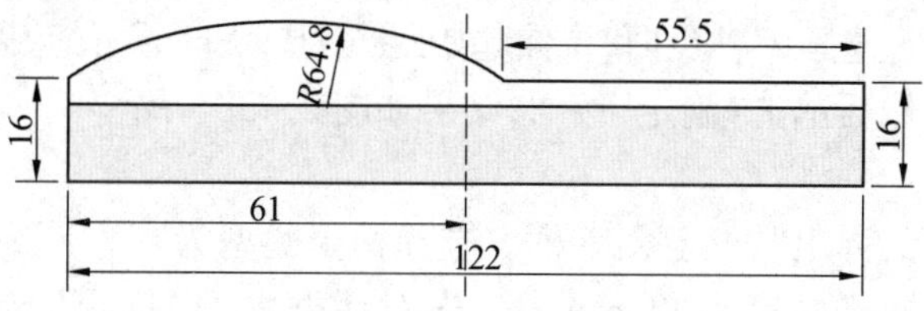

图 2.132　拉伸特征二截面曲线

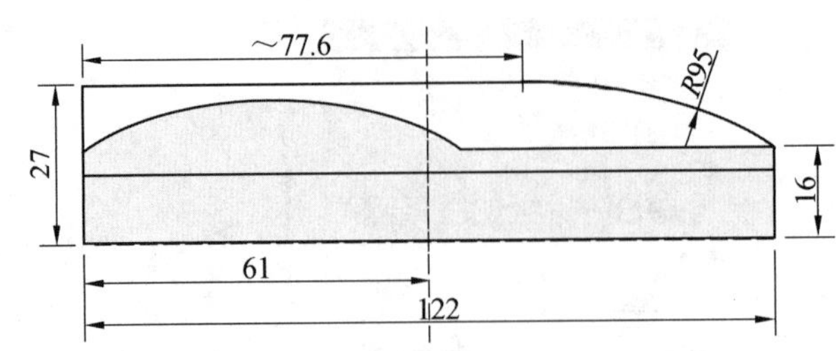

图 2.133　拉伸特征三截面曲线

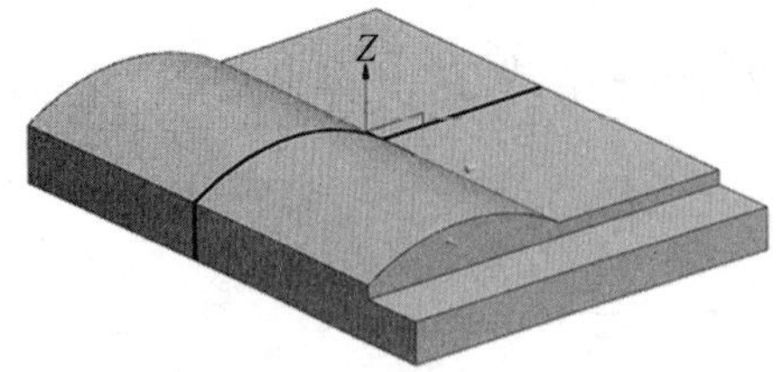

图 2.134　拉伸特征二

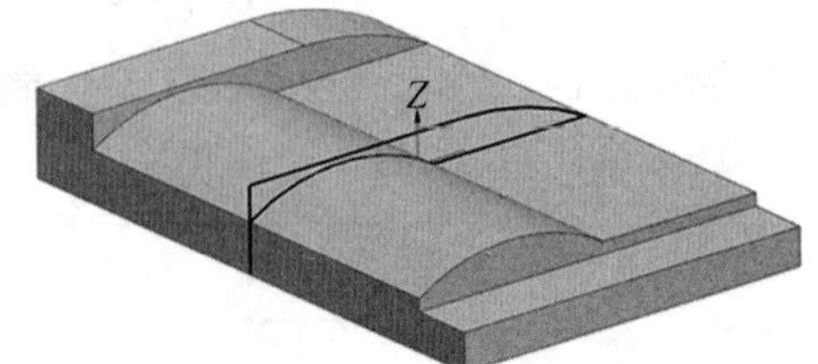

图 2.135　拉伸特征三

步骤 3　拔模。

(1)选择命令。单击基本工具栏“拔模”图标,弹出“拔模”对话框。

(2)指定拔模参数。选择拔模类型为“面”,拔模方向为 Z 轴正向,选择模型底面为拔模固定面,选择图 2.136 所示 6 个面为要拔模的面,并在角度文本框输入“3°”。单击对话框中的“确定”按钮,创建拔模特征。

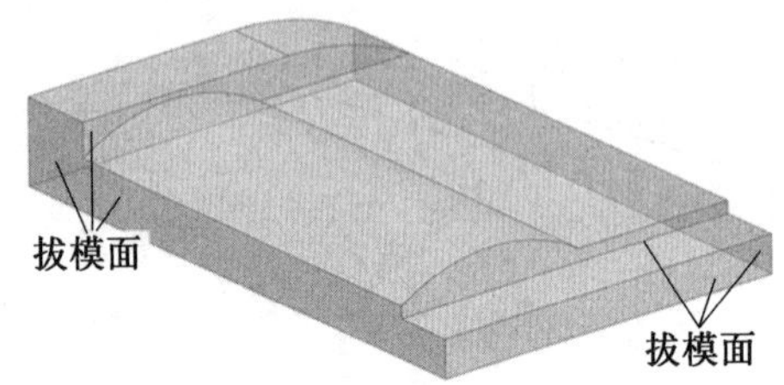

图 2.136　创建拔模特征

步骤 4　通过“拉伸”命令创建侧槽特征。

(1)进入草绘环境。以基准坐标系的 Z-Y 平面为草绘平面,进入草绘环境。

(2)绘制截面曲线。利用草图工具绘制图 2.137 所示侧槽截面曲线,并标注尺寸。然后单击“完成”按钮,退出草图,返回建模环境。

(3)创建侧槽特征。单击“拉伸”图标,弹出“拉伸”对话框。选择图 2.137 所示草图为截面曲线,拉伸方向选择 X 轴负向,拉伸起始距离为“90 mm”,结束距离为“95 mm”,布尔运算选择“减去”,然后单击“确定”按钮,结果如图 2.138 所示。

步骤 5　抽壳。

单击“抽壳”图标,弹出“抽壳”对话框。选择抽壳类型为“打开”,单击选择模型底面为要移除的面,设置抽壳厚度为“3 mm”,单击对话框中的“确定”按钮,抽壳结果如图 2.139所示。

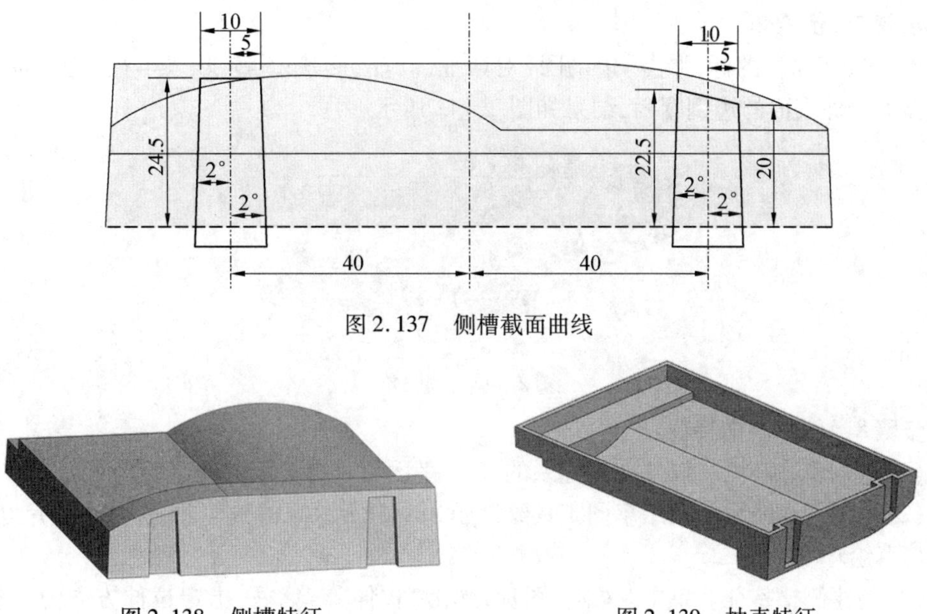

图 2.137　侧槽截面曲线

图 2.138　侧槽特征

图 2.139　抽壳特征

步骤 6　通过“拉伸”命令创建卡扣特征。

(1)进入草绘环境。以基准坐标系的 Z-X 平面为草绘平面,进入草绘环境。

(2)绘制截面曲线。利用草图工具绘制图 2.140 所示卡扣截面曲线,并标注尺寸。然后单击“完成”按钮,退出草图,返回建模环境。

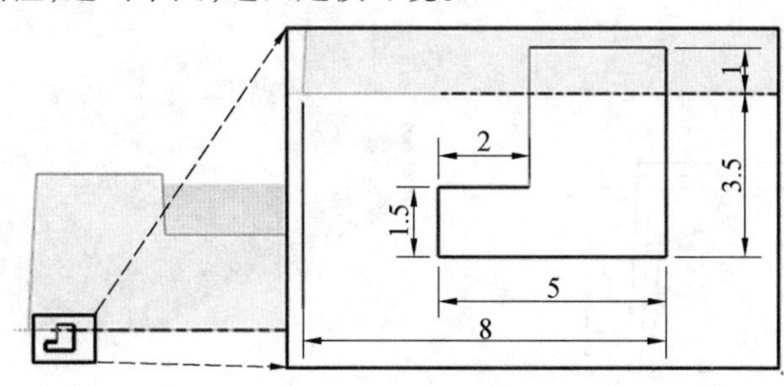

图 2.140　卡扣截面曲线

(3)创建卡扣特征。单击“拉伸”图标,弹出“拉伸”对话框。选择图 2.140 所示草图为截面曲线,拉伸方向选择 Y 轴正向,拉伸起始距离为“35 mm”,结束距离为“45 mm”,布尔运算选择“合并”,创建一个卡扣。另一个卡扣拉伸方向选择 Y 轴负向,拉伸起始和结束距离分别为“35 mm”和“45 mm”。创建的卡扣特征如图 2.141 所示。

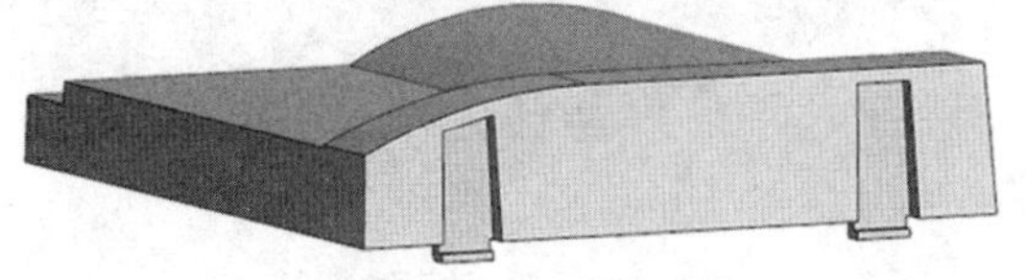

图 2.141　卡扣特征

步骤 7　倒圆角。

单击“边倒圆”图标，弹出“边倒圆”对话框，设置“形状”为圆形，“半径”为 1 mm，选择电器外壳外表面的边倒圆角，结果如图 2.142 所示。

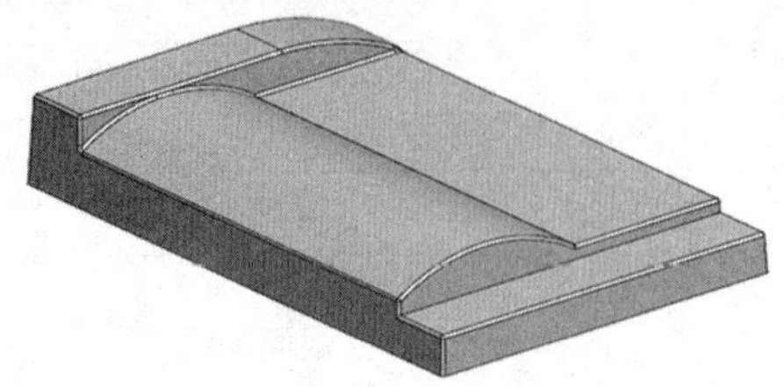

图 2.142　倒圆角

步骤 8　创建侧槽特征。

(1)进入草绘环境。以基准坐标系的 Z-X 平面为草绘平面，进入草绘环境。

(2)绘制截面曲线。利用草图工具绘制图 2.143 所示侧槽截面曲线，并标注尺寸，然后退出草绘环境。

(3)创建侧槽特征。单击“拉伸”图标，弹出“拉伸”对话框，指定拉伸方向为 Y 轴负向，拉伸起始距离为“48.5 mm”，结束距离为“51.5 mm”，布尔运算选择“减去”，单击“确定”按钮，创建的侧槽特征如图 2.144 所示。

(4)阵列侧槽特征。单击“阵列”图标，弹出“阵列”对话框。选择侧槽特征，采用线性阵列的方式，指定阵列方向为 Y 轴正向，数量为 11 个，间距为 10 mm，单击“确定”按钮，阵列的侧槽特征如图 2.145 所示。

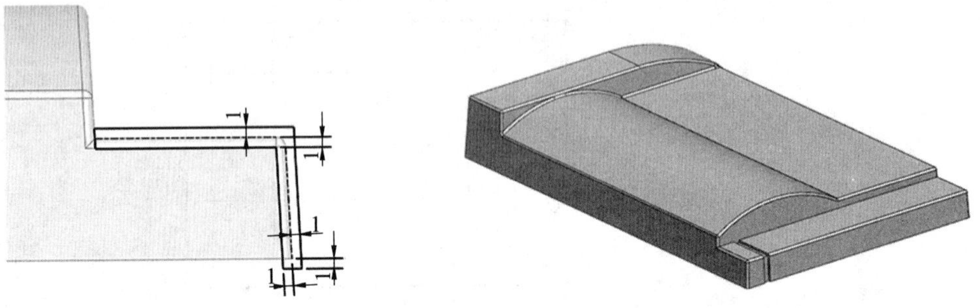

图 2.143　侧槽截面曲线图　　　图 2.144　拉伸创建侧槽特征

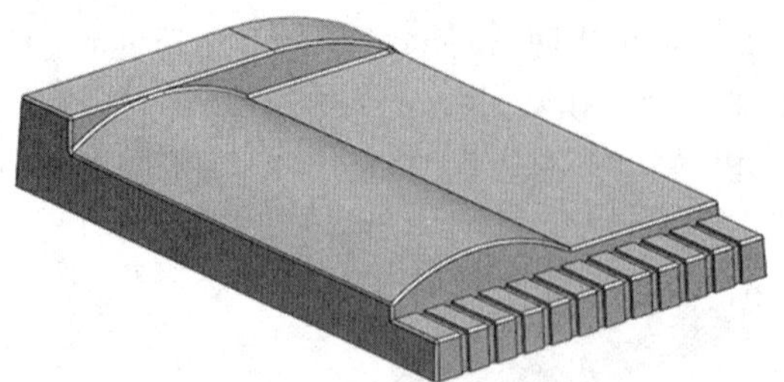

图 2.145　阵列侧槽特征

步骤 9　保存模型。

单击“文件\保存”，保存塑料件模型文件。

2.3　曲面建模

曲面是几何体的边界面，没有厚度和质量。对于形状复杂的零件，采用实体建模的方法有很多局限性，而采用曲面建模的方法会更加有效。使用 NX 软件曲面建模可先创建曲线，然后根据曲线创建曲面，再由曲面生成实体，得到产品实体模型。

2.3.1　曲线绘制

曲面造型使用的曲线可以通过草绘功能创建，也可以通过曲线功能创建。与草绘功能不同，曲线功能不仅可以创建二维曲线，也可以创建三维曲线，本节主要讲述曲线命令的用法。曲线分为直接绘制曲线和派生曲线，派生曲线是依据已有的曲线创建曲线。

曲线命令主要集中在“曲线”选项卡的“基本”工具栏和“派生”工具栏（图 2.146），也集中在“菜单\插入\曲线或者派生曲线”下拉菜单中。

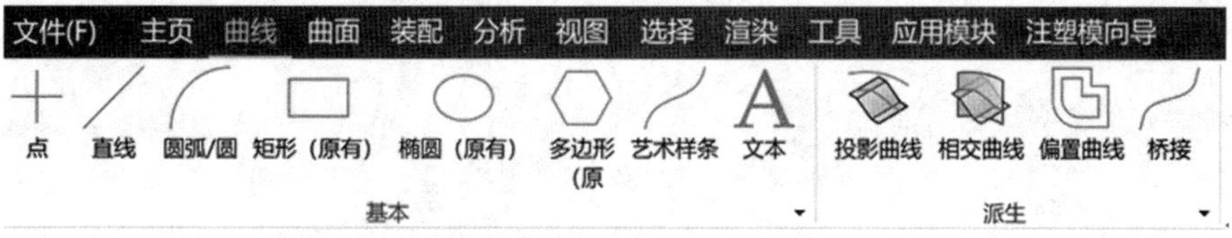

图 2.146　绘制曲线相关命令

1. 直接绘制曲线

直接绘制曲线的命令（如直线、圆弧/圆、矩形、椭圆、正多边形、样条等）与草绘功能中相关命令操作过程大致相同，在指定曲线参数和空间位置参数后，就可以完成曲线的创建。

2. 派生曲线

派生曲线常用命令有投影、相交、偏置、桥接等。投影曲线是将曲线或者点沿着某一方向投影到平面或者曲面上。单击“投影曲线”图标，弹出图 2.147 所示对话框，分别选择图 2.148 中椭圆和曲面为要投影的曲线和投影目标面（曲线见本章二维码中的文件：第 2 章\2-148. prt），得到图示投影曲线。当投影曲线与面上孔或者边缘相交时，则投影曲线会被面上的孔或者边缘修剪。该方法可以设置投影曲线与原曲线是否关联，如果关联则投影曲线会随原曲线的改变而改变。

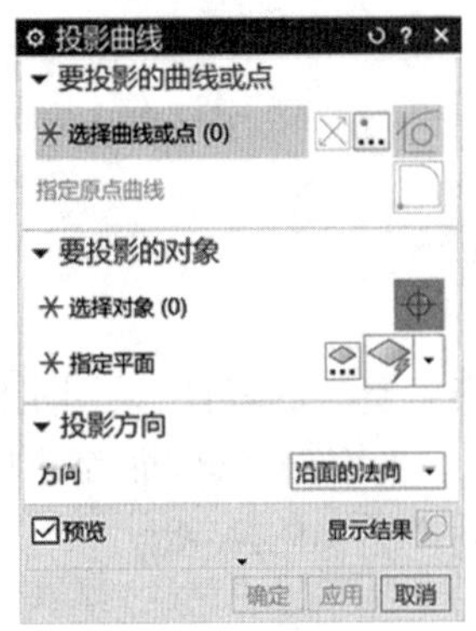

图 2.147　“投影曲线”对话框

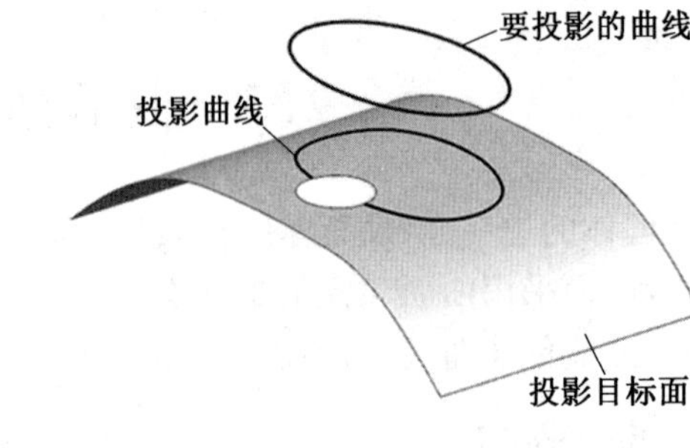

图 2.148　投影曲线

相交曲线是在两组对象的相交处创建曲线。单击“相交曲线”图标，弹出图 2.149 所示对话框，然后选择图 2.150 中第一组对象和第二组对象（曲线见本章二维码中的文件：第 2 章\2-150. prt），得到图示相交曲线。

图 2.149　“相交曲线”对话框

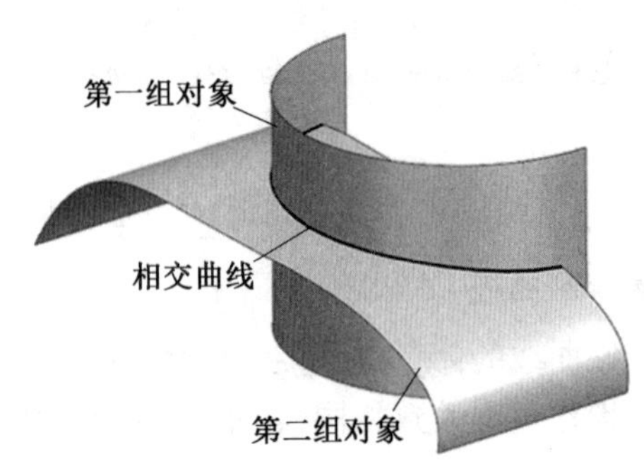

图 2.150　相交曲线

偏置曲线是将曲线在其所在平面内或平行平面内偏置，生成新的曲线。单击“偏置曲线”图标，弹出图 2.151 所示对话框。在偏置类型中选择“距离”，单击选择图 2.152 中的原始曲线，设置偏置距离为“20 mm”，副本数为“2”，生成在同一平面内的两条偏置曲线。在偏置类型中选择“拔模”，选择原始曲线后，设置偏置高度为“-20 mm”，角度为“50°”，副本数为“2”，生成图 2.152 所示平行平面内的偏置曲线。生成偏置曲线时，可以借助“曲线”选项区和“偏置”选项区的“反向”按钮控制偏置方向。

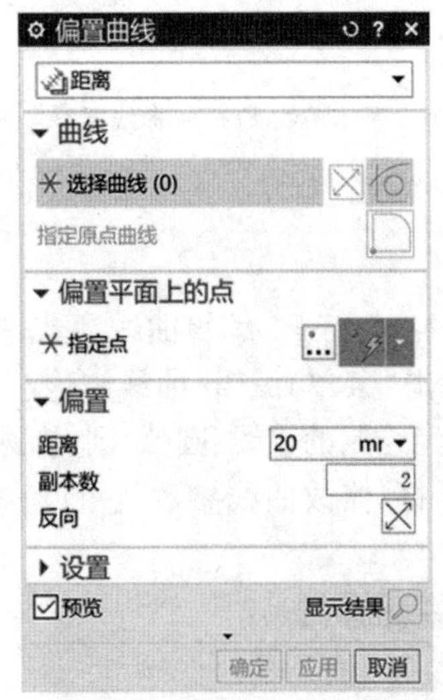

图 2.151　“偏置曲线”对话框

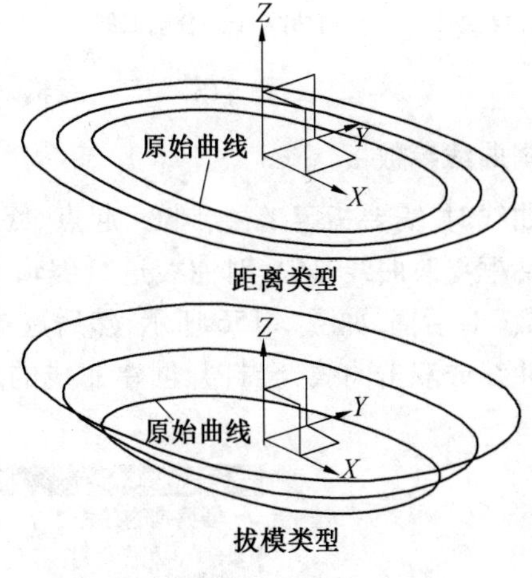

图 2.152　偏置曲线

桥接曲线是按照指定约束条件,在现有曲线之间生成一条光滑连接曲线。单击“桥接曲线”图标,弹出图 2.153 所示对话框。分别选择图 2.154 中的起始对象和终止对象(曲线见本章二维码中的文件:第 2 章\2-154. prt),单击“确定”按钮,生成桥接曲线。在“桥接曲线”对话框的“形状控制”选项区,可以设置控制桥接曲线形状的参数,当选择“相切幅值”方法时,3 种起始和结束值条件下的桥接曲线如图 2.154 所示。

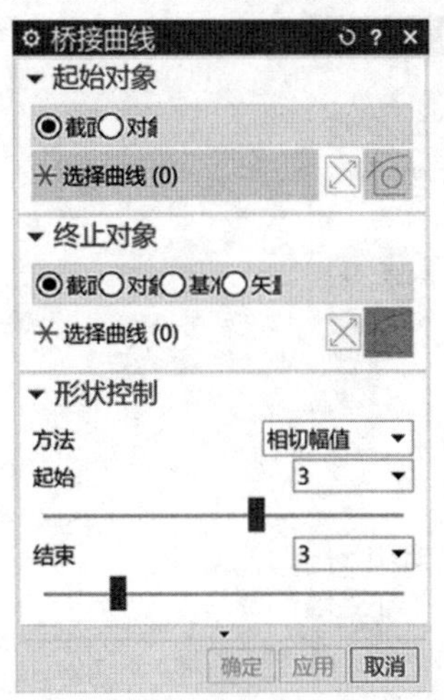

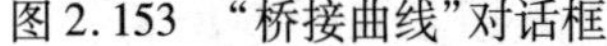

图 2.153　“桥接曲线”对话框

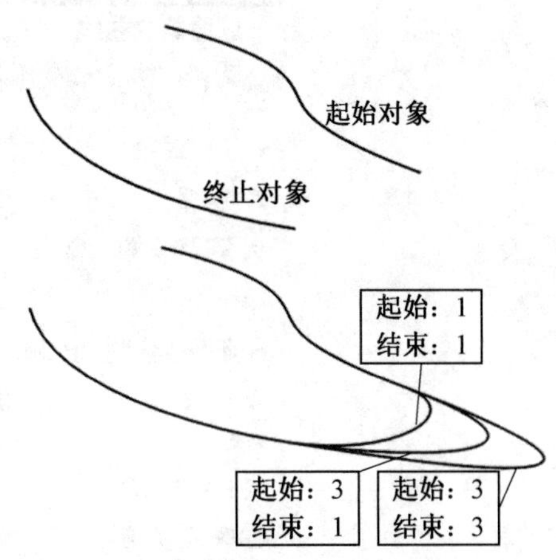

图 2.154　桥接曲线

2.3.2　编辑曲线

编辑曲线是对曲线进行调整、修剪、分割、延长等操作,从而满足设计要求。编辑曲线的命令主要集中在“曲线”选项卡(图 2.155),也集中在“菜单\编辑\曲线”下拉菜单中,本节讲解常用的编辑曲线命令。

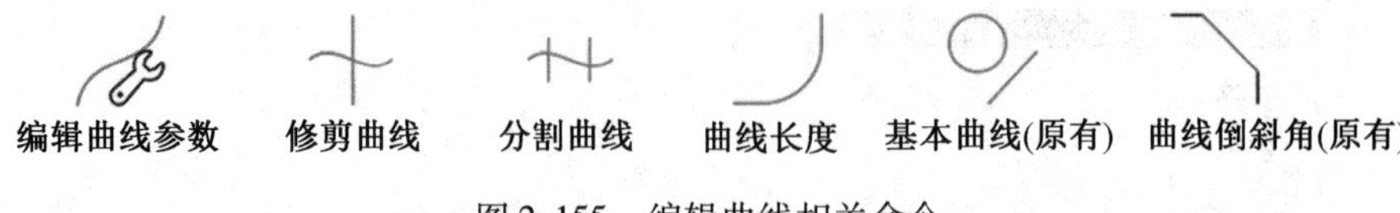

图 2.155　编辑曲线相关命令

1. 编辑曲线参数

绘制曲线时,需要指定半径、圆心、起点、终点、经过点等。编辑曲线参数是通过创建曲线的对话框更改曲线参数,对曲线进行编辑。单击“菜单\编辑\曲线\参数”,弹出“编辑曲线参数”对话框,如图2.156所示,然后选择已经绘制的直线、圆弧/圆、椭圆、样条、派生曲线等曲线或双击曲线,会打开创建曲线的对话框,修改曲线参数就可以完成曲线的编辑。

图 2.156　“编辑曲线参数”对话框

2. 修剪曲线

“修剪曲线”是根据指定的边界修剪曲线或将曲线延伸到指定边界。单击“菜单\编辑\曲线\修剪”,弹出“修剪曲线”对话框,如图 2.157 所示。

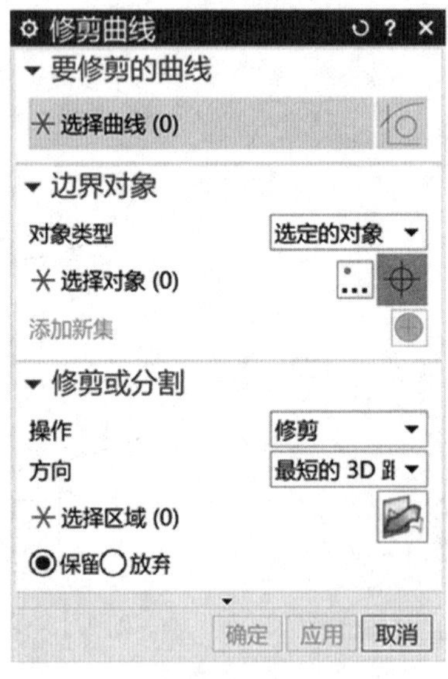

图 2.157　“修剪曲线”对话框

曲线修剪结果与在“修剪或分割”选项区选择“保留”或者“放弃”有关。选择“要修剪的曲线”时,在图 2.158 中曲线的“区间 1”单击,然后选择边界直线为“边界对象”,当选择“保留”时,修剪后“区间 1”被保留;当选择“放弃”时,修剪后“区间 1”被删除。

“修剪曲线”命令也可以延伸曲线,如图 2.159 所示,分别选择要修剪的曲线和边界对象,完成修剪后,曲线延长到边界对象。

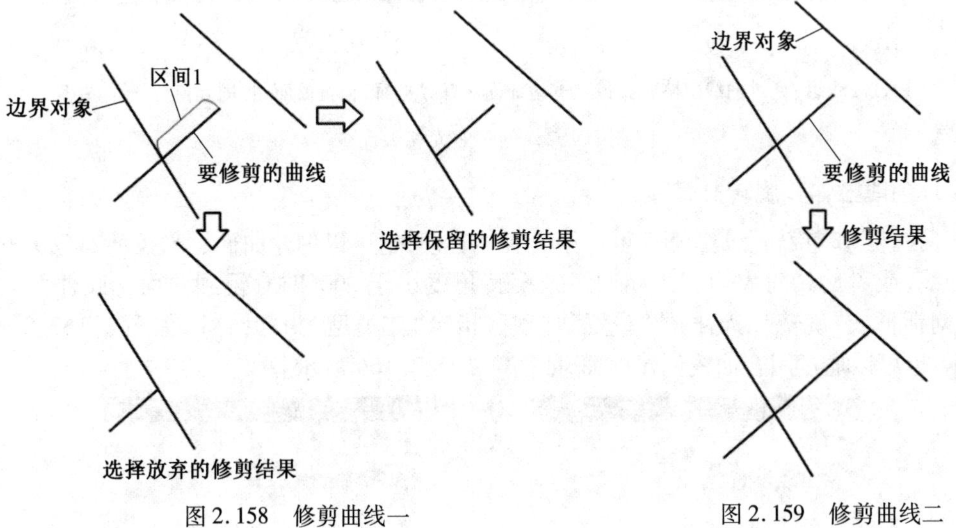

图 2.158　修剪曲线一　　图 2.159　修剪曲线二

3. 分割曲线

分割曲线是将曲线分割成多个段。单击"菜单\编辑\曲线\分割",弹出"分割曲线"对话框,如图 2.160 所示,可以对曲线进行等分段、按边界对象分段、按弧长和段数分段。选择"等分段"或者"弧长段数"方法时,先选择要分割的曲线,然后在"分割曲线"对话框输入段数或弧长数,单击"确定"按钮完成曲线的分割。选择"按边界对象"方法时,选择图 2.161 所示圆,然后选择直线段,在直线和圆的一个大致交点处单击,再选择直线段,在直线和圆的另一个大致交点处单击,单击"确定"按钮,圆被分为两段。

图 2.160　"分割曲线"对话框

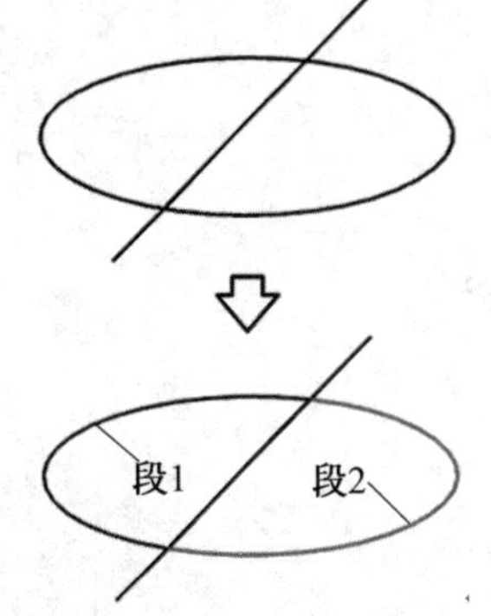

图 2.161　按边界对象分割曲线

2.3.3　创建曲面

创建曲面命令主要集中在"曲面"选项卡的"基本"工具栏(图 2.162),也集中在"菜单\插入\曲面、网格曲面、扫掠或者偏置\缩放"下拉菜单中。

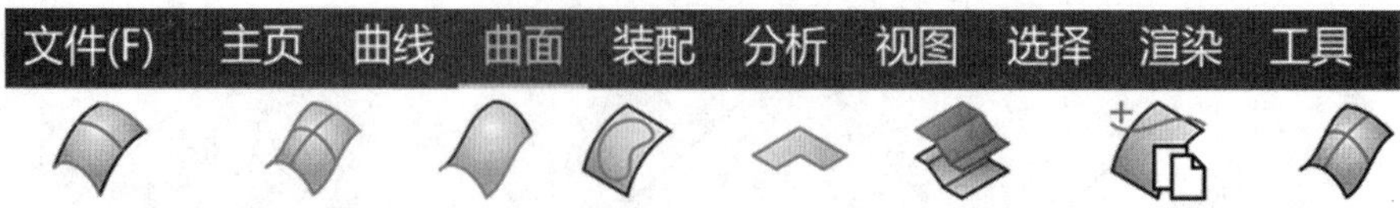

图 2.162　创建曲面相关命令

1. 创建拉伸和旋转曲面

“拉伸”和“旋转”命令不仅可以用于实体建模，也可以创建曲面。当拉伸对象为非封闭曲线，或者旋转对象为非封闭曲线且旋转角度小于 360°时会得到曲面。此外，在“拉伸”对话框或“旋转”对话框的“设置”选项区指定“体类型”为“片体”，如图 2.163、2.164 所示；也可以通过闭合曲线创建曲面，如图 2.165、2.166 所示。

图 2.163　“拉伸”对话框

图 2.164　“旋转”对话框

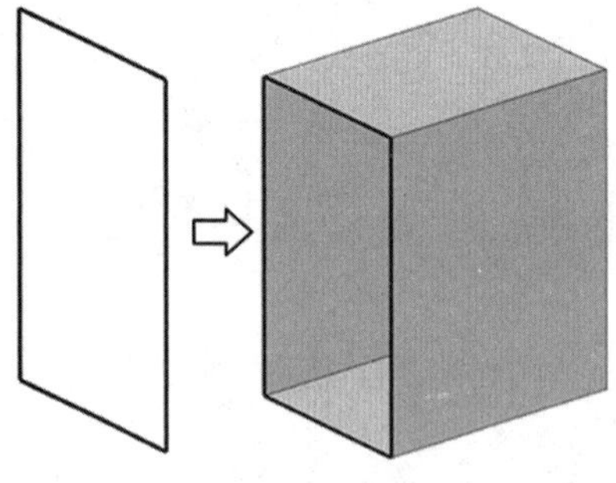

图 2.165　拉伸曲面

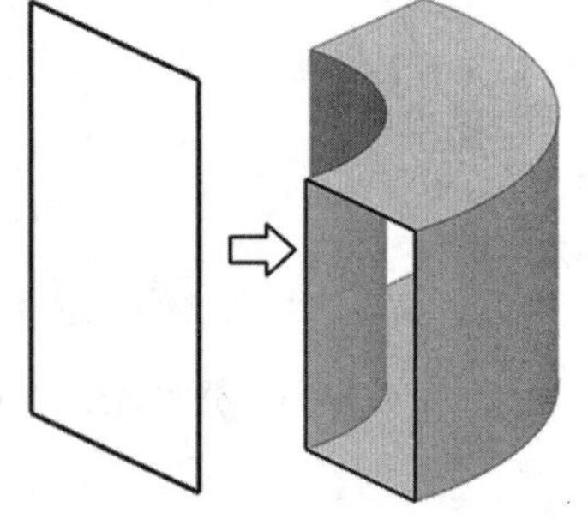

图 2.166　旋转曲面

2. 通过曲线组

通过曲线组命令使用同一方向上的多个截面线串来创建曲面，截面线串可以是曲线、实体的边等。通过曲线组创建曲面的操作过程如下。

(1)选择命令。单击“菜单\插入\网格曲面\通过曲线组”,弹出图 2.167 所示“通过曲线组”对话框。

(2)选择截面线串。依次单击鼠标左键选择图 2.168 所示的 3 条线串(曲线见本章二维码中的文件:第 2 章\2-168.prt),每选完一条线串后单击鼠标中键确认。选择线串时应在截面线串同侧位置处单击,如图 2.168 所示。选择截面线串后,显示的箭头矢量处于截面线串的同侧,否则生成的曲面会扭曲。单击对话框中的“确定”按钮,创建图 2.168 所示曲面。

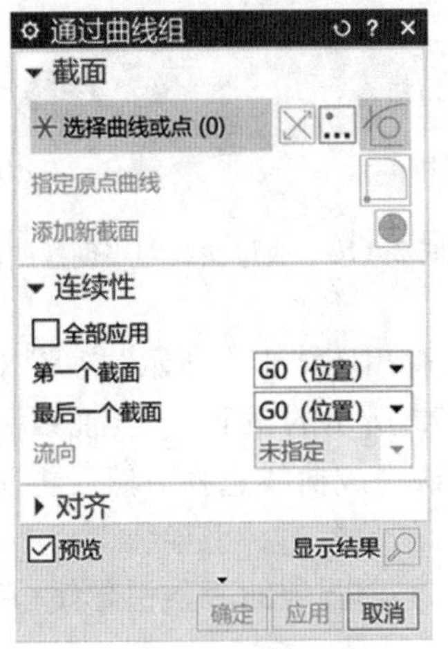

图 2.167　“通过曲线组”对话框

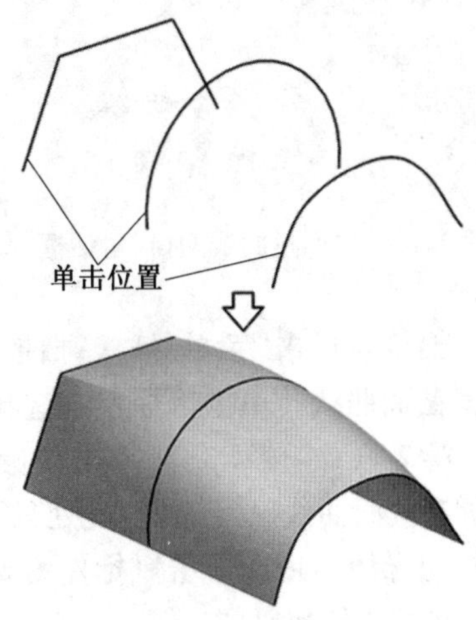

图 2.168　通过曲线组创建曲面

3. 通过曲线网格

“通过曲线网格”命令可使用不同方向上的两组线串创建曲面。一组线串为主线串,另一组线串为交叉线串,通过两组线串可以很好地控制曲面的形状。“通过曲线网格”命令创建曲面的过程如下。

(1)选择命令。单击“菜单\插入\网格曲面\通过曲线网格”,弹出图 2.169 所示“通过曲线网格”对话框。

(2)选择主曲线。依次单击鼠标左键选择图 2.170 所示的两条主曲线(曲线见本章二维码中的文件:第 2 章\2-170.prt),每选完一条线串后单击鼠标中键确认。选择曲线时应在同侧位置处单击,使显示的箭头矢量方向相同。所有主曲线选完后,再次单击鼠标中键,切换到选择交叉线串。

(3)选择交叉曲线。选择交叉曲线和选择主曲线方法相同,依次选择图 2.170 所示的两条交叉曲线。

(4)结束命令。单击对话框中的“确定”按钮,创建图 2.170 所示曲面,并结束命令。

4. 扫掠

扫掠曲面是通过截面曲线沿引导曲线扫掠而生成曲面。截面曲线和引导曲线可以由多段曲线组成,引导曲线数量最多可以有 3 条。“扫掠”命令创建曲面的过程如下。

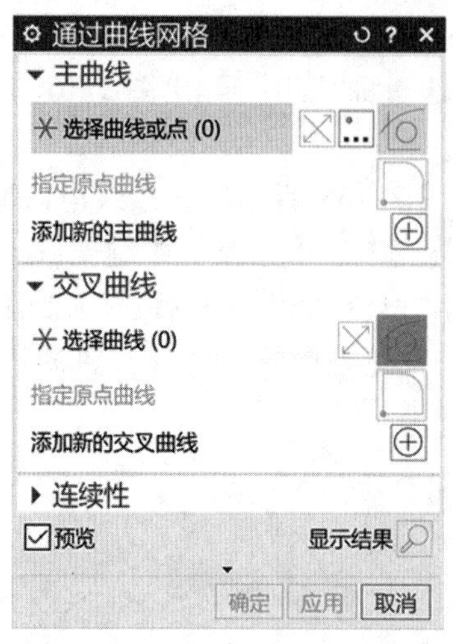

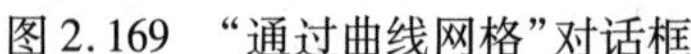

图 2.169　“通过曲线网格”对话框

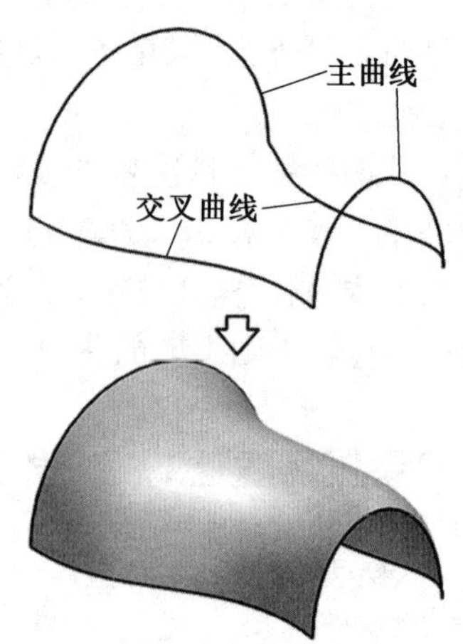

图 2.170　通过曲线网格创建曲面

(1)选择命令。单击“菜单\插入\扫掠\扫掠”,弹出图 2.171 所示“扫掠”对话框。

(2)选择截面曲线。单击鼠标左键选择图 2.172 所示的截面曲线(曲线见本章二维码中的文件:第 2 章\2-172.prt),单击鼠标中键确认完成曲线选择。然后再次单击鼠标中键,确认所有截面曲线已经选择(此处只有一条),切换到选择引导线。

(3)选择引导线。依次单击鼠标左键选择图 2.172 所示的两条引导线,每选完一条线串后,单击鼠标中键确认。

(4)结束命令。单击对话框中的“确定”按钮,创建图 2.172 所示扫掠曲面,并结束命令。

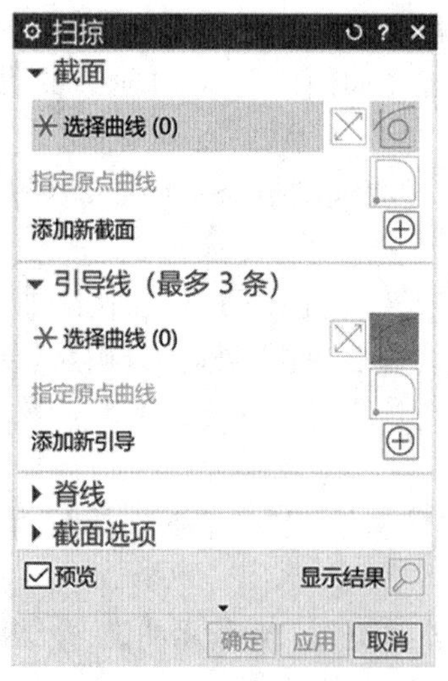

图 2.171　“扫掠”对话框

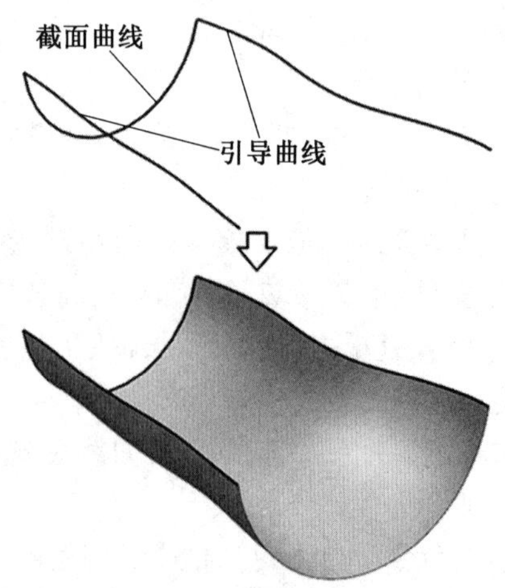

图 2.172　扫掠曲面

5. N 边曲面

N 边曲面是通过一组封闭的线串创建曲面，这些线串可以是曲线、实体或者片体的边。单击“菜单\插入\网格曲面\N 边曲面”，弹出图 2.173 所示“N 边曲面”对话框，然后选择图 2.174 所示 4 条边线，单击对话框中的“确定”按钮，创建 N 边曲面。

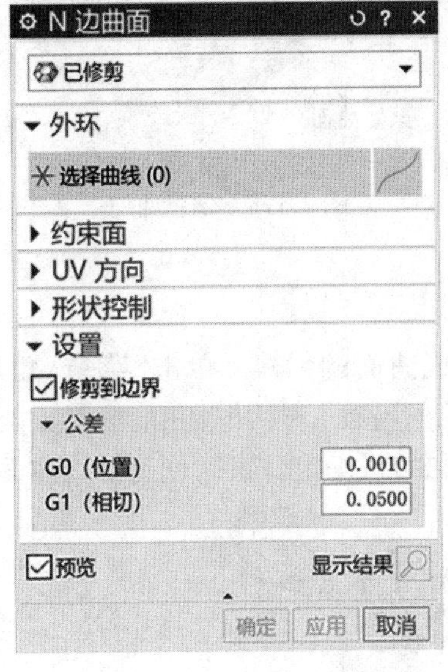

图 2.173　“N 边曲面”对话框

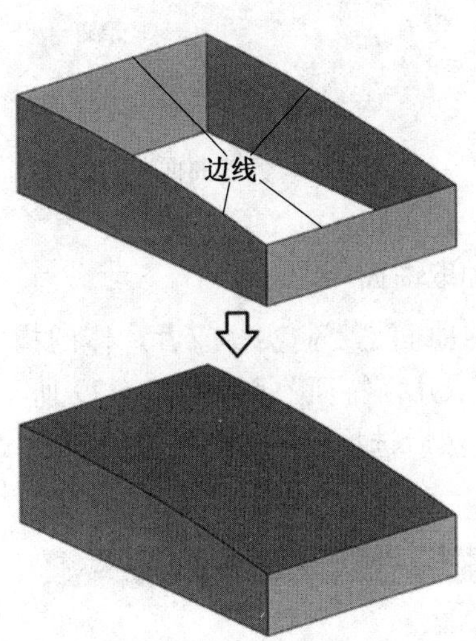

图 2.174　N 边曲面

6. 有界平面

有界平面是通过一组封闭的平面曲线创建平面。单击“菜单\插入\曲面\有界平面”，弹出图 2.175 所示“有界平面”对话框，然后选择图 2.176 所示椭圆，单击对话框中的“确定”按钮，创建有界平面。

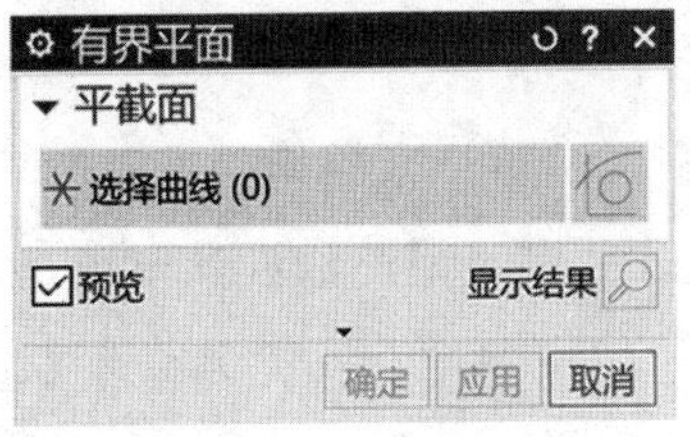

图 2.175　“有界平面”对话框

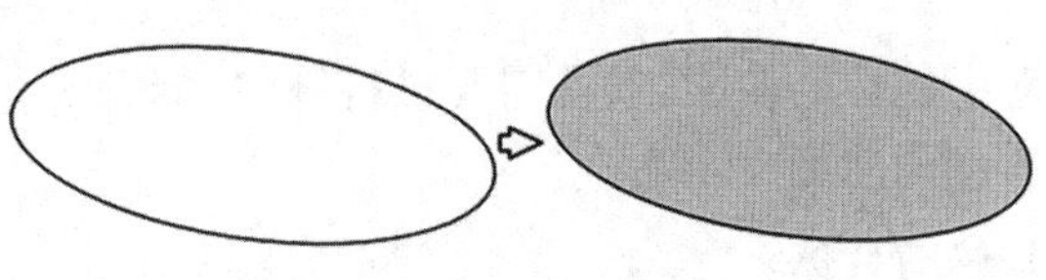

图 2.176　有界平面

7. 偏置曲面

“偏置曲面”命令将现有面沿其法向偏置一定距离创建曲面。单击“菜单\插入\偏置或缩放\偏置曲面”，弹出图 2.177 所示“偏置曲面”对话框，然后选择图 2.178 所示原始曲面，指定偏置距离为“40 mm”，单击对话框“确定”按钮创建偏置曲面。

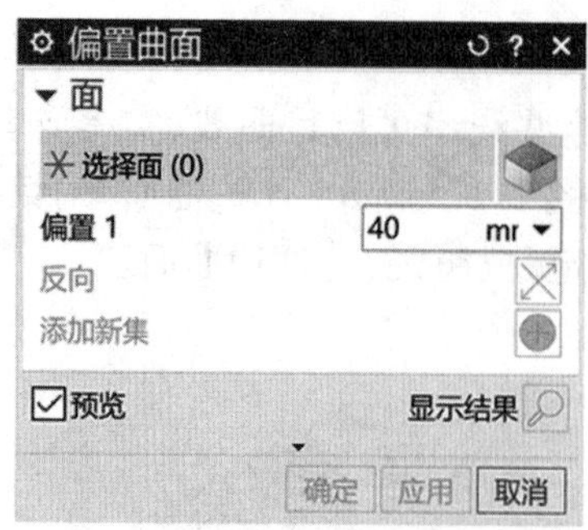

图 2.177　“偏置曲面”对话框

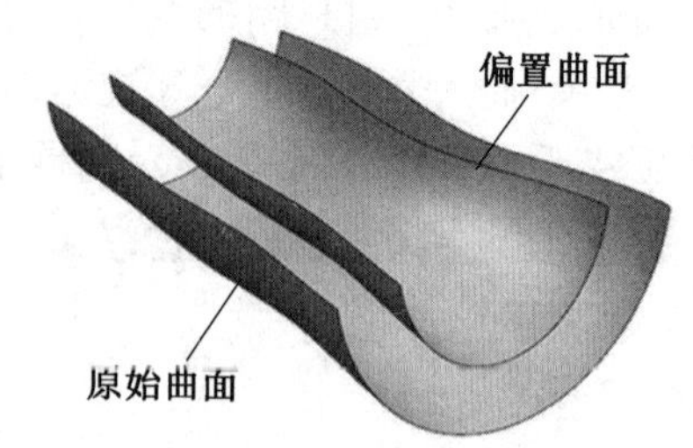

图 2.178　偏置曲面

8. 抽取曲面

抽取曲面是复制实体或者片体的指定面，完成曲面的创建。单击“菜单\插入\关联复制\抽取几何特征”，弹出图 2.179 所示“抽取几何特征”对话框，在抽取对象类型中选择“面”，然后选择图 2.180 指示的面，单击对话框中的“确定”按钮，创建抽取曲面。

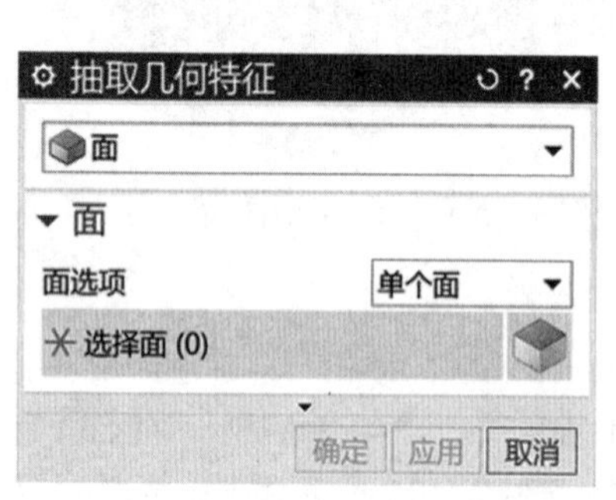

图 2.179　“抽取几何特征”对话框

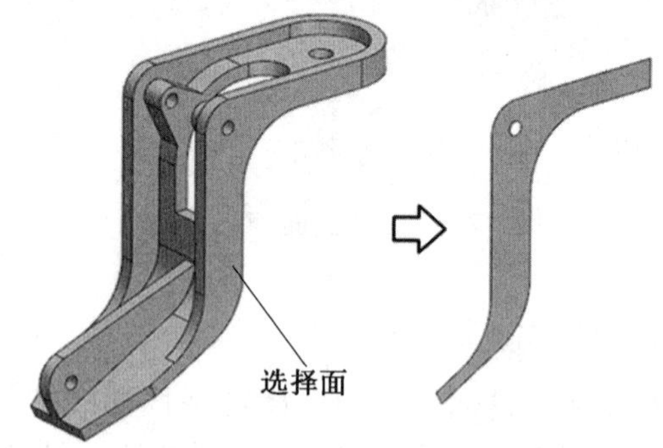

图 2.180　抽取曲面

2.3.4　编辑曲面

对于创建的曲面，通常需要进行修剪、缝合等操作，才能满足最终的设计要求。本节讲解常用的曲面编辑命令。

1. 修剪片体

修剪片体操作是以曲线或者曲面为边界，对指定的曲面进行修剪。边界对象可以在被修剪的曲面上，也可以在曲面外，通过投影确定修剪边界。单击“菜单\插入\修剪\修剪片体”，弹出图 2.181 所示“修剪片体”对话框。选择图 2.182 所示曲面为目标片体(文件见本章二维码中的文件:第 2 章\2-182. prt)，单击鼠标中键后，选择六边形为边界对象，在“投影方向”下拉列表中选择“垂直于面”或者“垂直于曲线平面”，单击对话框中的“确定”按钮，修剪结果如图 2.182 所示。曲面修剪结果与“修剪片体”对话框“区域”选项区的参数有关:选择“保留”，选择要修剪的曲面时鼠标单击一侧被保留;选择“放弃”时，结果相反。

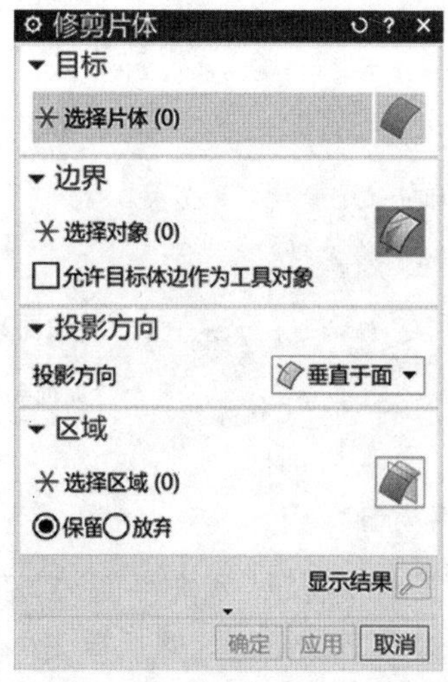

图 2.181　“修剪片体”对话框

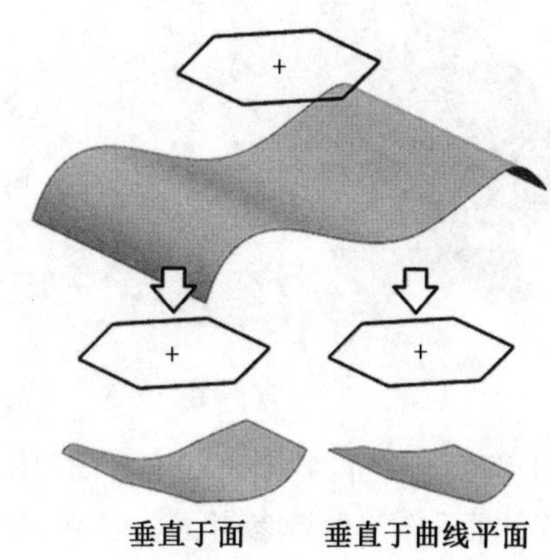

图 2.182　修剪片体

2. 缝合

“缝合”命令将两个或者两个以上曲面连接形成一张曲面。如果要缝合的曲面组成闭合空间，缝合后自动变为实体，通常采取这个方法用曲面创建实体模型。单击“菜单\插入\组合\缝合”，弹出图 2.183 所示“缝合”对话框，选择图 2.184 所示目标片体，再选择工具片体，单击对话框中的“确定”按钮，目标片体和工具片体被缝合为一张曲面。

图 2.183　“缝合”对话框

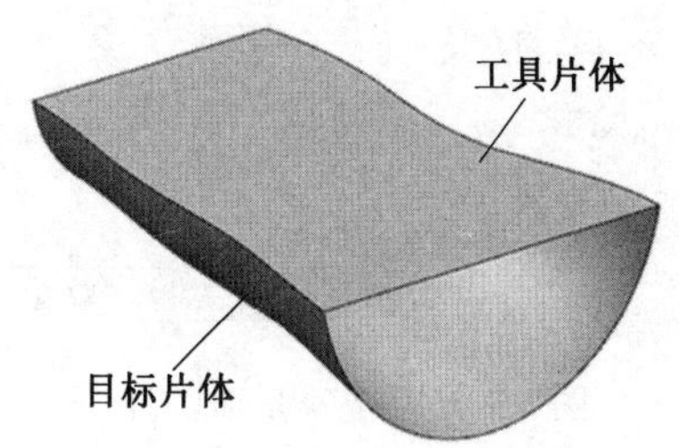

图 2.184　片体缝合

2.3.5　曲面建模实例

【例 2.6】　绘制图 2.185 所示涡轮及涡轮叶片模型。

图 2.185 所示涡轮由涡轮本体和 10 个叶片组成。先创建单个叶片的 6 张空间曲面，然后将它们缝合创建涡轮叶片实体模型。

步骤 1　打开涡轮本体模型。

打开本章二维码中的文件：第 2 章\2-187 涡轮本体. prt。

步骤 2　绘制涡轮叶片曲面 1。

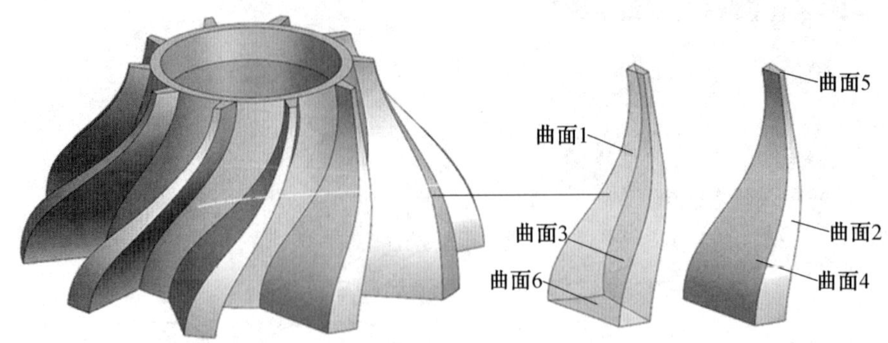

图 2.185　涡轮及涡轮叶片模型

(1)创建草绘平面。单击“基准平面”图标,在图 2.186 所示“基准平面”对话框中选择“*YC*-*ZC* 平面”作为偏置参考面,在“距离”文本框输入“220 mm”,然后单击“确定”按钮,创建图 2.187 所示草绘基准平面。

(2)进入草绘环境。选择“菜单\插入\草图”,弹出“创建草图”对话框,选择“基于平面”选项,单击图 2.187 中的基准平面,将其作为草绘平面,然后单击“确定”按钮,进入草绘环境。

(3)绘制截面曲线。利用“直线”和“样条”命令绘制图 2.188 所示草绘曲线一,并标注尺寸。然后单击“完成”按钮,退出草图,返回建模环境。

图 2.186　“基准平面”对话框

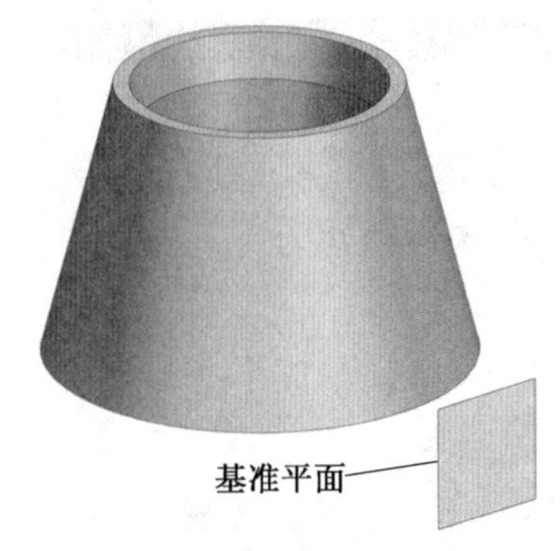

图 2.187　草绘基准平面

(4)提取曲面。单击“抽取几何特征”图标,弹出“抽取几何特征”对话框。选项抽取对象类型为“面”,然后选择图 2.189 所指示的面,单击对话框中的“确定”按钮,创建抽取曲面。

(5)投影曲线。单击“投影曲线”图标,弹出图 2.190 所示“投影曲线”对话框,选择草绘曲线一为“要投影的曲线或点”,单击鼠标中键,然后选择抽取曲面为“要投影的对象”,指定投影方向沿着-*XC* 方向,并勾选“沿矢量投影到最近的点”,单击“确定”按钮,创建投影曲线,隐藏涡轮本体后如图 2.191 所示。

(6)修剪片体。单击“修剪片体”图标,弹出“修剪片体”对话框,在“区域”选项区选择“保留”,在图 2.191 投影曲线内部区域单击,选择抽取曲面为要修剪的片体,单击鼠标

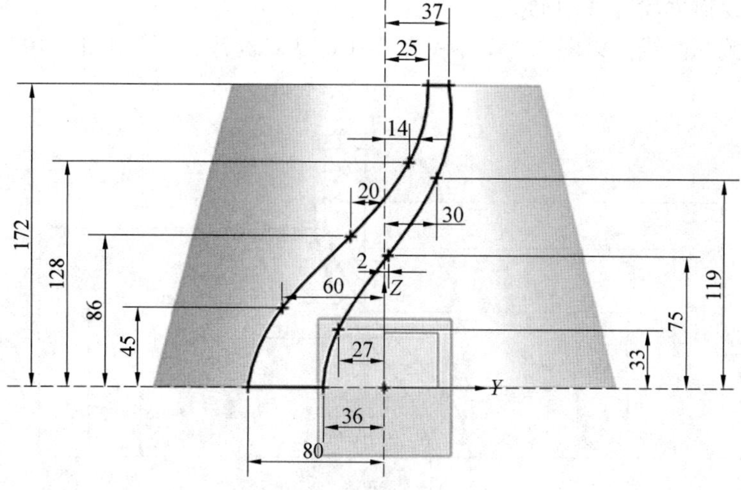

图2.188 草绘曲线一

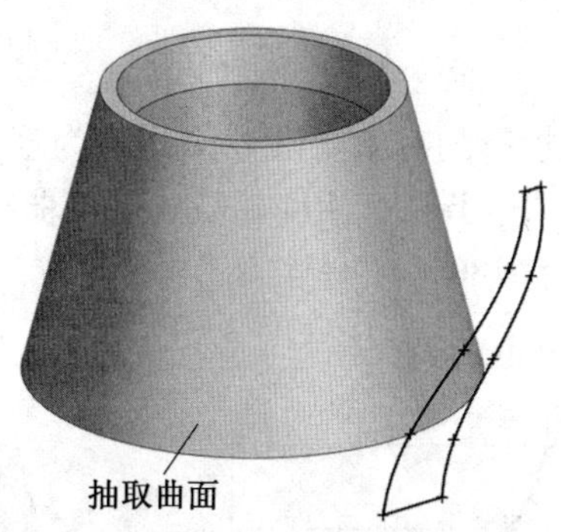

图2.189 抽取曲面

中键,然后选择投影曲线为“边界”,单击“确定”按钮,修剪后的片体即为曲面1,如图2.192 所示。

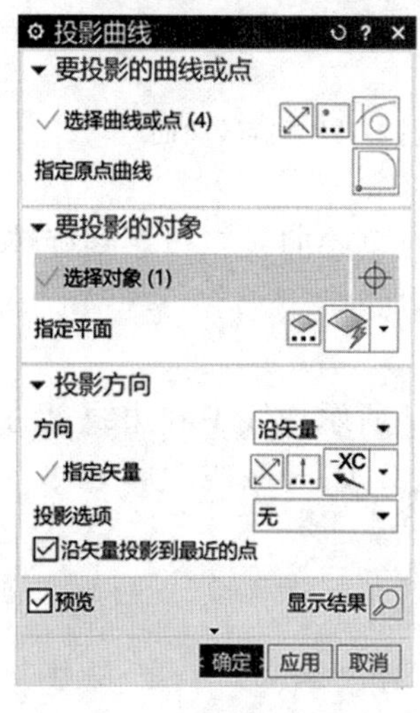

图2.190 “投影曲线”对话框

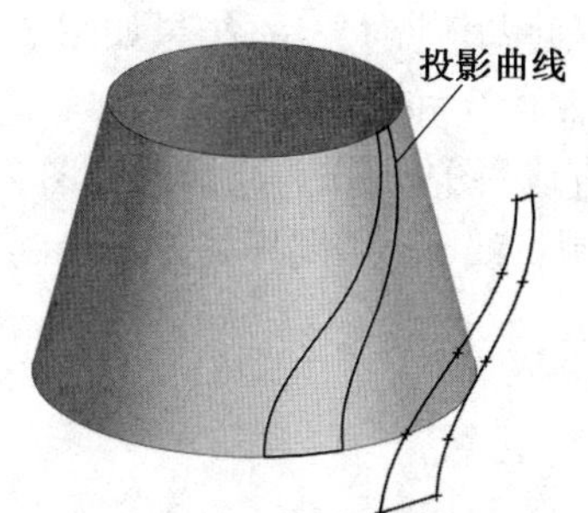

图2.191 投影曲线

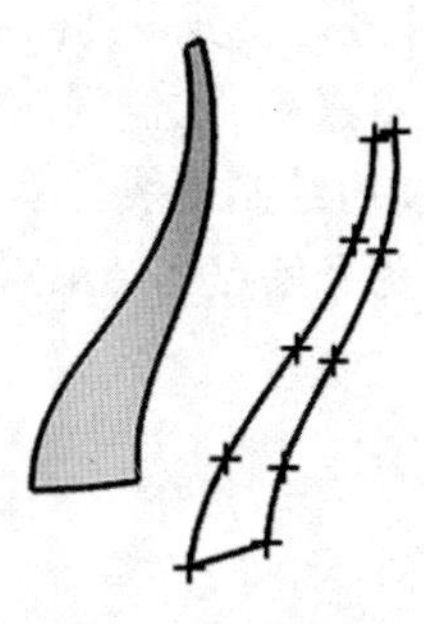

图2.192 曲面1

步骤 3　绘制涡轮叶片曲面 2。

(1)绘制截面曲线。以图 2.187 中的基准平面为草绘平面，绘制图 2.193 所示草绘曲线二。

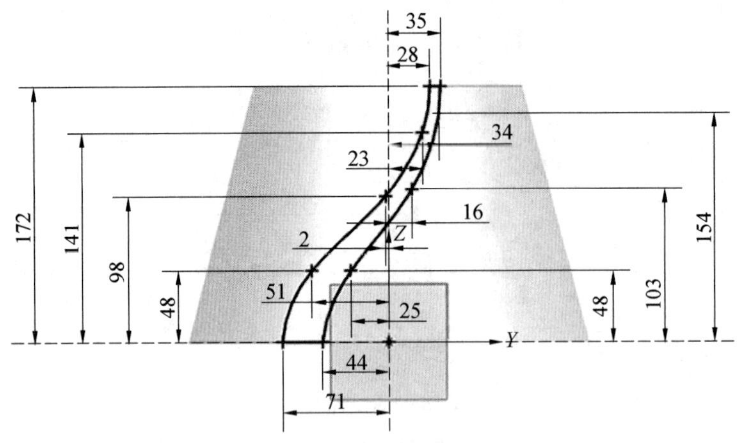

图 2.193　草绘曲线二

(2)创建旋转曲面作为要投影的对象。以 Y-Z 平面为草绘平面绘制图 2.194 所示草绘曲线三。打开“旋转”对话框，选择图 2.194 曲线为截面曲线，指定旋转轴为-ZC 方向，旋转起始角为“0°”，结束角为“180°”，“体类型”为“片体”，单击“确定”按钮，创建图 2.195所示旋转曲面。

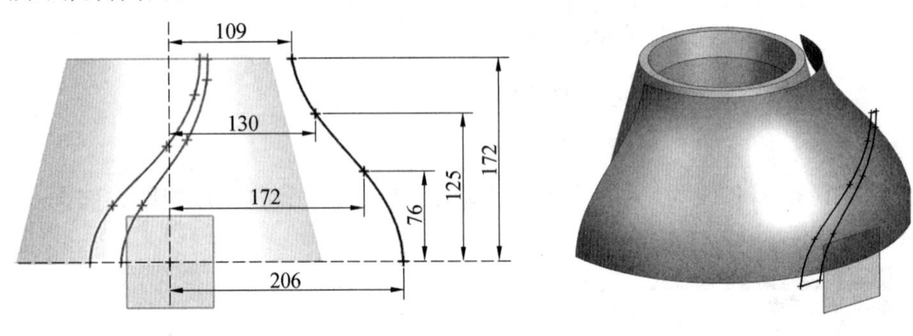

图 2.194　草绘曲线三　　　　图 2.195　旋转曲面

(3)投影曲线和修剪片体。采用和曲面 1 相同的方法，将草绘曲线二投影到旋转曲面，并进行修剪得到曲面 2，隐藏其他对象后，结果如图 2.196 所示。

步骤 4　绘制涡轮叶片曲面 3 和 4。

(1)绘制直线。单击“直线”图标，分别选择选择图 2.197 所示边线 1 和边线 2 的上端点为开始点和结束点，绘制直线 1。用同样的方法绘制直线 2，如图 2.197 所示。

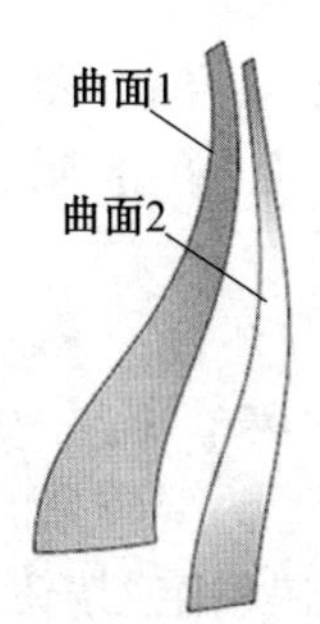

图2.196　曲面2

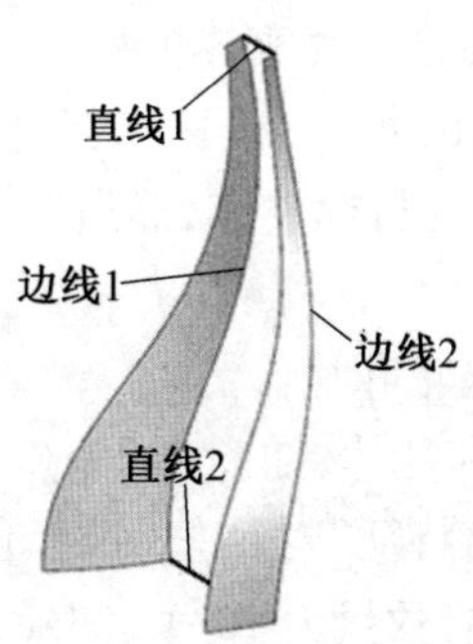

图2.197　直线1和2

(2)创建曲线网格。单击“通过曲线网格”图标,弹出“通过曲线网格”对话框,分别选择图2.197所示边线1和边线2为主曲线,选择直线1和直线2为交叉曲线,单击“确定”按钮,创建图2.198所示曲面3。

采用同样的方法创建曲面4,如图2.199所示。

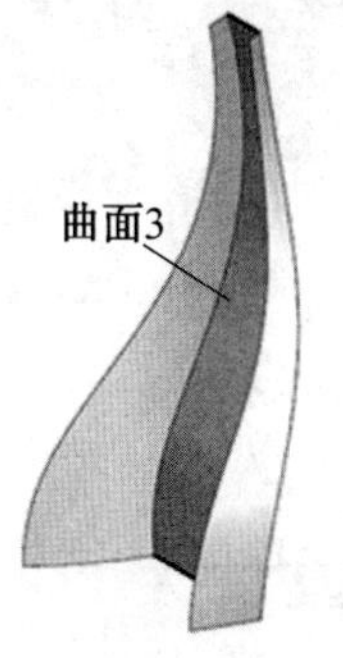

图2.198　曲面3

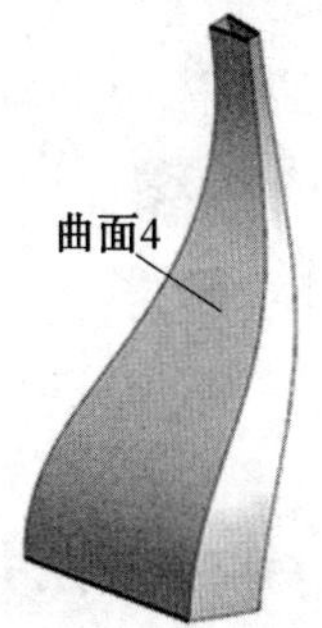

图2.199　曲面4

步骤5　绘制涡轮叶片曲面5和6。

通过“有界平面”创建曲面5和6。单击“有界平面”图标,弹出“有界平面”对话框,然后选择图2.200所示4条边线,单击对话框中的“确定”按钮,创建有界平面,完成曲面5的创建,如图2.201所示。用同样的方法创建曲面6,如图2.202所示。

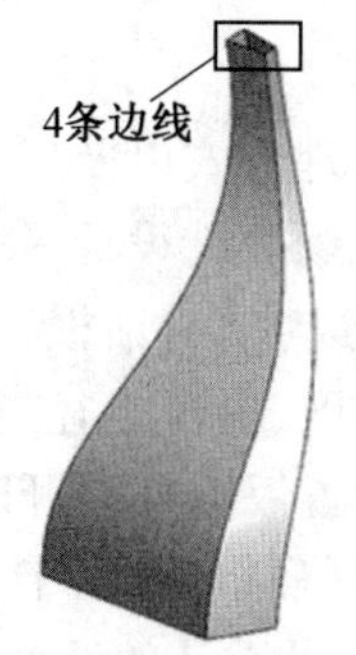

图2.200　4条边线

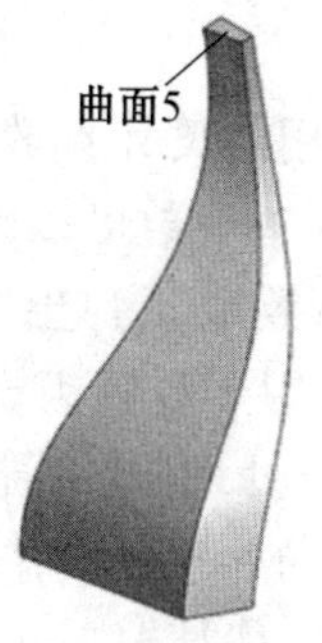

图2.201　曲面5

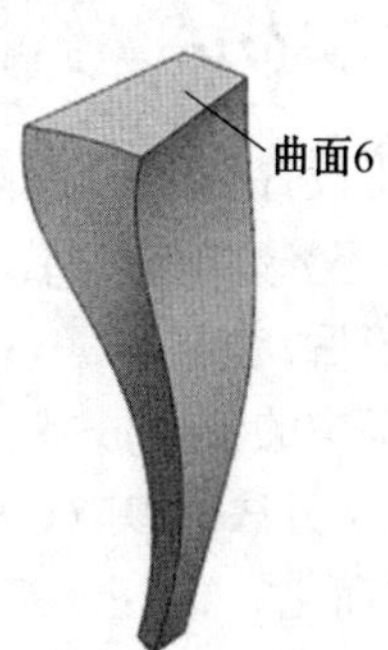

图2.202　曲面6

步骤 6　创建涡轮叶片实体模型。

曲面 1 ~ 6 形成的闭合空间在缝合后自动变为实体。单击“缝合”图标，弹出“缝合”对话框，选择曲面 4 为目标片体，然后框选其他 5 张曲面，单击“确定”按钮，创建涡轮叶片实体模型。

步骤 7　阵列涡轮叶片。

显示涡轮本体和叶片，如图 2.203(a)所示。单击“菜单\插入\关联复制\阵列几何特征”，弹出“阵列几何特征”对话框，选择创建的涡轮叶片为要阵列的几何特征，采用圆形阵列，旋转轴为 Z 轴，数量为 10 个，间隔角度 36°，单击“确定”按钮，完成涡轮叶片阵列，如图 2.203(b)所示。

单击“文件\保存”，保存涡轮模型。

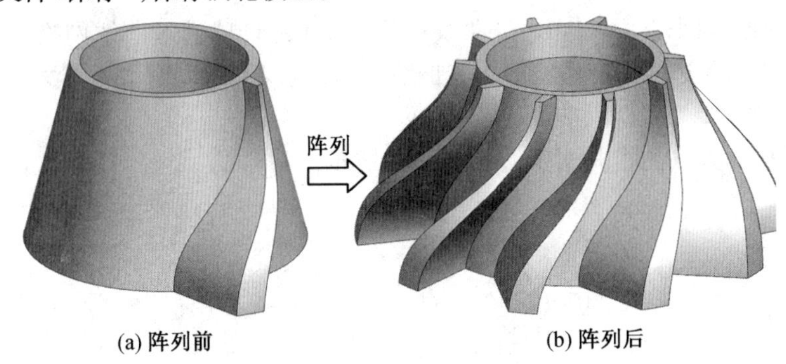

(a) 阵列前　　(b) 阵列后

图 2.203　涡轮叶片

2.4　钣金设计

钣金件是厚度均匀的金属薄板制件，广泛应用于家电、汽车、飞机制造等领域。启动 NX 软件后，选择“文件\新建”，在“新建”对话框的“模型”选项卡选取“NX 钣金”模板，设置零件名字和存储路径后，单击“确定”按钮，进入钣金模块。采用 NX 软件进行钣金件设计时，先创建一个平整的薄板作为钣金件的基础特征，然后再通过弯边、裁剪、伸直、凹坑等操作创建钣金件的其他特征。

2.4.1　钣金环境设置

钣金环境设置用来指定钣金件通用的尺寸参数、展开处理方式以及展平零件曲线颜色、标注属性等参数。通过合理设置这些参数可以顺利完成钣金件设计，提高设计效率。进入钣金环境后，单击“菜单\首选项\钣金”，弹出“钣金首选项”对话框，如图 2.204 所示。该对话框中的“部件属性”选项卡用于设置钣金零件厚度、折弯半径、让位槽深度和宽度、折弯定义方法等参数；“展平图样处理”选项卡用于设置钣金件展开时拐角处理方式、展平图样简化方式、止裂口和圆孔的处理方式；“展平图样显示”选项卡用于设置展平零件曲线颜色、线性、线宽和标注等。一般情况下建议使用系统默认的设置。

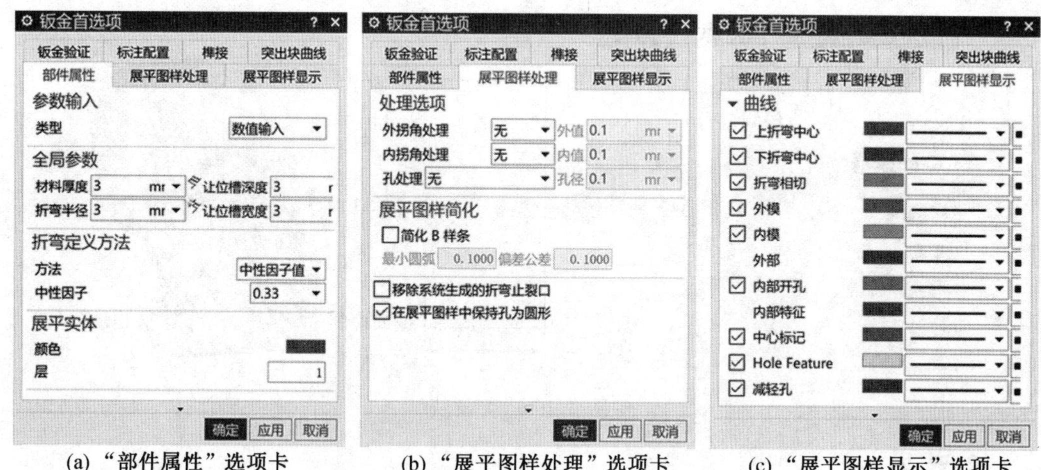

(a)“部件属性”选项卡　(b)“展平图样处理”选项卡　(c)“展平图样显示”选项卡

图 2.204　“钣金首选项”对话框

2.4.2　钣金设计

钣金设计相关命令在“主页”选项卡中,主要有突出块、弯边、法向开孔等,如图 2.205 所示,菜单命令主要集中在“菜单\插入”下拉菜单中。

图 2.205　钣金设计相关命令

1. 突出块

“突出块”是一个平整的薄板,是钣金零件设计的基础。单击“主页”选项卡“基本”工具栏的“突出块”图标或选择“菜单\插入\突出块”,弹出图 2.206 所示“突出块”对话框。第一次设计突出块时,类型下拉菜单只有“基本”选项,再次设计时会多出“次要”选项。次要突出块是依据已有突出块创建的平整薄板,其壁厚和已有突出块相同,无须重新指定。

创建突出块时,先要在“截面”选项区单击“绘制截面”图标(图 2.206),进入草图环境绘制截面曲线,或者单击“曲线”图标在图形区选择曲线,要求草绘的曲线或者选择的曲线对象是封闭的。之后“厚度”选项区会出现默认厚度值,如果要修改厚度值,单击“=”,在弹出的菜单中选择“使用局部值”,然后就可以在文本框中输入新的厚度值,其他钣金设计命令修改厚度值的方法与此相同。

指定突出块的“截面曲线”和“厚度”值后,单击对话框中的“确定”按钮,完成突出块创建。

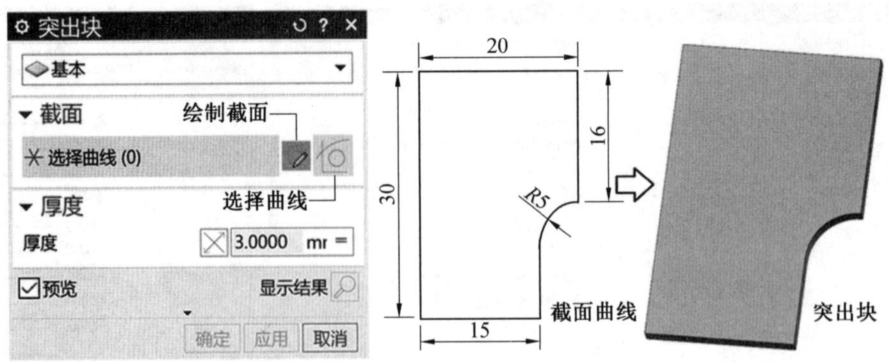

图 2.206　突出块

2. 弯边

“弯边”是在已有钣金特征的边缘上,通过增加材料的方式创建出折弯特征。单击“基本”工具栏“弯边”图标或选择“菜单\插入\折弯\弯边”,弹出“弯边”对话框,如图 2.207所示。

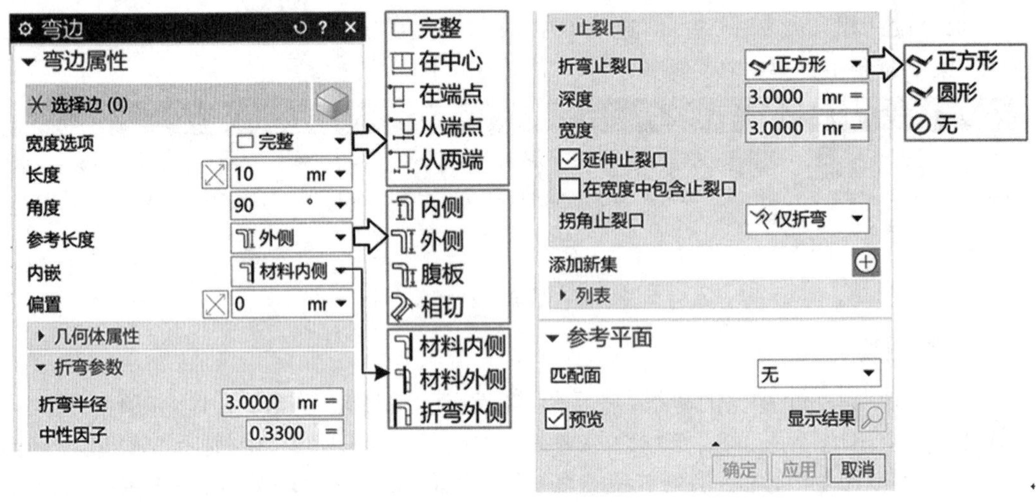

图 2.207　“弯边”对话框

在图 2.206 突出块基础上,创建弯边特征的操作过程如下。

(1)选择命令。单击“弯边”图标,弹出图 2.207 所示“弯边”对话框。

(2)指定弯边属性。选择图 2.208 所示边为折弯附着边,指定“宽度选项”为“完整”,长度为“10 mm”,角度为“90°”,其余选项采用默认值。

(3)创建弯边特征并结束命令。单击“弯边”对话框中的“确定”按钮,创建弯边特征,并结束命令,结果如图 2.208 所示。

“弯边”对话框中主要参数含义说明如下。

(1)“宽度选项”下拉列表选包含的选项有“完整”“在中心”“在端点”“从端点”“从两端”,这些选项用来指定弯边宽度。“完整”是指弯边特征的宽度为附着边的宽度;在中心是指以附着边中点为中心,向两边对称拉伸创建弯边特征,弯边宽度值需要在对话框中

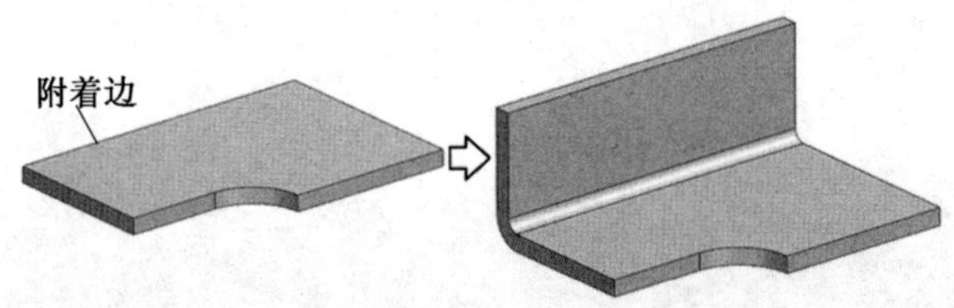

图 2.208　创建弯边特征过程（完整）

指定；“在端点”以附着边指定端点为起点，结合宽度值创建弯边特征；“从端点”通过设置与指定端点的间距创建弯边特征；“从两端”通过指定与附着边两个端点的距离来创建弯边特征，效果如图 2.209 所示。

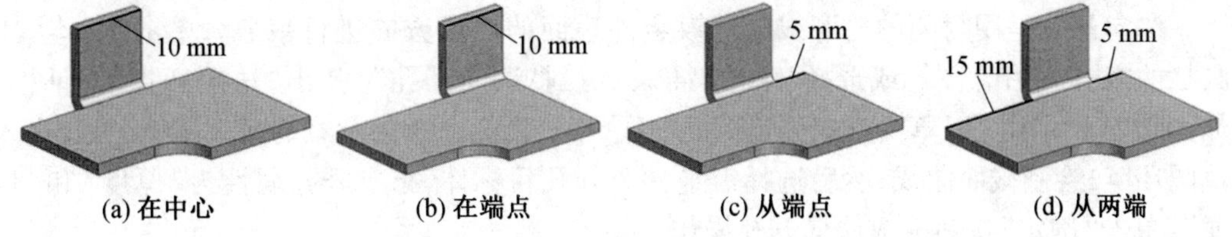

图 2.209　弯边宽度定义方式

（2）“参考长度”下拉列表包含的选项有“内侧”“外侧”“腹板”等，这些选项用来指定弯边长度的参考基准。“内侧”是指长度基准为弯边特征的内侧；“外侧”是指长度基准为弯边特征的外侧；“腹板”是指长度值是从弯边圆角末端开始计算，效果如图 2.210 所示。

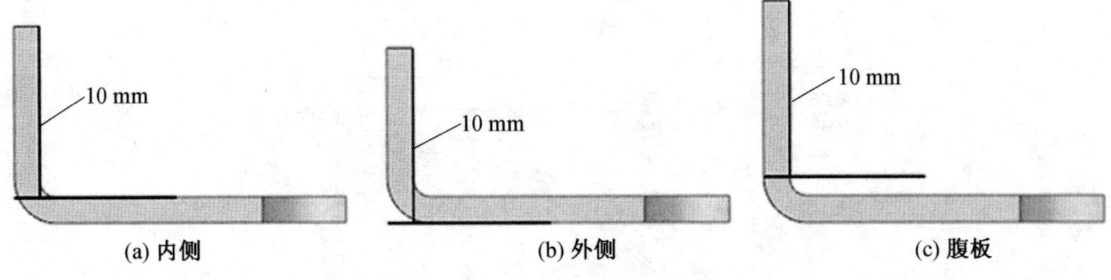

图 2.210　参考长度定义方式

（3）“内嵌”下拉列表选包含的选项有“材料内侧”“材料外侧”“折弯外侧”，这些选项用来指定弯边特征相对于附着边的偏移值。“材料内侧”是弯边外侧面与附着边平齐；“材料外侧”是弯边内侧面与附着边平齐；“折弯外侧”是弯边圆角末端与附着边平齐，效果如图 2.211 所示。

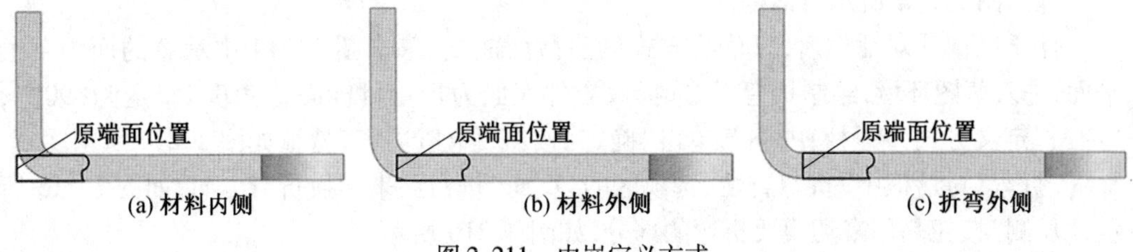

图 2.211　内嵌定义方式

（4）“折弯止裂口”下拉列表选包含的选项有“正方形”“圆形”“无”，这些选项用来指定止裂口的形式。其中，“正方形”和“圆形”止裂口需要定义深度和宽度值。3 种形式的止裂口如图 2.212 所示。

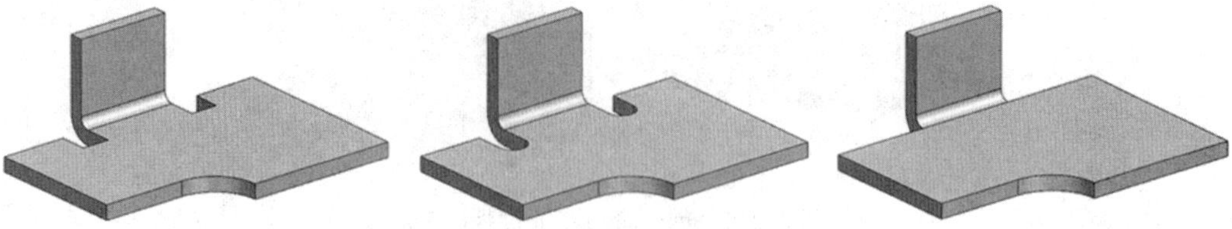

(a) 正方形　　(b) 圆形　　(c) 无

图 2.212　止裂口形式

3. 法向开孔

法向开孔是用封闭的轮廓线沿着钣金件表面的法线方向进行裁剪。单击“基本”工具栏的“法向开孔”图标或选择“菜单\插入\切割\法向开孔”，弹出“法向开孔”对话框，如图 2.213 所示。以草绘方式创建截面曲线，单击图 2.213 中示意的面为草绘平面，进入草图环境，绘制截面曲线，然后选择钣金件为开孔目标体，指定开孔属性为“厚度”和“贯通”，单击“确定”按钮完成法向开孔操作。

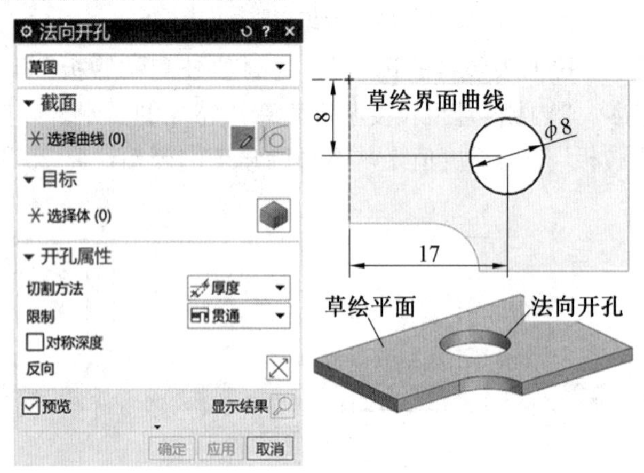

图 2.213　法向开孔

4. 折弯

折弯是将已有钣金特征沿指定直线弯曲一定角度。与弯曲相比，折弯是将已有钣金特征弯曲，不增加材料。单击 “折弯”工具栏的“折弯”图标或选择“菜单\插入\折弯\折弯”，弹出图 2.214 所示对话框。

打开“折弯”对话框后，以草绘方式创建截面曲线，单击图 2.214 中示意的面为草绘平面，进入草图环境，绘制折弯线，选择钣金件表面为折弯目标面，“角度”指定为“90°”，“内嵌”定义方式为“材料内侧”，单击“确定”按钮，创建的折弯特征如图 2.214 所示。

“折弯”对话框中“折弯属性”选项区的“反向”按钮用来切换折弯方向，如图 2.215 所示，“反侧”按钮是用来切换要折弯的部分，如图 2.216 所示。

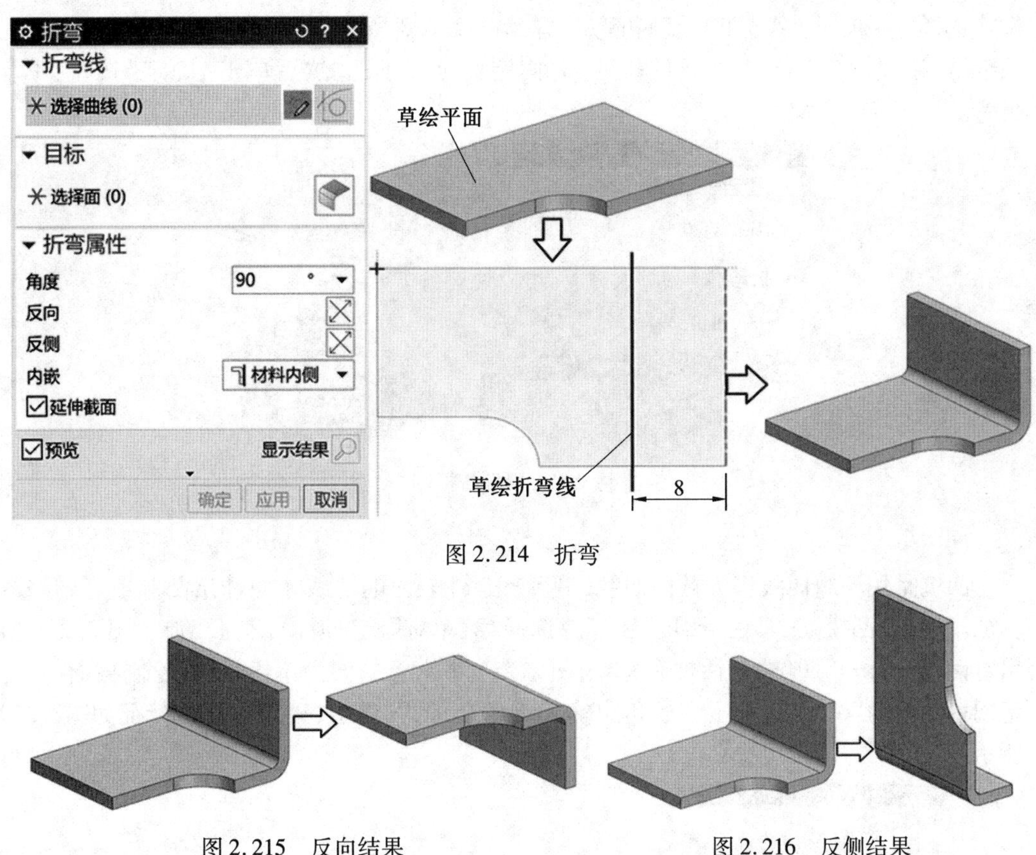

图 2.214　折弯

图 2.215　反向结果

图 2.216　反侧结果

5. 伸直

在钣金设计中，如果要在钣金件折弯区域创建孔或进行裁剪，需要使用“伸直”命令取消折弯特征，然后进行裁剪或者创建孔。单击“折弯”工具栏的“伸直”图标或选择“菜单\插入\成形\伸直”，弹出图 2.217 所示对话框。打开“伸直”对话框后，先选择固定面，再选择折弯面，然后单击“确定”按钮，伸直特征如图 2.217 所示。

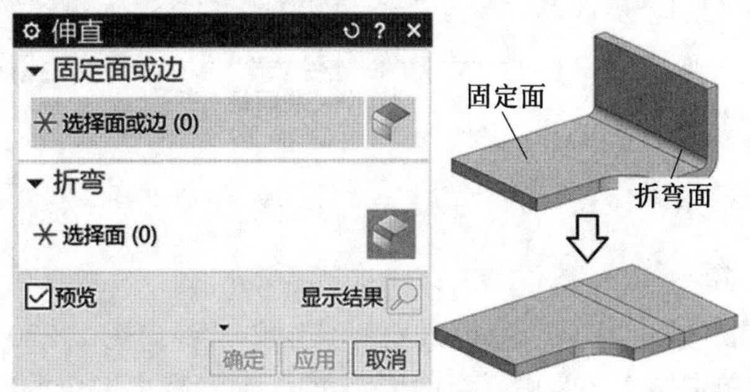

图 2.217　伸直特征

6. 重新折弯

“重新折弯”命令是将伸直后的钣金件重新折弯。单击“折弯”工具栏“重新折弯”图标或选择“菜单\插入\成形\重新折弯”，弹出图 2.218 所示对话框。打开“重新折弯”对话框后，选择图 2.218 中示意的折弯面，固定面可以不选，然后单击“确定”按钮，重新折弯。

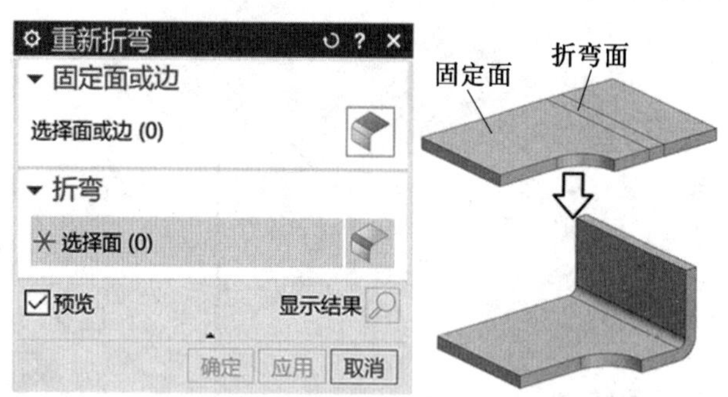

图 2.218　重新折弯

7. 凹坑

凹坑是用一组曲线作为截面曲线，沿着钣金件表面的法线方向冲出凸起或者凹陷的特征。单击“凸模”工具栏“凹坑”图标或选择“菜单\插入\冲孔\凹坑”，弹出图 2.219 所示对话框。打开“凹坑”对话框后，单击图 2.219 中示意的面为草绘平面，绘制截面线，指定凹坑深度为“6 mm”，冲压半径和冲模半径为“2 mm”，单击“确定”，凹坑特征如图2.219 所示。

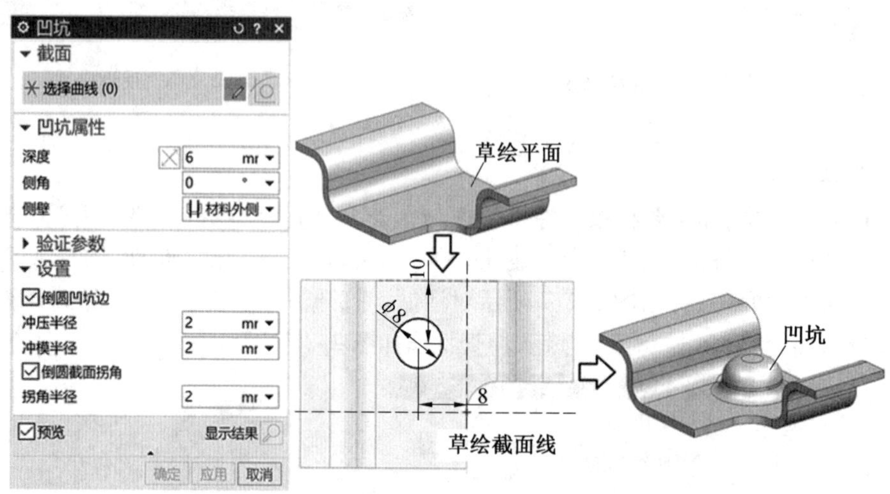

图 2.219　凹坑

8. 倒角和倒斜角

单击“倒角”图标或选择“菜单\插入\拐角\倒角”，弹出图 2.220 所示对话框。打开“倒角”对话框后，单击图 2.222 中示意的倒圆角边，对话框中倒角方法选择“圆角”，半径指定为“5 mm”，单击“确定”按钮，倒角特征如图 2.222 所示。“倒斜角”对话框如图 2.221所示，其操作方法和“倒角”相同。

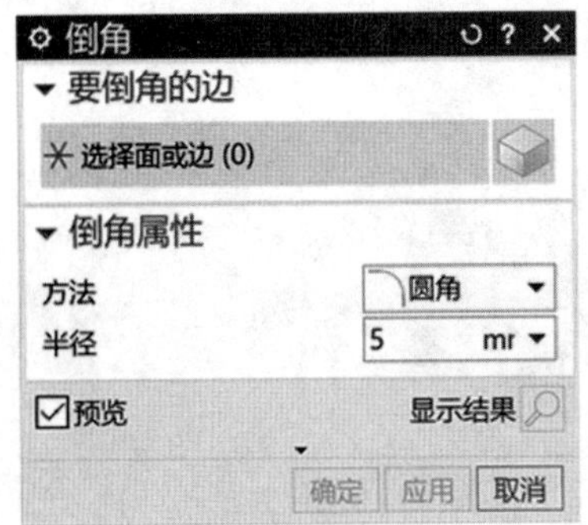

图 2.220 “倒角”对话框

图 2.221 “倒斜角”对话框

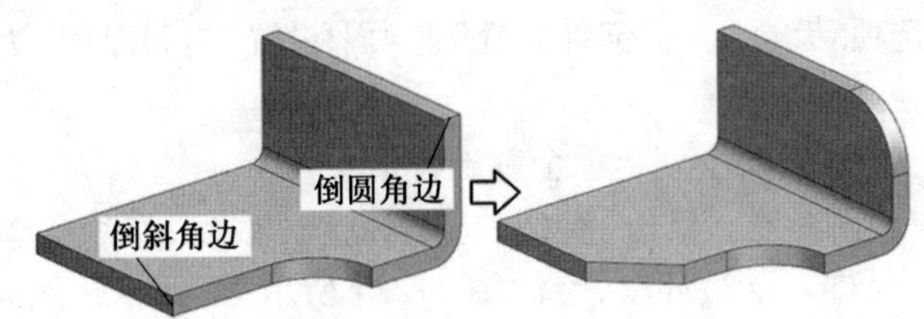

图 2.222 倒角和倒斜角

9. 转换为钣金

有些钣金件可以通过实体建模命令(如拉伸、抽壳)创建,但是这样创建的零件必须转换为钣金,才能参与伸直、展开等操作。单击“转换”工具栏中的“转换为钣金”图标或选择“菜单\插入\转换\转换为钣金”,弹出图 2.223 所示对话框。打开“转换为钣金”对话框后,选择“全局转换”,单击图 2.223 所示基本面,单击“确定”按钮,完成钣金转换。转换为钣金就可以进行伸直操作。

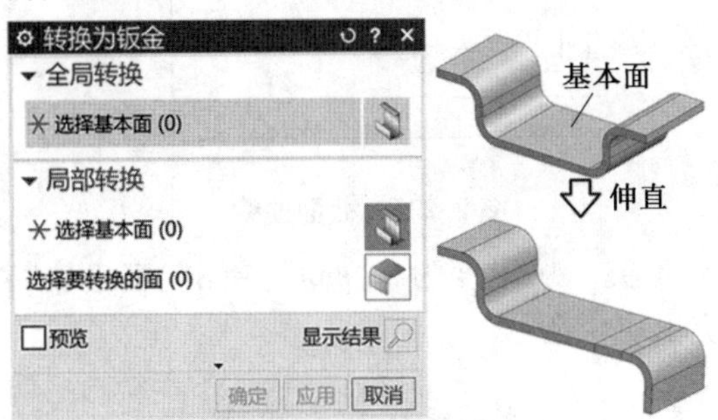

图 2.223 转换为钣金

2.4.3 钣金件设计实例

【例 2.7】 设计图 2.224 所示侧弯支座模型。

图 2.224 所示侧弯支座包含突出块、弯边、折弯等特征,其详细创建过程介绍如下。

步骤 1 进入钣金模块。

启动 NX 软件,选择“文件\新建”,在“新建”对话框的“模板”选项卡选取“NX 钣金”

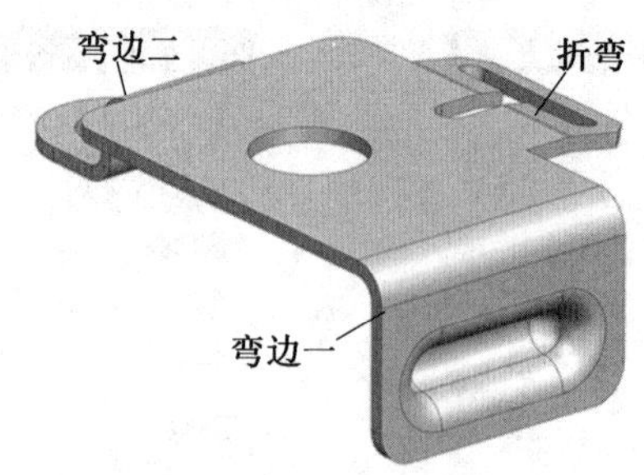

图 2.224　侧弯支座模型

模板，输入零件名字“侧弯支座”，然后设置好存储路径，单击“确定”按钮，进入钣金环境。

步骤 2　设置钣金环境参数。

单击“菜单\首选项\钣金”，在“部件属性”选项卡设置“材料厚度”为“2 mm”、折弯半径为“3 mm”。

步骤 3　通过“突出块”命令创建钣金基础特征。

(1) 草绘突出块截面曲线。单击“突出块”图标，在“截面”选项区单击“绘制截面”，以 *X*-*Y* 面为草绘平面，进入草绘环境，绘制图 2.225 所示截面曲线，然后退出草图，返回“突出块”对话框。

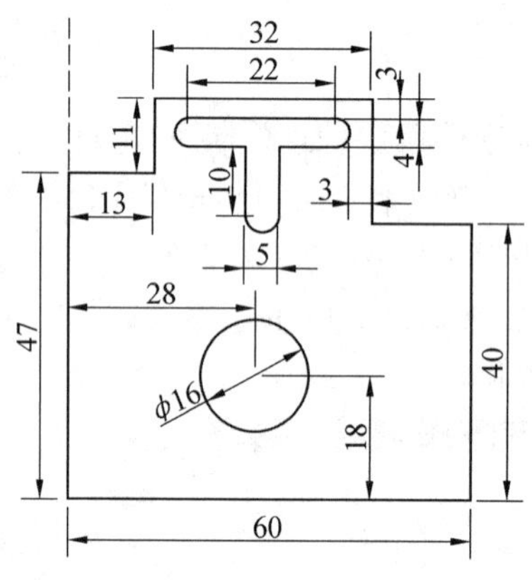

图 2.225　截面曲线

(2) 创建突出块。确定突出块厚度为“2 mm”，单击“突出块”对话框中的“确定”按钮，创建图 2.226 所示突出块特征。

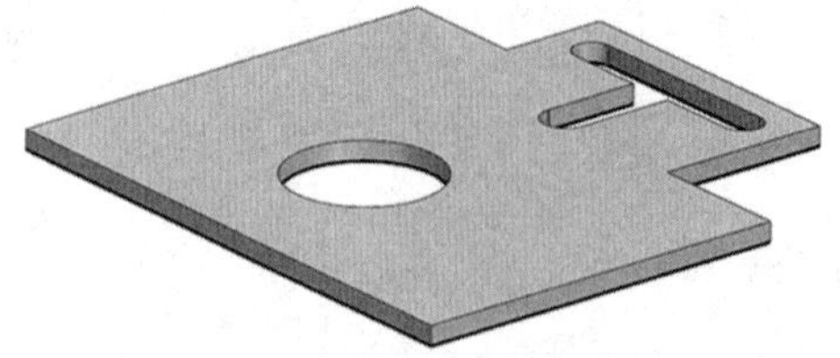

图 2.226　突出块特征

步骤 4　创建折弯特征。

(1) 草绘折弯线曲线。单击“折弯”图标，在“折弯线”选项区单击“绘制截面”，以图 2.227 所示面为草绘平面，进入草绘环境，绘制折弯线曲线，然后退出草图，返回“折弯”对话框。

(2)创建折弯特征。在“折弯属性”选项区设置“角度”为 10°,“内嵌”为“外模线轮廓”,单击“确定”按钮,生成如图 2.227 所示折弯特征。

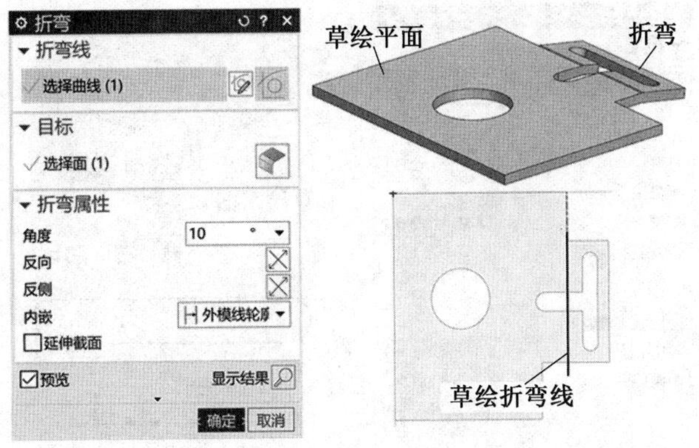

图 2.227　创建折弯特征

步骤 5　创建弯边特征一。

单击“弯边”图标,弹出图 2.228 所示“弯边”对话框。选择图 2.228 中示意的边为附着边,指定“宽度选项”为“完整”,“长度”为“27 mm”,“角度”为“90°”,“参考长度”为“外侧”,“内嵌”为“折弯外侧”。单击“确定”按钮,创建图 2.228 所示弯边特征一。

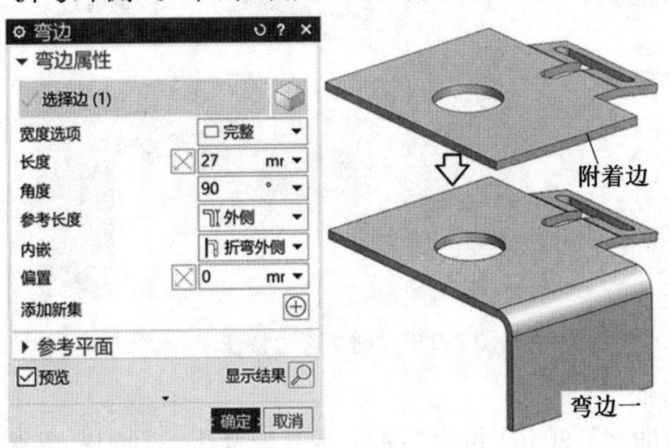

图 2.228　创建弯边特征一

步骤 6　创建弯边特征一上的凹坑。

(1)草绘凹坑截面曲线。单击“凹坑”图标,在“截面”选项区单击“绘制截面”,以图 2.229 中示意的指示面为草绘平面,进入草绘环境,绘制凹坑截面曲线,然后退出草图,返回“凹坑”对话框。

(2)创建凹坑特征。指定凹坑深度为“7 mm”,侧角为“0°”,“侧壁”为“材料外侧”,“冲压半径”为“3 mm”,“冲模半径”为“2 mm”,单击“确定”按钮,创建凹坑特征,如图 2.229所示。

步骤 7　创建弯边特征二。

单击“弯边”图标,弹出图 2.230 所示“弯边”对话框。选择图 2.230 中示意的边为附着边,指定“宽度选项”为“从端点”,单击“指定点”按钮,选择图 2.230 中示意的端点。设置“宽度”为“20 mm”,“距离 1”为“10 mm”,“长度”为“31 mm”,“角度”为“90°”,“参考长度”为“外侧”,“内嵌”为“折弯外侧”,“折弯止裂口”选择“无”。单击“确定”按钮,创建图 2.230 所示弯边特征。

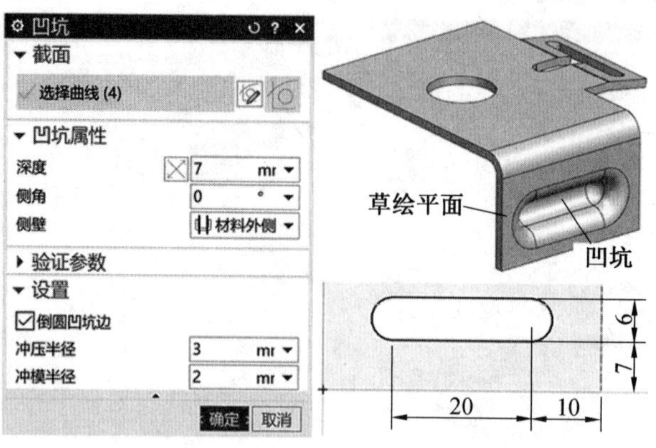

图 2.229　创建凹坑特征

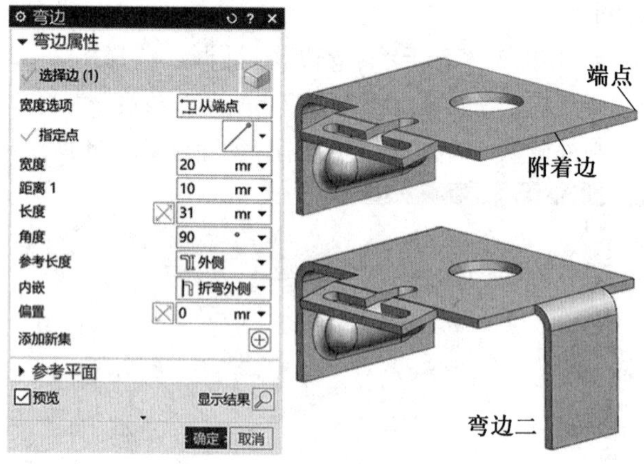

图 2.230　创建弯边特征二

步骤 8　弯边特征二折弯。

(1)草绘折弯线曲线。单击“折弯”图标,在“折弯线”选项区单击“绘制截面”,以图 2.231 中示意的面为草绘平面,进入草绘环境,绘制折弯线曲线,然后退出草图,返回“折弯”对话框。

(2)创建折弯特征。在“折弯属性”选项区设置“角度”为“90°”,“内嵌”为“外模线轮廓”,单击“确定”按钮,生成图 2.231 所示折弯特征。

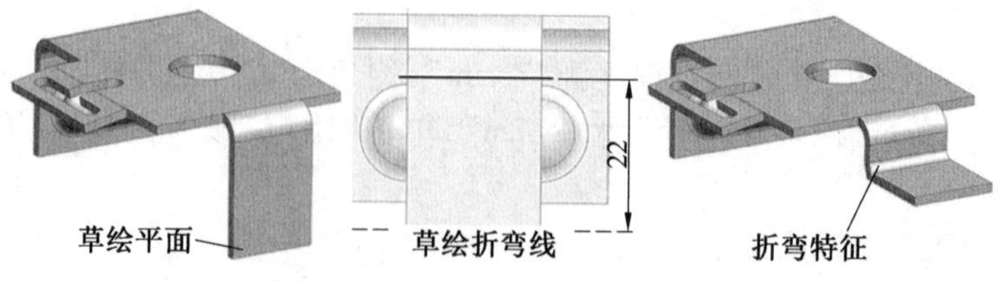

图 2.231　弯边特征二折弯

步骤 9　倒角。

单击“倒角”图标，在弹出的对话框中，设置“方法”为“圆角”，“半径”为“10 mm”，选择图 2.232 对应的两条边，单击“确定”按钮，完成倒角特征。采用相同的方法可创建图 2.232 中其余 4 个半径为 5 的圆角。

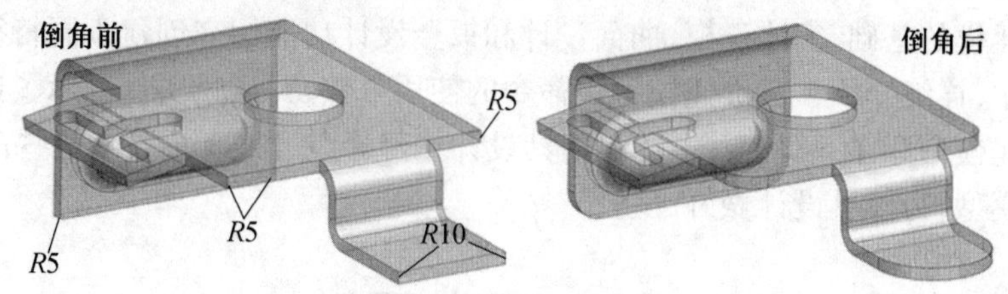

图 2.232　创建倒角特征

步骤 10　创建弯边特征二上的孔特征。

（1）草绘孔截面线。单击“法向开孔”图标，在“截面”选项区单击“绘制截面”，以图 2.233 指示面为草绘平面，进入草绘环境，绘制 $\phi10$ 的圆，然后退出草图，返回“法向开孔”对话框。

（2）创建孔特征。系统自动选择钣金件为开孔目标体，指定开孔属性为“厚度”和“直至下一个”，单击“确定”按钮，创建图 2.33 所示开孔特征。

图 2.233　法向开孔

步骤 11　倒斜角。

单击“倒斜角”图标，在弹出的对话框中，设置“横截面”为对称，“距离”为“3 mm”，选择图 2.234 所示的两条边，单击“确定”按钮，完成倒斜角特征。

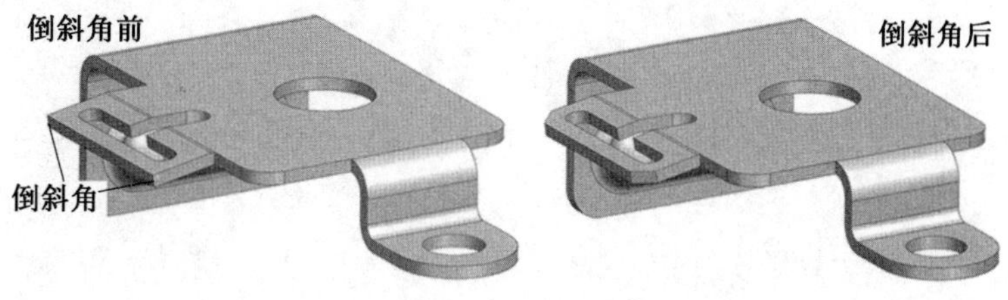

图 2.234　倒斜角

2.5　本章小结

本章介绍了 NX1953 三维建模模块中的草绘、实体建模、曲面建模和钣金设计功能。草绘是三维建模的基础，实体建模、曲面设计和钣金设计功能用来创建不同特征的三维模型。在本章中，详细介绍了三维建模常用命令的使用方法，并通过实例演示了这些命令的用法。三维建模命令在 NX1953 建模和模具设计中经常使用，熟练掌握这些命令可以创建常见三维模型，为模具设计做好准备。

2.6　思考题

1. NX1953 如何进入草图环境？在草图中如何标注尺寸、添加约束？

2. NX1953 使用“拉伸”“旋转”命令创建三维模型，需要指定哪些参数，这些参数的作用是什么？

3. NX1953 布尔运算有几种，功能各是什么？

4. NX1953 常用的创建曲面命令有哪些？如何使用曲面命令创建实体？

5. NX1953 常用的钣金件设计命令有哪些？简述钣金件设计的一般过程。

第 3 章　注塑模设计基础

注塑模是注塑成型工艺生产塑料产品的一种工具,塑料产品的形状和尺寸由注塑模决定。随着对塑料产品功能要求的提高,塑料产品的形状、结构越来越复杂,注塑模的结构和组成也越来越复杂,对模具设计的要求也越来越高。NX1953 Mold Wizard(注塑模向导,简称 MW)是集成在 NX 软件中设计塑料模具的专业模块。使用 MW 可以方便地完成模具设计,提高设计效率。本章主要介绍注塑模的结构和组成,MW 的功能以及设计注塑模的过程。

3.1　注塑模结构介绍

注塑模结构由塑料产品结构和注塑机的形式决定。根据运动特点,注塑模可以分为动模和定模两大部分:定模安装在注塑机的固定板上,动模安装在注塑机的移动板上。注塑成型时动模与定模闭合后构成浇注系统及模腔,开模时动模与定模分离,通过推出机构取出塑料产品。根据模具各部件的作用,塑料模可以分为成型零件、模架、推出系统、浇注系统、冷却系统几大部分。

1. 成型零件

成型零件是直接成型塑料零件的部分,通常由凸模、凹模、镶件等构成。凸、凹模及其合模如图 3.1 所示。

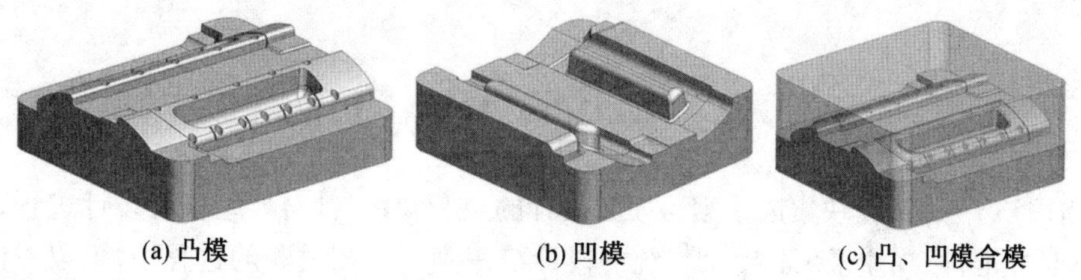

(a) 凸模　(b) 凹模　(c) 凸、凹模合模

图 3.1　凸、凹模及其合模

2. 模架

模架包括定模底板、定模板、动模板、垫板、动模底板等部分,用来安装模具成型零件、推出系统、浇注系统、冷却系统等组成部分,如图 3.2 所示。

3. 推出系统

推出系统是在开模过程中,将塑料产品和浇注系统凝料从模具中推出的装置,如图 3.3 所示。

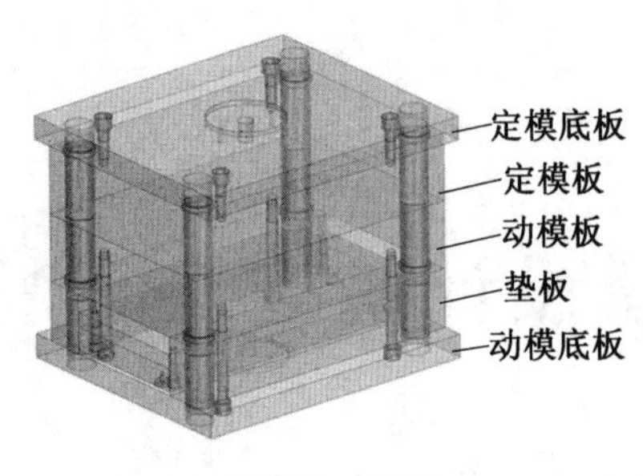

图 3.2　模架

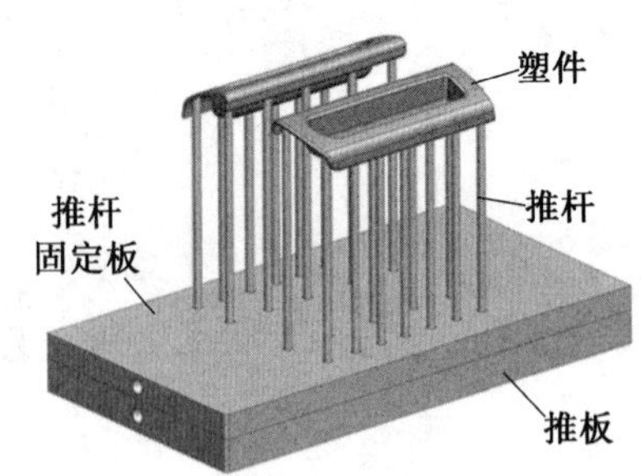

图 3.3　推出系统

4. 浇注系统

浇注系统是将塑料熔体由注塑机喷嘴引向型腔的通道，由主流道、分流道、浇口、冷料井等结构组成，如图 3.4 所示。

5. 冷却系统

冷却系统是注塑模具中控制模温的装置，包括水嘴、水堵、水道、密封圈等部分，如图 3.5 所示。

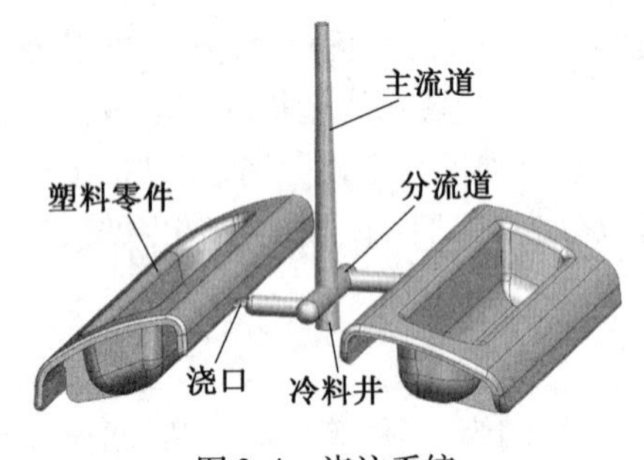

图 3.4　浇注系统

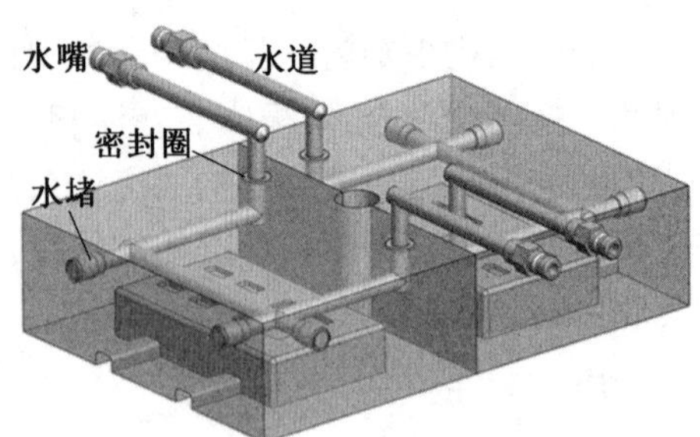

图 3.5　冷却系统

3.2　NX1953 MW 简介

NX1953 中 MW 模块集成了塑料模具设计的经验知识，针对典型模具设计过程，将分型、模架、标准件、浇注系统和冷却系统的设计统一到整个相关联的过程中，可以方便、快捷地创建出与塑料产品参数全相关的三维模具，并将之用于加工模块。MW 模块中包含了参数化的模架库和标准件库，在模具设计过程中只需要设置好相关参数，就可以调用模架和标准件，极大提高了模具设计效率。

以默认方式安装 NX1953 时，不会安装 MW 模块，需要将 MW 模块文件拷贝到 NX1953 安装目录下的“MOLDWIZARD”文件夹中才能使用。使用 MW 设计模具时，一般需要先进入建模模块，然后单击“应用模块\注塑模和冲模\注塑模”进入 MW 模块。注塑模向导将模具设计命令分为初始化项目、主要、分型工具、冷却工具和注塑模工具几个工具栏（图 3.6），这个顺序与模具设计流程大致相同。模具设计一般是按照模具设计准备、分型、模架和标准件、浇注系统、冷却系统和腔体设计的顺序进行的，每个过程涉及的命令及其功能见表 3.1～3.6。

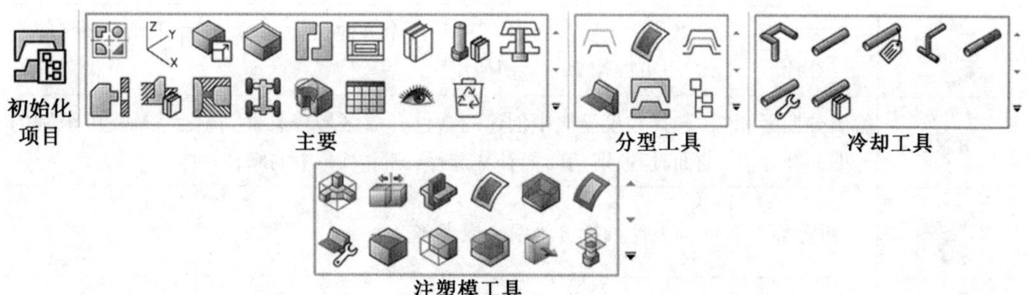

图 3.6　注塑模向导工具栏

表 3.1　模具设计准备命令

命令图标	命令名称	命令功能
	初始化项目	载入需要进行模具设计的塑料零件三维模型，生成模具装配结构和相关文件，用来存放创建的模具组件文件
	多腔模设计	一模多腔设计，在一副模具中生成多个不同零件的型芯和型腔
	模具坐标系	定义模具坐标系
	收缩	设定收缩率，修正模具型芯和型腔的尺寸，用于补偿熔融塑料冷却时的收缩
	工件	也称毛坯，是型芯和型腔分型前的实体
	型腔布局	用于完成工件（型芯和型腔）的布局，用于多腔模具设计

表 3.2　分型前修补零件命令

命令图标	命令名称	命令功能
	包容体	创建与面、边线相关联的方块
	分割实体	使用面、基准平面或者其他几何元素拆分体
	实体修补	用实体填充塑件内部开放区域特征
	修剪区域补片	通过选定的边修剪实体，创建曲面补片

续表 3.2

命令图标	命令名称	命令功能
	扩大曲面补片	将塑件上已有面在 U 和 V 两个方向扩大,扩大的面可以用来修剪实体,也可以作为分型面使用
	编辑分型面和曲面补片	选择建模模块中创建的塑件开放区域修补面,转化为 MW 可识别的曲面补片;取消曲面补片选择,删除 MW 中的修补片体
	拆分面	将一个面拆分为两个或者多个面
	修剪实体	使用选择的面修剪实体
	替换实体	使用选择的面创建包容体,并使用选择的面替换包容体上的面
	延伸实体	偏置实体上的面
	修边模具组件	修剪标准件、子镶块(比如斜销),以形成型腔或者型芯局部形状

表 3.3 分型设计命令

命令图标	命令名称	命令功能
	检查区域	将零件上的面定义为型腔和型芯区域面,为分型做准备,并检查零件模型的脱模角度是否合理,内部孔是否修改,是否存在倒扣
	曲面补片	创建曲面修补零件模型上的孔,为分型做准备
	定义区域	创建型腔区域面和型芯区域面,并将两者交线定义为分型线
	设计分型面	根据分型线的特征,创建分型面
	定义型腔和型芯	通过创建好的分型面分割工件,生成型芯和型腔
	分型导航器	管理分型过程中使用的模型文件

表3.4 模架和标准件命令

命令图标	命令名称	命令功能
	模架库	用于管理和加载模架,按照实际需要,在MW中选择模架结构、确定好模架部分零件尺寸,生成模架
	标准件库	用于管理和加载标准件,MW中标准件包括定位圈、浇口套、推杆、推管、螺钉等
	设计顶杆	属于标准件,专门用于顶杆的管理和加载
	顶杆后处理	用于顶杆长度的延伸或者头部形状的修建
	滑块和浮升销库	生成滑块和斜销,当塑料零件上有侧向的凸出或凹进特征时,一般正常的开模动作不能顺利分离这类零件,这时需要添加滑块和斜销,使模具顺利开模
	镶件	添加镶件,在模具上细长结构或者难以加工的位置添加镶件可以降低模具制造的难度和成本

表3.5 浇注和冷却系统设计命令

命令图标	命令名称	命令功能
	设计填充	选择流道和浇口结构,给出参数,自动生成流道和浇口
	流道	设计流道引导线,指定截面形状和尺寸,生成流道
	水路图样	设计水路引导线,指定水路截面直径,生成水道
	直接水路	给定水路直径、长度、位置参数,生成水道
	延伸水路	延长水路,末端形成钻孔特征
	调整水路	调整已有水路的位置和尺寸
	冷却标准件库	冷却系统标准件,包括接头、堵头、密封圈等

表 3.6　模具设计收尾命令

命令图标	命令名称	命令功能
	腔	在模具模板或者零件中创建空腔，为型芯、型腔、标准件、浇注系统、冷却系统留出安装空间
	物料清单	基于模具装配状态产生的与装配信息相关的模具零件列表
	视图管理	控制或者编辑模具组件的可见性、颜色等
	未用部件管理	用于模具组件目录管理，包括删除或者恢复部分文件

3.3　NX1953 MW 注塑模设计流程

MW 注塑模设计是按照图 3.7 所示流程进行的，先加载塑料零件三维模型、完成模具设计的准备工作，然后进行模具分型，再创建模架、标准件、浇注和冷却系统，最后进行模具设计的收尾工作。

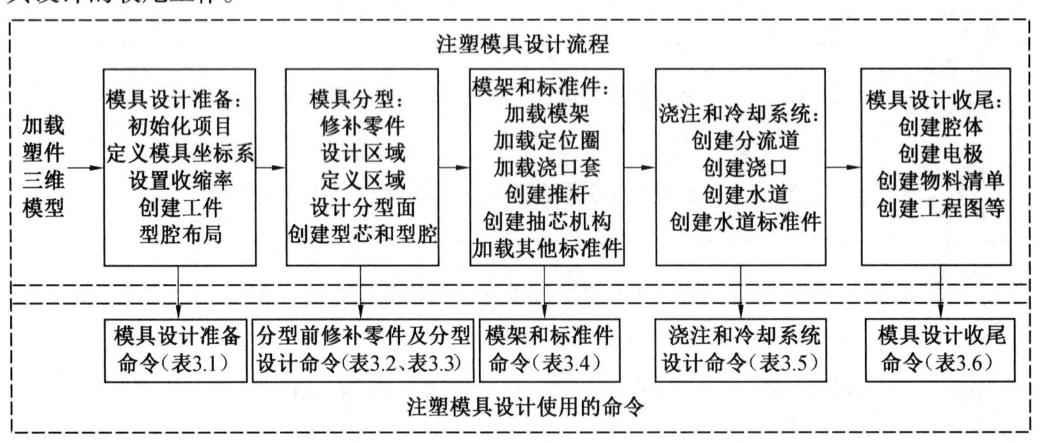

图 3.7　注塑模设计流程和使用的命令

【例 3.1】　注塑模设计流程实例——端盖模具设计。

使用 NX1953 MW 设计图 3.8 所示端盖零件的塑料模具，了解模具设计的一般流程，以及相关命令的操作方法。

步骤 1　打开零件。

将本章二维码中文件“第 3 章\端盖模具\端盖. prt”复制到电脑。启动 NX1953，打开“端盖. prt”文件。单击“应用模块\注塑模和冲模\注塑模”，进入注塑模向导。

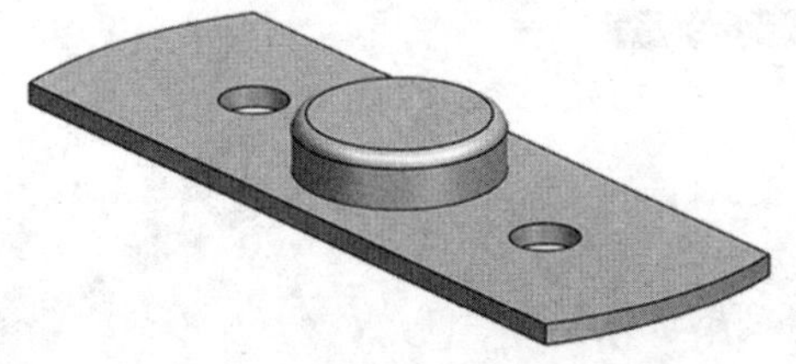

图 3.8　端盖零件

步骤 2　初始化项目。

注塑模向导将一套模具定义为一个项目，项目文件（也就是模具部件文件）通过装配结构进行管理。初始化项目生成模具设计项目的装配结构，并把零件模型加载到模具装配结构中。“初始化项目”命令在指定塑件模型文件、项目存储路径和项目名后，生成模具的装配结构。

单击注塑模向导工具栏上“初始化项目”图标，弹出图 3.9 所示“初始化项目”对话框。系统默认选择端盖零件为产品模型，进行模具设计。模具设计项目的存储路径为端盖零件所在文件夹路径，项目名为零件模型名。单击对话框中的“确定”按钮，完成产品模型的加载。加载后模具装配结构如图 3.10 所示。

图 3.9　“初始化项目”对话框

图 3.10　模具装配结构

步骤 3　设置模具坐标系。

模具坐标系是模具装配结构的参考基准。注塑模向导规定模具坐标系原点位于动定模接触面的中心，*XC*-*YC* 平面在分型面上，+*ZC* 方向是塑料零件顶出方向。“模具坐标系”命令的功能是把塑件从其工作坐标系转移到模具装配坐标系。

单击“模具坐标系”图标，弹出图 3.11 所示对话框，此时零件坐标系如图 3.12 所示，坐标系 *XC*-*YC* 平面在分型面上，+*ZC* 方向是顶出方向，不必变换坐标系。在图 3.11“模具坐标系”对话框单击“确定”，将零件坐标系转换为模具坐标系。

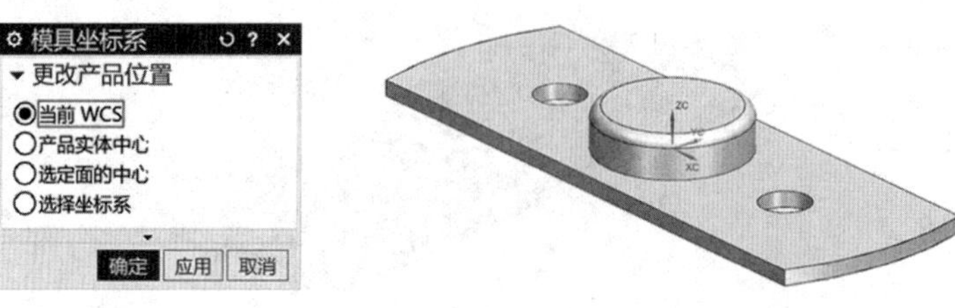

图 3.11　“模具坐标系”对话框　　　　图 3.12　零件坐标系

步骤 4　创建工件。

工件是生成型腔和型芯的毛坯，“工件”命令的功能是依据塑件的外形尺寸创建工件。单击“工件”图标，弹出图 3.13 所示对话框，按“限制”选项区参数设定工件尺寸后，单击“确定”创建工件，如图 3.14 所示。

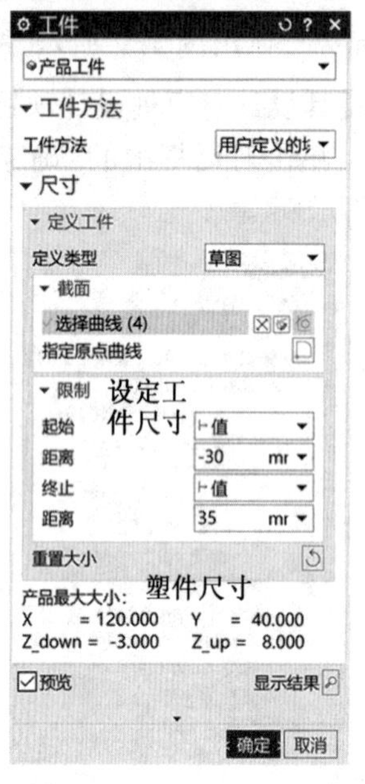

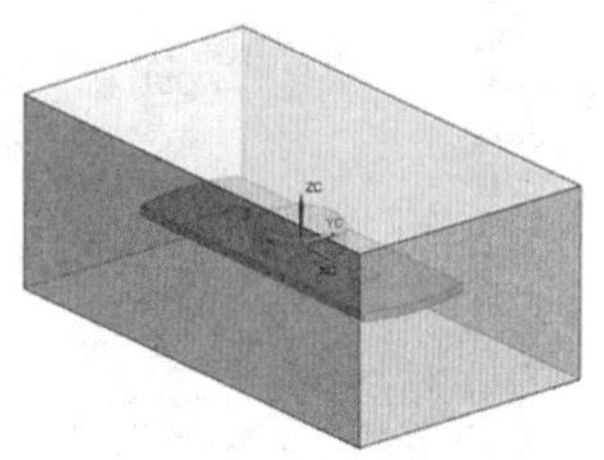

图 3.13　“工件”对话框　　　　图 3.14　创建的工件

步骤 5　型腔布局。

型腔布局用于设定工件的数量和排列方式，该命令用来设置或者编辑型腔的排列方式、数量以及位置，也可以删除多余的工件。

单击图标，打开图 3.15 所示“型腔布局”对话框，在“布局类型”选项区选择“矩形”“平衡”，“指定矢量”为“*YC*”方向，在“平衡布局设置”选项区设置“型腔数”为 2。然后单击“开始布局”按钮，完成一模两腔布局，如图 3.16 所示。单击“自动对准中心”按钮，平移两个型腔，使其中心与模具坐标系原点重合。

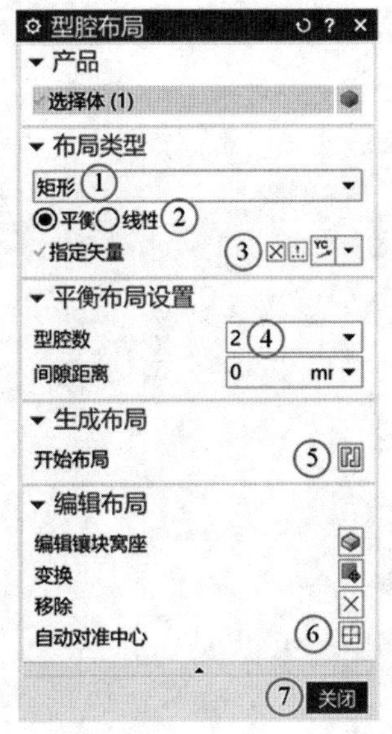

图3.15　“型腔布局”对话框

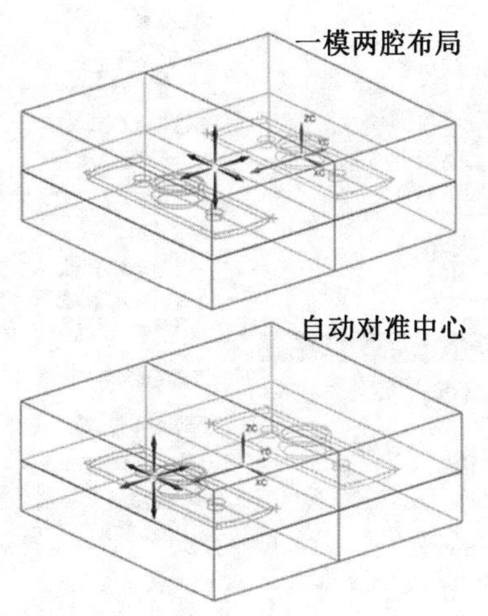

图3.16　型腔布局

步骤6　设计区域。

从这步开始进行分型设计。分型是通过零件表面、补孔面和分型面来修剪工件得到型腔和型芯。零件表面用于分割型腔、型芯的面分别称为型腔区域面、型芯区域面。“检查区域”命令用于对零件表面属性进行分析，识别型腔区域面和型芯区域面。检查区域的操作过程如下。

(1)计算模型表面属性。

单击图标，系统弹出图3.17(a)所示“检查区域”对话框，默认显示“计算”选项卡，同时零件模型被加亮显示，并显示箭头表示开模方向。由于定义模具坐标系时，已经设置好了顶出方向，系统可以识别。单击“计算”按钮，系统分析模型表面属性。

(2)设置区域颜色。

单击“检查区域”对话框的“区域”选项卡，如图3.17(b)所示。取消选择“设置”选项区中“内环”“分型边”和“不完整环”3个复选框，单击“设置区域颜色”按钮，系统将识别出来的型腔区域面、型芯区域面以及未识别出来的面以不同颜色设置，其中未定义区域面有6个，如图3.18所示。

(3)未定义区域指派。

在图3.17(b)“指派到区域”选项区选择“型腔区域”单选项，然后选择2个孔内表面，单击“应用”按钮，将孔内表面指派到型腔区域；在图3.17(b)“指派到区域”选项区选择“型芯区域”单选项，然后选择4个零件边缘面，单击“应用”按钮，将边缘面指派到型芯区域。单击“确定”，完成零件表面区域定义。

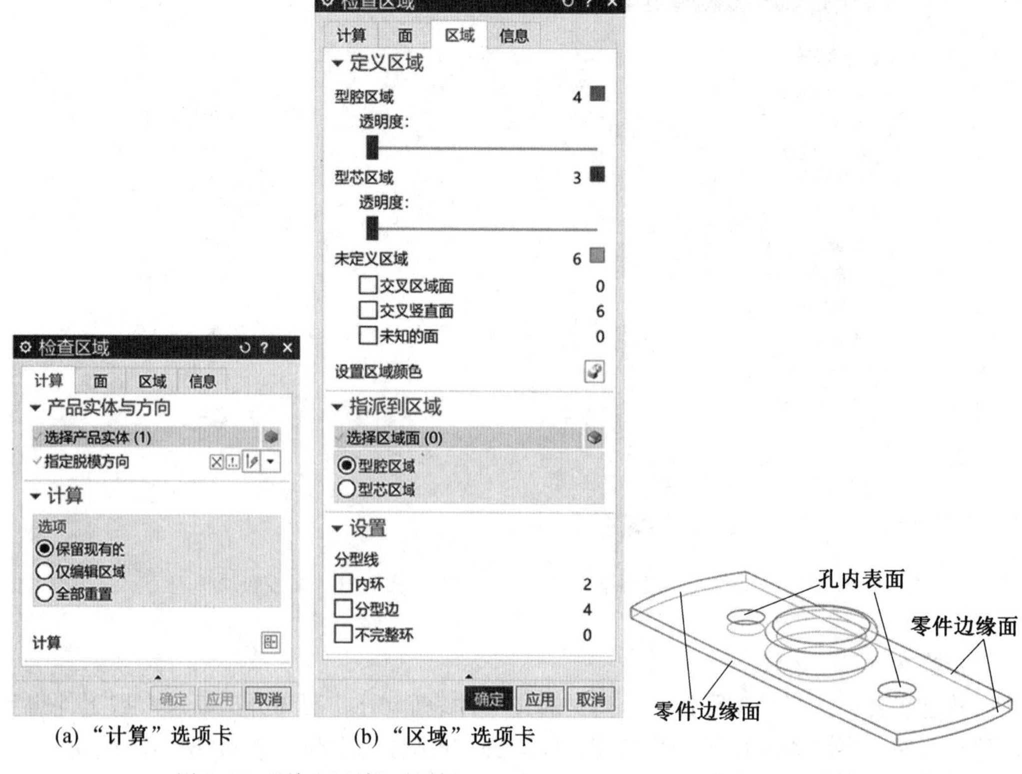

(a) “计算”选项卡　(b) “区域”选项卡

图 3.17 “检查区域”对话框　　图 3.18 未定义区域

步骤 7 零件修补。

零件上有通孔的位置需要创建修补曲面，以便分割工件。“曲面补片”命令通过选择孔边缘线，创建修补面。零件修补的操作过程如下。

单击图标，系统弹出图 3.19 所示“曲面补片”对话框，在“环选择”选项区“类型”下拉列表中选择“面”，选择图 3.20 所示面，在“环列表”列表区显示了 3 个环，对应的修补环如图 3.20 所示，其中“环 3”不要修补，按住“Shift”键同时单击“环 3”取消选择。单击“曲面补片”对话框“确定”按钮完成零件修补，修补结果如图 3.20 所示。

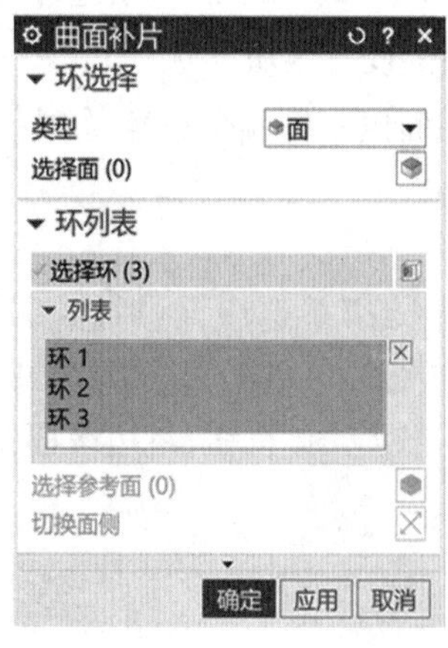

图 3.19 “曲面补片”对话框

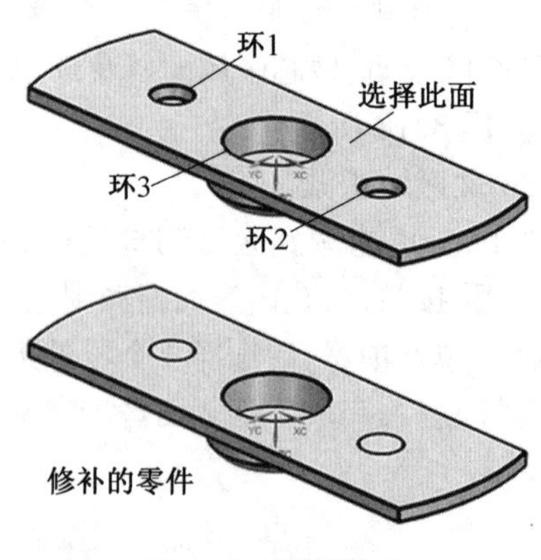

图 3.20 零件修补

步骤 8　定义区域和分型线。

定义型腔区域和型芯区域后，注塑模向导通过“定义区域”命令提取型腔区域面和型芯区域面，提取两者的交线作为分型线。

单击图标，系统弹出图 3.21 所示“定义区域”对话框，在“设置”选项区勾选“创建区域”和“创建分型线”复选框，单击“确定”，系统提取型腔区域面和型芯区域面，并创建分型线，结果如图 3.22 所示。

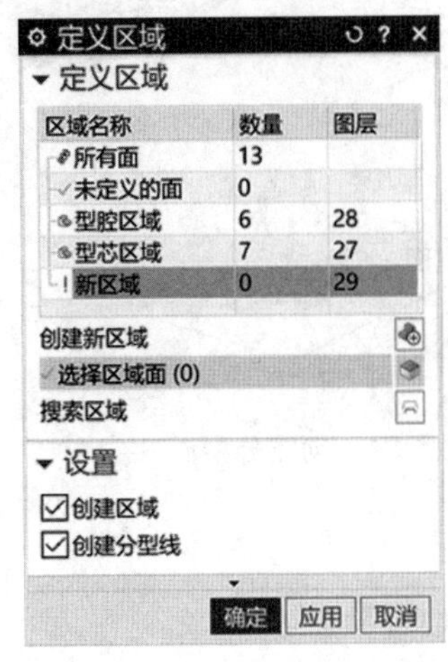

图 3.21　“定义区域”对话框

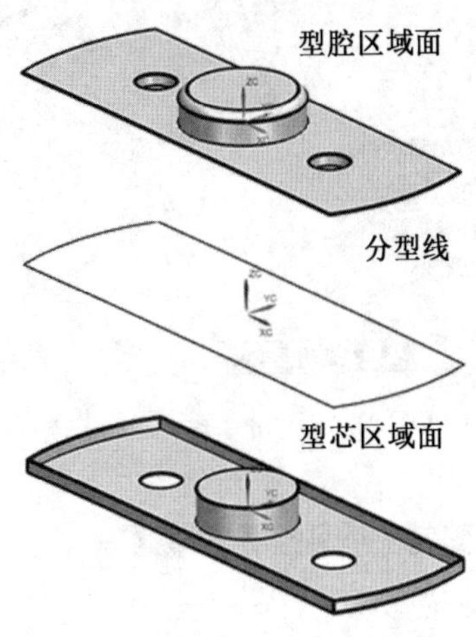

图 3.22　创建区域面和分型线

步骤 9　创建分型面。

由于工件尺寸大于零件外轮廓尺寸，修剪工件需要用分型线创建分型面，以便分割工件。“设计分型面”命令根据分型线的特点，创建分型面。

本例中分型线在同一平面，通过“有界平面”创建分型面。单击按钮，系统弹出图 3.23 所示“设计分型面”对话框。在“分型段”列表区选择“段 1”，然后在“创建分型面”选项区单击“有界平面”按钮，单击“第一方向”，在矢量下拉列表中选择“*YC*”，单击“第二方向”，选择“-*XC*”。单击“第一方向”“第二方向”时，系统通过箭头高亮显示方向，如图 3.24 所示。单击对话框中的“确定”按钮，创建分型面。

步骤 10　创建型腔和型芯。

“定义型腔和型芯”命令通过型腔区域面、补孔面和分型面分割工件得到型腔，通过型芯区域面、补孔面和分型面分割工件得到型芯。创建型腔和型芯的具体操作过程如下。

单击图标，系统弹出图 3.25 所示“定义型腔和型芯”对话框。在“选择片体”列表区单击“型腔区域”，视图中型腔区域分割面以红色高亮显示。单击“应用”按钮，系统弹出图 3.26 所示“查看分型结果”对话框，接受系统默认方向，单击“确定”按钮，创建型腔。以相同的步骤创建型芯。最终结果如图 3.27 所示。

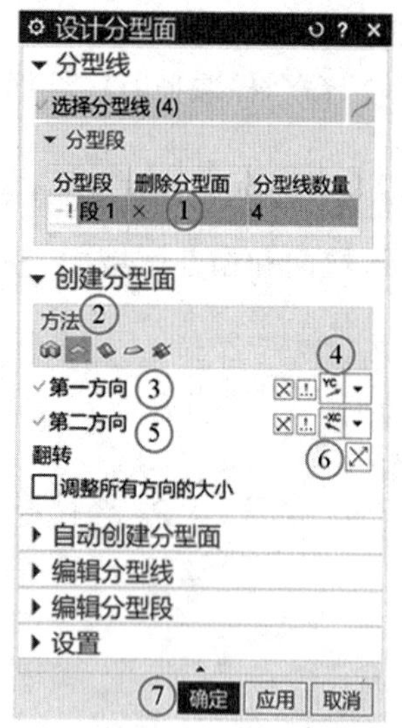

图 3.23 “设计分型面”对话框

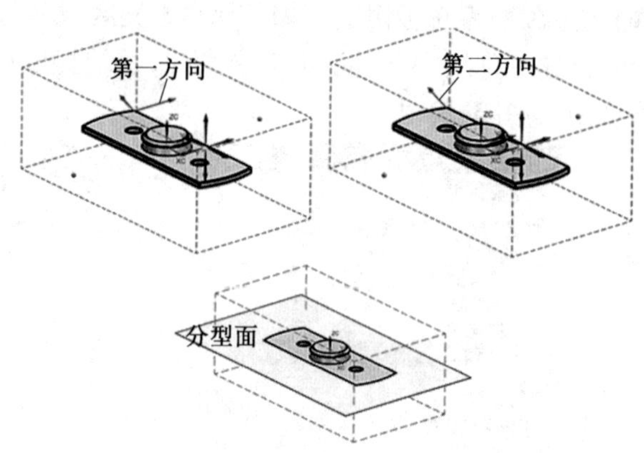

图 3.24 创建分型面

图 3.25 “定义型腔和型芯”对话框

图 3.26 “查看分型结果”对话框

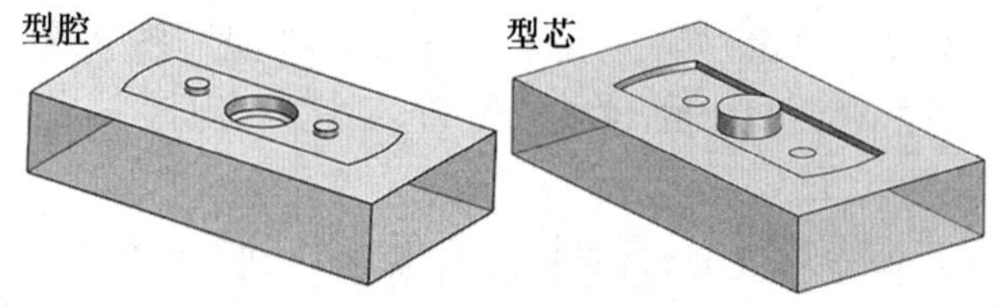

图 3.27 创建的型腔和型芯

步骤 11 添加模架。

模架用来安装、固定型腔、型芯，以及各种标准件。“模架库”命令中可以选择模架的类型、设置模架的尺寸，并进行模架的加载或者删除。添加模架的操作如下。

单击图标，系统弹出图 3.28 所示“模架库”对话框，在“详细信息”列表区“index”下拉列表中选择 2535 型模架，并设定 AP_h、BP_h 和 CP_h 分别为 76，76 和 66。单击“确定”按钮，加载模架，结果如图 3.29 所示。

步骤 12　添加标准件。

模具中标准件有定位圈、浇口套、推杆、复位杆等，本例以定位圈为例讲解标准件的添加方法。注塑模向导通过“标准件管理”命令来加载标准件。

单击图标，系统弹出图 3.30 所示“重用库”“标准件管理”对话框和“信息”窗口。“重用库”用来选择标准件，“标准件管理”对话框和“信息”窗口用来设置标准件的尺寸，加载及编辑标准件。如果“资源条”中没有“重用库”，单击“资源条选项\选项卡\重用库”，打开“重用库”。

在“重用库”选择“DME_MM\Injection”节点，在“成员选择”列表区选择定位圈，此时定位圈的参数显示在“标准件管理”对话框和“信息”窗口中，使用默认参数，单击“标准件管理”对话框中的“确定”按钮，加载定位圈，结果如图 3.31 所示。

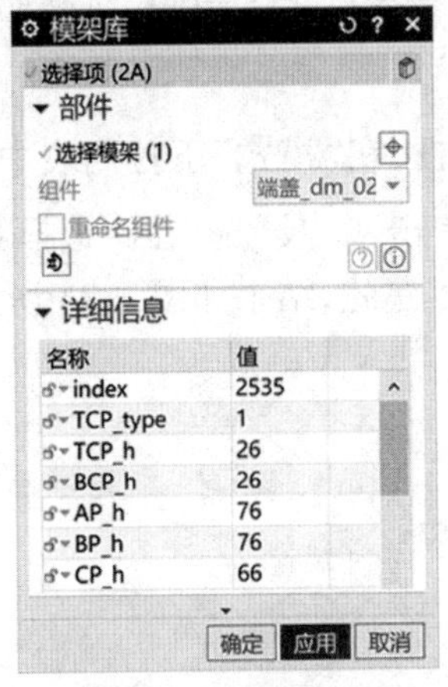

图 3.28　“模架库”对话框

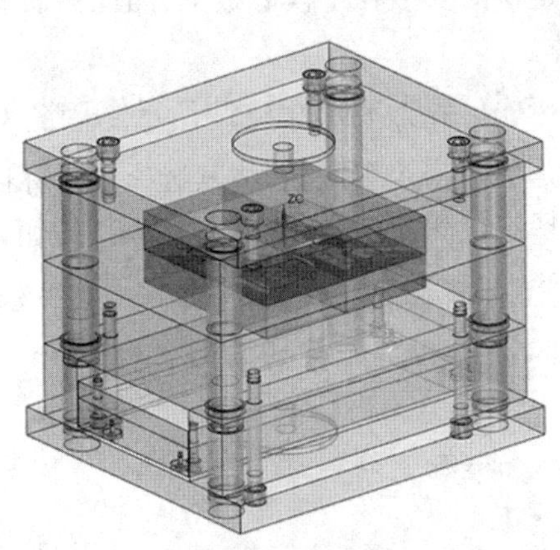

图 3.29　加载的模架

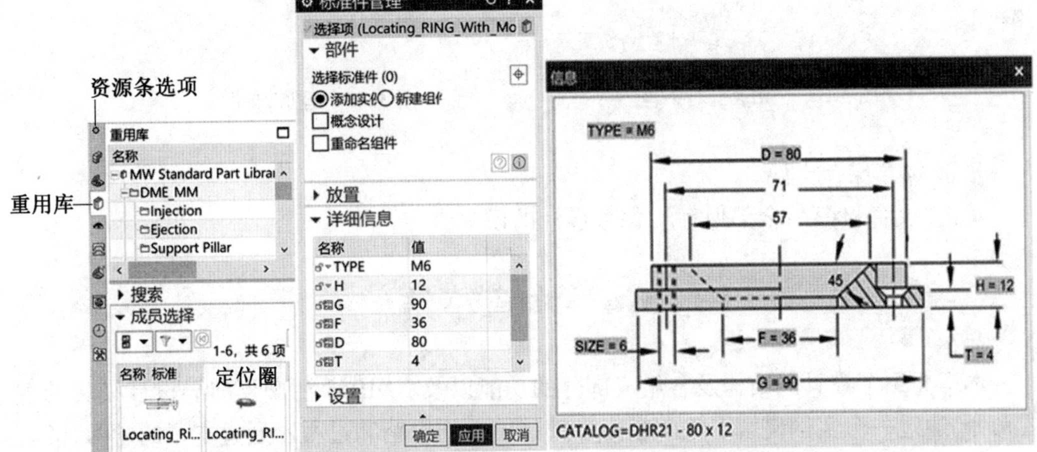

图 3.30　“重用库”“标准件管理”对话框和“信息”窗口

步骤 13　建腔。

建腔是在模架模板或者零件中，为其他零部件创建安装空间，本例以定位圈为例讲解

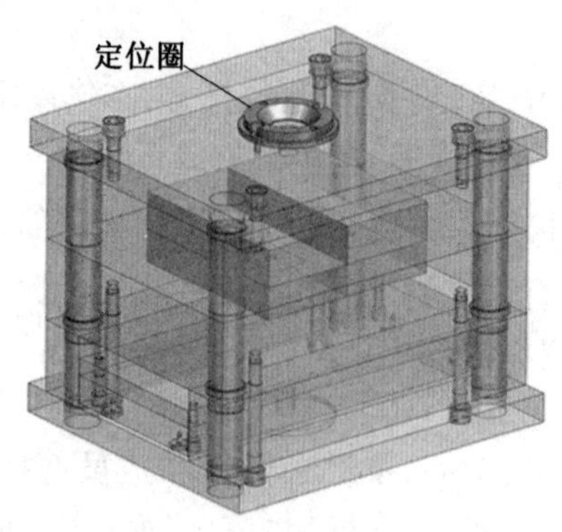

图 3.31　加载的定位圈

建腔方法。定位圈安装在定模底板上，因此只需要在定模底板上建腔。“腔”命令用来创建、删除腔体。

单击图标，系统弹出图 3.32 所示“开腔”对话框，在“模式”下拉列表中选择“去除材料”，在图形区单击定模底板，将其选择为目标体，单击“工具”选项区“选择对象”按钮，在图形区选择定位圈为工具体，单击“确定”按钮，完成建腔，结果如图 3.33 所示。

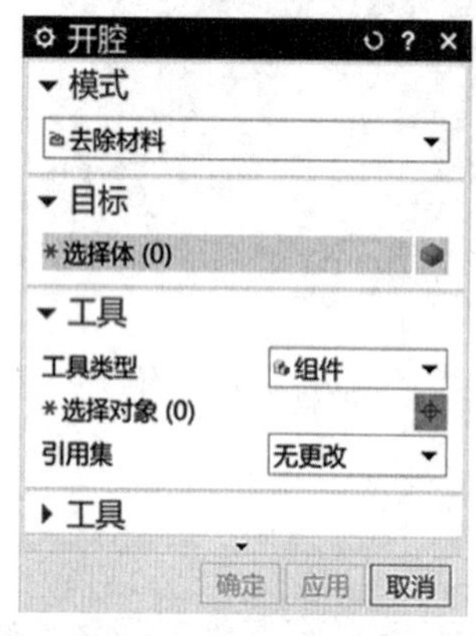

图 3.32　“开腔”对话框

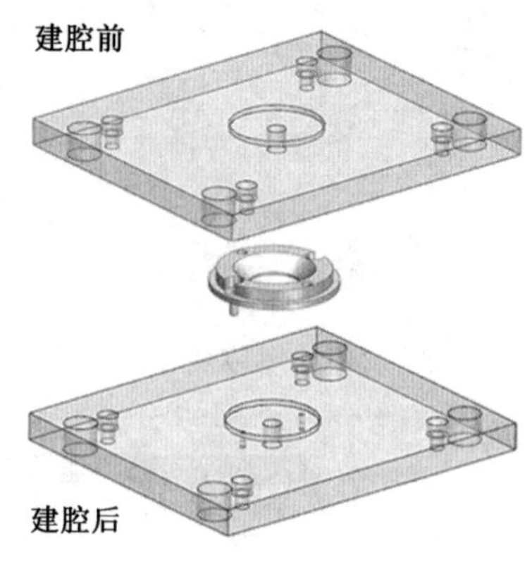

图 3.33　建腔结果

步骤 14　保存文件。

单击“文件\保存\全部保存”，保存设计的模具。

3.4　本章小结

本章介绍了模具的结构及各组成部分的功能以及 NX1953 注塑模向导设计模具的主要命令，通过一个实例讲解了注塑模向导设计模具的思路和过程。通过本章的学习，读者可以理解注塑模向导设计模具的基本思想，能够设计简单的模具，并掌握相关命令的基本使用方法。

3.5　思考题

1. 注塑模具由哪些部分组成？每个组成部分的作用是什么？
2. NX1953 注塑模向导设计模具的步骤有哪些？设计模具会使用哪些命令？

第 4 章　注塑模设计准备和分型

注塑模设计准备包括初始化项目、定义模具坐标系、设置收缩率、创建工件和型腔布局，这些工作是模具设计和分型的基础。分型是基于产品模型将工件分割为型芯和型腔。分型是注塑模设计的关键，对模具结构、产品质量有很大影响。注塑模向导提供了模具设计准备的相关命令和强大的分型功能，本章将通过实例介绍注塑模设计准备步骤和分型方法。

4.1　注塑模设计准备

4.1.1　初始化项目

塑料模具包括成型零件、模架、推出零件、冷却零件等，注塑模向导通过装配结构管理这些零件的模型文件。初始化项目就是复制系统预定义的塑料模具装配结构，从而建立模具设计项目的装配结构。

启动 NX 软件，打开产品模型后，单击"应用模块\注塑模和冲模\注塑模"，进入注塑模向导。单击"初始化项目"图标，弹出图 4.1 所示对话框。

图 4.1　"初始化项目"对话框

"初始化项目"对话框中的"产品"选项区用来选择产品模型，创建模具设计项目。

"项目设置"选项区中的"路径"栏用来设置项目文件存放路径，默认路径是产品模型所在文件夹的路径。"名称"文本框用于定义模具项目的名称，默认名称是产品模型的名称。如果有需要，项目的路径和名称都可以修改。"材料"下拉列表用于定义产品的材料，系统提供的材料有选项有 NYLON、ABS、PPO、PS 等。材料不同，收缩率也会随之变更。如果系统提供的材料收缩率不符合要求，可以在"收缩"文本框输入需要的值。"配置"下拉列表提供了系统定义的项目模板。

"设置"选项区中，项目单位是系统从产品模型信息中提取的，如果有需要可以更改。

模型单位可以是公制或者英制，模架和标准件也采用对应单位制的库文件。勾选“重命名组件”复选框，单击对话框中的“确定”按钮后，会弹出“部件名管理”对话框，可以重新定义命名规则或者为每个组件命名。单击“编辑材料数据库”“编辑项目配置”和“编辑定制属性”图标，会打开对应的 Excel 文件。在打开的 Excel 文件中可以对材料收缩率，项目配制模板和属性信息进行编辑。保存 Excel 文件，就可以使用编辑后材料、模板和属性。

【例 4.1】 初始化项目实例。

步骤 1　打开零件。

将本章二维码中的文件夹“第 4 章\4.1”复制到电脑中。启动 NX 1953，打开文件夹中“4-1 塑料盖”文件。单击“应用模块\注塑模和冲模\注塑模”，进入注塑模向导。

步骤 2　初始化项目。

单击“初始化项目”命令图标，打开“初始化项目”对话框。系统自动选择塑料盖零件为其创建模具设计项目。以零件所在目录为项目路径，使用零件名为项目名，选择材料为 ABS，收缩率为 1.006，采用常规 Mold. V1 模板，项目单位为毫米，单击“确定”按钮，完成项目初始化。

项目初始化后，系统创建装配结构，生成装配文件，保存后这些文件会出现在项目路径中。

项目装配结构如图 4.2 所示。装配结构顶层节点为“塑料盖_top_000”，其中塑料盖为项目名，也就是零件的名称，top 为功能后缀名，000 是系统自动生成的文件编号，装配树中其他节点命名规则相同。

装配树中包含项目装配结构和产品装配结构。项目装配结构的功能后缀是 top、misc、fill、cool、var 等，产品装配结构包含在 layout 分支中。各个节点的作用见表 4.1。

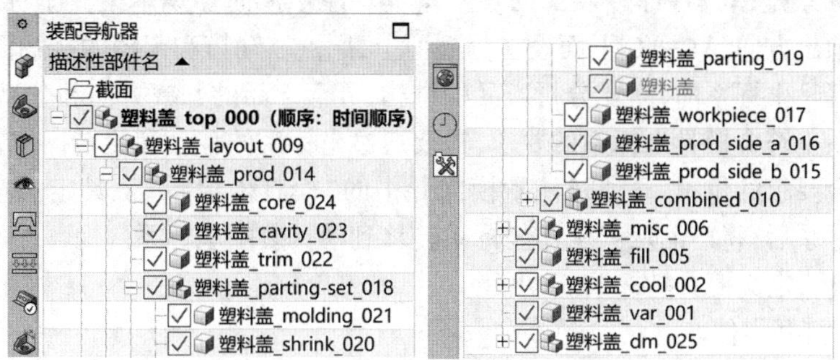

图 4.2　项目装配结构

表 4.1　装配导航器节点作用

功能后缀	作用说明
top	管理装配结构，打开整个模具设计项目，需要打开这个节点文件
layout	管理 prod 和 combined 节点，是产品的装配结构
prod	包含产品分型相关文件，工件、型芯、型腔及分型相关文件在该节点下
core	包含型芯部分，与型芯面和工件复制体相链接
cavity	包含型腔部分，与型腔面和工件复制体相链接

续表 4.1

功能后缀	作用说明
trim	包含型芯面和型腔面的链接片体,用来修剪标准件
parting-set	包含缩放后的模型、原来模型的链接体以及工件,用来创建分型面
molding	包含原始模型的链接体
shrink	包含缩放后的模型
parting	包含原始模型的链接体和工件的链接体,以及模具坐标系
workpiece	包含工件及其参数,可以进行编辑
prod_side_a 和 prod_side_b	分别为 prod 的 a 侧和 b 侧组件子装配,允许同时进行设计和修改
combined	包含组合工件、型芯、型腔的组件
misc	用来放置与型腔不相关的标准件,比如定位圈、锁模块等
fill	用来放置流道和浇口实体,在模板或者镶块上建腔
cool	用来放置冷却系统相关几何实体,在模板或者镶块上建腔
var	用来存放模架和标准件的参数表达式
dm	用来存放模架

4.1.2 定义模具坐标系

模具坐标系是模具各部件装配的参考基准。注塑模向导规定模具坐标系+*ZC* 轴方向为塑料件顶出方向,*XC*-*YC* 平面设在分型面上,原点在动模和定模的接触面上。

在定义模具坐标系前,需要分析产品的结构,弄清产品的开模方向和分型面位置。如果产品坐标系不符合模具坐标系的要求,需要通过坐标系的移动和旋转操作,将产品坐标系调整到符合要求的位置,再通过注塑模向导中的“模具坐标系”工具定义模具坐标系。定义模具坐标系后,将产品从其工作坐标系转移到模具装配坐标系。

【例 4.2】 定义模具坐标系。

步骤 1 打开零件。

将本章二维码中的文件夹“第 4 章\4.2”复制到电脑。启动 NX 1953,打开文件夹中“塑料盖_top_000”文件,进入注塑模向导。加载的产品模型如图 4.3 所示。

步骤 2 旋转坐标系。

图 4.3 中产品坐标系 *XC*-*YC* 平面在零件的分型面上,但是+*ZC* 轴方向指向顶出方向的反方向,需要旋转 180°。单击“菜单\格式\WCS\旋转”,打开“旋转 WCS”对话框,如图 4.4 所示。在对话框中选择“+*YC* 轴:*ZC*-->*XC*”,在角度文本框输入“180°”,表示以+*YC* 轴为旋转轴,将 *ZC* 轴向 *XC* 轴所在位置转 180°,单击“确定”按钮,完成坐标系的旋转。

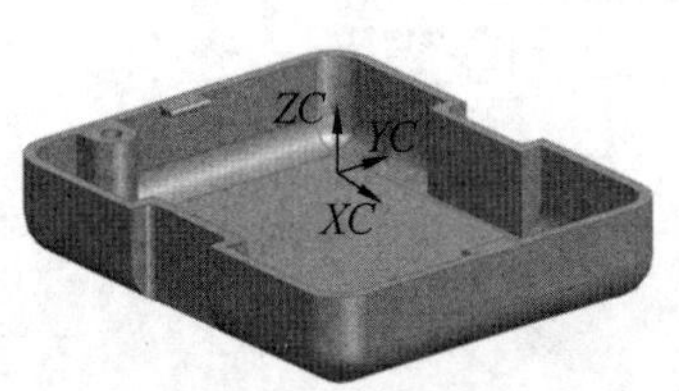

图 4.3　产品模型

图 4.4　“旋转 WCS 绕”对话框

步骤 3　锁定模具坐标系。

单击“模具坐标系”图标，弹出图 4.5 所示对话框。在“模具坐标系”对话框中选择“当前 WCS”，表示以当前产品坐标系为模具坐标系，单击“确定”，将零件坐标系转换为模具坐标系，结果如图 4.6 所示。

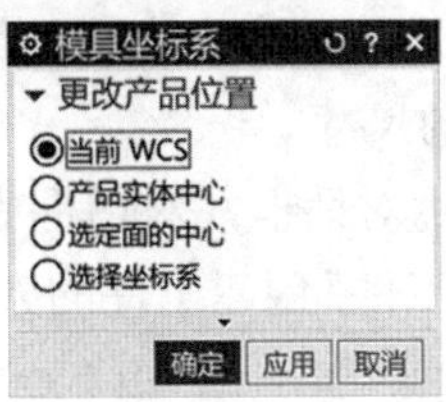

图 4.5　“模具坐标系”对话框

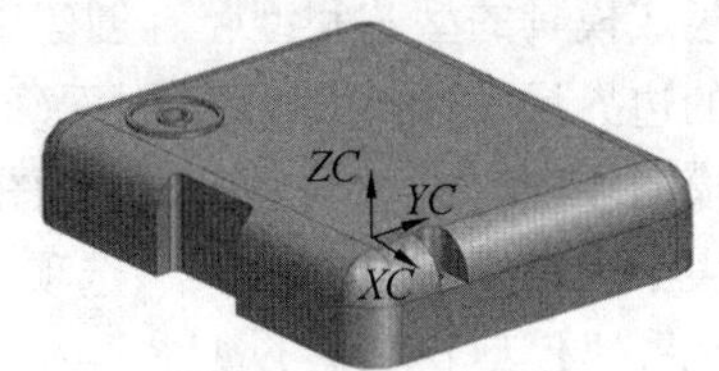

图 4.6　模具坐标系

图 4.5“模具坐标系”对话框中，“产品实体中心”表示将模具坐标系定义在产品实体中心位置，“选定面的中心”表示将模具坐标系定义在指定面的中心，“选择坐标系”表示以选择坐标系为模具坐标系，将产品部件移动到指定的坐标系。

4.1.3　设置收缩率

由于温度和压力的变化，注塑成型后从模具型腔取出塑件后，塑件会发生收缩。因此，为了得到准确尺寸的塑件，可以设置适当的收缩率来放大零件模型。以放大的模型来设计型芯和型腔，把塑件尺寸的收缩补偿到型芯和型腔相应尺寸中，这样塑件冷却后可以得到准确的尺寸。

注塑模向导提供了设置收缩率的功能。单击“收缩”命令图标，弹出图 4.7 所示对话框。在“缩放体”对话框中提供了 3 种缩放方式，分别是均匀、轴对称和常规。

(1) 均匀收缩方式用于产品模型在各个方向均匀收缩，只需指定一个比例因子。

(2) 轴对称收缩方式用于产品模型收缩呈现轴对称分布的情况，需要分别指定轴向和径向比例因子。

(3) 常规收缩方式用于产品模型在各个方向收缩率不同的情况，需要指定 X、Y、Z 3 个方向的比例因子。

在“缩放体”对话框指定缩放方式，然后选择要缩放的实体，如果只加载一个产品模型，系统自动将这个产品模型定义为要缩放的体。缩放点默认为坐标系原点。设定好比例因子后，单击“确定”按钮，完成产品模型的缩放。

图 4.7　“缩放体”对话框

4.1.4　创建工件

工件用来生成模具的型芯和型腔。创建工件后，产品模型包含在工件内部，因此可以依据产品模型的边界尺寸、结构特征等因素确定工件的尺寸。

单击注塑模向导“工件”命令图标，弹出图 4.8 所示对话框。对话框中的“产品工件”所在的下拉列表中还提供了“组合工件”选项。“产品工件”创建工件的方法有“用户定义的块”“型腔-型芯”“仅型腔”和“仅型芯”4 种。

图 4.8　“工件”对话框

1. 用户定义的块

在“工件”对话框，选择“产品工件”模式，在“工件方法”选项区选择“用户定义的块”后，系统提供“草图”和“参考点”两种定义工件尺寸的方法。

当在“尺寸”选项区“定义类型”下拉列表中选择“草图”时，系统自动生成工件截面草图曲线以及长方体工件块的预览图，如图 4.9 所示。工件截面线是在产品模型外形尺寸的基础上，沿着 X 和 Y 轴正向、负向增加一个值来定义的。

要修改工件 X 和 Y 方向尺寸，单击尺寸数值，比如单击图 4.9 所示尺寸“24.416”后，会弹出尺寸编辑文本框，单击右侧文本框中的“=”，在弹出的菜单中选择“设为常量”，然后在文本框中输入数值进行修改。

工件 X 和 Y 方向尺寸也可以在草图环境修改。单击“工件”对话框“截面”选项区的“绘制截面”图标，进入草图环境，如图 4.10 所示。图中“size_wp_x”和“size_wp_y”分

别为产品模型在 X 方向和 Y 方向的最大尺寸，offset 为相对产品边界的增量尺寸。双击尺寸表达式，比如双击“p54 = offset2_y”，会弹出尺寸编辑文本框，单击右侧文本框中的“=”，在弹出的菜单中选择“设为常量”，就可以在文本框输入数值进行修改。设置尺寸后，退出草图，返回“工件”对话框。

工件 Z 轴方向尺寸用“工件”对话框中的“起始”和“终止”值定义。“起始”和“终止”值是工件在分型面以下、以上的高度值。设置工件尺寸后，单击“工件”对话框中的“确定”按钮，完成工件的创建。

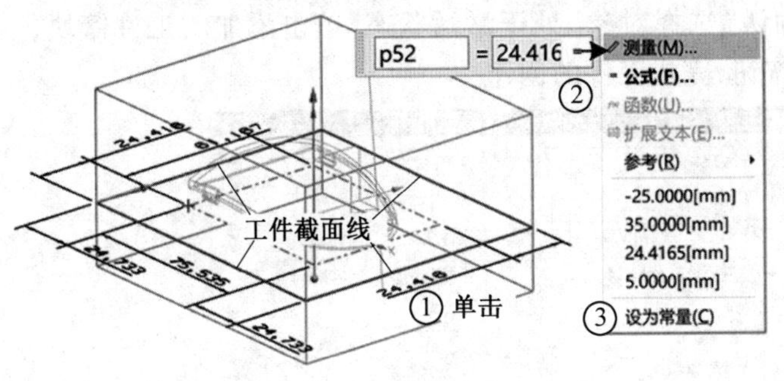

图 4.9　预定义工件

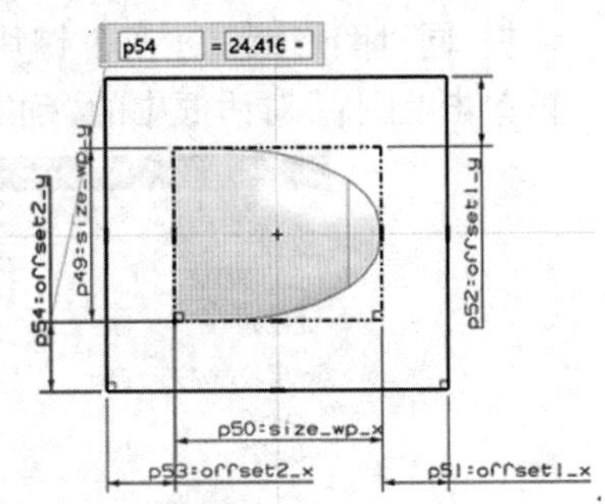

图 4.10　工件截面尺寸

当在“工件”对话框“尺寸”选项区“定义类型”下拉列表中选择“参考点”时，系统以模具坐标系原点为参考点，向 X、Y 和 Z 轴正向、负向延伸一定的距离，来定义长方体工件的尺寸，如图 4.11 所示。要编辑延伸距离，双击延伸数值直接修改即可。

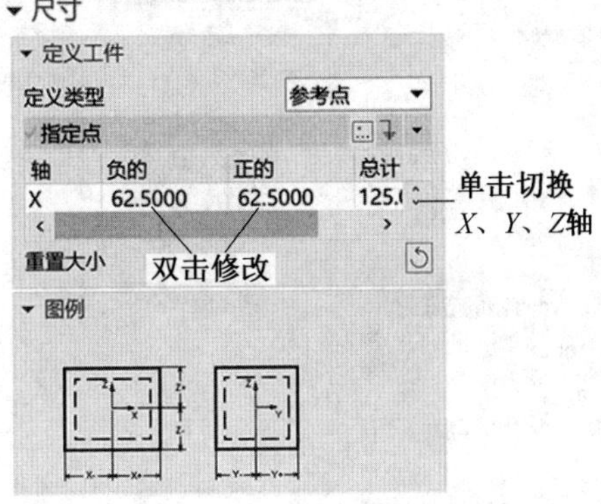

图 4.11　“尺寸”选项区

2. 型腔-型芯、仅型腔和仅型芯

选择“产品工件”模式，工件方法选择“型腔-型芯”“仅型腔”或“仅型芯”时，“工件”对话框如图 4.12 所示。单击“工件库”图标，系统会弹出图 4.13 所示“重用库”“工件镶块设计”对话框和“信息”窗口。

“重用库”的“名称”选项区显示了可选工件，“成员选择”选项区提供了工件镶块成员列表，有“SINGLE WORKPIECE”“CAVITY WORKPIECE”“CORE WORKPIECE” 3 个成员，分别是型腔-型芯工件，型腔工件和型芯工件。

“工件镶块设计”对话框的“详细信息”列表区，显示了选择的工件镶块的尺寸参数。尺寸参数的具体含义显示在“信息”窗口。比如“SHAPE”用来控制工件的形状，有“ROUND”和“RECTANGLE”两个选项。当选择圆形工件“ROUND”时，“FOOT”选“OFF”时没有工件脚，选“ON”时有工件脚。“CAVITY_TOP”表示型腔厚度，“CORE_BOTTOM”表示型芯厚度。单击这些尺寸参数的值，可以在下拉列表中选择系统提供的参数或者输入参数值，编辑工件的尺寸。

设置工件镶块的尺寸后，单击“工件镶块设计”对话框的“确定”按钮，返回“工件”对话框，同时图形区显示工件镶块，确认“选择对象”处于激活状态，单击添加的工件镶块，再单击“工件”对话框中的“确定”按钮，完成工件的创建。

图 4.12　“工件”对话框

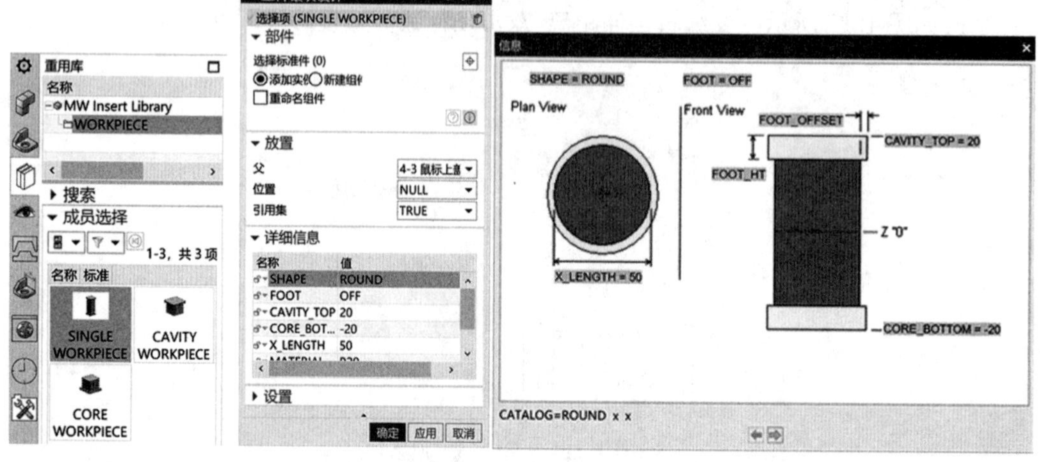

图 4.13　工件镶块设计

“组合工件”选项定义工件尺寸和“产品工件”类型中“用户定义的块”方法类似，不同的是“用户定义的块”是在草图中定义截面尺寸，“组合工件”是参照系统默认尺寸定义工件尺寸。

4.1.5　型腔布局

注塑模具可以设计成一模多腔，在一次成型过程中生产多个塑料零件。型腔布局功能用来设置工件（分型后为型芯和型腔）的布局方式，一般有矩形和圆形两种布局方式。

型腔布局后会有多个工件，在后续进行分型、设计顶杆、添加滑块等操作时，只需要在一个工件中操作，其余工件会自动完成相同的操作。

1. 矩形布局

单击注塑模向导“型腔布局”命令图标，弹出图 4.14 所示对话框。在对话框“布局类型”下拉列表中选择“矩形”。矩形布局有平衡布局和线性布局两种方式，如图 4.15 所示。平衡布局是中心对称式布局，线性布局是平移复制式布局。生成新工件的方向通过“指定矢量”命令图标指定。

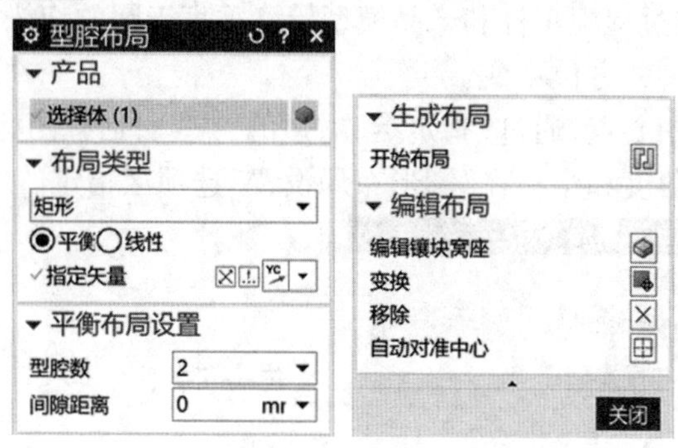

图 4.14　“型腔布局”对话框——矩形布局

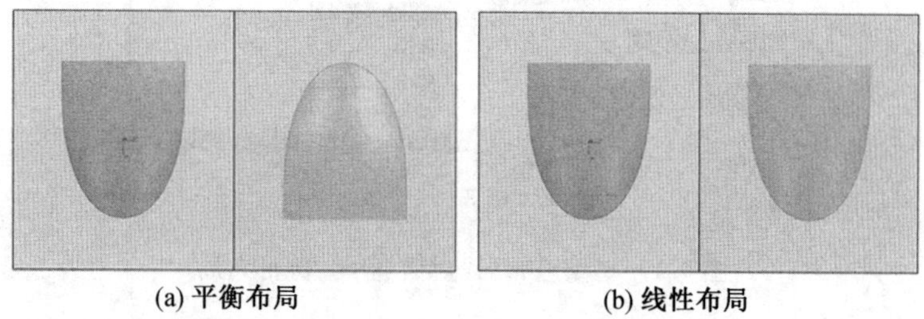

(a) 平衡布局　　(b) 线性布局

图 4.15　矩形布局

布局参数在“平衡布局设置”选项区指定。当选择矩形平衡布局，“平衡布局设置”选项区如图 4.14 所示。“型腔数”下拉列表有“2”和“4”两个选项，可以布局两个或者 4 个工件。“间隙距离”文本框用来设置两个工件之间的间隙距离。当“型腔数”选择“4”，会出现“第一距离”和“第二距离”文本框用来设置工件在两个方向的间隙距离。布局的工件不是 2 个或者 4 个时（比如要布局 6 个工件时），可以先创建一个两腔布局，然后选择两个工件，再布局两次，就可以得到 6 个工件。

当选择矩形线性布局，“平衡布局设置”选项区如图 4.16 所示。“X 向型腔数”和“Y 向型腔数”设置 X、Y 方向型腔的数量。“X 移动参考”和“Y 移动参考”下拉列表都有两个选项：“移动”和“块”。“移动”是工件移动的绝对距离，“块”是工件之间的间隙距离。“X 距离”和“Y 距离”用来设置移动距离。

2. 圆形布局

“布局类型”选择“圆形”后，“型腔布局”对话框如图 4.17 所示。圆形布局有径向布局和恒定布局两种方式，如图 4.18 所示。径向布局和恒定布局是由工件绕指定点旋转创

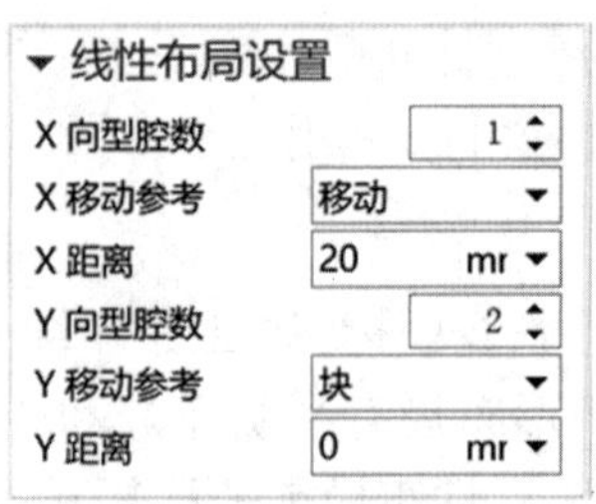

图 4.16　线性布局设置选项区

建的，径向布局在旋转过程中工件和产品模型始终垂直于圆的切线方向，恒定布局在旋转过程中工件和产品模型的方位不变。

圆形布局的旋转中心点，通过“指定点”右边的“点”对话框图标指定。圆形布局的型腔数量、起始角、旋转角度和半径在“圆形布局设置”选项区指定。

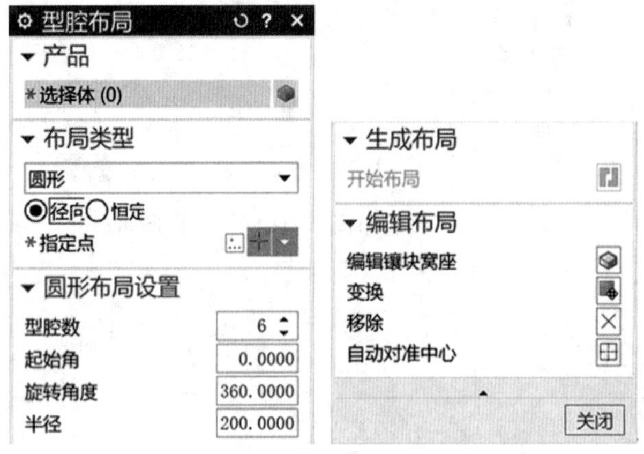

图 4.17　“型腔布局”对话框——圆形布局

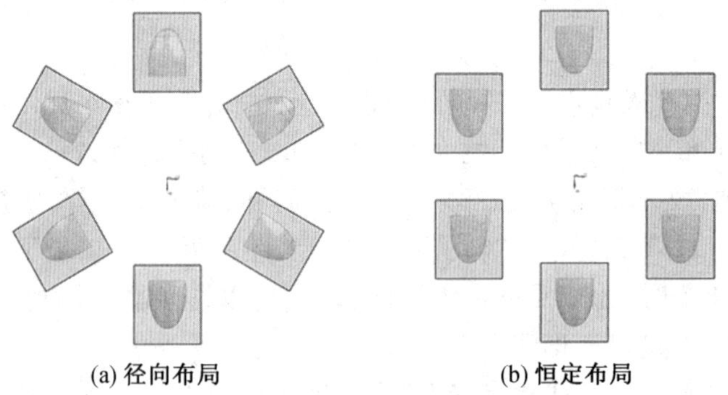

(a) 径向布局　　(b) 恒定布局

图 4.18　圆形布局

3. 生成布局

在“型腔布局”对话框选择要布局的工件，指定布局类型、布局参数后，“开始布局”命令会被激活，单击图 4.17 所示“开始布局”命令图标，生成布局。

4. 编辑布局

在“型腔布局”对话框的“编辑布局”选项区命令,用来对已经创建的布局进行编辑。

(1)编辑镶块窝座。

镶块窝座用来在模板上创建腔体,以便安装型芯和型腔。单击“编辑镶块窝座”命令图标,系统显示图 4.19 所示“重用库”,并弹出“设计镶块窝座”对话框和“信息”窗口。如果“信息”窗口没有显示,单击“设计镶块窝座”对话框“显示信息窗口”命令图标,将其打开。在“重用库”指定镶块窝座类型,在“设计镶块窝座”对话框设置尺寸,单击“设计镶块窝座”对话框的“确定”按钮,加载镶块窝座。

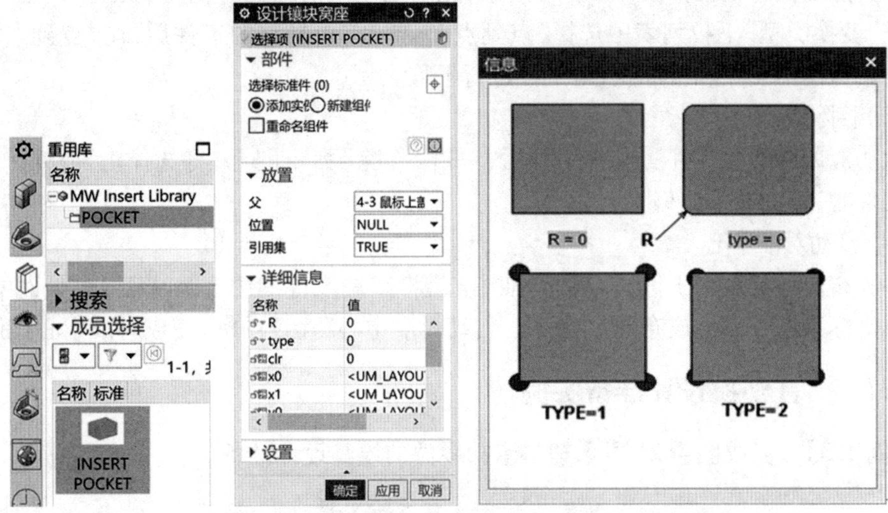

图 4.19　设计镶块窝座

(2)变换。

“变换”命令用于对布局的工件进行旋转或者平移操作。单击“变换”命令图标,系统弹出图 4.20 所示“变换”对话框,有旋转、平移、点到点 3 种变换方式。

(a) 旋转　　(b) 平移　　(c) 点到点

图 4.20　“变换”对话框

旋转变换对话框如图 4.20(a)所示。打开“变换”对话框后,确认“选择体”处于激活状态,选择工件。在“变换类型”下拉列表中选择“旋转”,单击“指定枢轴点”右边“点”对话框图标,弹出“点”对话框,设置旋转参考点后,单击“确定”按钮,返回到“变换”对话框。在“旋转”选项区设置旋转角度,在“结果”选项区指定“移动原先的”或者“复制原先的”,单击“确定”按钮,完成工件旋转操作。

平移变换对话框如图 4.20(b)所示,此功能用来沿坐标轴方向平移工件。在“变换”对话框的“变换类型”下拉列表中选择“平移”。选择需要平移的工件后,在“平移”选项区指定平移的“*X* 距离”和“*Y* 距离”来设置工件 *X* 方向和 *Y* 方向的平移距离。

点到点变换对话框如图 4.20(c)所示,此功能用来沿任意方向平移工件。在“变换”对话框“变换类型”下拉列表中选择“点到点”,选择需要平移的工件后,在“点到点”选项区指定平移的出发点和目标点,对工件进行平移。

(3)移除。

此功能用来移除工件。选择工件后,单击“移除”命令图标,将选择工件移除。只有一个工件时,该工件不能移除。

(4)自动对准中心。

型腔布局后有多个工件,“自动对准中心”将布局工件的中心从 *XC-YC* 平面内移动到模具坐标系原点。生成布局后,单击“自动对准中心”命令图标,完成对准中心操作。

4.1.6 注塑模设计准备实例

【例 4.3】 完成图 4.21 所示塑料卡扣零件的模具设计准备。

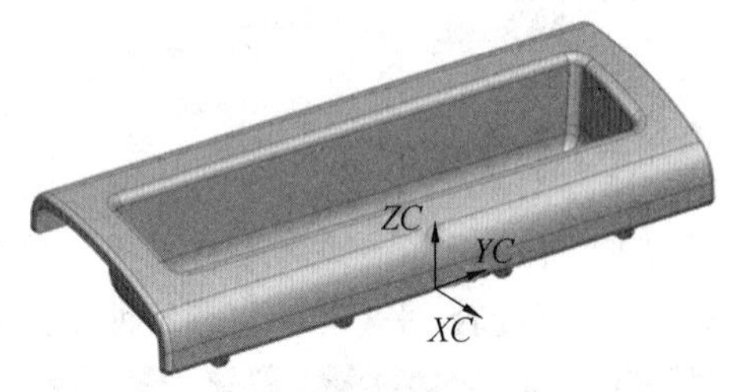

图 4.21 塑料卡扣零件

步骤 1 打开零件。

将本章二维码中的文件夹“第 4 章\4.3”复制到电脑。启动 NX 1953,打开文件夹中“塑料卡扣”文件。单击“应用模块\注塑模和冲模\注塑模”,进入注塑模向导。

步骤 2 初始化项目。

单击“初始化项目”命令图标,打开“初始化项目”对话框,如图 4.22 所示。系统选择塑料卡扣零件进行模具设计。选择材料为“ABS”,收缩率自动设置为“1.006”,采用常规“Mold.V1”模板,项目单位为“毫米”,单击“确定”按钮,完成初始化项目。

步骤 3 定义模具坐标系。

塑料卡扣零件分型面为曲面,但是 *XC-YC* 平面与零件部分分型面重合,且+*ZC* 轴方向指向顶出方向,因此可以用零件坐标系作为模具坐标系。单击“模具坐标系”图标,弹出图 4.23 所示对话框。在“模具坐标系”对话框中选择“当前 WCS”,单击“确定”按钮,

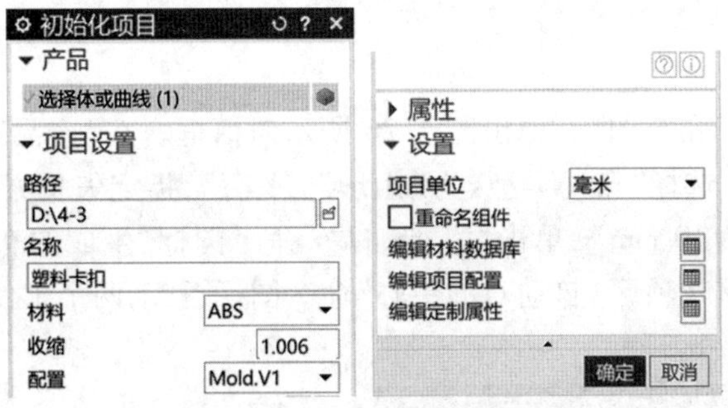

图 4.22　“初始化项目”对话框

将零件坐标系转换为模具坐标系。

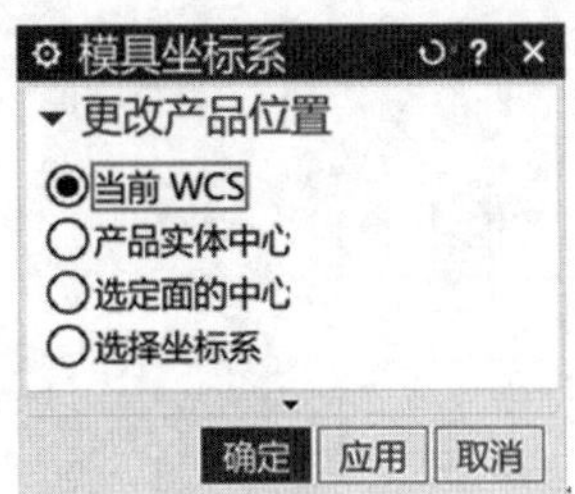

图 4.23　“模具坐标系”对话框

步骤 4　创建工件。

单击“工件”命令图标，弹出图 4.24 所示“工件”对话框的同时，系统显示图 4.25(a)所示预定义工件。在“工件”对话框选择“产品工件”模式，“工件方法”选择“用户定义的块”，其他参数采用系统默认设置，单击“确定”按钮，生成工件，如图 4.25(b)所示。

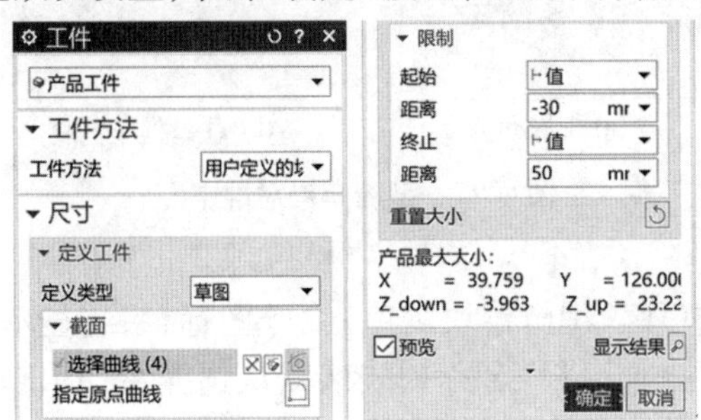

图 4.24　“工件”对话框

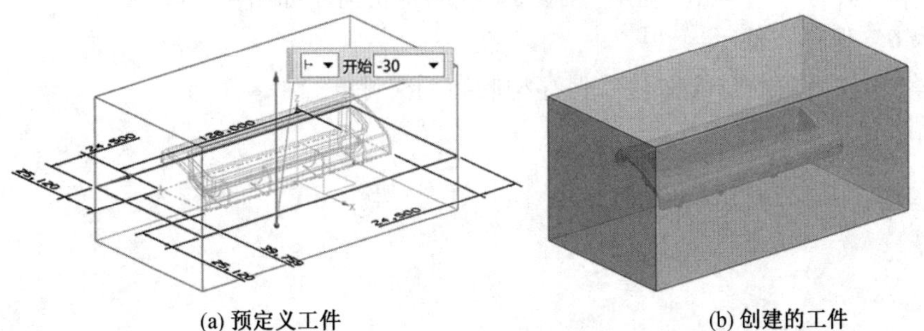

(a) 预定义工件　　(b) 创建的工件

图 4.25　创建工件

步骤 5　型腔布局。

(1)创建布局。

单击“型腔布局”命令图标,弹出图 4.26 所示对话框。在“产品”选项区系统自动选择已经创建的工件。选择“布局类型”为“矩形”“平衡”,指定矢量方向为$-XC$,型腔数设置为“2”,间隙距离为“0 mm”,单击“开始布局”命令图标,生成的布局如图 4.27(a)所示。单击“编辑布局”选项区“自动对准中心”命令图标,移动两个工件使其中心和坐标系原点重合,如图 4.27(b)所示。

图 4.26　“型腔布局”对话框

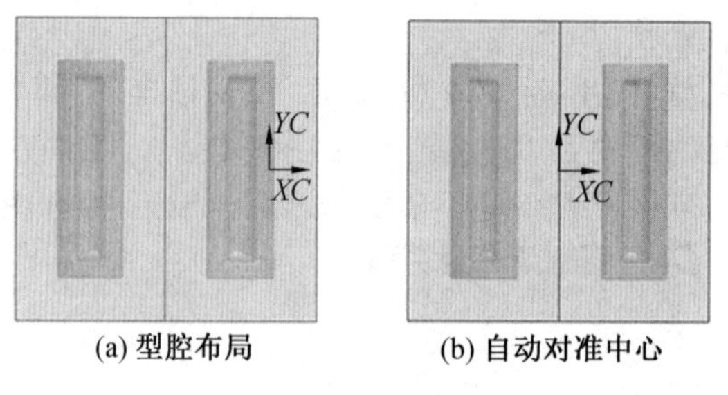

(a) 型腔布局　　(b) 自动对准中心

图 4.27　型腔布局对准中心

(2)创建镶块窝座。

单击“编辑布局”选项区“编辑镶块窝座”命令图标,系统显示“重用库”,并弹出“设计镶块窝座”对话框。在“重用库”名称列表区默认选择“POCKET”节点,成员列表区默认选择“INSERT POCKET”。在“设计镶块窝座”对话框“详细信息”列表区设置“R”值为“15”,“type”值为“1”,单击“确定”按钮,生成的镶块窝座如图 4.28 所示。

步骤 6　保存文件。

选择“文件\保存\全部保存”,保存型腔布局文件。

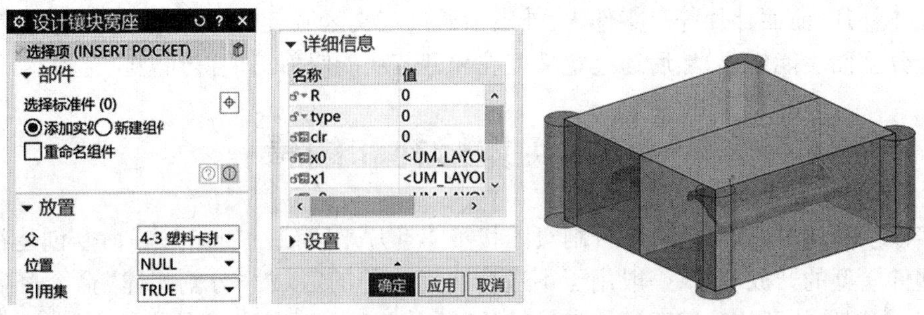

图 4.28　型腔布局——创建镶块窝座

4.2　分型设计概述

注塑成型后，需要把型腔、型芯分开，方可取出塑件及浇注系统凝料。注塑模定模部分和动模部分的接触面称为分型面。分型面设计越简单，模具的结构与加工成本就越低。

NX 注塑模向导基于分割的思想，将工件分割成型腔和型芯。在分型前需要对塑件内部封闭孔进行修补。NX 注塑模向导提供了实体修补和片体修补两种方法修补内部孔，如图 4.29(b)所示。

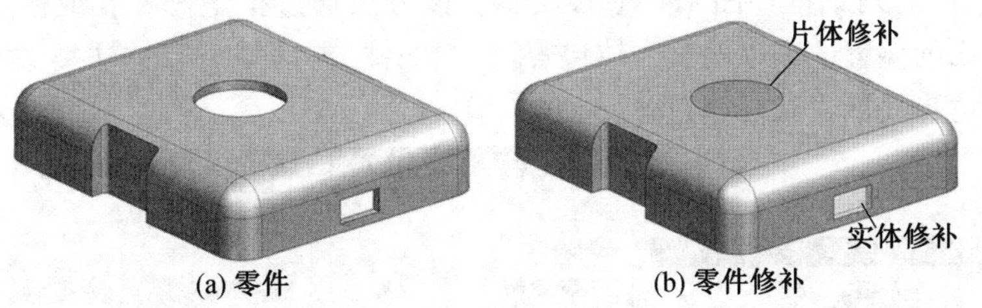

(a) 零件　　(b) 零件修补

图 4.29　有孔零件修补

塑件修补后，通过分型设计创建型腔、型芯修剪面，分别使用型腔、型芯修剪面分割工件得到型腔、型芯，如图 4.30 所示。型腔修剪面包括补孔面、零件外表面、分型面 3 部分。型芯修剪面包括补孔面、零件内表面、分型面 3 部分。由于型腔和型芯在补孔面、分型面处接触，所以型腔修剪面和型芯修剪面中补孔面、分型面部分相同。修补孔用到的命令主

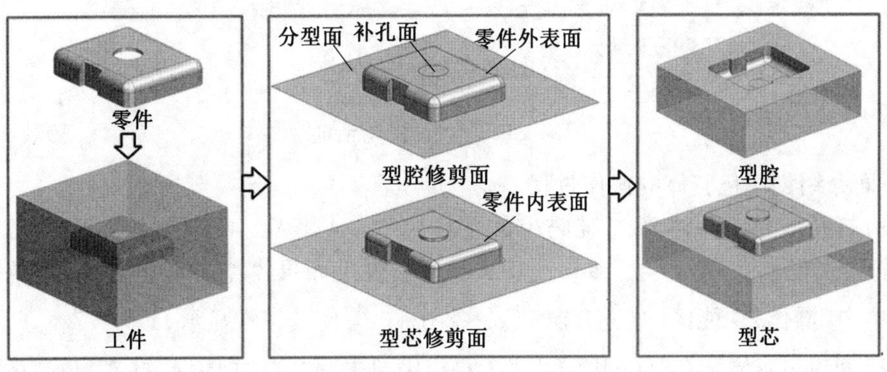

图 4.30　模具分型方法

要有实体补片、曲面补片等。零件内、外表面通过定义区域、创建区域功能创建，分型面通过设计分型面功能创建，然后通过定义型腔和型芯功能修剪工件得到型腔、型芯。

4.3　实体修补和编辑

实体修补通过创建包容体、分割实体和实体补片来完成。“包容体”命令创建补块体填充塑件模型的开放区域，一般用于不适合曲面修补的区域；“分割实体”命令修剪补块体，使其与塑件的开放区域匹配；“实体补片”将分割的补块体与塑件模型合并，可以复制补块体，用作滑块的滑块头。常用的实体编辑命令包括“替换实体”和“延伸实体”，这两个工具可用来创建滑块头实体。

4.3.1　包容体

单击“注塑模工具”中的“包容体”图标，弹出图 4.31 所示对话框。“包容体”对话框提供了“中心和长度”“块”“圆柱”3 种创建包容体的方法。

选择“中心和长度”方法后，“包容体”对话框如图 4.31(a)所示。该方法先指定一个点作为长方体的中心，然后定义长方体 3 个方向的边长来创建长方体包容块。选择“块”方法后，“包容体”对话框如图 4.31(b)所示。该方法通过指定修补孔或槽边界面，以及相对于边界面的偏置值来创建长方体包容块。“圆柱”方法与“块”方法类似，通过指定要修补孔或槽边界面创建圆柱体包容块。

(a) 中心和长度　　(b) 块　　(c) 圆柱

图 4.31　“包容体”对话框

下面介绍创建包容体的操作过程。

(1)打开零件。将本章二维码中的文件夹“第 4 章\4.4”复制到电脑。启动 NX 1953，打开文件夹中“塑料盖_parting_019. prt”文件。如果模型不能正常显示，单击“视图”菜单中“操作”功能区的“适合窗口”命令图标，使其正常显示。

(2)创建包容体。在“注塑模工具”工具栏中单击“包容体”图标，打开“包容体”对话框，选择“块”方法，如图 4.32 所示。确定“包容体”对话框中“选择对象”命令处于激活状态,选择零件模型孔的两个边界面。在“参数”选项区勾选“均匀偏置”,指定“偏置”值为1,单击“确定”按钮,创建的长方体包容块如图 4.32 所示。

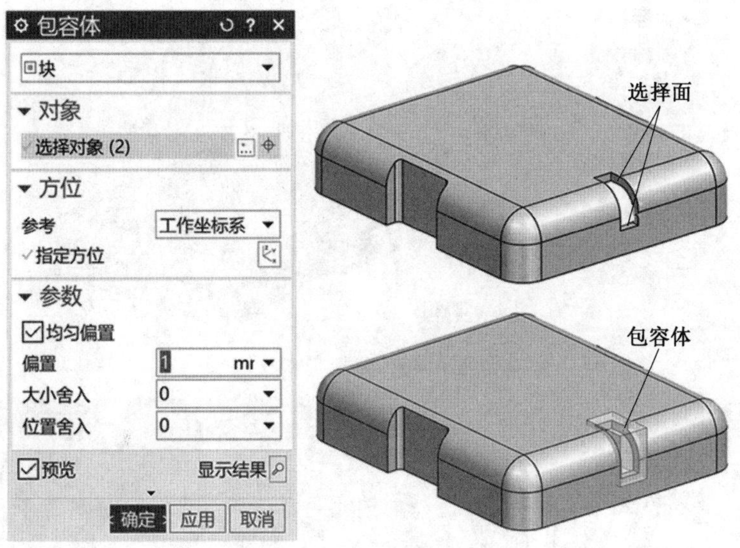

图 4.32　创建包容体

4.3.2　分割实体

“分割实体”工具修剪包容体,使其外形与孔的形状匹配。对图 4.32 创建的包容体进行分割的操作过程介绍如下。

(1)打开零件。将本章二维码中的文件夹“第 4 章\4.5”复制到电脑,打开“塑料盖_parting_019.prt”文件。

(2)修剪包容体。在“注塑模工具”工具栏中单击“分割实体”图标,打开“分割实体”对话框,在对话框中选择“修剪”选项,如图 4.33 所示。

确定“分割实体”对话框“选择实体”命令处于激活状态,选择包容体为目标体,选择图 4.33 零件上的曲面 1 作为分割工具。选择的曲面需要扩大才能分割包容体。勾选“扩大面”选项,系统将选择的曲面扩大,可以拖拽移动球继续扩大曲面,使其范围大于包容体。

系统会在选择的曲面上显示修剪方向,修剪方向指向被修剪掉的部分。如果修剪方向有误,单击“反向”按钮进行切换。

单击“分割实体”对话框中的“应用”按钮,修剪结果如图 4.33 所示。

(3)修剪包容体其余部分。采用与步骤(2)相同的方法,选择图 4.34 所示曲面 2 ~ 6 对包容体进行修剪。系统会自动扩大曲面 2 ~ 5 修剪包容体,曲面 6 需要指定扩大距离,然后修剪包容块。修剪结果如图 4.35 所示。

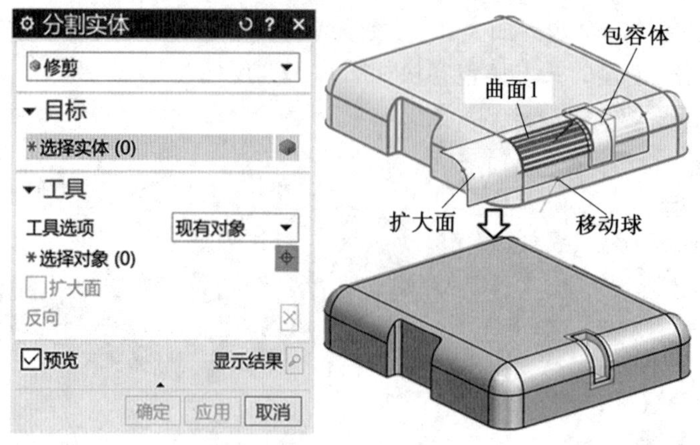

图 4.33　分割实体

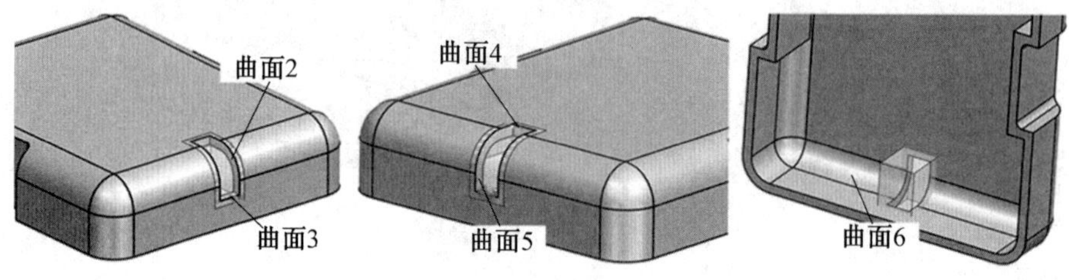

图 4.34　分割面

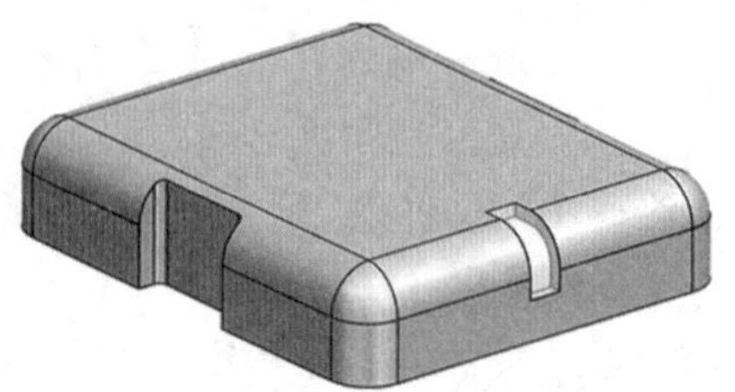

图 4.35　修剪结果

4.3.3　实体补片

“实体补片”工具是通过实体修补零件上的破孔。对图 4.35 分割后的包容体进行实体补片的操作过程介绍如下。

(1)打开零件。将本章二维码中的文件夹“第 4 章\4.6”复制到电脑,打开“塑料盖_parting_019. prt”文件。

(2)实体补片。在“注塑模工具”工具栏中单击“实体补片”图标,打开“实体补片”对话框,如图 4.36 所示。

由于只有一个塑料零件,“实体补片”对话框“选择产品实体”默认选择塑件模型为要补片的体,在图形区选择分割后的包容体,单击对话框中的“确定”按钮,完成补片操作,结果如图 4.37 所示。

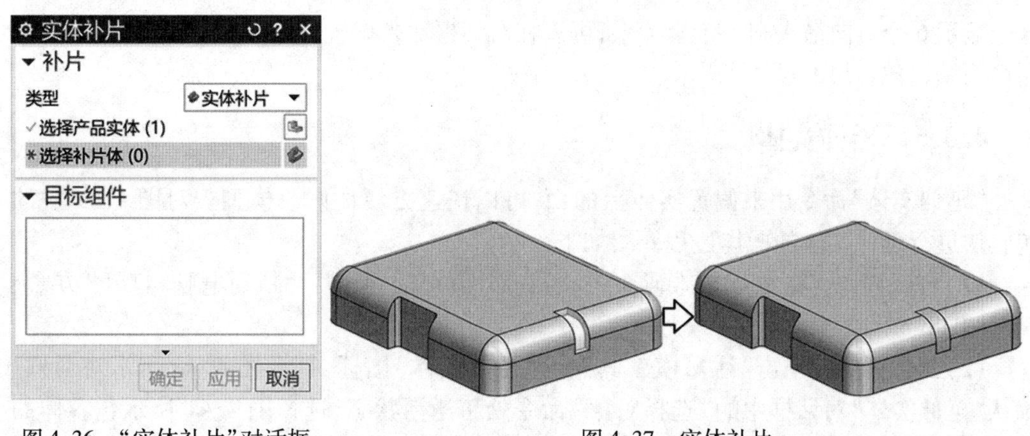

图 4.36　“实体补片”对话框　　图 4.37　实体补片

4.3.4　替换实体

“替换实体”工具用选择的面或者面组创建包容体，可以用来快速、方便地创建包容体。下面介绍创建替换实体的操作过程。

(1)打开零件。将本章二维码中的文件夹“第 4 章\4.7”复制到电脑，打开“方盒_cavity_048. prt”文件。

(2)选择替换面。单击“注塑模工具”工具栏中“替换实体”命令，打开“替换实体”对话框，如图 4.38 所示。确认“替换实体”对话框“选择对象”命令处于激活状态，选择图 4.39所示两个面。“设置”选项区的间隙值表示包容块侧面相对于选择面的偏置值，此处采用默认间隙值。单击“确定”按钮，完成替换实体操作，结果如图 4.39 所示。

图 4.38　“替换实体”对话框

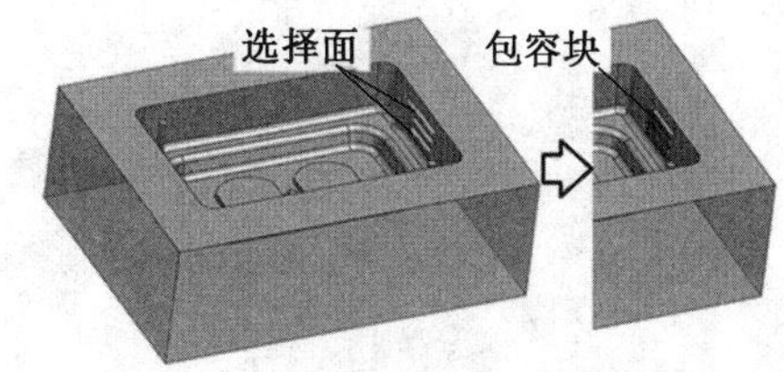

图 4.39　创建包容块

在创建替换实体时，选择替换面后，“替换实体”对话框“边界”选项区的“编辑包容块”命令图标会被激活。单击“编辑包容块”命令图标，会弹出“包容体”对话框，同时图形区会显示 6 个方向箭头和一个坐标系,可以在对话框输入偏置值,或者在图形界面拖动方向箭头编辑包容块的尺寸。

4.3.5　延伸实体

“延伸实体”命令用来偏置实体上的面,可以快速方便地修改模型。对图 4.39 中的包容块进行延伸实体的操作过程介绍如下。

(1)打开零件。将本章二维码中的文件夹“第 4 章\4.8”复制到电脑,打开“方盒_cavity_048. prt”文件。

(2)延伸实体。单击“注塑模工具”中 “延伸实体”图标,打开图 4.40 所示对话框。确认“延伸实体”对话框中的“选择对象”命令处于激活状态,选择图 4.41 所示包容体的侧面,在偏置值文本框输入“32 mm”。若勾选“拉伸”复选框,则表示该实体沿面的法线方向拉伸;此处沿坐标轴方向延伸实体,因此不勾选“拉伸”复选框。单击“延伸实体”对话框中的“确定”按钮,完成延伸实体操作,结果如图 4.41 所示。

图 4.40　“延伸实体”对话框

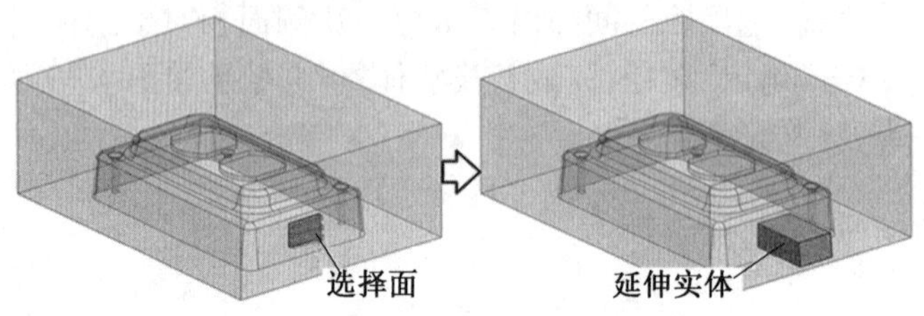

图 4.41　延伸实体结果

(3)再次延伸实体。采用和步骤(2)相同的方法,选择图 4.42 中示意的面为延伸面,偏置值设置为 5 mm,再次延伸实体结果如图 4.42 所示。

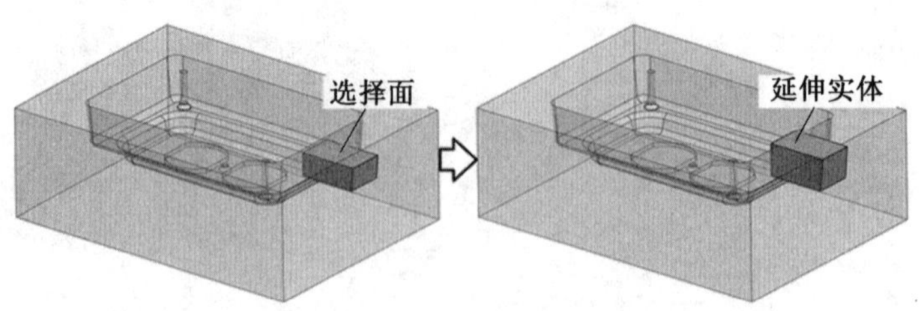

图 4.42　再次延伸实体结果

(4)创建滑块头。进入建模环境,单击“菜单\插入\组合\相交”,弹出图 4.43 所示“求交”对话框,选择型腔为目标体,延伸实体为工具体,再勾选“保存目标”选项,单击“确定”按钮，完成滑块头的创建，结果如图 4.44 所示。

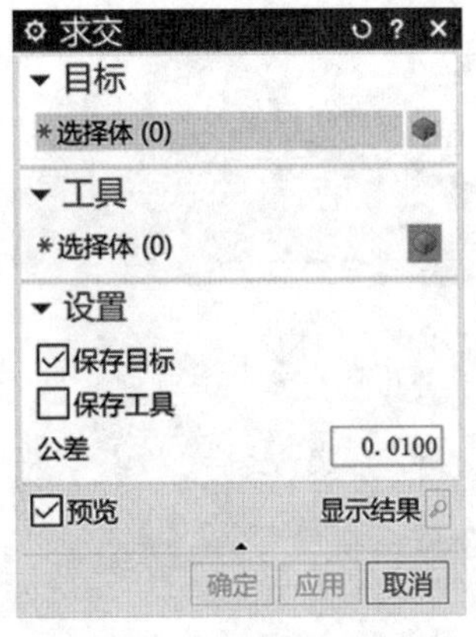

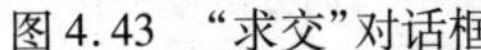
图 4.43　“求交”对话框

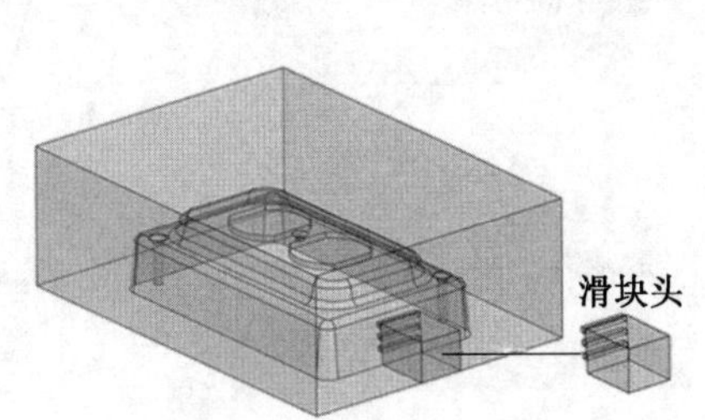

图 4.44　创建滑块头

4.4　片体修补和编辑

片体修补常用命令包括曲面补片、修剪区域补片、编辑分型面和曲面补片。当塑料零件上有些面一部分在型腔区域，另一部分在型芯区域，需要通过拆分面工具将这些面分割开，将分割出来的面分别定义在型腔区域上和型芯区域上，为分型做准备。

4.4.1　曲面补片

曲面补片命令通过“面”“体”和“移刀”3 种方法修补塑料零件上的孔，可以完成零件上大部分孔的修补。

1. 采用“面”方法修补孔

“面”方法可修补同一平面或曲面内部的孔。选择“面”方法，单击零件上含有孔的平面或曲面后，系统搜索孔的边缘曲线，通过边缘曲线自动创建曲面进行修补。采用“面”方法修补孔的操作过程介绍如下。

(1)打开零件。将本章二维码中的文件夹“第 4 章\4.9”复制到电脑，打开“吹风机外壳_parting_019. prt”文件。

(2)选择曲面进行修补。单击“注塑模工具”中“曲面补片”图标，打开图 4.45 所示“曲面补片”对话框一。在对话框中“环选择”选项区“类型”下拉列表中选择“面”，然后选取图 4.46 中的面 1，单击“确定”按钮，完成面 1 上两个孔的修补。采用同样的方法修补面 2 上的两个孔。

图 4.45 “曲面补片”对话框一

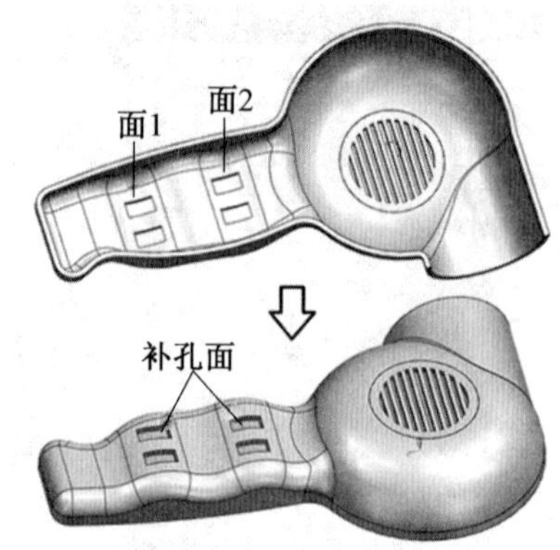

图 4.46 面方法修补孔

2. 采用“体”方法修补孔

采用“体”方法修补孔是选择零件实体模型后，系统搜索模型中孔的边缘曲线，自动创建曲面进行修补。采用“体”方法可以完成实体模型内部孔或指定某个面上孔的修补，修补的操作过程介绍如下。

(1)打开零件。将本章二维码中的文件夹“第 4 章\4.10”复制到电脑，打开“方盒_parting_044.prt”文件。

(2)选择实体模型进行修补。单击“注塑模工具”中“曲面补片”图标，打开图 4.47 所示“曲面补片”对话框二。在对话框“类型”下拉列表中选择“体”，然后选取图 4.48 所示模型实体，单击“确定”按钮，完成零件上孔的修补。

图 4.47 “曲面补片”对话框二

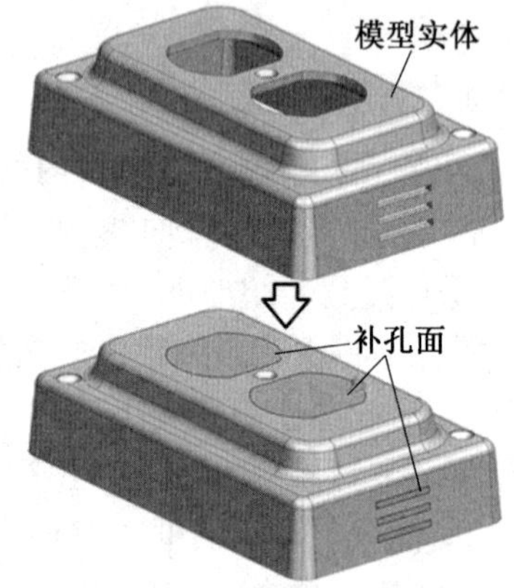

图 4.48 “体”方法修补孔

3. 采用“移刀”方法修补孔

“移刀”方法修补孔是先人工搜索孔的边缘曲线，然后系统依据边缘曲线创建曲面，进行零件修补。该方法常用于修补横跨两个或者多个曲面孔的修补，修补的操作过程介绍如下。

(1)打开零件。将本章二维码中的文件夹“第 4 章\4. 11”复制到电脑,打开“外壳_parting_019. prt”文件。

(2)搜索孔边缘曲线进行修补。单击“注塑模工具”中“曲面补片”图标,打开图 4. 49 所示“曲面补片”对话框三。在对话框“类型”下拉列表中选择“移刀”,确认“选择边/曲线”处于激活状态,选择图 4. 50 示意的边,系统会搜索与选择边相邻的孔边缘曲线。如果系统搜索的边缘曲线正确,单击“接受”图标,系统搜索下一段边缘曲线;如果搜索的曲线不正确,单击“循环候选项”图标,系统切换到另一个搜索结果;如果需要改变已经接受的边缘曲线,单击“上一段”图标,退回到需要变更的边缘曲线,重新进行搜索。按照图 4. 50 指示的边界环进行搜索,完成后单击“曲面补片”对话框中的“确定”按钮,完成零件上孔的修补,结果如图 4. 50 补孔面 1 所示。

如果要改变补孔方式,单击“曲面补片”对话框“环列表”选项区“切换面侧”图标进行更改,修补效果如图 4. 50 补孔面 2 所示。

在图 4. 49 所示“曲面补片”对话框三中的☐按面的颜色遍历选项用于区域分析之后。区域分析用于定义型腔面和型芯面,并以不同的颜色表示两种面。此时使用“按面的颜色遍历”选项,可以快速找到孔的边缘曲线。

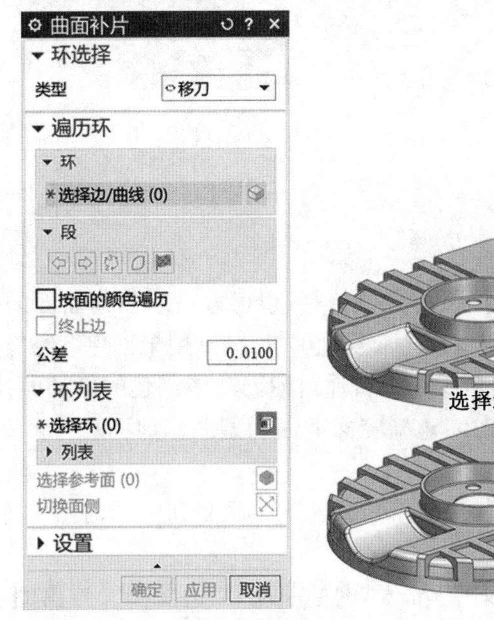

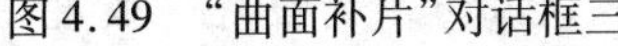
图 4. 49　“曲面补片”对话框三

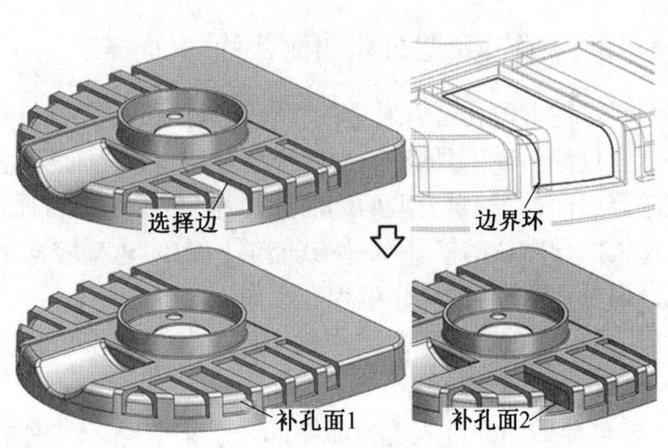

图 4. 50　“移刀”方法修补孔

4. 4. 2　修剪区域补片

“修剪区域补片”操作通过模型开口区域的封闭边缘曲线来修剪修补块,完成修补片体的创建。修补块需要提前创建,要保证修补块能够完全覆盖开口边界。“修剪区域补片”的操作过程介绍如下。

(1)打开零件。将本章二维码中的文件夹“第 4 章\4. 12”复制到电脑,打开“外壳_

parting_019. prt”文件。

(2)选择修剪目标体和边界环进行修剪。单击“注塑模工具”中“修剪区域补片”图标,打开图 4.51 所示“修剪区域补片”对话框,选择图 4.52 所示修补块为修剪目标体。

在“边界”选项区“类型”下拉列表中选择“体/曲线”,在图形区逐条选择图 4.52 所示边界环,或者在“类型”下拉列表中选择“遍历”,通过逐段搜索的方法选择图 4.52 所示边界环。

单击“区域”选项区的“选择区域”图标,然后在图形区单击图 4.52 所示目标体外表面。当选择“保留”选项时,修剪区域补片结果为补孔面 1;当选择“放弃”选项时,修剪区域补片结果为补孔面 2。

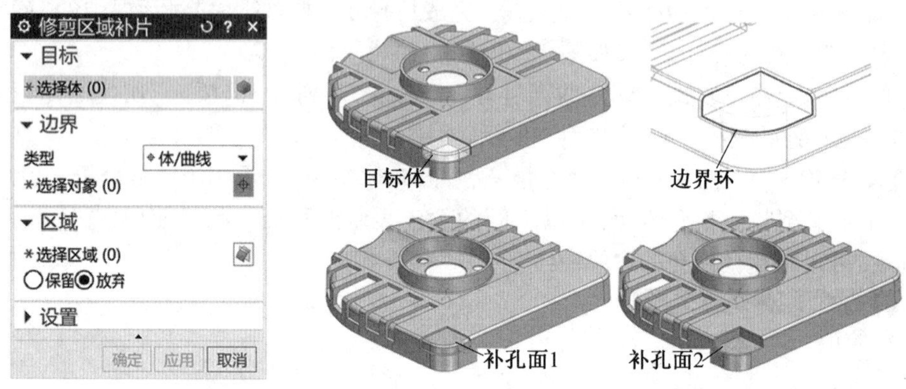

图 4.51　“修剪区域补片”对话框　　　　图 4.52　修剪区域补片

4.4.3　编辑分型面和曲面补片

塑料零件上的孔可以通过注塑模工具提供的方法修补,也可以采取创建曲面的方法修补。通过注塑模工具修补时,系统会自动将补孔面复制两次,分别用于创建型腔修剪面和型芯修剪面。“编辑分型面和曲面补片”命令可以将通过曲面功能创建的修补面,转化为注塑模向导默认的修补面,使其能够用来创建型腔修剪面和型芯修剪面。“编辑分型面和曲面补片”命令的操作过程介绍如下。

(1)打开零件。将本章二维码中的文件夹“第 4 章\4. 13”复制到电脑,打开“车轮_parting_019. prt”文件。

(2)创建曲面。进入建模环境,单击“菜单\插入\网格曲面\N 边曲面”,弹出图 4.53 所示“N 边曲面”对话框。在对话框中第一个下拉列表选择“已修剪”选项,在“设置”选项区勾选“修剪到边界”,然后选择图 4.54 所示孔的边界线,单击“确定”按钮,完成 N 边曲面的创建。

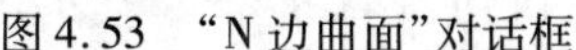
图 4.53　“N 边曲面”对话框

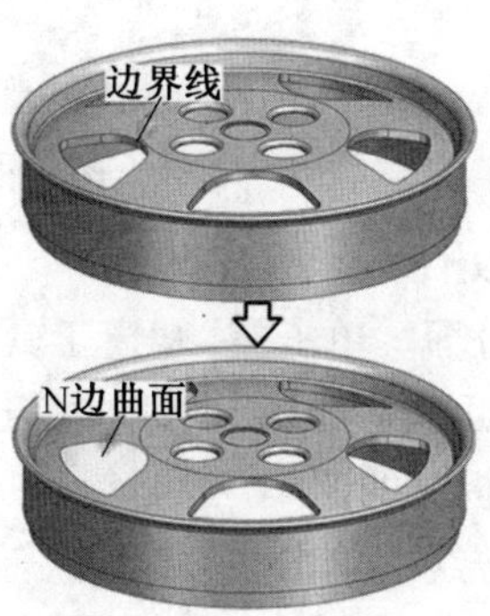

图 4.54　N 边曲面

(3)编辑分型面和曲面补片。单击“注塑模工具”中“编辑分型面和曲面补片”图标,打开图 4.55 所示对话框。此时,如果是用注塑模工具创建的补孔面,则会高亮显示,而用曲面功能创建的补孔面不会高亮显示。在对话框中选择“曲面补片”选项,确认“选择片体”处于激活状态,选择图 4.54 所示 N 边曲面,单击“确定”按钮,系统将其转换为注塑模向导默认的修补面。

图 4.55　“编辑分型面和曲面补片”对话框

4.4.4　拆分面

有些塑料零件上有跨越区域面,如图 4.56 所示,这些面需要分割成两个或者多个面,将其分别定义为型腔区域面和型芯区域面。“拆分面”命令提供了分割面的功能,分割方法有通过曲线、通过平面、等斜度拆分 3 种方法。

1. 通过“曲线/边”拆分面

通过“曲线/边”拆分面是用曲线分割零件上的跨越区域面。通过“曲线/边”拆分面的操作过程介绍如下。

(1)打开零件。将本章二维码中的文件夹“第 4 章\4.14”复制到电脑,打开“塑料盖_

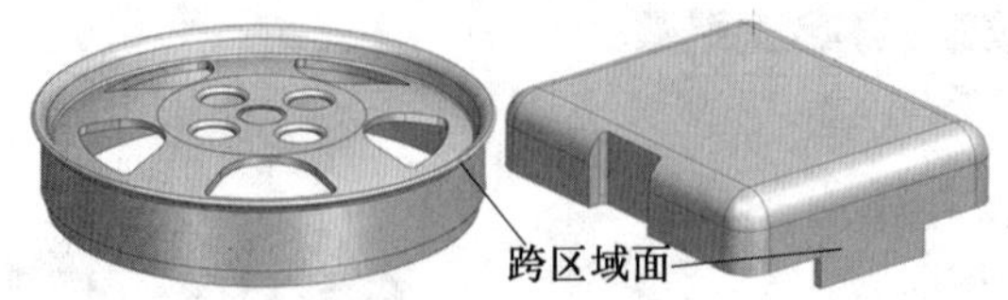

图 4.56　跨越区域面

parting_019. prt”文件。

(2)选择拆分面。单击“注塑模工具”中“拆分面”图标,打开图 4.57 所示“拆分面”对话框一。在对话框中选择“曲线/边”选项,确认“选择面”处于激活状态,选取图 4.58 中示意的面为要拆分的面。

(3)定义拆分线。单击“分割对象”选项区中的“添加直线”图标,弹出“直线”对话框,选取图 4.58 所示的点 1 和点 2,单击“确定”按钮,创建图 4.58 所示分割线,并返回“拆分面”对话框。

(4)拆分面。返回“拆分面”对话框后,使用“分割对象”选项区“选择对象”按钮自动选择创建的分割线,单击“拆分面”对话框中的“确定”按钮,完成曲面的拆分,结果如图 4.58 所示。

图 4.57　“拆分面”对话框一

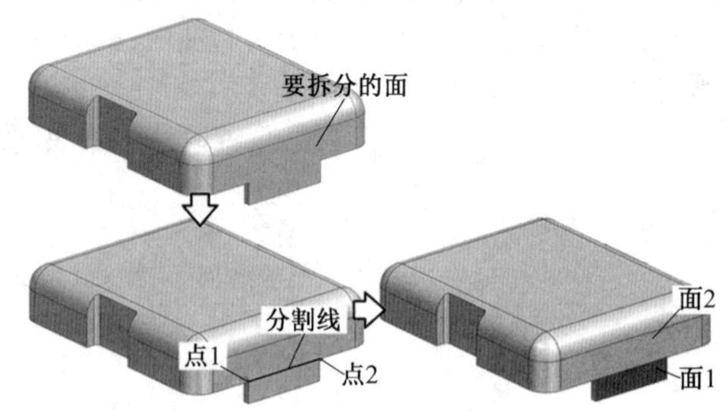

图 4.58　通过曲线拆分面

2. 通过“平面/面”拆分面

通过“平面/面”拆分面是用平面分割零件上的跨越区域面。通过“平面/面”方法,拆分图 4.58 另一侧跨越区域面的操作过程介绍如下。

(1)打开零件。将本章二维码中的文件夹“第 4 章\4.15”复制到电脑,打开“塑料盖_parting_019. prt”文件。

(2)选择拆分面。单击“注塑模工具”中“拆分面”图标,在打开的“拆分面”对话框中选择“平面/面”选项,如图 4.59 所示,确认“选择面”处于激活状态,选取图 4.60 中示意的面为要拆分的面。

(3)定义拆分面。单击“分割对象”选项区中的“添加基准平面”图标,弹出“基准平面”对话框,在对话框中选择“点和方向”选项,选择图 4.60 所示点 1,方向为+*ZC* 方向,单击“确定”按钮,创建图 4.60 所示基准面,并返回“拆分面”对话框。

(4)拆分面。返回“拆分面”对话框后,点击“分割对象”选项区“选择对象”按钮,选择创建的基准面为拆分面,单击“确定”按钮,完成曲面的拆分,结果如图 4.60 所示。

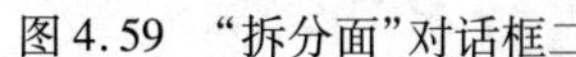
图 4.59　“拆分面”对话框二

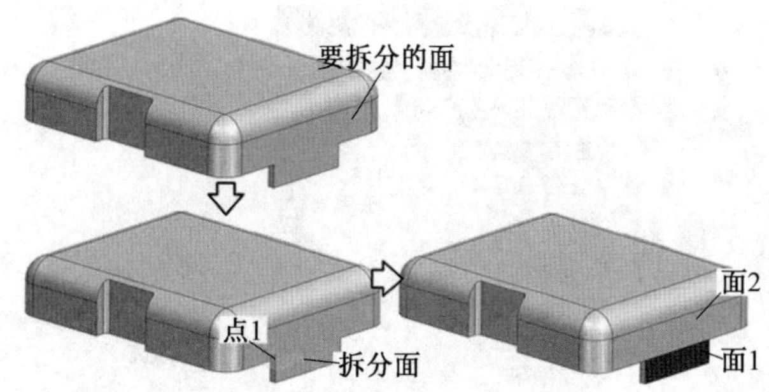

图 4.60　通过曲线拆分面

3. 通过“等斜度”拆分面

“等斜度”方法是用待拆分面在分型面上的投影边界线来分割面。通过“等斜度”拆分面的操作过程介绍如下。

(1)打开零件。将本章二维码中的文件夹“第 4 章\4.16”复制到电脑,打开“车轮_parting_019.prt”文件。

(2)选择拆分面。单击“注塑模工具”中“拆分面”图标,在打开的“拆分面”对话框中选择“等斜度”选项,如图 4.61 所示,确认“选择面”处于激活状态,选取图 4.62 中示意的面为要拆分的面。

(3)拆分面。单击“拆分面”对话框中的“确定”按钮,完成曲面的拆分,结果如图 4.62所示。

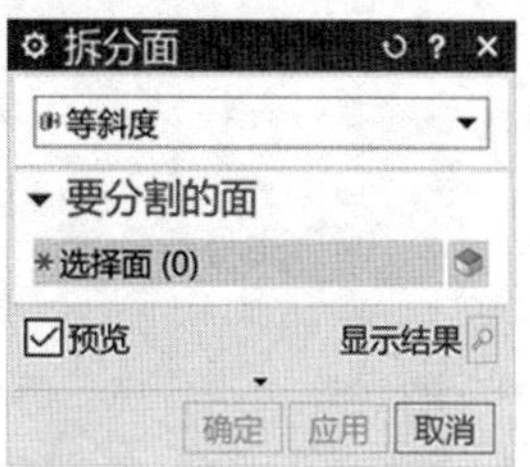

图 4.61　“拆分面”对话框三

图 4.62　通过等斜度拆分面

4.5　设计区域

设计区域功能是对产品模型进行检查和分析,将产品模型的外表面定义为型腔区域面,将内表面定义为型芯区域面,为分型做准备。设计区域的详细操作过程介绍如下。

(1)打开零件。将本章二维码中的文件夹“第 4 章\4.17”复制到电脑,打开“塑料盖_parting_019.prt”文件。

(2)对产品模型进行计算分析。单击“分型工具”中“检查区域”图标,打开图 4.63 所示“检查区域”对话框一,同时模型被高亮显示,并显示脱模方向,如图 4.64 所示。在“检查区域”对话框的“计算”选项卡单击“计算”图标,系统对模型进行分析和计算。

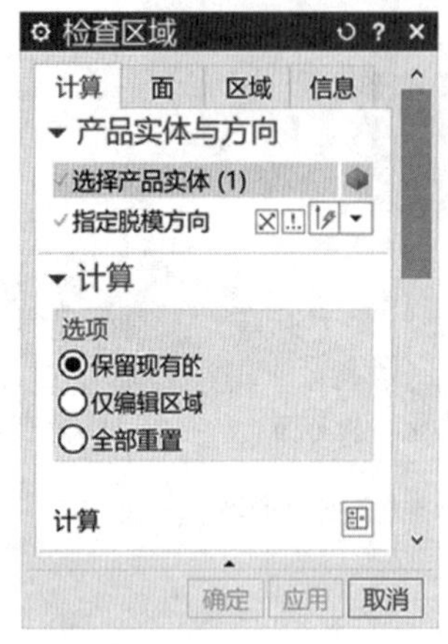

图 4.63 “检查区域”对话框一

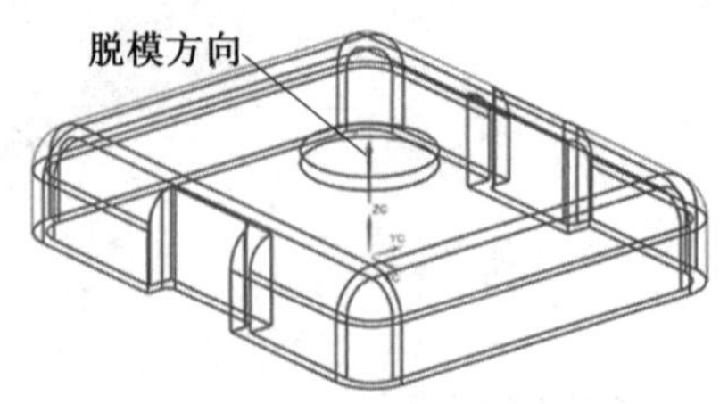

图 4.64 脱模方向

(3)设置区域颜色。单击“检查区域”对话框的“区域”选项卡,如图 4.65 所示。在对话框“设置”选项区取消勾选“内环”“分型边”和“不完整环”3 个复选框,以方便观察。然后单击“设置区域颜色”图标,结果如图 4.66 所示。在“检查区域”对话框可以看到型腔区域面数量为 9,型芯区域面数量为 26,未定义区域面数量为 21。

(4)定义型腔区域。单击“区域”选项卡“指派到区域”选项区的“选择区域面”图标,选择“型腔区域”单选项,在图形区选择未定义区域面,单击“检查区域”对话框中的“应用”按钮,将未定义区域面指派到型腔区域,此时对话框显示未定义区域面数量为 0,完成型腔区域面和型芯区域面的定义。

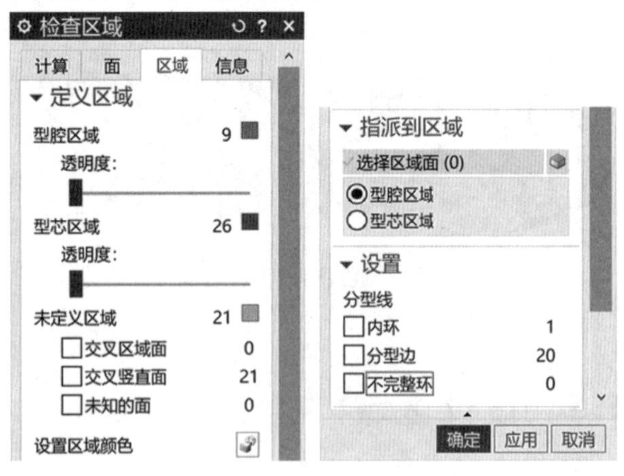

图 4.65 “检查区域”对话框二

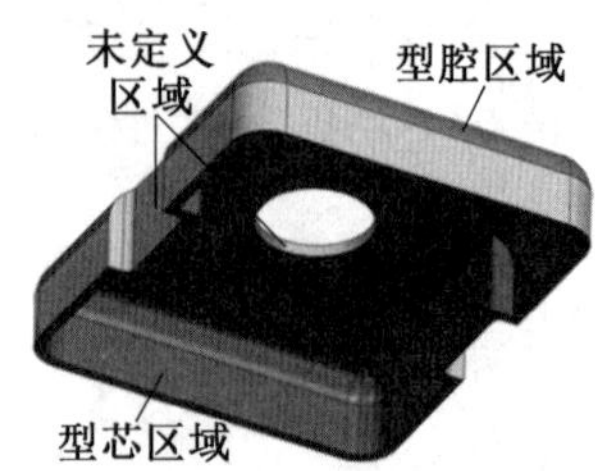

图 4.66 设置区域颜色

“检查区域”对话框有 4 个选项卡,分别是“计算”“面”“区域”和“信息”,选项卡的功能说明如下。

1.“计算”选项卡

“计算”选项卡如图 4.63 所示,包含“产品实体与方向”和“计算”两个选项区。

“产品实体与方向”选项区中“选择产品实体”选项用来选择需要检查和分析的产品模型,通常系统会自动选择产品模型;“指定脱模方向”选项的矢量命令用来指定产品的脱模方向。

“计算”选项区中“保持现有的”单选项表示计算初始化产品模型的面属性;“仅编辑区域”单选项表示不计算面属性,只进行面区域编辑;“全部重置”单选项表示将所有面重置为默认状态,再进行计算;单击“计算”图标,系统开始对产品模型进行计算分析。

2.“面”选项卡

“面”选项卡如图 4.67 所示,包含“面拔模角”“倒扣”“透明度”和“命令”4 个选项区。

“面拔模角”选项区中勾选“高亮显示所选的面”选项,系统会高亮显示选定拔模角的面。“拔模角限制”文本框用于输入拔模角度的值,需要输入正值。“面拔模角”列表区显示了面拔模角分类及其颜色。单击“设置所有面的颜色”图标,系统将模型所有面按照拔模角分类设定颜色。

“倒扣”选项区用来显示有正、负脱模角的面。

“透明度”选项区用来控制脱模面的透明度。“选定的面”和“未选定的面”是指在“面拔模角”列表区勾选和未勾选的面。

“命名”选项区有两个命令,分别是“面拆分”和“面拔模分析”。单击“面拆分”命令会弹出“拆分面”对话框,用来分割面。单击“面拔模分析”命令会弹出“拔模分析”对话框,可以清楚地观察每个面的脱模分析结果。

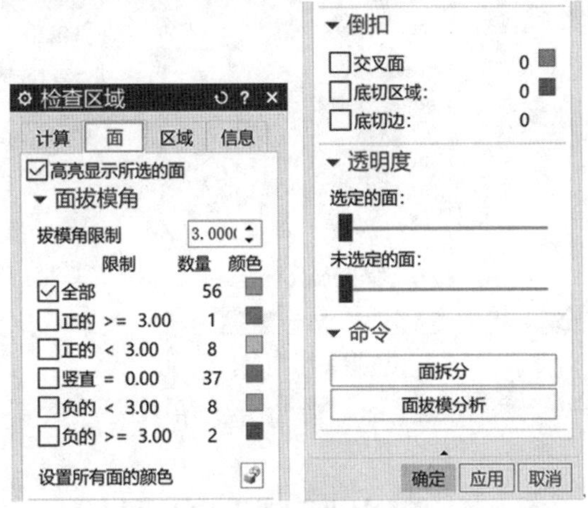

图 4.67　“面”选项卡

3.“区域”选项卡

“区域”选项卡如图 4.65 所示,包含“定义区域”“指派到区域”和“设置”3 个选项区。

“定义区域”选项区中“型腔区域”和“型芯区域”用来显示区域面数量,以及设置区域的透明度，以便观察其他未定义面。“未定义区域”用于定义系统无法识别的面，并显示这些面的数量，包含“交叉区域面”“交叉竖直面”和“未知的面”3 种类型。单击“设置区域颜色”，系统按照面的区域，也就是型腔区域、型芯区域和未定义区域设置颜色。

“指派到区域”选项区中的命令用于将产品模型上的面指派到型腔区域或型芯区域。

“设置”选项区用来控制是否显示“内环”“分型边”和“不完整环”。“内环”是指产品模型孔的边界线，“分型边”是指分型线，“不完整环”指没有形成闭合环的分型线。

4.“信息”选项卡

“信息”选项卡如图 4.68 所示，包含“检查范围”和“面属性/模型属性/尖角”两个选项区。

在“检查范围”选项区选择“面属性”单选项，如图 4.68(a)所示，会激活“选择面”选项，在图形区选择面后，“面属性”选项区会显示面的信息，比如拔模角，面积等。

在“检查范围”选项区选择“模型属性”单选项，如图 4.68(b)所示，在“模型属性”选项区会显示模型的信息，比如尺寸、体积、面积、面数量等。

在“检查范围”选项区选择“尖角”单选项，如图 4.68(c)所示，可以通过“尖角”选项区相关命令检查模型的锐角边等不利于脱模的结构，从而进行修改。

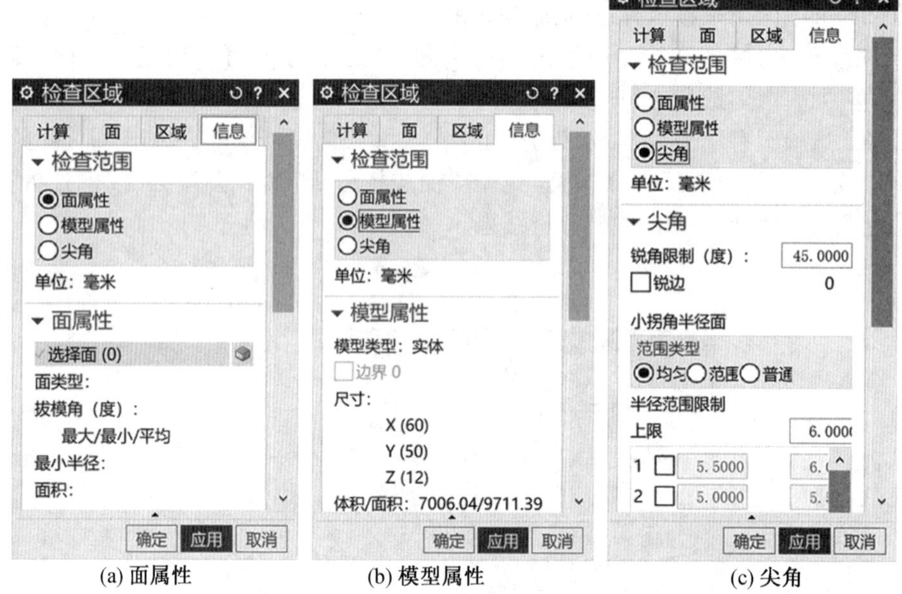

(a) 面属性　　(b) 模型属性　　(c) 尖角

图 4.68　“信息”选项卡

4.6　定义区域和分型线

定义区域和分型线是将指定的型腔区域面、型芯区域面定义为工件修剪面，并将型腔区域面和型芯区域面的分界线定义为分型线，为分型做准备。定义区域和分型线的详细操作过程介绍如下。

(1)打开零件。将本章二维码中的文件夹“第 4 章\4.18”复制到电脑,打开“塑料盖_parting_019.prt”文件。

(2)定义区域和分型线。单击“分型工具”中“定义区域”命令,打开图 4.69 所示“定义区域”对话框。在该对话框中显示型腔区域面和型芯区域面分别为 30 和 26,与设计区域时指定的型腔区域面和型芯区域面数量相同。在“定义区域”对话框“设置”选项区勾选“创建区域”和“创建分型线”两个复选框,单击“确定”按钮,完成型腔区域面、型芯区域面和分型线的创建,结果如图 4.70 所示。

如果在定义区域和分型线前没有设计区域,也可以通过“定义区域”命令,手动选择型腔区域面和型芯区域面进行定义。进行手动选择时,先选择“区域名称”列表中的“型腔区域”,确定“选择区域面”被激活,用鼠标选取零件上的型腔区域面,单击“定义区域”对话框的“应用”按钮,完成型腔区域面的定义。采用同样的方法,手动定义型芯区域面。

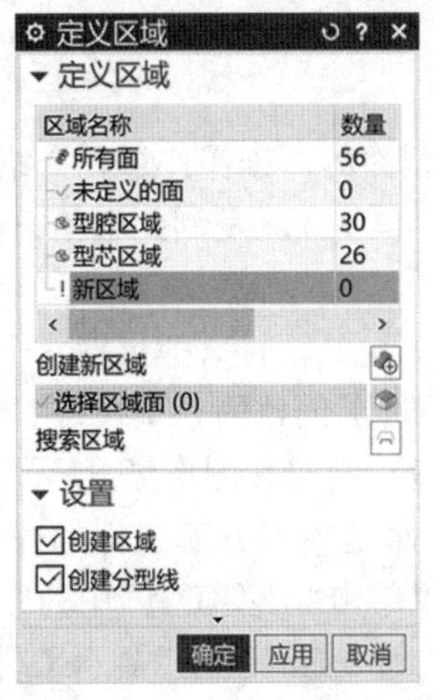

图 4.69　“定义区域”对话框

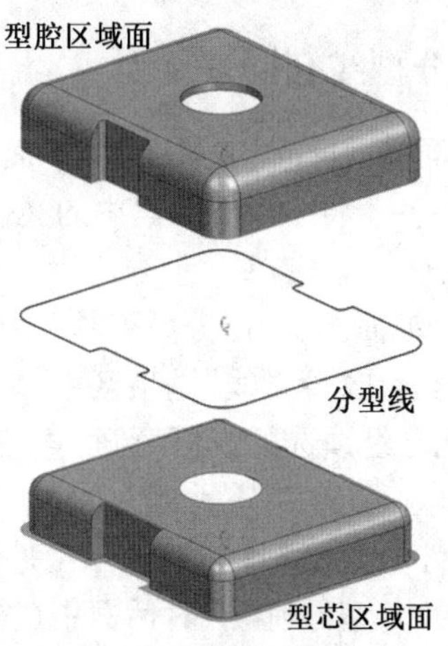

图 4.70　定义区域和分型线

4.7　设计分型面

分型线在同一平面或者曲面时可以通过“有界平面”“拉伸”方法创建分型面。当分型线各段不在同一平面或者曲面时,需要将分型线分成多段,每段采用“拉伸”“扫掠”“有界平面”等方法创建分型面。设计分型面提供了创建、编辑分型线,分型线分段,创建、编辑分型面的功能。分型线通过两种方法分段,分别是过渡对象分段、引导线分段。

单击“分型工具”中的“设计分型面”图标,弹出图 4.71 所示“设计分型面”对话框,对话框中“分型线”选项区中列出了系统识别的分型线及其分段,“创建分型面”选项区提供了“拉伸”“扫掠”“有界平面”“延伸片体”等创建分型面方法,“自动创建分型面”选项区提供了系统自动创建分型面以及删除现有分型面的功能,“编辑分型线”选项区提供了创建、编辑分型线的功能,“编辑分型段”选项区提供了分型线分段的功能。如果没有在“定义区域”命令中创建分型线,也可以通过“编辑分型线”选项区的命令手动或者自动创建分型线。

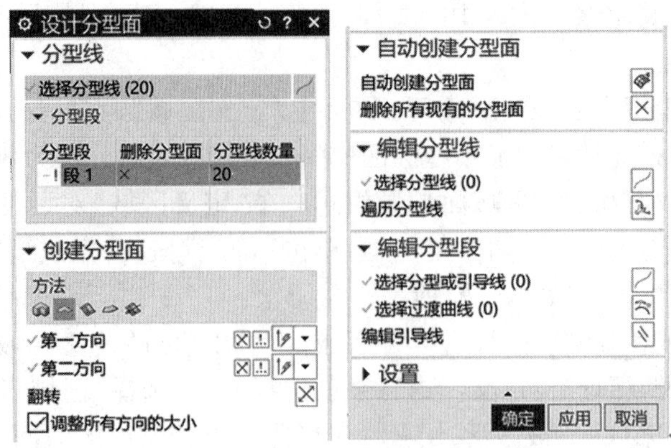

图 4.71　“设计分型面”对话框一

4.7.1　分型线在同一平面

分型线在同一平面时,通过“有界平面”创建分型面的详细操作过程介绍如下。

(1)打开零件。将本章二维码中的文件夹“第 4 章\4.19”复制到电脑,打开“塑料盖_top_000. prt”文件。

(2)创建分型面。单击“分型工具”中的“设计分型面”图标,弹出图 4.72 所示“设计分型面”对话框。在“分型线”选项区中,系统已经预选了创建的分型线;在“创建分型面”选项区中,系统已经预选了“有界平面”方法(图 4.73),同时在图形区显示了 4 个移动球,通过拖动移动球可以改变分型面的大小。由于分型面是用来分割工件的,因此分型面的尺寸要大于工件。如果图中没有显示工件线框,可以单击“分型工具”中的“分型导航器”图标,在弹出的“分型导航器”对话框中(图 4.74)勾选“工件线框”显示工件的范围。单击“设计分型面”对话框的“确定”按钮,系统通过“有界平面”方法完成分型面的创建,如图 4.73 所示。

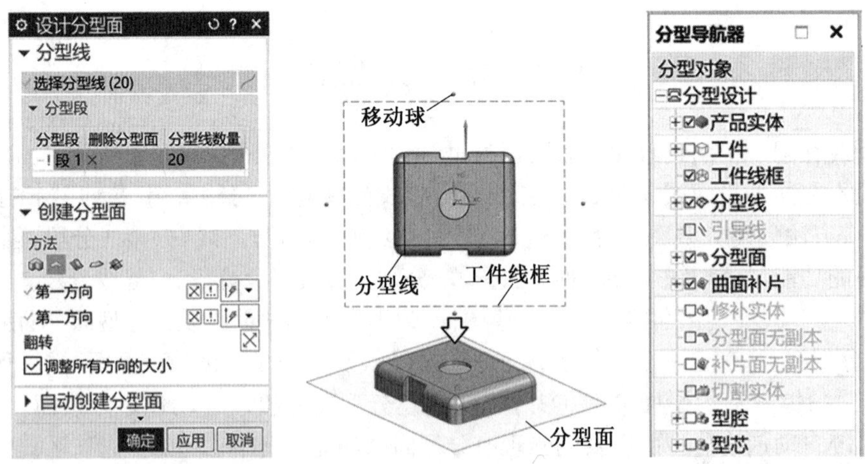

图 4.72　“设计分型面”对话框二　　图 4.73　创建分型面　　图 4.74　“分型导航器”对话框

4.7.2　利用过渡对象分割分型线

当分型线中各段不在同一平面或者曲面时,可以利用过渡对象将分型线分割为多段,让其中每段在同一平面或者曲面,对每段分别创建分型面,然后缝合各部分分型面,创建完整的分型面。利用过渡对象分割分型线,创建分型面的详细操作过程介绍如下。

(1)打开零件。将本章二维码中的文件夹“第 4 章\4.20”复制到电脑,打开“吹风机外壳_top_000.prt”文件。

(2)创建过渡对象。单击“分型工具”中的“设计分型面”图标,弹出图 4.75 所示“设计分型面”对话框,同时系统预选图 4.76 所示分型线。单击“编辑分型段”选项区中“选择过渡曲线”图标,然后选择图 4.76 所示过渡对象。单击“设计分型面”对话框中的“应用”按钮,创建过渡对象。

(3)使用有界平面创建分型面。创建过渡后,系统自动选择图 4.76 所示“段 1”创建分型面。由于“段 1”在同一平面,可以通过有界平面方法创建分型面。在“创建分型面”选项区中,单击“有界平面”方法,系统自动在过渡对象和“段 1”的交点处显示图 4.76 所示两条延伸线。系统将延伸线和“段 1”作为边界线,分割有界平面。延伸线的方向指向“+*XC*”方向,如果方向指向有误,可以使用“创建分型面”选项区中“第一方向”和“第二方向”重新指定。单击“设计分型面”对话框中的“应用”按钮,系统通过“有界平面”方法创建“段 1”的分型面。

(4)完成分型面的创建。系统通过“有界平面”方法创建“段 1”的分型面后,自动通过“拉伸”的方法创建过渡对象段的分型面,并将两个分型面缝合为完整的分型面。单击“设计分型面”对话框中的“取消”按钮,完成分型面的创建,结果如图 4.76 所示。

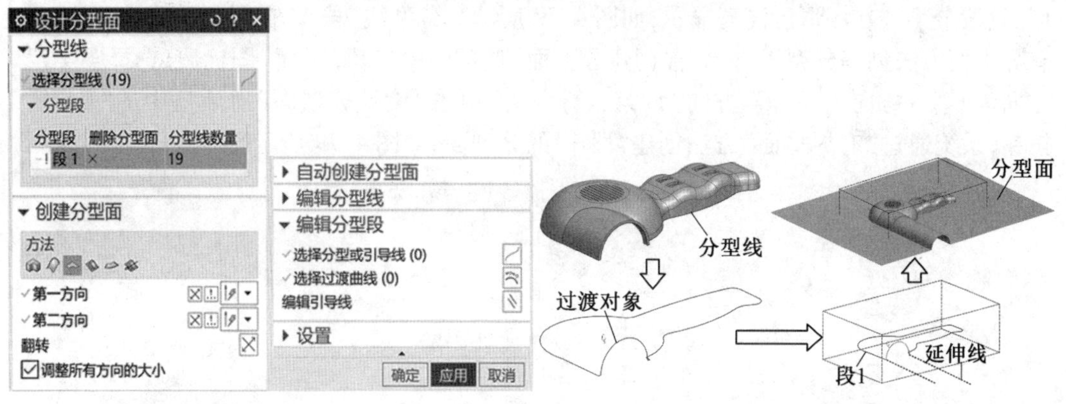

图 4.75　“设计分型面”对话框三　　图 4.76　利用过渡对象分割分型线创建分型面

4.7.3　利用引导线分割分型线

当分型线中各段不在同一平面或者曲面时,可在各段的过渡点处定义引导线,将分型线分割为多段,为每段分型线创建分型面,然后系统缝合各部分分型面,创建完整的分型面。利用引导线分割分型线,创建分型面的操作过程介绍如下。

（1）打开零件。将本章二维码中的文件夹“第 4 章\4.21”复制到电脑，打开“塑料卡扣_top_000. prt”文件。

（2）创建引导线。单击“分型工具”中的“设计分型面”图标，弹出图 4.77 所示“设计分型面”对话框。单击“编辑分型段”选项区中“编辑引导线”图标，系统弹出图 4.78 所示“引导线”对话框。在图 4.79 所示端点 1 临近的分型线上单击，系统创建引导线 1。采用同样的方法创建引导线 2 ~4。可以使用“引导线”对话框中的“引导线长度”和“方向”选项定义引导线的长度和方向。创建 4 条引导线后，单击“引导线”对话框中的“确定”按钮，返回“设计分型面”对话框，在对话框“分型段”列表区列出了由引导线分割的 4 段分型线。

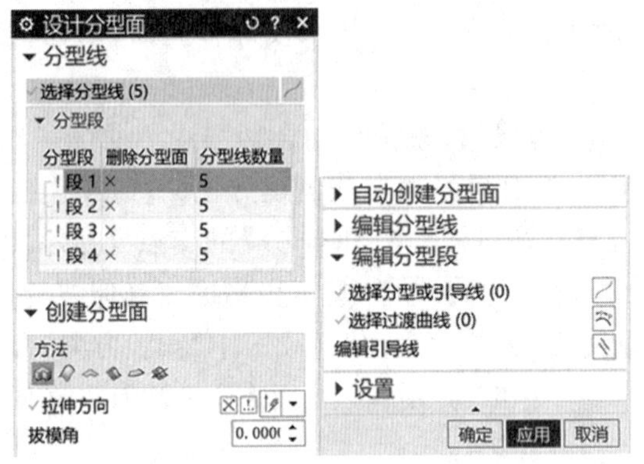

图 4.77　“设计分型面”对话框四

图 4.78　“引导线”对话框

（3）创建各分型线段的分型面。单击“设计分型面”对话框中“分型段”列表区的“段 1”，这段分型线在图形区高亮显示，如图 4.79 所示。分型线“段 1”在同一平面，可以通过有界平面方法创建分型面。单击“创建分型面”选项区中“有界平面”图标后，选择“$-YC$”方向为“第一方向”，“$+YC$”方向为“第二方向”。单击“设计分型面”对话框中的“应用”按钮，系统通过“有界平面”方法创建“段 1”的分型面，如图 4.79 所示。

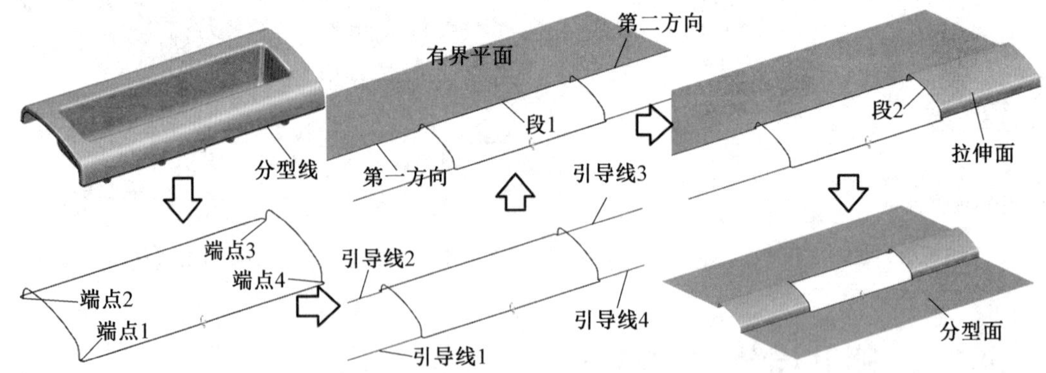

图 4.79　通过引导线分割分型线创建分型面

分型线“段 1”的分型面创建完成后，系统自动切换到“段 2”，如图 4.79 所示。“段 2”可以通过“拉伸”方法创建分型面。单击“创建分型面”选项区中的“拉伸”图标后，选择“+YC”方向为拉伸方向，单击“设计分型面”对话框中的“应用”按钮，完成“段 2”分型面的创建。采用同样的方法创建“段 3”和“段 4”的分型面。

（4）完成分型面的创建。通过“段 1～4”创建分型面后，系统自动缝合四部分分型面，形成完整的分型面。单击“设计分型面”对话框的“取消”按钮，完成分型面的创建，结果如图 4.79 所示。

4.8　创建型腔和型芯

补孔面、零件外表面、分型面三部分组成型腔修剪面，分割工件可以得到型腔。补孔面、零件内表面、分型面三部分组成型芯修剪面，分割工件可以得到型芯。创建型腔和型芯的操作过程介绍如下。

（1）打开零件。将本章二维码中的文件夹“第 4 章\4.22”复制到电脑，打开“塑料卡扣_top_000.prt”文件。

（2）创建型腔和型芯。单击“分型工具”中的“定义型芯和型腔”图标，弹出图 4.80 所示“定义型腔和型芯”对话框。在“选择片体”列表区中，单击“型腔区域”，系统高亮显示型腔修剪面，如图 4.81 所示。单击“定义型芯和型腔”对话框中的“应用”按钮，系统通过型腔修剪面修剪工件，得到型腔，如图 4.81 所示。系统同时显示“查看分型结果”对话框，如果型腔修剪方向有误，单击对话框中的“法向反向”按钮重新修剪；如果型腔修剪方向正确，单击对话框中的“确定”按钮，返回“定义型芯和型腔”对话框。采用同样的方法创建型芯，结果如图 4.81 所示。

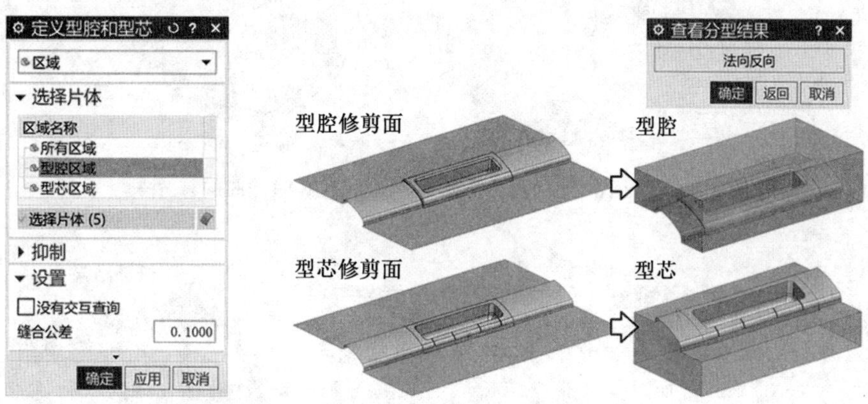

图 4.80　“定义型腔和型芯”对话框　　图 4.81　创建型腔和型芯

4.9　分型设计实例

【例 4.4】　完成图 4.82 所示电器盒零件的分型。

步骤 1　打开零件。

将本章二维码中的文件夹“第 4 章\4.23”复制到电脑。启动 NX 1953，打开文件夹中

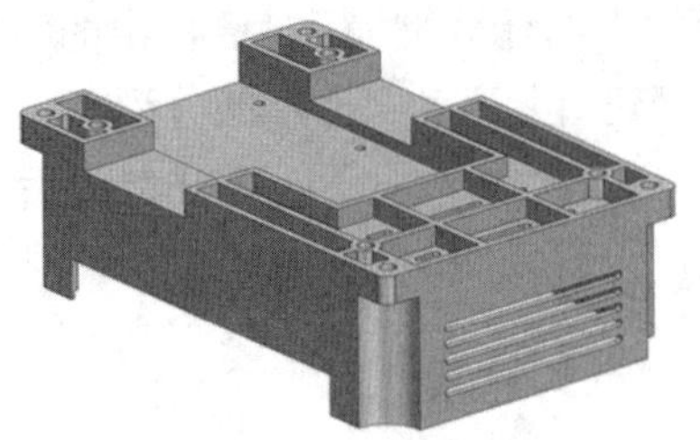

图 4.82 电器盒零件

“电器盒_top_000. prt”文件。

步骤 2 曲面补片。

单击“注塑模工具”中“曲面补片”图标，打开图 4.83 所示“曲面补片”对话框。在对话框“类型”下拉列表中选择“面”，然后选取图 4.84 中的面 1，单击“确定”按钮，完成面 1 上 18 个孔的修补。

采用同样的方法，对图 4.85 中的面 2 ~ 15 进行修补。

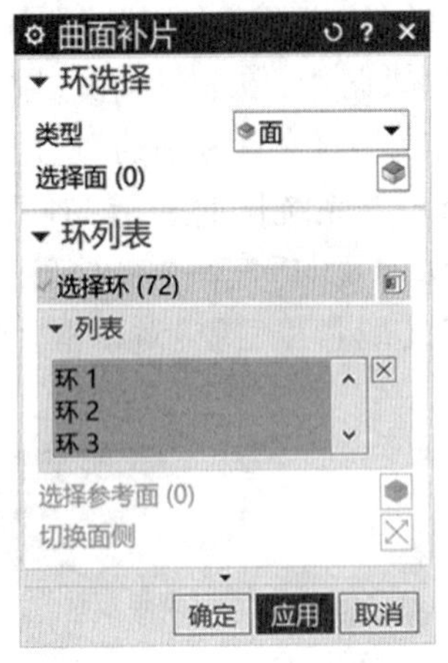

图 4.83 “曲面补片”对话框

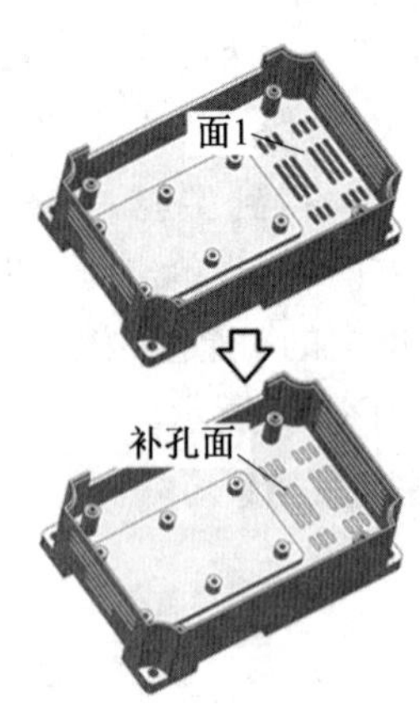

图 4.84 曲面补片一

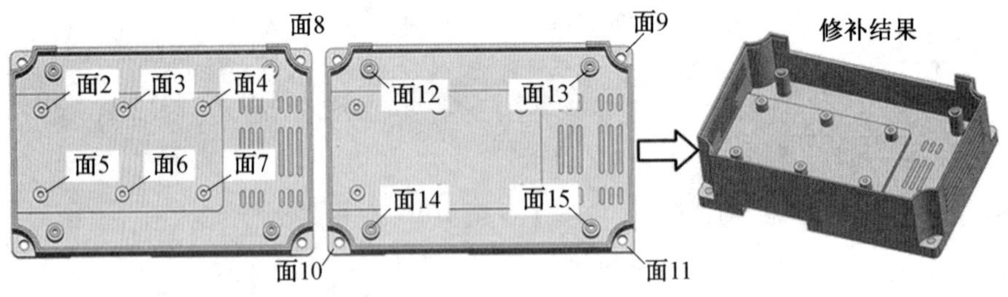

图 4.85 曲面补片二

步骤 3 实体修补。

(1) 创建包容体。

单击“包容体”图标，打开“包容体”对话框，如图 4.86 所示，选择“块”方法，在“参数”列表区勾选“均匀偏置”，偏置值为“1”。确认“选择对象”命令处于激活状态，选择零件侧孔的两个边界面，如图 4.87 所示。单击“确定”按钮，创建长方体包容块。

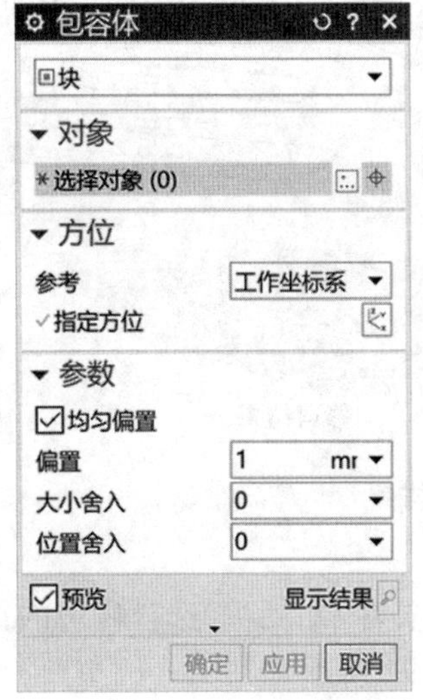

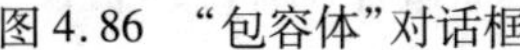
图 4.86　“包容体”对话框

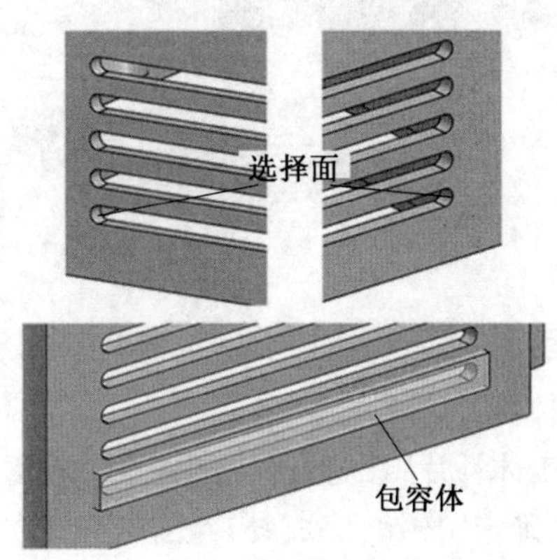

图 4.87　创建包容体

(2)修剪包容体。

在“注塑模工具”中单击“分割实体”图标，打开“分割实体”对话框，在第一个下拉列表中选择“修剪”选项，如图 4.88 所示。

选择创建的包容体为目标体，以图 4.89 中指示的面 1 为分割工具，确保修剪方向指向零件外侧。如果修剪方向有误，单击“反向”按钮进行切换。单击“应用”按钮，修剪结果如图 4.89 所示。

图 4.88　“分割实体”对话框

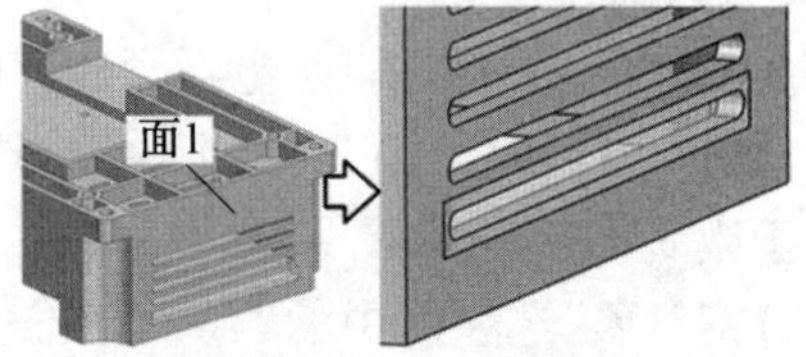

图 4.89　分割实体一

采用同样的方法，用图 4.90 指示的面 2 ~ 6 修剪包容体，修剪结果如图 4.90 所示。如果无法修剪，勾选“分割实体”对话框“扩大面”选项进行修剪。

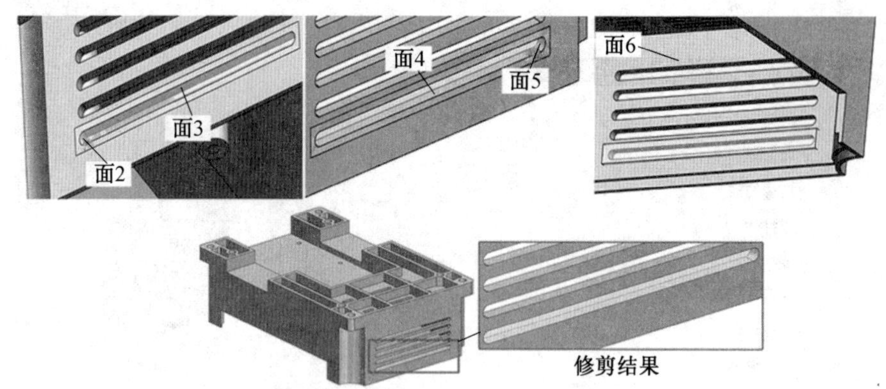

图 4.90　分割实体二

(3)实体补片。

单击“实体补片”图标,弹出图 4.91 所示“实体补片”对话框,选择修剪的包容体为补片体,单击“确定”按钮,完成补片操作,结果如图 4.92 所示。

采用相同的方法,完成零件其余侧孔的实体修补,结果如图 4.93 所示。

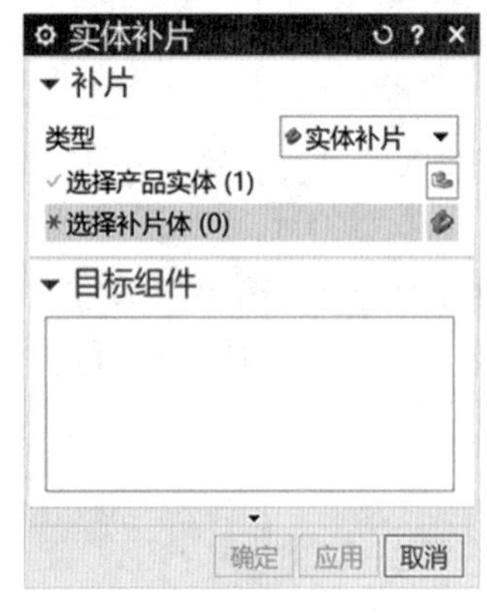

图 4.91　“实体补片”对话框

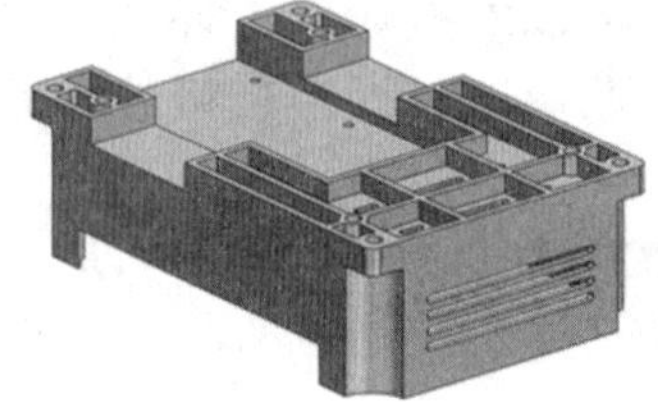

图 4.92　实体补片

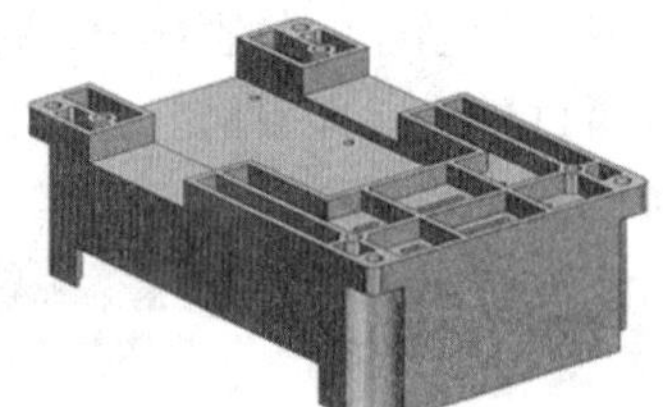

图 4.93　实体修补

步骤 4　拆分面。

图 4.94 中的面 1 ~4(也就是电器盒四周的面)为跨区域面,需要进行拆分。单击“拆分面”图标,在打开的“拆分面”对话框中选择“平面/面”选项,如图 4.95 所示,确认“选择面”命令处于激活状态,选取图 4.94 指示的 4 个面为要拆分的面。

单击“分割对象”选项区中的“添加基准平面”图标,弹出“基准平面”对话框。在对话框中选择“点和方向”选项,选择图 4.96 中的点 1,方向为+*ZC* 方向,单击“确定”按钮,创建图 4.96 中的分割面,并返回“拆分面”对话框。

返回“拆分面”对话框后,确认“选择对象”按钮选择创建的基准面,并将其作为拆分面,单击“拆分面”对话框中的“确定”按钮,完成曲面的拆分,结果如图 4.96 所示。

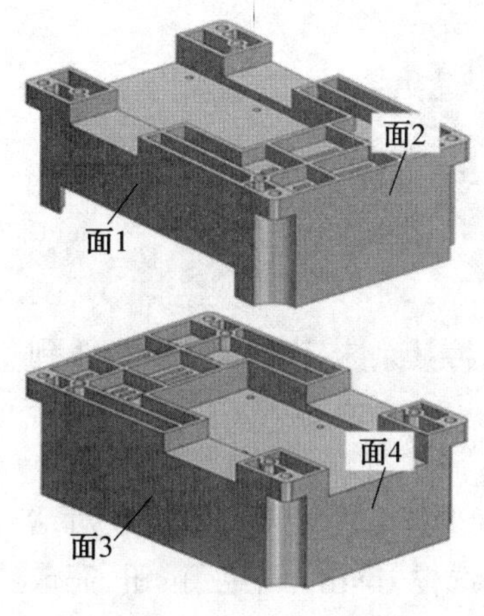

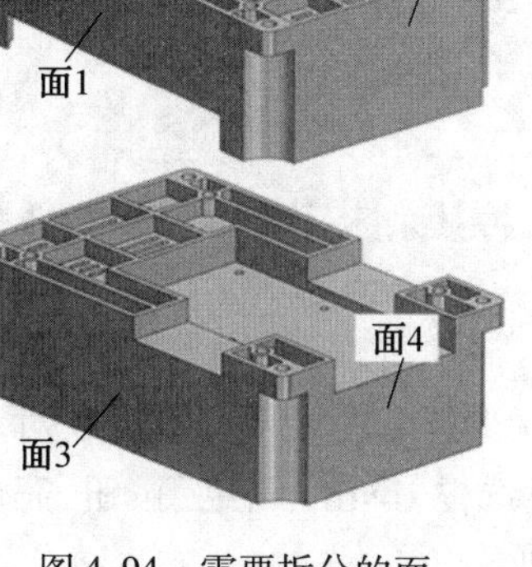

图 4.94　需要拆分的面

图 4.95　“拆分面”对话框

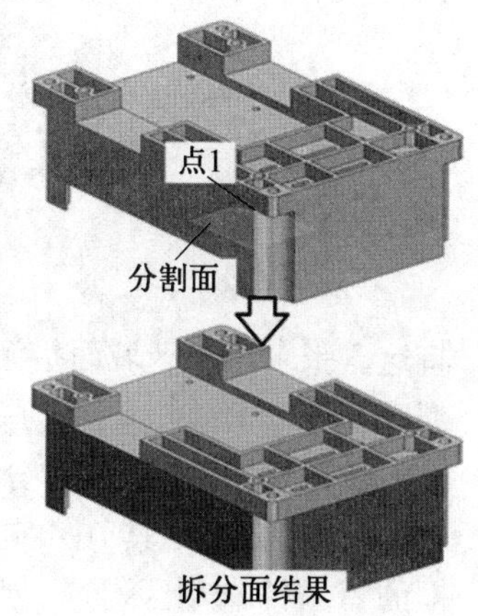

图 4.96　拆分面

步骤 5　设计区域。

(1)计算模型表面属性。

单击“分型工具”中“检查区域”图标，打开图 4.97 所示“检查区域”对话框，同时模型被高亮显示，并显示脱模方向。在“检查区域”对话框中的“计算”选项卡单击“计算”图标，系统对模型进行分析和计算。

(2)设置区域颜色。

单击“检查区域”对话框的“区域”选项卡，如图 4.98 所示。在对话框“设置”选项区取消勾选“内环”“分型边”和“不完整环”3 个复选框。然后单击“设置区域颜色”图标，结果如图 4.99 所示。在“检查区域”对话框可以看到型腔区域面数量为 119，型芯区域面数量为 66，未定义区域面数量为 100。

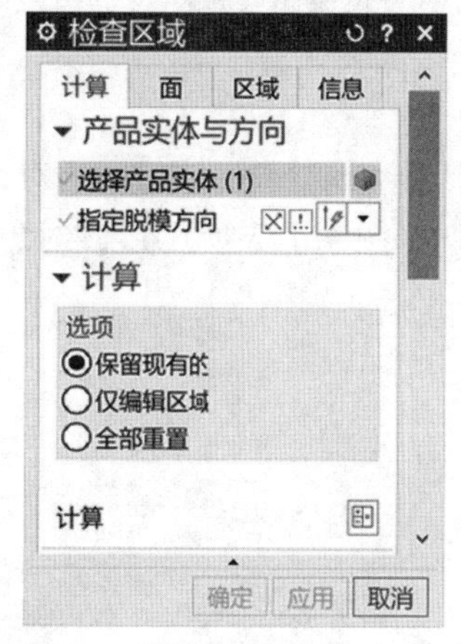

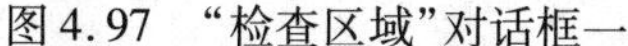

图 4.97　“检查区域”对话框一

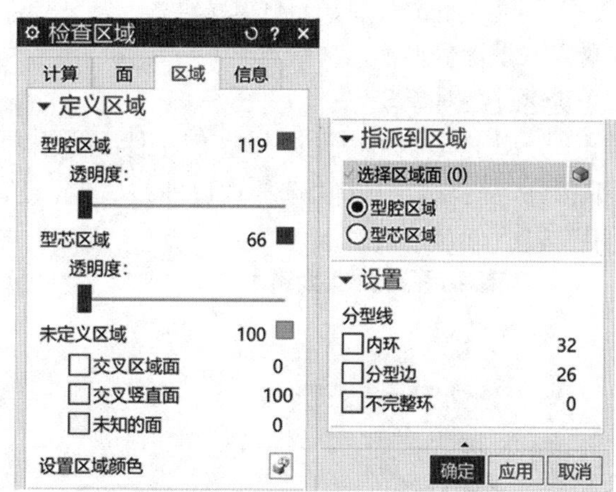

图 4.98　“检查区域”对话框二

(3)定义型腔和型芯区域。

单击“区域”选项卡“指派到区域”选项区的“选择区域面”图标，并选择“型芯区域”单选项，在图形区选择图 4.99 中的“面 1 ~ 3”，单击“检查区域”对话框中的“应用”按钮，

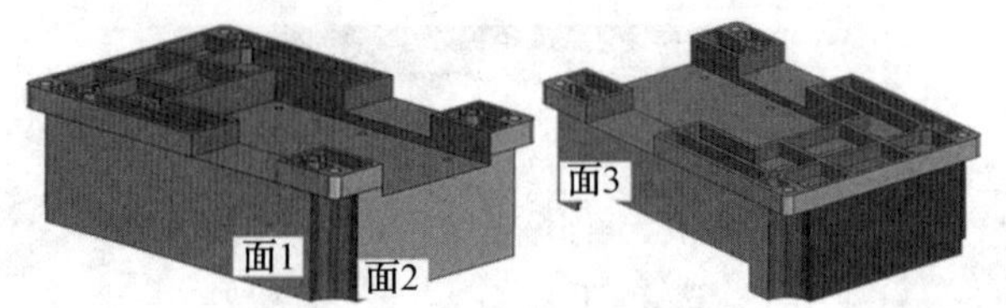

图 4.99　设置模型区域颜色

将这 3 张未定义区域面指派到型芯区域。采用同样的方法,将其余未定义区域面指派到型腔区域。

步骤 6　定义区域和分型线。

单击“分型工具”中“定义区域”图标,打开图 4.100 所示“定义区域”对话框,在对话框的“设置”选项区勾选“创建区域”和“创建分型线”两个复选框,单击“确定”按钮,完成型腔区域面、型芯区域面和分型线的创建,结果如图 4.101 所示。

图 4.100　“定义区域”对话框

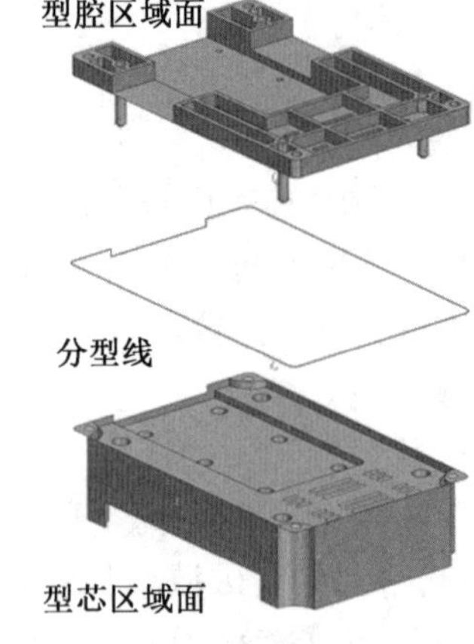

图 4.101　定义区域和分型线

步骤 7　设计分型面。

(1)创建过渡对象。

单击“分型工具”中的“设计分型面”图标,弹出图 4.102 所示“设计分型面”对话框。单击“编辑分型段”选项区中“选择过渡曲线”图标,然后选择图 4.103 所示过渡对象。单击“应用”按钮,创建过渡对象。

图 4.102　“设计分型面”对话框一

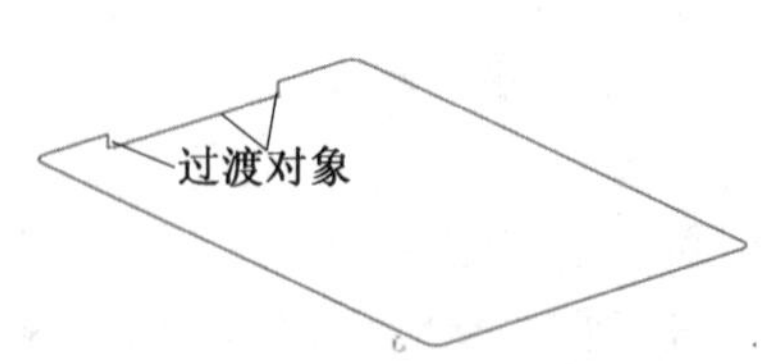

图 4.103　过渡对象

(2)创建分型面。

创建过渡对象后,“设计分型面”对话框如图 4.104 所示,系统自动选择图 4.105 所示“段 1”创建分型面。由于“段 1”在同一平面,系统自动选择“有界平面”方法创建分型面,并显示图 4.105 所示两条延伸线,延伸线指向“-*XC*”方向。单击“设计分型面”对话框中的“应用”按钮,系统通过“有界平面”方法创建“段 1”的分型面,然后,系统自动通过“拉伸”的方法创建过渡对象段的分型面,并将两个分型面缝合为完整的分型面。单击“设计分型面”对话框中的“取消”按钮,完成分型面的创建,结果如图 4.105 所示。

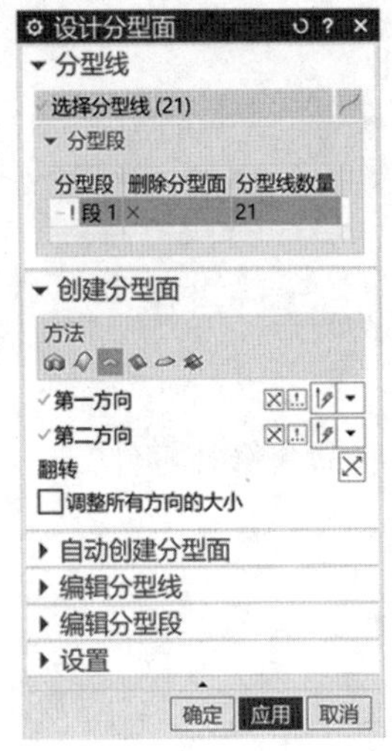

图 4.104　“设计分型面”对话框二

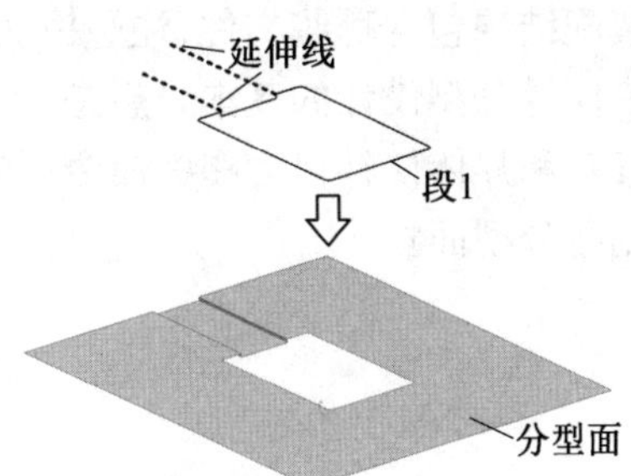

图 4.105　创建分型面

步骤 8　创建型腔和型芯。

单击“分型工具”中的“定义型腔和型芯”图标,弹出图 4.106 所示“定义型腔和型芯”对话框。在“选择片体”列表区中,单击“型腔区域”,系统高亮显示型腔修剪面。单击对话框中的“应用”按钮,系统通过修剪工件得到型腔,如图 4.107 所示。如果型腔修剪方向有误,单击“查看分型结果”对话框中的“法向反向”按钮重新修剪。采用同样的方法创建型芯,结果如图 4.107 所示。

图 4.106　“定义型腔和型芯”对话框

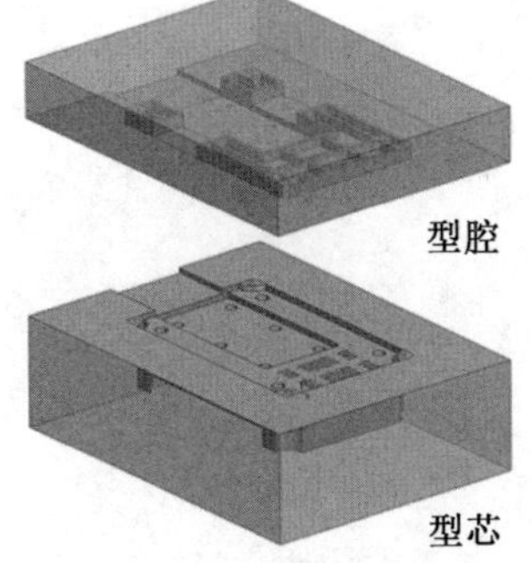

图 4.107　创建的型腔和型芯

4.10　本章小结

本章介绍了注塑模设计准备的步骤和方法，详细说明了模具装配结构、模具坐标系定义方法，创建工件的方法以及型腔布局的方法等，重点介绍了注塑性向导分型的原理和方法，零件修补的原理和方法以及分型面设计的方法，并通过实例演示了注塑模设计准备和分型设计的详细步骤。分型设计是注塑模设计的重点和难点。通过本章的学习，读者可以掌握注塑模设计准备以及分型的方法，熟练使用相关命令。

4.11　思考题

1. 注塑模设计准备包括哪些步骤？
2. 模具装配结构包含哪些文件，注塑模文件如何命名？
3. 注塑模向导分型设计的基本思想是什么？
4. 实体修补和片体修补包含哪些命令，如何使用这些命令修补零件？
5. 如何创建分型面？

第 5 章　注塑模模架和标准件设计

模架是注塑模的基本结构,用来安装定位圈、浇口套、推杆、复位杆等标准件,型芯、型腔以及浇注、冷却系统零部件也安装在模架上。模架和标准件的尺寸已经标准化,注塑模向导提供了模架和标准件设计、尺寸定义的方法。选用注塑模向导提供的模架和标准件,不仅可以提高效率,而且可以降低模具成本。注塑模向导也提供了侧向分型机构的设计功能。本章主要介绍模架、标准件和侧向分型机构的设计方法。

5.1　注塑模模架设计

5.1.1　注塑模模架结构

1. 模架基本结构

一套典型的注塑模结构如图 5.1 所示,包含定模座板、定模板、动模板、垫板、动模座板、顶杆固定板和推板。这些模板的功能,以及在注塑模向导中的代号见表 5.1。

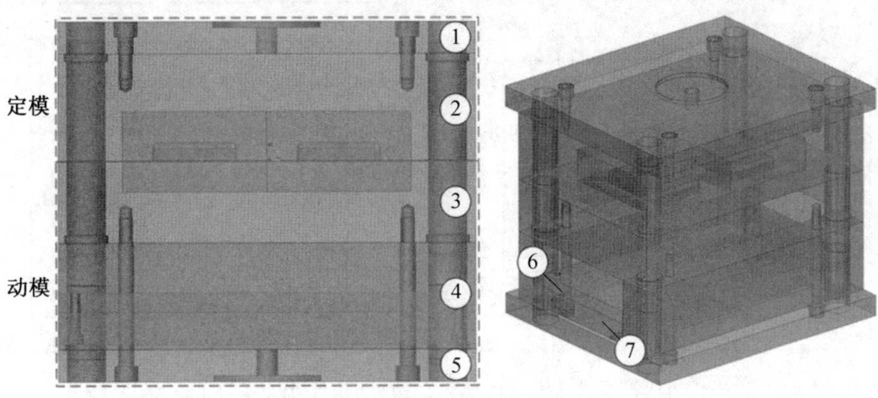

图 5.1　典型的注塑模结构

表 5.1　注塑模模板名称和功能

序号	模板	注塑模向导中的代号	模板作用
①	定模座板	TCP	将模具定模部分固定于注塑机固定模板上
②	定模板	AP	固定凹模、导柱、导套等零件
③	动模板	BP	固定凸模、导柱、导套等零件

续表 5.1

序号	模板	注塑模向导中的代号	模板作用
④	垫板	CP	在动模板和动模座板之间,为推板顶出运动形成空间
⑤	动模座板	BCP	将模具动模部分固定于注塑机移动模板上
⑥	顶杆固定板	EJA	固定顶杆、复位杆等零件
⑦	推板	EJB	注塑机推杆作用于推板,带动顶杆顶出零件

定模座板、定模板、凹模等零件组成定模部分,动模板、凸模、垫板、动模座板、顶杆固定板和推板等零件组成动模部分。定模安装在注塑机固定模板上,动模安装在注塑机移动模板上。注塑时动模与定模闭合构成型腔和浇注系统,开模时动模与定模分离,通过脱模机构推出塑件。

2. 模架选用

模架尺寸取决于凸模、凹模尺寸,凸模、凹模尺寸越大,模架尺寸相对也越大。模架尺寸与凸模、凹模尺寸关系如图 5.2 所示。凸模、凹模宽度 A 与定模板、动模板单侧宽度 B 的关系见表 5.2。凸模、凹模长边与模架长边之间位置要安装复位杆,因此 C 应保证复位杆外圆与凸模侧面、模架侧面距离为 10 ~ 15 mm。凹模安装在定模板中,定模板厚度等于凹模厚度加 D,一般 D 为 20 ~ 40 mm。动模板中要安装凸模,动模板厚度等于凸模厚度加 E,一般 E 为 30 ~ 40 mm。垫板厚度 F 一般等于零件顶出行程加 10 ~ 15 mm 的预留空隙。

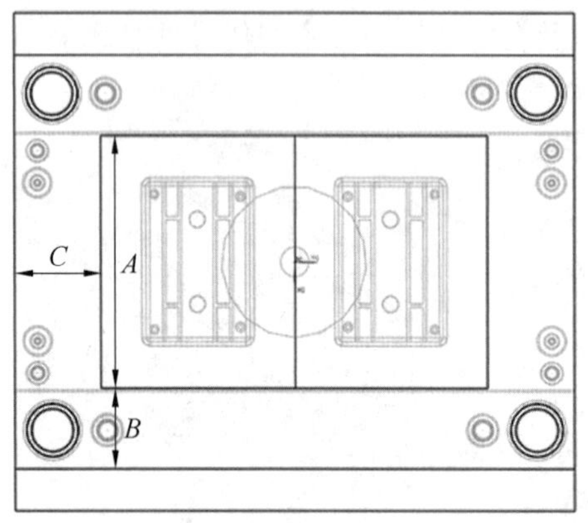

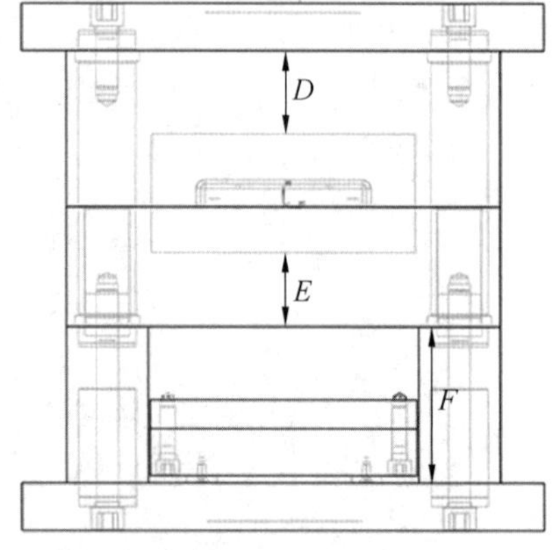

图 5.2　模架尺寸与凸模、凹模尺寸关系

表 5.2　凸模、凹模宽度 A 与定模板、动模板单侧宽度 B 参考值

凸模、凹模宽度 A	定模板、动模板单侧宽度 B
100 ~ 150	30 ~ 50
150 ~ 220	50 ~ 65
220 ~ 250	65 ~ 70
260 ~ 290	70 ~ 80
300 ~ 350	80 ~ 100

5.1.2　注塑模模架加载

注塑模向导是通过“重用库”配合“模架库”对话框进行模架的加载和装配。单击注塑模向导“主要”工具栏中的“模架库”图标，弹出图 5.3 所示“重用库”和“模架库”对话框，同时显示模架的“信息”窗口。如果“重用库”对话框没有显示，单击“资源条选项按钮\选项卡\重用库”可将其显示。“信息”窗口可以通过单击“模架库”对话框中的“信息窗口”图标将其显示或者关闭。

1. 模架的目录和类型

在“重用库”的模架目录中，注塑模向导提供了美国 DME、德国 HASCO 等不同厂家的模架。单击“DME”“HASCO_REFERENCE”等模架节点目录后，“重用库”的“成员选择”列表区会显示模架类型。比如在模架目录中单击“DME”时，在“成员选择”列表区显示了 2A、2B、3A、3B、3C、3D 共 6 种类型的模架。单击模架类型图标，会在“信息”窗口显示模架的结构和尺寸信息。

图 5.3 中“信息”窗口显示的是美国 DME 公司的 2A 型模架，也就是两板式 A 型模架，该模架包括定模座板、定模板、动模板、垫板、动模座板、顶杆固定板和推板等模板。2B 型(两板式 B 型)模架在动模板和垫板之间还有动模垫板。两板式模具打开时，在定模板和动模板之间形成一个分型面，用来取出塑件和浇注系统凝料。

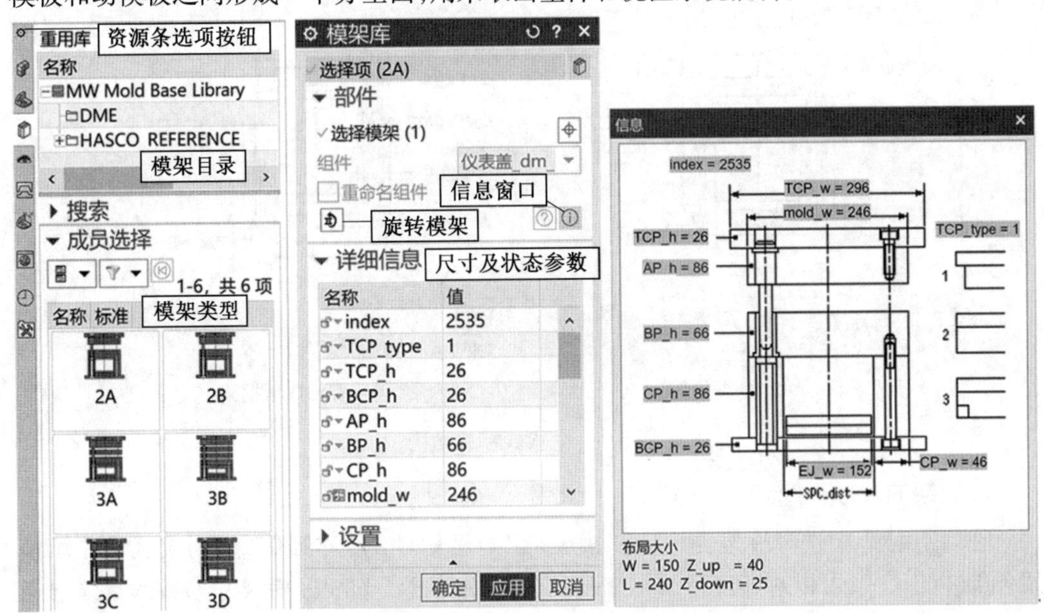

图 5.3　“重用库”和“模架库”对话框

美国 DME 公司的 3A、3B、3C、3D 型模架，通常称为三板式模架，其结构形式如图 5.4 所示。3A 型模架是在 2B 型模架的定模板和动模板之间增加中间板形成的，3B 型模架在 3A 型模架的基础上又增加了一个中间板，3C 型模架是在 2A 型模架的定模板和动模板之间增加中间板形成的，3D 型模架在 3C 型模架的基础上又增加了一个中间板。三板式模具打开后会形成两个分型面，其中一个分型面用来取出塑件，另一个分型面用来取出浇注系统凝料。

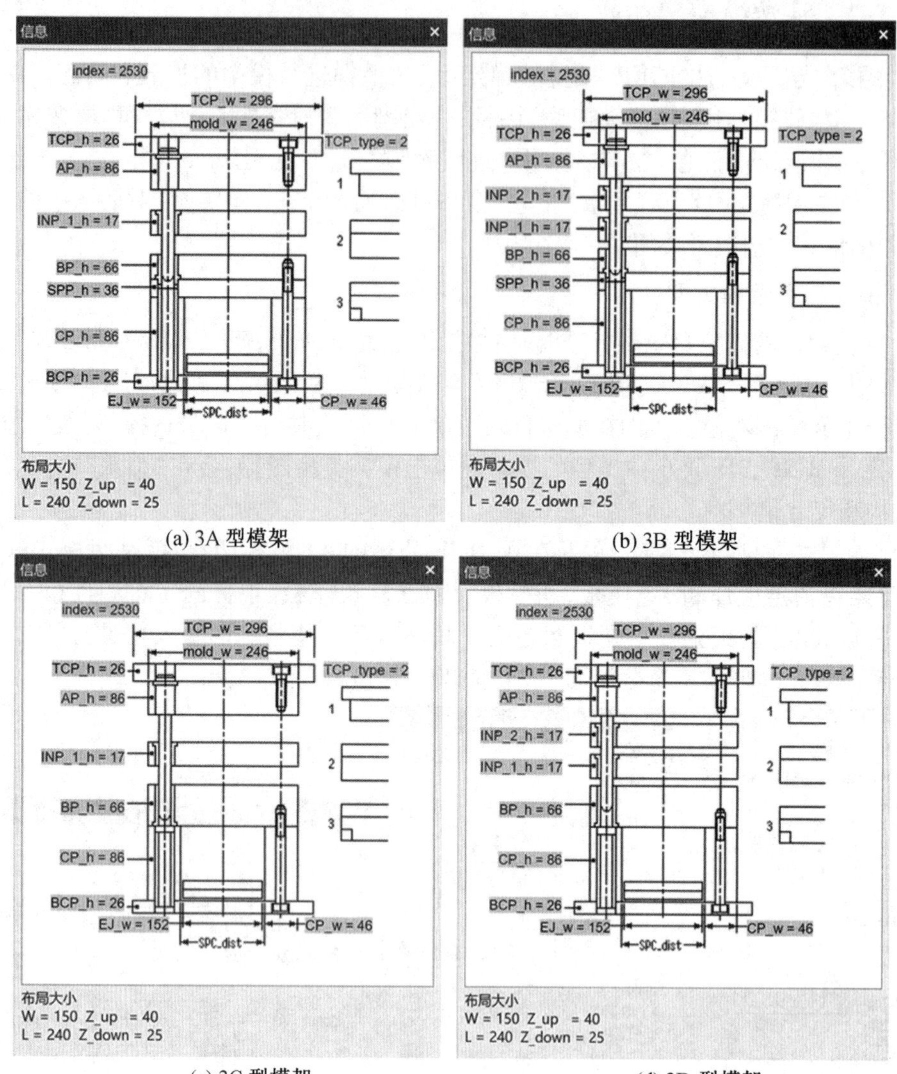

(a) 3A 型模架　(b) 3B 型模架

(c) 3C 型模架　(d) 3D 型模架

图 5.4　三板式模架结构

2. 模架的尺寸

在“重用库”中选择模架类型后，“模架库”对话框中的“详细信息”列表区会显示模架各部件的尺寸，可以对其进行编辑修改。在“详细信息”列表区中尺寸参数的具体含义显示在“信息”窗口。

在“详细信息”列表区中的“index”参数是模架的索引号，表示了模架的宽度和长度，比如“2535”表示模架的宽度为 250 mm，长度为 350 mm。“TCP_type”参数表示模架的安装类型，其值可取“1/2/3”，表示的含义如图 5.3“信息”窗口所示。“详细信息”列表区的参数“TCP_h”“BCP_h”“AP_h”“BP_h”表示模板的厚度。选择模架，确定 AP 板、BP 板等模板尺寸需要参考凸模、凹模尺寸，这些参数显示在“信息”窗口底部。比如图 5.4(a)底部布局信息表示凸模、凹模宽度为150 mm,凸模、凹模长度为240 mm,凹模厚度为40 mm,凸模厚度为25 mm。

需要修改模架参数值时,可以单击"模架库"对话框中"详细信息"列表区的参数值,或者单击"信息"窗口中显示的参数值,在弹出的下拉列表中选择系统提供的参数。当系统提供的参数不合适时,可以双击"详细信息"列表区的参数值,在文本框中输入数值,然后按"Enter"键进行确认。

3. 模架的加载

当模架的尺寸设置完成后,单击"模架库"对话框中的"应用"按钮,完成模架的加载。当加载的模架与凸模、凹模方位不一致时,单击"旋转模架"按钮,使模架沿着模具坐标系Z轴旋转90°,从而使模架与凸模、凹模方位一致。

5.1.3 注塑模模架设计实例

【例5.1】 图5.5为仪表盖零件分型后的型芯和型腔,为其设计模架。

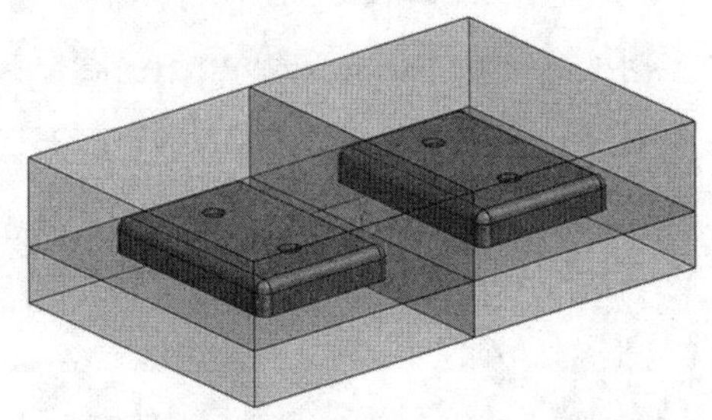

图5.5 仪表盖零件分型后的型芯和型腔

步骤1 打开模型。

将本章二维码中的文件夹"第5章\5.1"复制到电脑。启动NX 1953,打开文件夹中"仪表盖_top_000.prt"文件。

步骤2 设置模架参数。

单击注塑模向导"主要"工具栏中的"模架库"图标,弹出图5.6所示"重用库""模架库"对话框和"信息"窗口。在"重用库"模架目录中单击"DME",在"成员选择"列表区单击"2A"型模架图标,则美国DME公司"2A"型模架尺寸参数显示在"模架库"对话框和"信息"窗口中。

在"模架库"对话框"详细信息"列表区选择"index"为"2535"型模架,选择"TCP_type"值为"1","TCP_h"和"BCP_h"保持默认值,设置"AP_h"为"86","BP_h"为"66","CP_h"为"76"。

步骤3 加载模架。

单击"模架库"对话框中的"应用"按钮,加载模架,结果如图5.7所示。

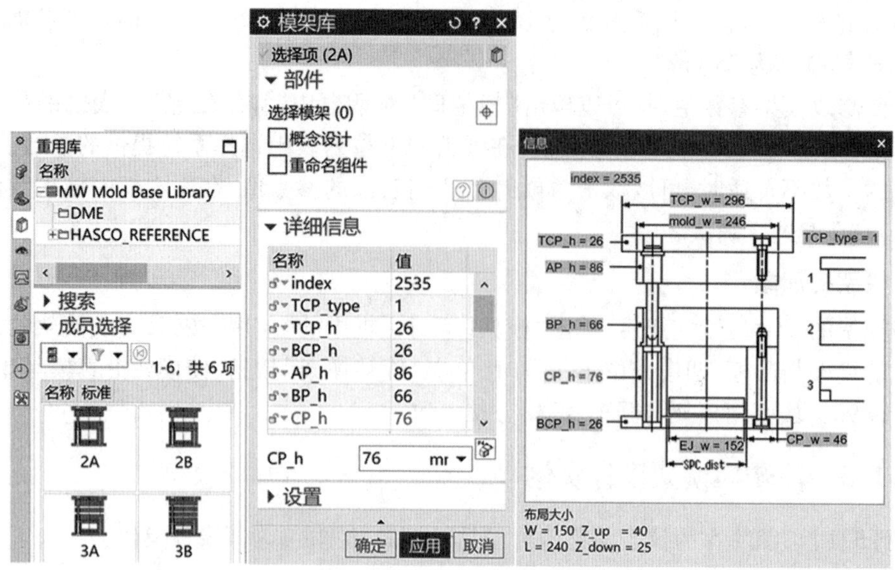

图 5.6 “重用库”和“模架库”对话框

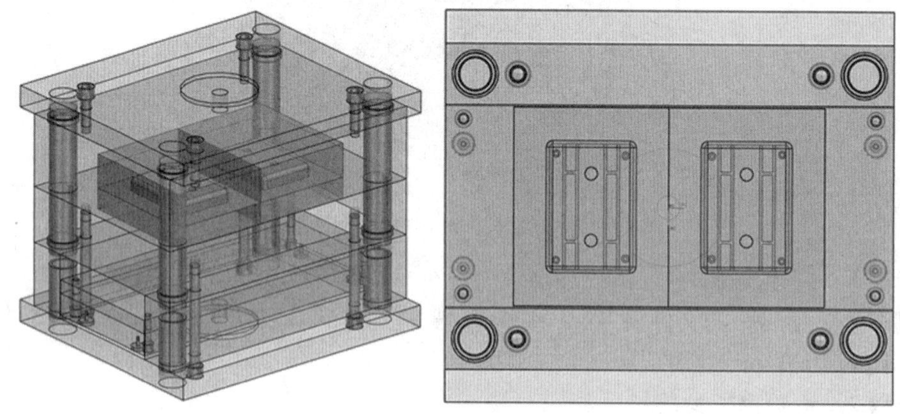

图 5.7 DME 公司“2535”模架

5.2 注塑模标准件设计

5.2.1 注塑模常用标准件

注塑模中常用标准件包括定位圈、浇口套、顶杆、复位杆、支撑柱等，此外注塑模向导也提供了螺钉、弹簧、导柱导套等标准件，以便提高模架设计效率。

1. 定位圈

定位圈结构如图 5.8 所示，其主要用于使注塑机喷嘴与模架的浇口套对准，并固定浇口套和防止浇口套脱出模具。选择定位圈时应参考注塑机型号。

2. 浇口套

浇口套结构如图 5.9 所示，其内部开有主流道通道，又称为主流道衬套。浇口套安装在模具定模固定板上，浇口套上端与注塑机喷嘴紧密对接，因此浇口套尺寸应按照注塑机喷嘴尺寸进行选择，其长度应按照模板厚度确定。

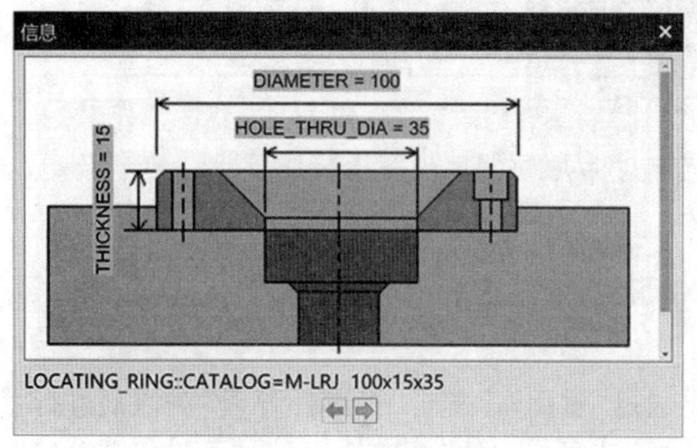

图 5.8　定位圈结构

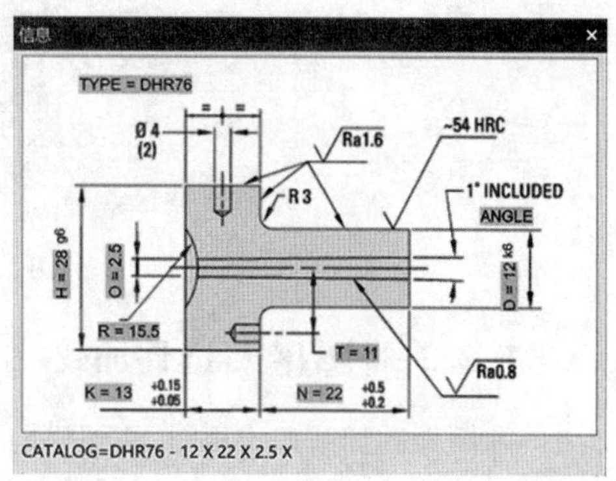

图 5.9　浇口套结构

3. 顶杆

顶杆用于将已经成型的塑件从模具中顶出。直顶杆结构如图 5.10 所示。除了直顶杆，注塑模向导还提供了扁顶杆、顶管等多种类型的顶出结构，可以根据塑件的特点选择合适的顶杆。

4. 复位杆

模具开模时推出系统将塑件顶出，在合模时复位杆将推出系统复位，为下一次注射成型做准备。复位杆结构如图 5.11 所示。

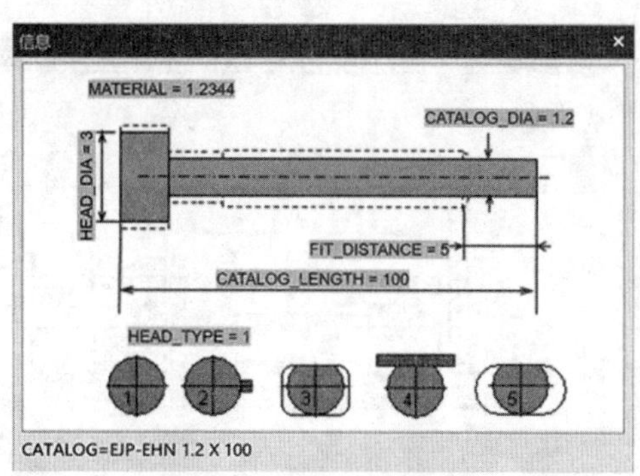

图 5.10　直顶杆结构

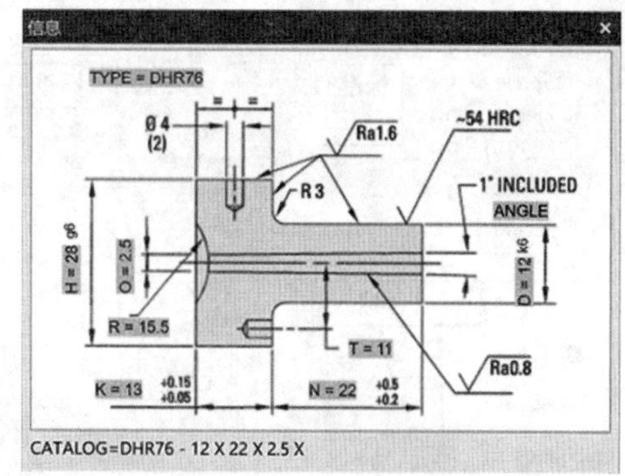

图 5.11　复位杆结构

5. 支撑柱

支撑柱结构如图 5.12 所示，其安装在动模板与动模底板之间或者动模垫板与动模底板之间，主要作用是防止模具在注塑过程中因受到压力而变形。

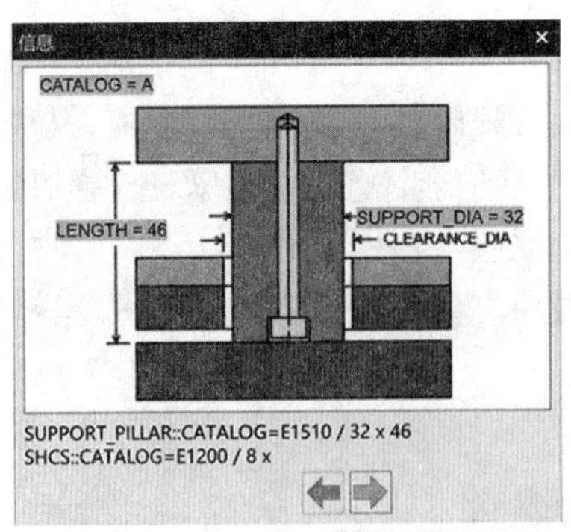

图 5.12　支撑柱结构

5.2.2　注塑模标准件加载

和模架的加载方式相同，注塑模向导是通过“重用库”配合“标准件管理”对话框进行标准件的加载和装配。单击注塑模向导“主要”工具栏中的“标准件库”图标，弹出图5.13所示“重用库”和“标准件管理”对话框，同时显示标准件的“信息”窗口。

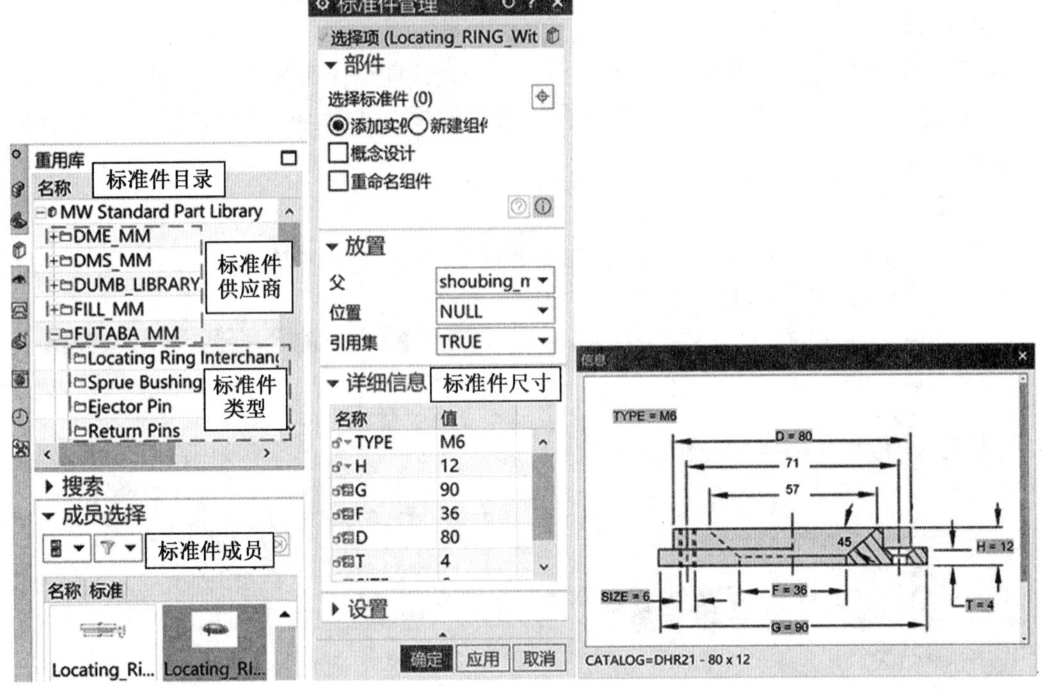

图 5.13　“重用库”和“标准件管理”对话框

1. 标准件目录

“重用库”标准件目录包含二级目录，一级目录是标准件的供应商，比如 DME、FUTABA、HASCO 等公司；二级目录是每个供应商提供的标准件的类型，比如 FUTABA 公司可以提供的标准件有 Locating Ring、Sprue Bushing、Ejector Pin、Return Pins 等。

2. 标准件成员

在“重用库”标准件目录中选择一级节点和二级节点目录后，比如选择“DME_MM\Injection”节点后，标准件成员列表区会显示 Locating_RING[R20]、Locating_RING_With_Mounting_Holes[DHR21]、Sprue Bushing (DHR74)、Sprue Bushing (DHR76 DHR78)等与注射过程相关的标准件。

3. 标准件加载方式

“标准件管理”对话框中的“部件”选项区参数用于定义标准件的加载方式。当创建多个相同的标准件时，选择“添加实例”将创建同一部件的阵列，编辑一个部件，其余相同部件随之更改；选择“新建组件”时，连续加载的相同标准件被赋予不同的名字，编辑其中一个部件，不影响其他部件。

4. 标准件装配

“标准件管理”对话框“放置”选项区参数用于管理标准件的装配。

“父”下拉列表可以定义标准件的父部件，添加的标准件将作为父部件的子部件。父部件指定后，标准件在“装配导航器中”的存放节点也随之确定。通常使用系统默认父部件。

“位置”下拉列表用来定义标准件在模架中的放置方法，比如 NULL、WCS、POINT、PLANE、ABSOLUTE 等。NULL 表示标准件的原点为装配绝对坐标原点；WCS 表示标准件的原点为当前工作坐标系 WCS 原点；POINT 表示标准件的原点为 $X-Y$ 平面上用户选择的点；PLANE 表示选择一平面为标准件的放置平面，并在该平面上指定一点作为标准件的原点；ABSOLUTE 表示通过“点”对话框来定义标准件的放置原点；

“引用集”下拉列表用来控制标准件在模架装配体的显示方式，包括 TRUE、FALSE、Entire Part 等方式。TRUE 表示只显示标准件的实体，不显示放置标准件的腔体；FALSE 表示只显示标准件的腔体；Entire Part 表示同时显示标准件的实体和腔体。定位圈 3 种引用集的显示方式如图 5.14 所示。

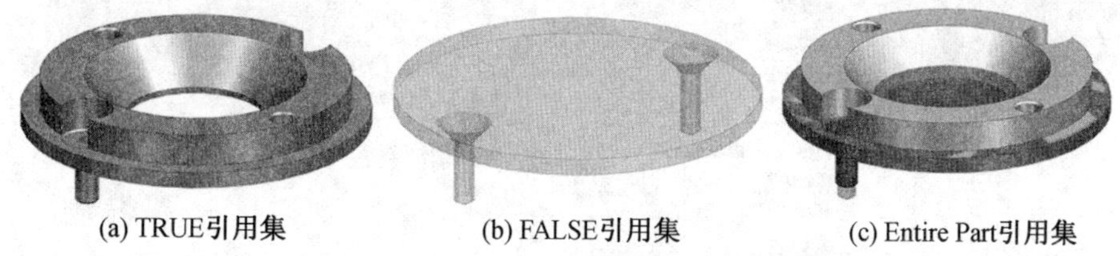

(a) TRUE引用集　(b) FALSE引用集　(c) Entire Part引用集

图 5.14　定位圈 3 种引用集的显示方式

5. 标准件尺寸

在“重用库”选择一个标准件成员后，“标准件管理”对话框中“详细信息”列表区会显示该标准件具体的尺寸。尺寸参数具体含义可以通过“信息”窗口查看，在“标准件管理”对话框或者“信息”窗口可修改标准件的尺寸。

6. 标准件编辑

添加标准件后，单击“标准件管理”对话框中“部件”选项区的“选择标准件”图标，然后在图形区选择一个标准件后,“部件”选项区会变成图 5.15 所示形式。在图 5.15 中,单击“重定位”图标,会弹出“移动组件”对话框,用于对组件移动定位;单击“翻转方向”图标,可以将组件上、下翻转 180°;单击“删除”图标,可以移除组件和相关特征。此时,还可以在“详细信息”列表区重新定义标准件的尺寸。

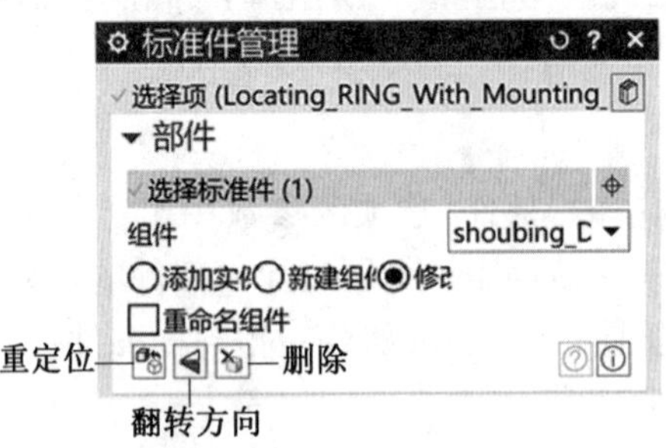

图 5.15　标准件编辑

7. 顶杆后处理

顶杆头部与塑件内表面接触,当接触部位为平面时,顶杆长度可以通过“标准件管理”对话框设置。然而当塑件内表面为曲面时,加载顶杆后需要通过塑件内表面(也就是型芯面)对顶杆头部进行修剪。由于顶杆后处理要用到型芯面,这些面是在分型时创建的,因此分型之后才能进行顶杆后处理。

单击注塑模向导“主要”工具栏中的“顶杆后处理”图标,弹出图 5.16 所示“顶杆后处理”对话框,用于顶杆修剪。

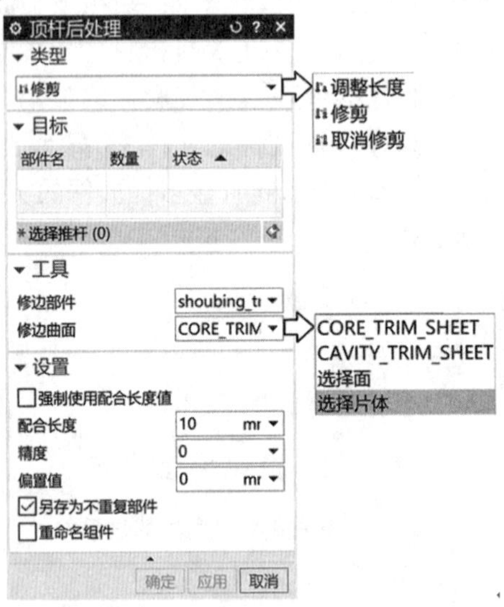

图 5.16　“顶杆后处理”对话框

“顶杆后处理”对话框中的“类型”选项区提供了顶杆修剪方式选项。在“类型”下拉列表中有“调整长度”“修剪”“取消修剪”3 个选项。“调整长度”选项通过参数设置顶杆的长度,不用面修剪顶杆;“修剪”选项用型芯修剪片体修剪顶杆,使顶杆头部形状与型芯表面相适应;“取消修剪”选项用来取消对指定顶杆的修剪。

“工具”选项区的“修边部件”用部件来定义顶杆的修剪面。“修边曲面”选项下拉菜单包含“CORE_TRIM_SHEET”“CAVITY_TRIM_SHEET”“选择面”“选择片体”4 个选项，分别是用型芯修剪面、型腔修剪面、选择的面或者片体修剪顶杆。

“设置”选项区的“配合长度”用来指定顶杆头部与顶杆孔间隙配合的长度，此长度值之外的部分，顶杆孔直径比顶杆直径大 1 mm 左右，这样注塑时熔融塑料不溢入顶杆孔中，顶杆在推出塑件时也可以灵活运动。

5.2.3　注塑模标准件设计实例

【例 5.2】　图 5.17 为手柄零件模具，已经分型并添加模架，请为模具添加定位圈、浇口套、顶杆、支撑柱和复位杆。

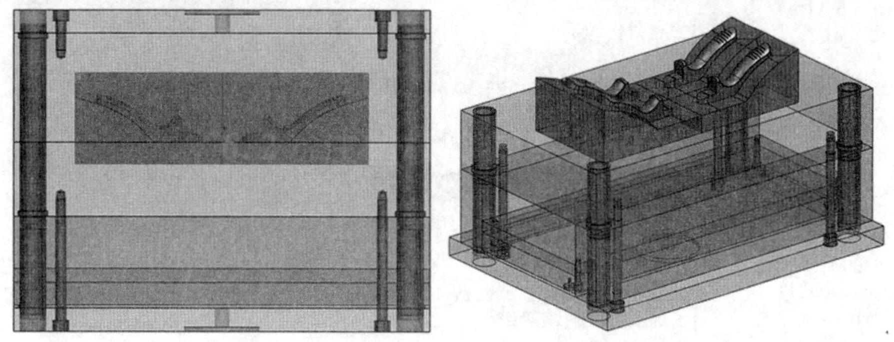

图 5.17　手柄零件模具

步骤 1　打开模具。

将本章二维码中的文件夹“第 5 章\5.2”复制到电脑。启动 NX 1953，打开文件夹中“shoubing_top_000”文件。

步骤 2　添加定位圈。

打开注塑模向导，单击注塑模向导“主要”工具栏中的“标准件库”图标，弹出图 5.18 所示“重用库”和“标准件管理”对话框。在“重用库”选择“DME_MM\Injection”节点，在“成员选择”列表区选择定位圈“Locating_RING_With_ Mounting_Holes [DHR21]”。在“标准件管理”对话框中“详细信息”列表区“H”文本框输入“12”，按“Enter”键确认，在“G”文本框输入“90”，按“Enter”键确认，其他参数保持系统默认值。单击“标准件管理”对话框“应用”按钮，加载定位圈，结果如图 5.18 所示。

步骤 3　添加浇口套。

浇口套添加过程如图 5.19 所示。单击注塑模向导“主要”工具栏中的“标准件库”图标。在弹出的“重用库”对话框选择“DME_MM\Injection”节点，在“成员选择”列表区选择定位圈“Sprue Bushing (DHR74)”。在“标准件管理”对话框“详细信息”列表区“N”文本框输入“137”，按“Enter”键确认，在“H”文本框输入“42”，按“Enter”键确认，其他参数保持默认值。单击“标准件管理”对话框中的“应用”按钮，加载定位圈，结果如图 5.19 所示。参数“H”表示浇口套大端直径，“N”表示浇口套小端长度，可以先加载浇口套，测量浇口套末端到分型面距离确定“N”值。

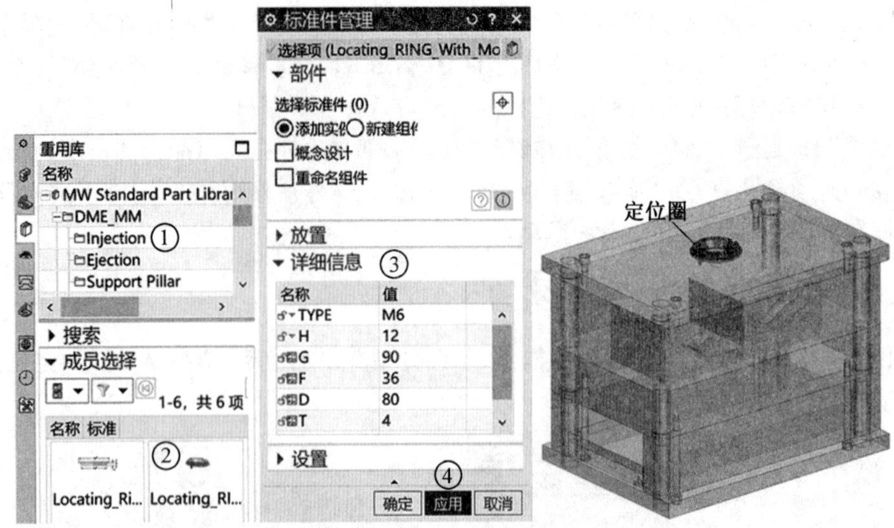

图 5.18　定位圈加载过程

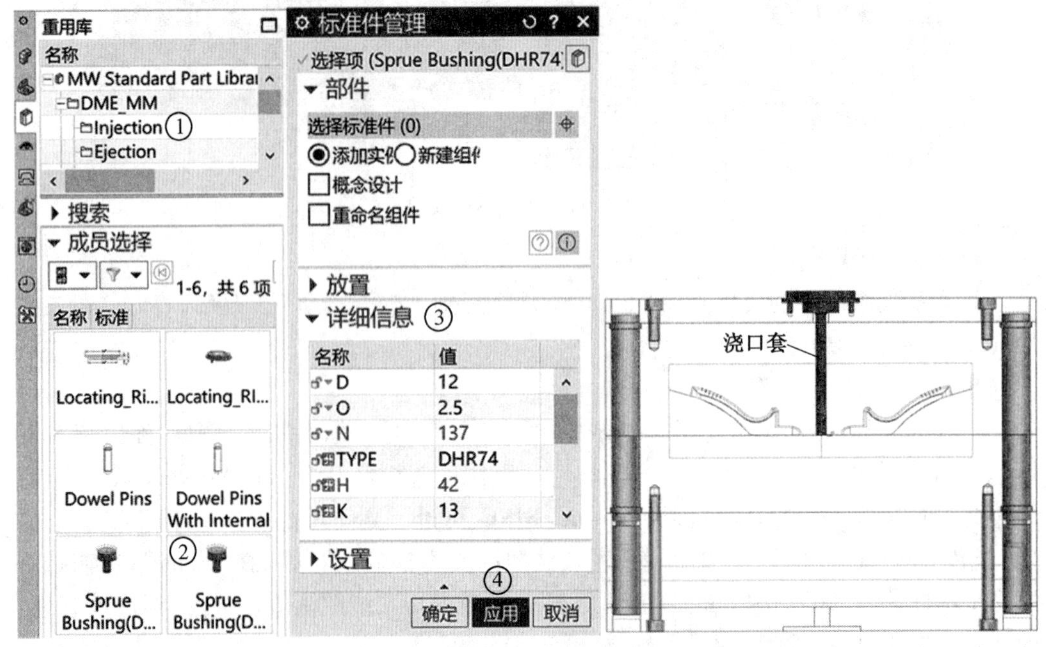

图 5.19　浇口套加载过程

步骤 4　添加顶杆。

(1)加载顶杆。

顶杆加载过程如图 5.20 所示。单击注塑模向导“主要”工具栏中的“标准件库”图标。在弹出的“重用库”对话框选择“DME_MM\Ejection”节点，在“成员选择”列表区选择定位圈“Ejector Pin [Straight]”。在“标准件管理”对话框的“详细信息”列表区“CATALOG_DIA”文本框输入“5”，按“Enter”键确认，在“CATALOG_LENGTH”文本框输入“220”，按“Enter”键确认，其他参数保持默认值。

由于顶杆默认放置位置为“POINT”，设置好顶杆参数后，单击“标准件管理”对话框中的“应用”按钮，会弹出“点”对话框，如图 5.20 所示。此时，将模具以“仰视图”方式显示，如图 5.20 所示。系统自动显示一个型腔，隐藏其他型腔。在显示的型腔加载顶杆后，系统会在其余型腔自动创建顶杆。在“点”对话框“坐标”选项区的“*XC*”文本框输入“37.5 mm”，“*YC*”文本框输入“-35 mm”，单击“点”对话框中的“确定”按钮创建一个顶杆。采用同样的方法保持“*XC*”值为“37.5”不变，“*YC*”值为“-47”“-68”“-98”“-118”“-138”，创建 5 个顶杆。“*XC*”和“*YC*”坐标值是相对于模具坐标系确定的。创建顶杆后，单击“点”对话框中的“返回”按钮，回到“标准件管理”对话框，单击“取消”完成顶杆的加载，结果如图 5.21 所示。

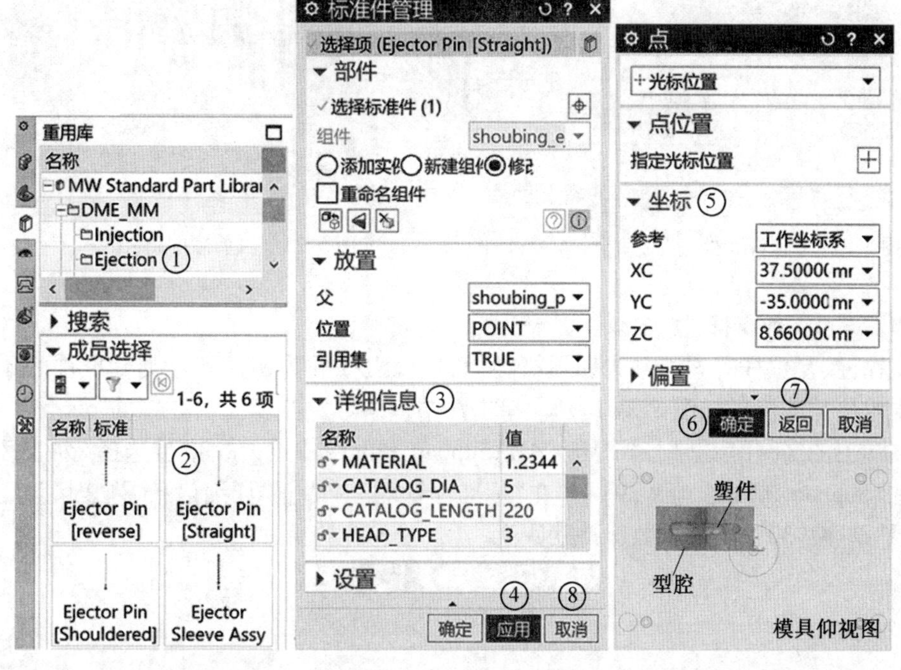

图 5.20　顶杆加载过程

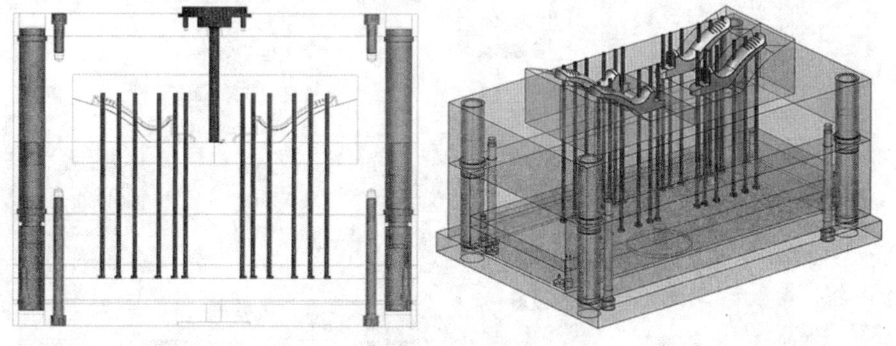

图 5.21　加载的顶杆

(2)修剪顶杆。

单击注塑模向导“主要”工具栏中的“顶杆后处理”图标，弹出图 5.22 所示“顶杆后处理”对话框。在对话框“类型”下拉列表选择“修剪”，单击“目标”列表区的“shoubing_ej_pin_091”，这 6 根顶杆是手动创建的顶杆，采用系统默认的修边曲面“CORE_TRIM_SHEET”，单击“应用”按钮，系统完成所有顶杆的修剪，结果如图 5.23 所示。

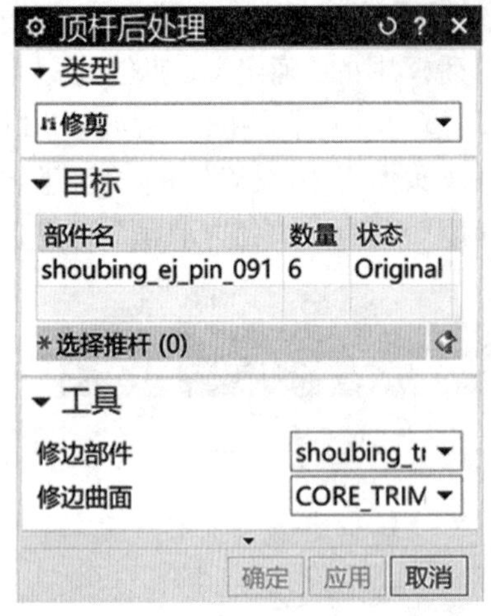

图 5.22　“顶杆后处理”对话框

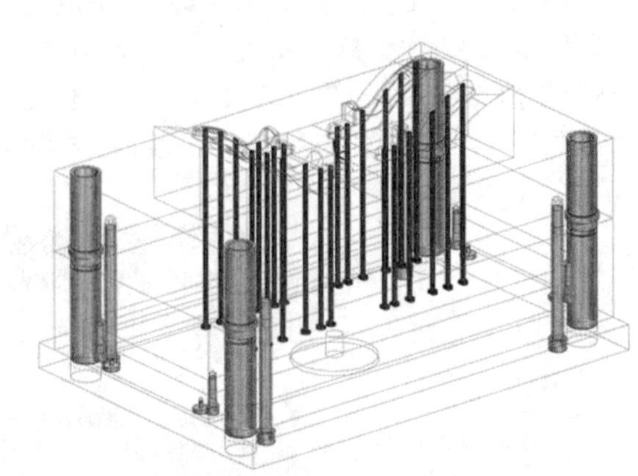

图 5.23　修剪后的顶杆

步骤 5　添加支撑柱。

支撑柱、复位杆的添加方式和顶杆类似，现以支撑柱为例讲解这类标准件的添加方式。支撑柱加载流程如图 5.24 所示。单击注塑模向导“主要”工具栏中的“标准件库”图标。在弹出的“重用库”选择“DME_MM\Support Pillar”节点，在“成员选择”列表区选择支撑柱“Support Pillar_T(FW29)”。在“标准件管理”对话框“详细信息”列表区设置支撑柱直径“D”为“32”，其他参数保持默认值。

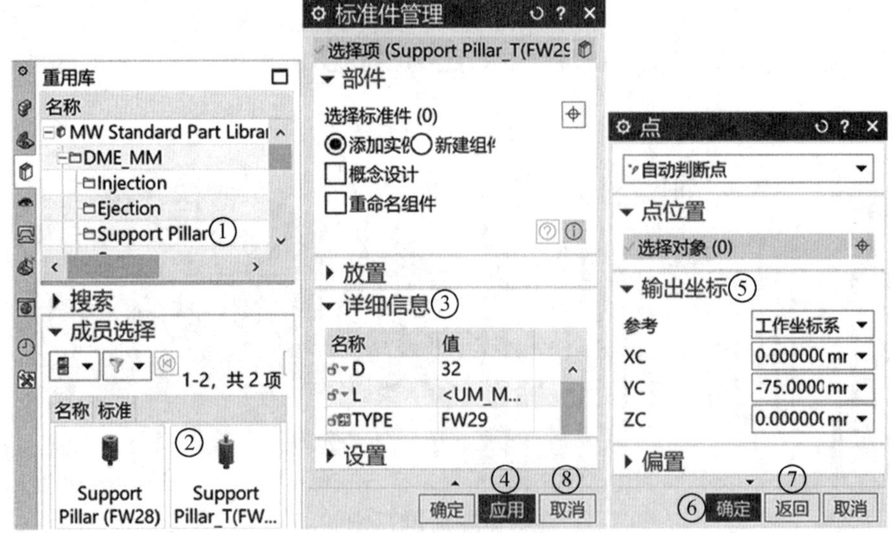

图 5.24　支撑柱加载流程

单击“标准件管理”对话框中的“应用”按钮，会弹出“点”对话框，在对话框中保持“*XC*”值为“0”不变，“*YC*”值分别为“-75”“-140”“75”“140”创建4个支撑柱。每输入一个支撑柱坐标后，单击“点”对话框中的“确定”按钮。支撑柱创建完成后，单击“返回”按钮，回到“标准件管理”对话框，单击“取消”完成支撑柱的加载，结果如图5.25所示。

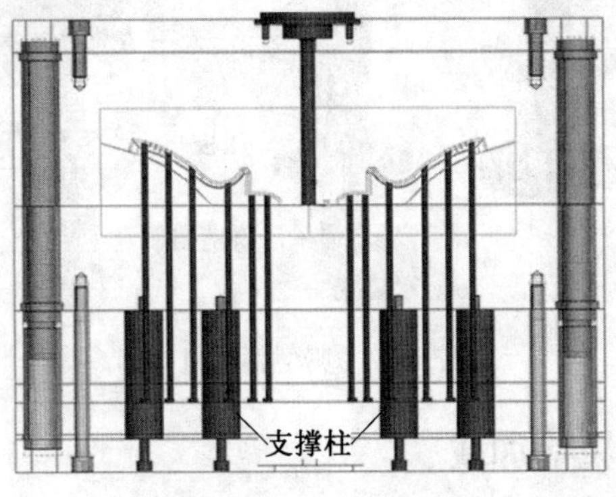

图 5.25　加载的支撑柱

5.3　侧向抽芯机构设计

当塑料件有侧孔、侧凹或者侧凸时，为了保证塑料件顺利脱模，模具上就必须有可侧向移动的零件，在塑料件脱模时将侧向移动零件抽出。模具中侧向移动的机构称为侧向抽芯机构，包括滑块机构和斜销机构。

5.3.1　侧向抽芯机构结构形式

典型滑块机构如图5.26所示。滑块头用于塑件侧孔的成型。滑块体和滑块头是滑块机构的运动部分。在模具开模时，斜导柱约束滑块做侧向运动，使滑块头从塑件侧孔中脱出。合模时，滑块在斜导柱的约束作用下复位。

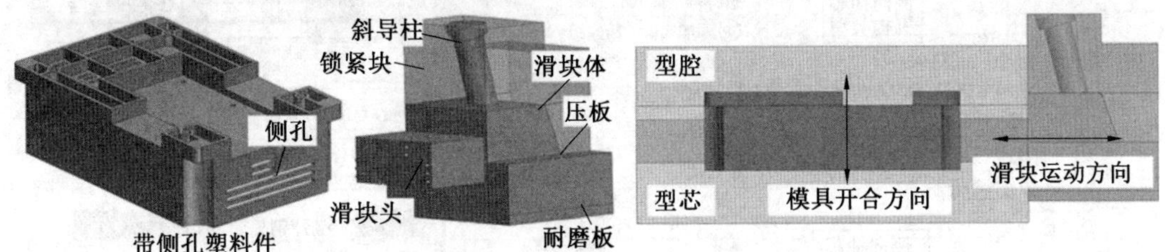

图 5.26　典型滑块机构

典型斜销机构如图5.27所示。斜销头用于塑料件内部侧凹的成型，斜销顶部用型芯修剪面修剪，斜销座安装在顶杆固定板上。开模后推出机构推出塑料零件时，斜销沿着斜向运动把斜销头从塑料件内部侧凹处抽出；斜销头从塑料件内部侧凹处抽出的同时，还起到顶出塑料件的作用。斜销机构随着推出系统的复位而复位。

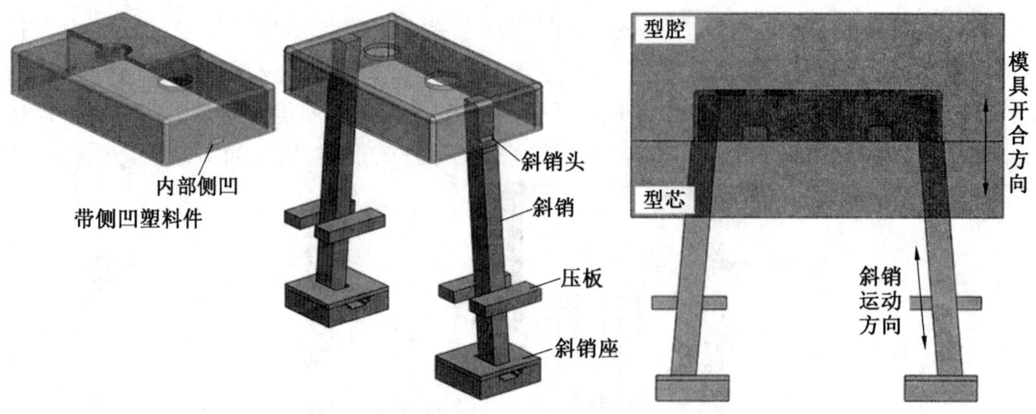

图 5.27　典型斜销机构

5.3.2　侧向抽芯机构加载

注塑模向导是通过“重用库”和“滑块和浮升销设计”对话框进行侧向抽芯机构的加载。单击注塑模向导“主要”工具栏中的“滑块和浮升销库”图标，弹出图 5.28 所示“重用库”和“滑块和浮升销设计”对话框，同时显示“信息”窗口。

在“重用库”中，侧向抽芯机构“SLIDE_LIFT\Slide”表示滑块机构，“SLIDE_LIFT\Lifter”表示浮升销机构，也就是斜销机构。从“滑块和浮升销设计”对话框中的“放置”选项区可见，侧向抽芯机构默认的装配方式是 WCS_XY，是将工作坐标系平面上的点作为原点进行加载。滑块和浮升销原点如图 5.28 信息窗口所示，注塑模向导规定定义滑块的 WCS 时，+*Y* 方向指向型腔内侧；定义浮升销 WCS 时，+*Y* 方向指向型腔外侧。滑块和浮升销尺寸参数修改方法与标准件尺寸参数修改方法相同。

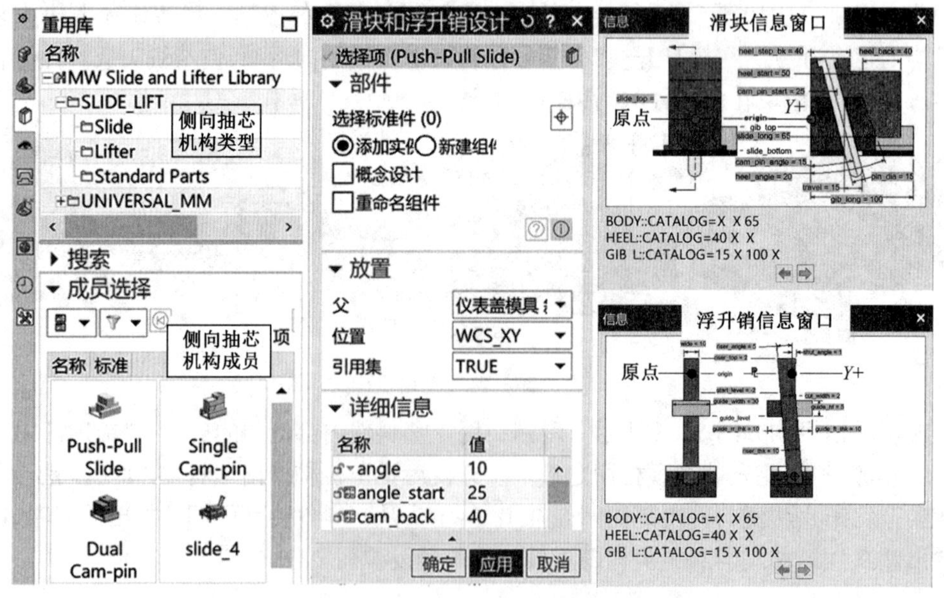

图 5.28　“重用库”和“滑块和浮升销设计”对话框

5.3.3　侧向抽芯机构设计实例

【例 5.3】　图 5.29 所示为已经通过替换实体、延伸实体、布尔运算创建方盒零件成型模具的滑块头，请为模具设计滑块机构。

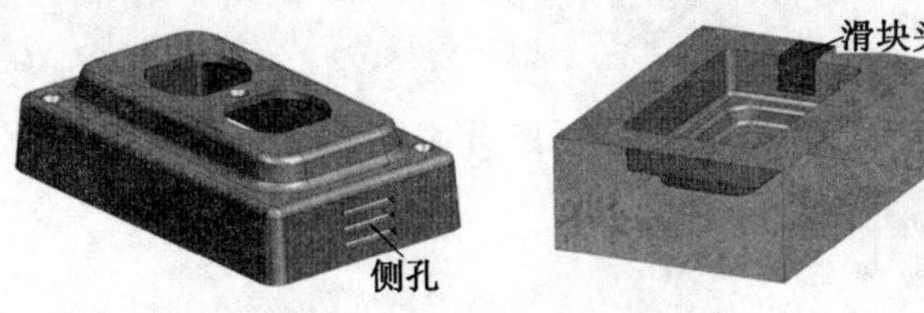

图 5.29　方盒塑料件及其型腔

步骤 1　打开模具。

将本章二维码中的文件夹“第 5 章\5.3”复制到电脑。启动 NX 1953，打开文件夹中“方盒_top_069. prt”文件。

选择一个型腔，单击鼠标右键，在弹出的快捷菜单中选择“设为工作部件”，将其设置为工作部件。

步骤 2　创建滑块。

(1)选择滑块类型。

单击“滑块和浮升销库”图标，弹出“滑块和浮升销设计”对话框，并显示“重用库”，如图 5.30 所示。在“重用库”的“名称”列表区选择“SLIDE_LIFT\Slide”节点，在“成员选择”列表区选择“Push-Pull Slide”型滑块。

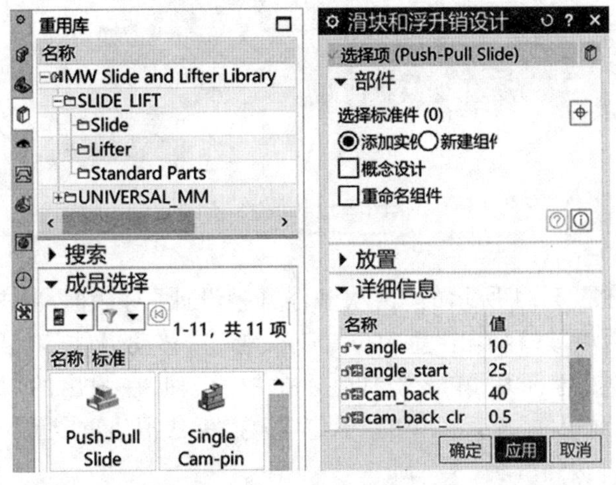

图 5.30　“重用库”和“滑块和浮升销设计”对话框

(2)定义滑块装配坐标系。

选择“菜单\格式\WCS\原点”，用鼠标捕捉图 5.31 所示边的中点作为坐标系的原点，定义滑块坐标系。

(3)旋转坐标系。

单击“菜单\格式\WCS\旋转”，弹出图 5.32 所示对话框。选择“+*ZC* 轴：*XC*-->*YC*”选项，以+*ZC* 轴为旋转轴，将 *XC* 轴向 *YC* 轴所在位置转动 90°，结果如图 5.32 所示。

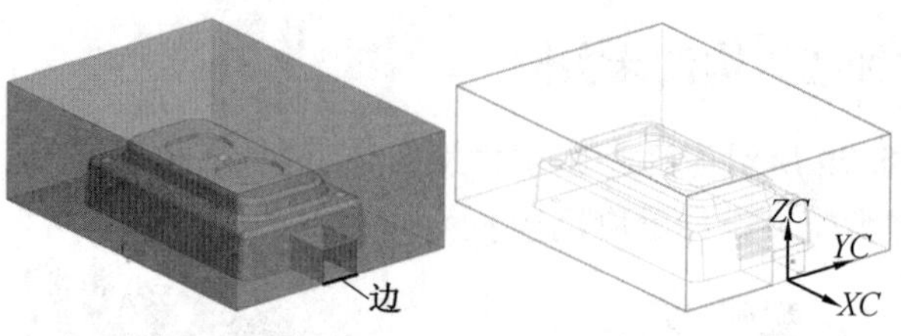

图 5.31　定义坐标系

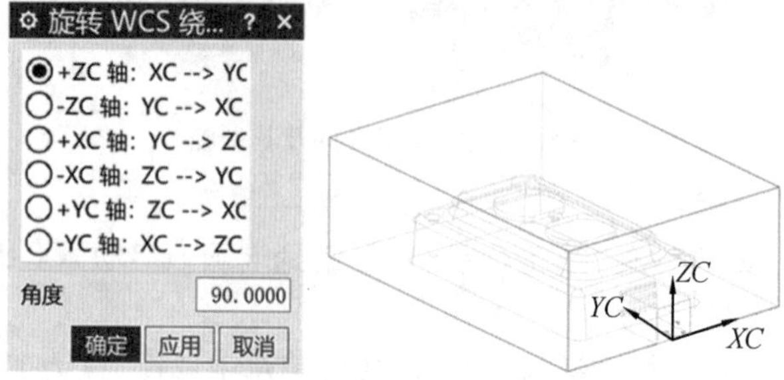

图 5.32　旋转坐标系

(4)加载滑块。

在“滑块和浮升销设计”对话框的“详细信息”列表中设置参数值：angle_start = 10，cam_back = 25，gib_long = 60，slide_long = 50，wide = 30。单击对话框中的“确定”按钮，完成滑块的加载，如图 5.33 所示。

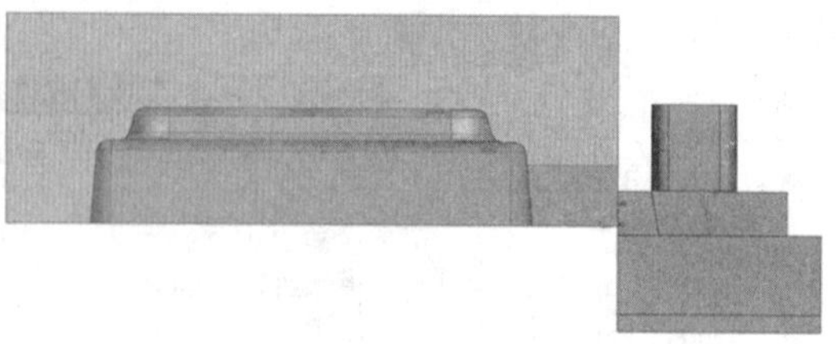

图 5.33　加载滑块

(5)滑块重定位。

加载滑块后，在图 5.34 所示的“滑块和浮升销设计”对话框，单击“选择标准件”按钮，在图形区单击滑块，然后单击“重定位”按钮，弹出“移动组件”对话框，同时在选择的滑块上出现对象操控坐标系，单击坐标系上的“*ZC*”轴，在弹出的“距离”文本框输入“16 mm”，单击“移动组件”对话框中的“确定”按钮，完成滑块重定位，如图 5.34 所示。

(6)将滑块头链接到滑块。

鼠标右键单击滑块体，在弹出的快捷菜单中选择“设为工作部件”。选择“菜单\插入\关联复制\WAVE 几何链接器”，弹出图 5.35 所示“WAVE 几何链接器”对话框。在对话框的链接类型中选择“体”，然后选择滑块头，单击“确定”，将滑块头链接到滑块体上。

步骤 3　保存文件。

单击“文件\保存\全部保存”，保存创建的滑块。

图 5.34　滑块重定位

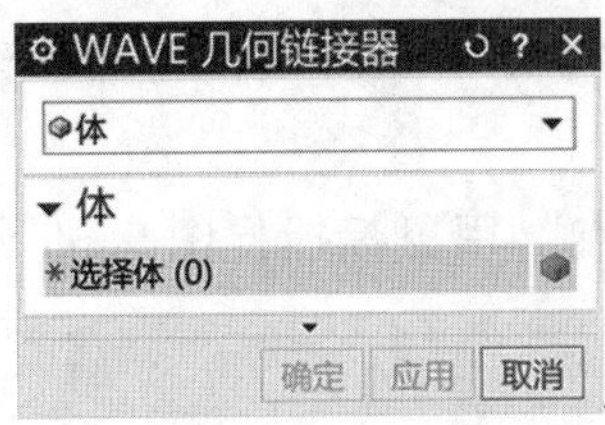

图 5.35　“WAVE 几何链接器”对话框

【例 5.4】　图 5.36 为塑料盖零件和其型芯，塑料盖零件有内侧凸结构，型芯对应位置有侧凹，请为模具设计斜销结构。

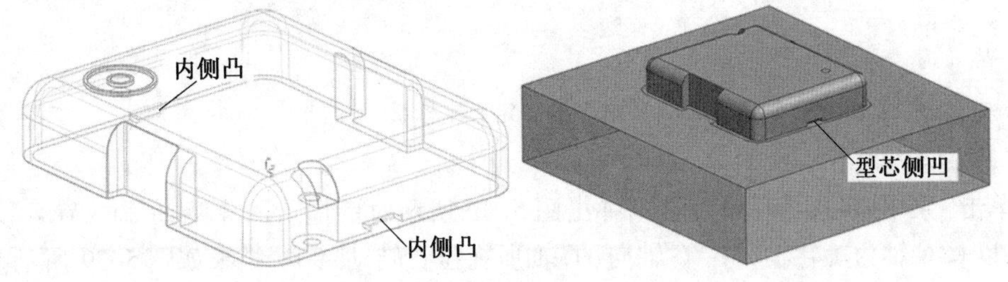

图 5.36　塑料盖零件和其型芯

步骤 1　打开模具。

将本章二维码中的文件夹“第 5 章\5.4”复制到电脑。启动 NX 1953，打开文件夹中“塑料盖_top_000. prt”文件。在“装配导航器”中取消选择“塑料盖_dm_025”，将模架隐藏。并以线框模式显示型腔、型芯和塑料件。

步骤 2　创建斜销。

(1)选择斜销类型。

单击“滑块和浮升销库”图标，弹出“滑块和浮升销设计”对话框，并显示“重用库”，如图 5.37 所示。在“重用库”的“名称”列表区选择“SLIDE_LIFT\Lifter”节点，在“成员选择”列表区选择“Dowel Lifter”型斜销。

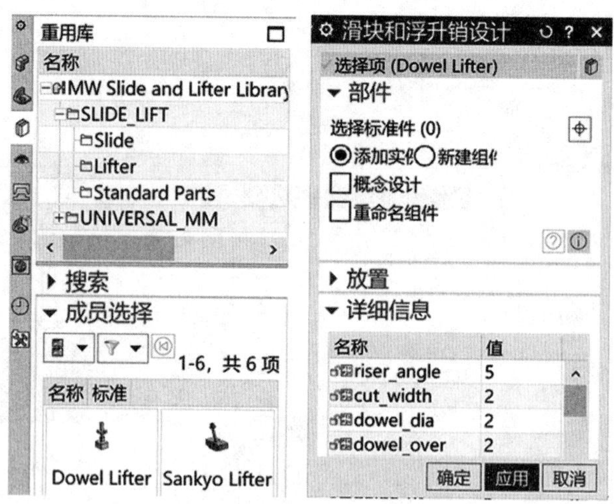

图 5.37　“重用库”和“滑块和浮升销设计”对话框

(2)定义斜销装配坐标系。

选择“菜单\格式\WCS\原点”，用鼠标捕捉图 5.38 所示边的中点作为坐标系的原点，定义斜销坐标系。

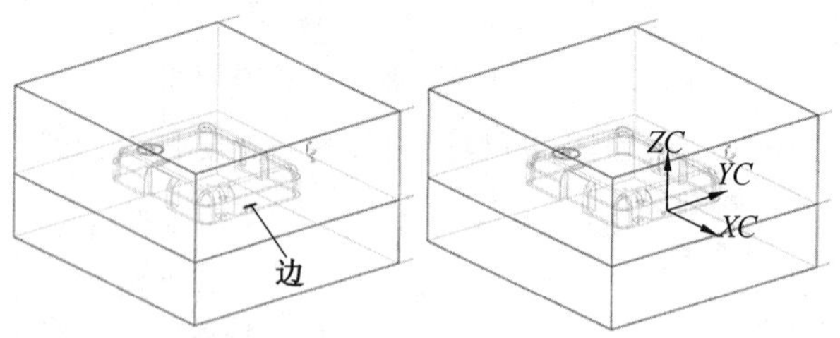

图 5.38　定义坐标系

(3)旋转坐标系。

单击“菜单\格式\WCS\旋转”，弹出图 5.39 所示对话框。选择“+*ZC* 轴：*XC*-->*YC*”选项，以+*ZC* 轴为旋转轴，将 *XC* 轴向 *YC* 轴所在位置转动-90°，结果如图 5.39 所示。

(4)加载斜销。

在“滑块和浮升销设计”对话框的“详细信息”列表中设置参数值：riser_top = 14，单击对话框中的“确定”按钮，完成斜销的加载，如图 5.40 所示。

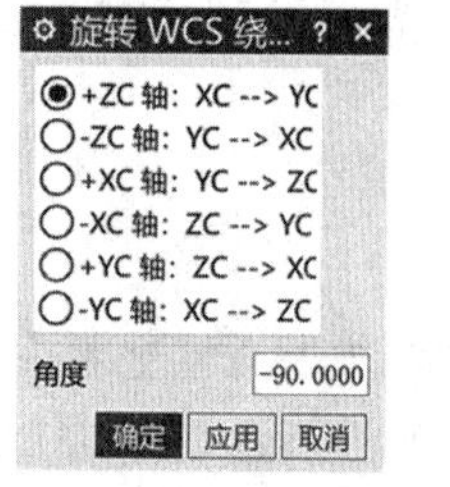

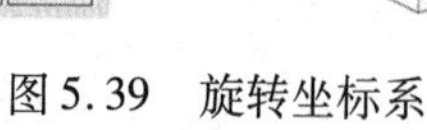

图 5.39　旋转坐标系

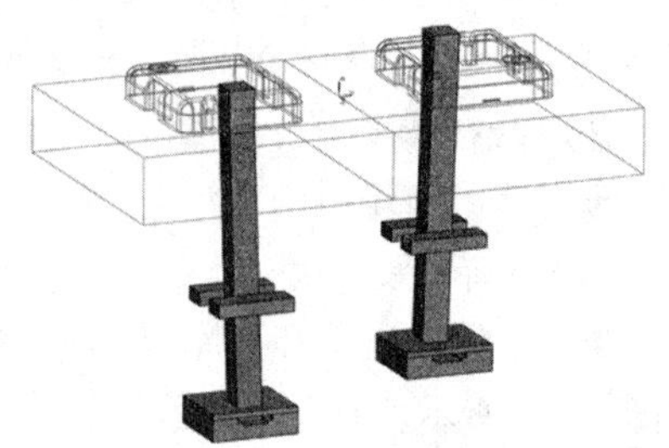

图 5.40　加载斜销

(5)修剪斜销。

单击注塑模向导“注塑模工具”工具栏中的“修边模具组件”图标,弹出图 5.41 所示“修边模具组件”对话框,在“类型”下拉列表选择“修剪”,然后在图形区单击一个斜销,在斜销附近会显示一个向上的箭头,表示斜销上部要被保留,此方向错,应单击“修边模具组件”对话框“工具”选项区“反向”箭头进行调整。单击“修边模具组件”对话框的“确定”按钮,完成斜销修剪,如图 5.41 所示。采用同样的方法,创建并修改另一侧斜销。

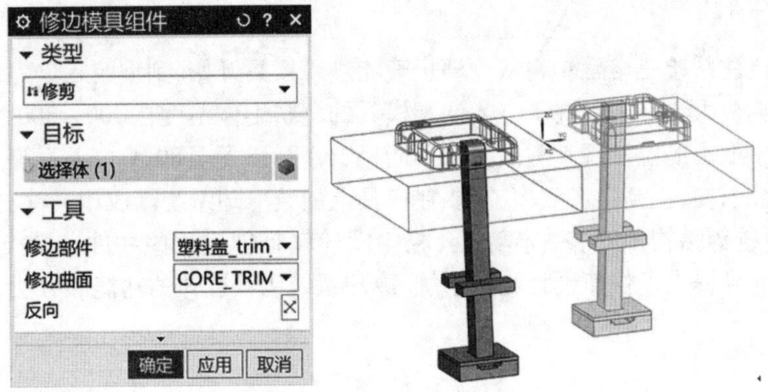

图 5.41　修剪斜销

步骤 3　保存文件。

单击“文件\保存\全部保存”,保存创建的斜销。

5.4　本章小结

本章主要介绍了注塑模模架结构及各模板功能,标准件结构和功能,以及侧向抽芯机构的结构和功能等;详细介绍了模架库、标准件库、滑块和浮升销设计命令以及重用库的使用方法;通过实例详细说明了模架、标准件、侧抽芯机构的创建、编辑及后处理方法。

5.5　思考题

1. 注塑模向导中模架类型有几种？每种模架由哪些模板组成？如何根据型腔、型芯尺寸确定模架尺寸？

2. 注塑模向导中定位圈、浇口套、顶杆、复位杆、支撑柱是如何定位的？如何确定它们的长度尺寸？

3. 如何定义注塑模向导中侧抽芯机构坐标系？

4. 创建模架、标准件、侧抽芯机构后,如何编辑它们的尺寸和位置？

第 6 章　注塑模浇注系统与冷却系统设计

注塑模浇注系统是熔融塑料从注塑机喷嘴进入模具开始，到型腔入口为止的流道，对塑件质量影响极大。一般情况下进入注塑模具的塑料熔体温度在 200～300 ℃，而塑件固化后从模具中取出的温度视塑料品种的不同，从 60 ℃以下至 80 ℃以下不等。因此，为了调节模具型腔温度，提高生产效率，需要在模具上加装冷却系统。成型零件、标准件、浇注系统、冷却系统等结构都安装在模架上，腔体设计就是创建这些零件在模板上的安装空间。注塑模向导提供了快速设计浇注系统、冷却系统以及腔体的功能和方法，本章主要介绍这些功能。

6.1　注塑模浇注系统设计

6.1.1　浇注系统结构

注塑模浇注系统是熔融塑料进入型腔的通道，其位置和尺寸决定了熔融塑料充型速度，注塑压力、温度的损失控制着注塑充型过程和补缩过程，对塑料成型和质量有重要影响。

注塑模浇注系统典型结构如图 6.1 所示，包括主流道、分流道、浇口、冷料井几个部分。主流道是从注塑机喷嘴到分流道为止的流道，是熔融塑料进入模具首先流经的一段通道，主流道形状一般为圆柱形或者圆锥形。在注塑模具中，主流道就是浇口套的内孔通道，在设计浇口套的时候，就已经确定了主流道的结构形式和尺寸。

分流道是塑料流经主流道后，进入型腔前的流道。分流道开设在分型面上，截面形状有圆形、半圆形、梯形、矩形等。分流道的结构和尺寸受到型腔数量、塑件大小、塑料的特性等因素影响。注塑模向导通过设计填充功能创建分流道。

浇口是分流道末端将塑料引入型腔的狭窄部分。常见浇口的截面形状有圆形、矩形等。浇口截面尺寸比分流道小很多，长度也短，具有调节料流、控制补缩的作用。浇口也可以通过设计填充功能创建。

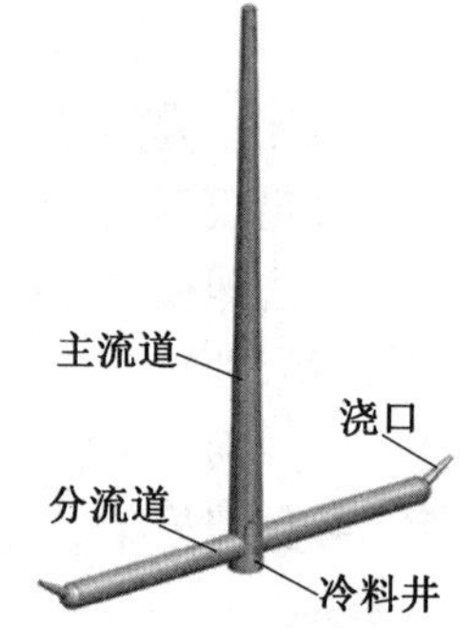

图 6.1　注塑模浇注系统典型结构

冷料井一般设计在主流道末端，有时在分流道末端也设有冷料井。冷料井用来存储料流前段与低温模具最先接触的冷料，避免浇口堵塞或者塑件形成冷接缝等缺陷。

6.1.2　浇注系统设计

注塑模向导是通过“重用库”配合“设计填充”对话框进行分流道和浇口设计。单击注塑模向导“主要”工具栏中的“设计填充”图标，弹出图 6.2 所示“重用库”和“设计填充”对话框，同时显示“信息”窗口。分流道和浇口的设计方法与标准件类似。在图 6.2 所示“重用库”中单击“FILL_MM”节点，在“成员选择”列表区选择分流道或者浇口的结构形式，然后在“设计填充”对话框的“详细信息”列表区设置形状或者尺寸参数，在“放置”选项区指定分流道或者浇口的加载点和方位，即可创建分流道或者浇口。

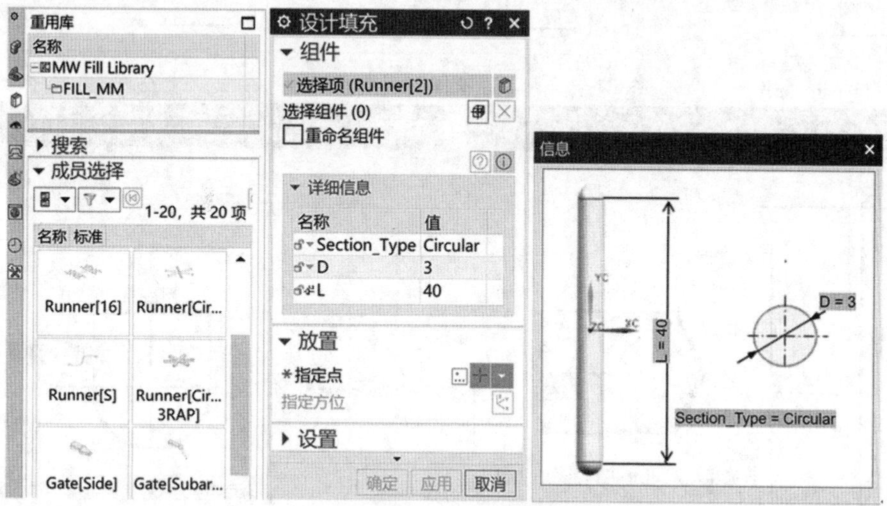

图 6.2　“重用库”和“设计填充”对话框

分流道的结构形式在重用库“成员选择”列表区选择，其中常用的两腔模具分流道(Runner[2])如图 6.2 所示，四腔模具分流道(Runner[4])、八腔模具分流道(Runner[8])、S 型分流道(Runner[S])结构如图 6.3 所示，可以根据型腔的数量和布局选择分流道的结构。

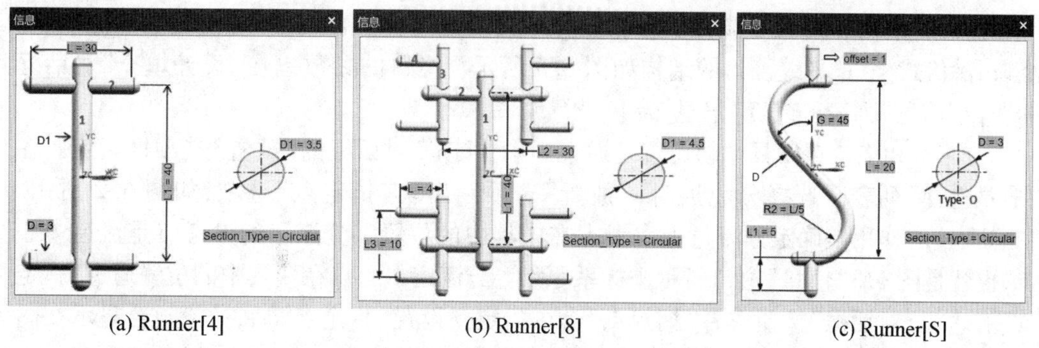

图 6.3　分流道结构

分流道截面形状通过“设计填充”对话框“详细信息”列表区“Section_Type”参数指定，具体的截面形状有“Circular”“Parabolic”“Trapezoidal”“Hexagonal”“Semi_Circular”5 种，如图 6.4 所示。选择一种截面形状后，在“详细信息”列表区和“信息”窗口会显示分流道尺寸参数含义，可以根据需要修改流道参数。

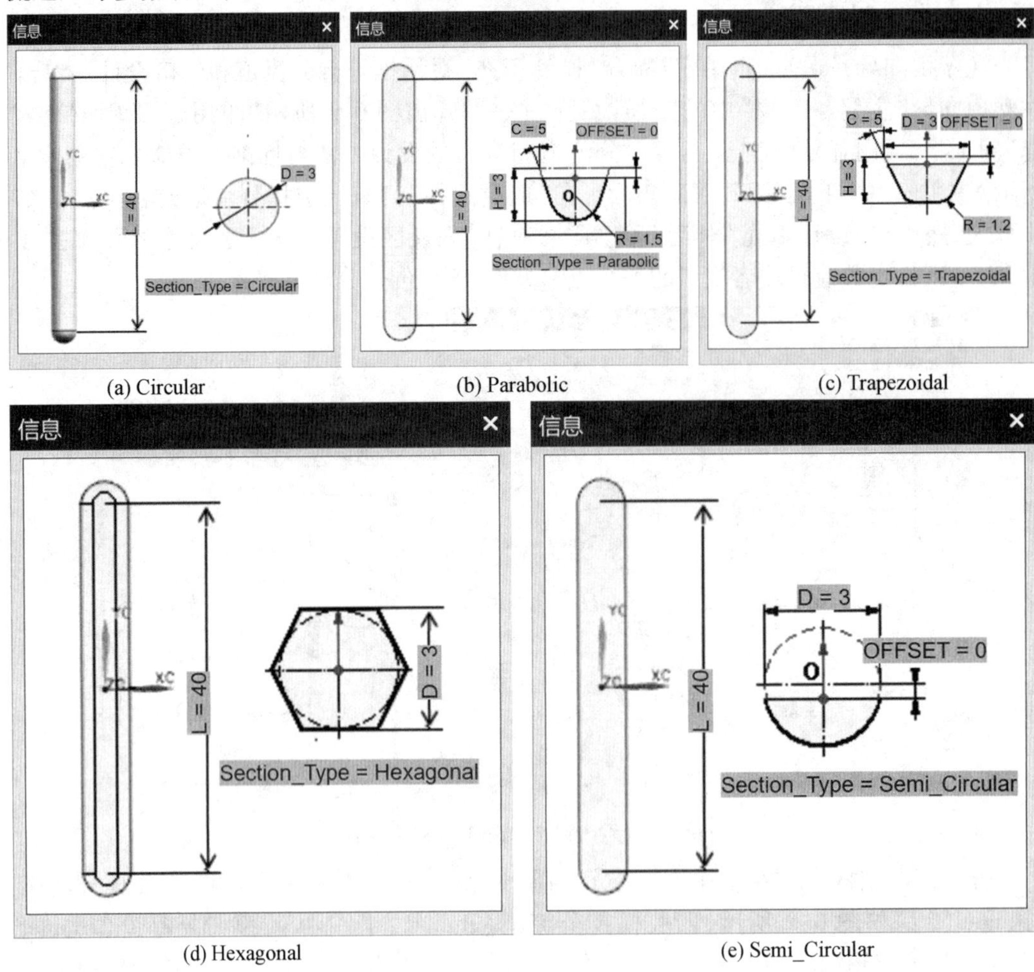

(a) Circular　(b) Parabolic　(c) Trapezoidal

(d) Hexagonal　(e) Semi_Circular

图 6.4　分流道截面形状

浇口的结构形式也在重用库“成员选择”列表区选择。常用的侧浇口、扇形浇口、点浇口、潜伏式浇口、平缝浇口的结构如图 6.5 所示。浇口的参数也在“设计填充”对话框的“详细信息”列表区或者“信息”窗口进行编辑。

分流道和浇口在模具中的位置是通过“设计填充”对话框的“放置”选项区指定。在“成员选择”列表区选择分流道时，“放置”选项区出现“指定点”选项，如图 6.2 所示。“指定点”的作用是确定分流道上参考点在模具中的位置。分流道的参考点是流道中心点，也就是图 6.3“信息”窗口所示坐标系原点。分流道中心点在模具中的位置通过“指定点”右边“点对话框”按钮或者“捕捉点”命令指定。设置“指定点”后，分流道会显示在图形界面，同时显示对象操控坐标系，可以据此编辑分流道的方位。

在“成员选择”列表区选择浇口时，“设计填充”对话框的“放置”选项区出现“选择对象”按钮。单击“选择对象”按钮后，在图形区选择分流道末端截面圆心，浇口会显示在图形界面，然后通过对象操控坐标系调整方位。

创建分流道和浇口后，可以通过“设计填充”对话框编辑。单击“设计填充”对话框“选择组件”按钮，然后在图形区选择已有分流道或者浇口，可以重新设置分流道和浇口的尺寸、位置，也可将二者删除。

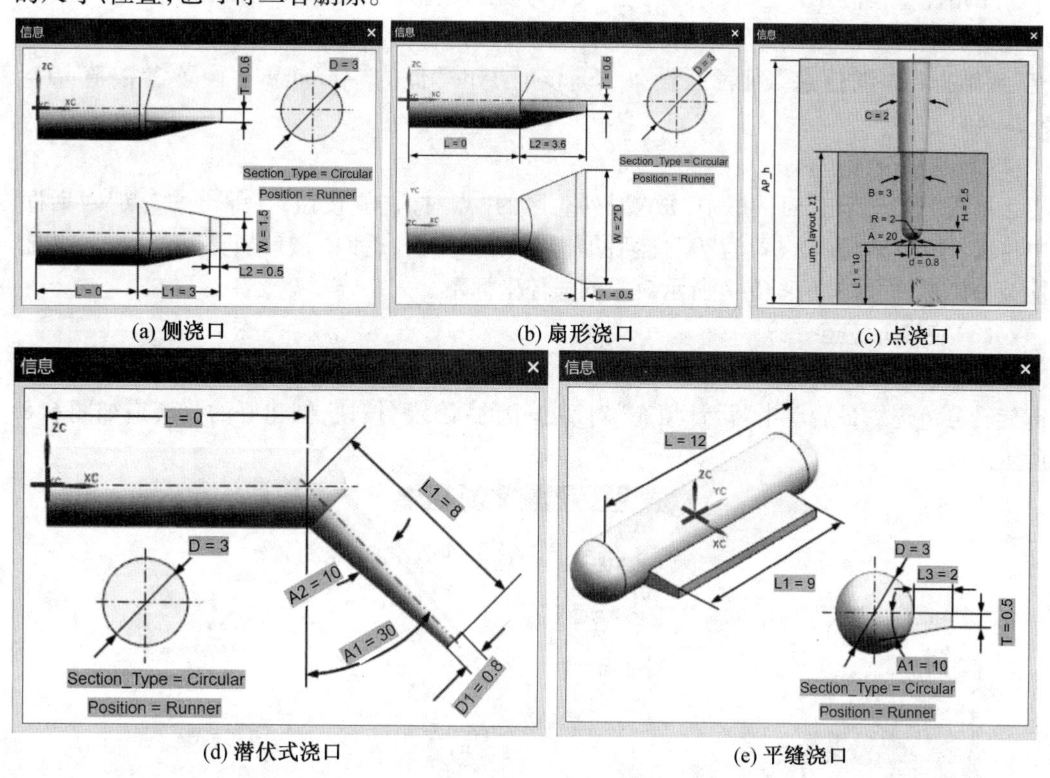

(a) 侧浇口　(b) 扇形浇口　(c) 点浇口

(d) 潜伏式浇口　(e) 平缝浇口

图 6.5　浇口类型

6.1.3　浇注系统设计实例

【例 6.1】　图 6.6 所示塑料卡扣模具已经分型，请添加模架和标准件，为其创建浇注系统。

图 6.6　塑料卡扣模具

步骤 1　打开模具。

将本章二维码中的文件夹“第 6 章\6.1”复制到电脑。启动 NX 1953，打开文件夹中“塑料卡扣_top_050. prt”文件。显示浇口套、型腔和塑料件，隐藏其余零件。

步骤 2　创建分流道。

(1)定义分流道参数。

单击注塑模向导“主要”工具栏中“设计填充”图标,弹出图 6.7 所示“重用库”“设计填充”对话框。在“重用库”的“成员选择”列表区选择分流道“Runner[2]”,在“设计填充”对话框“详细信息”列表区设置“Section_Type”值为“Circular”,设置参数值:$D=5,L=40$。

(2)加载分流道。

单击“设计填充”对话框中“放置”列表区的“点对话框”按钮,在弹出的“点”对话框中将 X、Y、Z 坐标值均设置为“0”,然后单击“确定”按钮,返回“设计填充”对话框。系统加载分流道,同时显示图 6.7 所示对象的操控坐标系。

(3)旋转分流道。

单击图 6.7 所示绕 ZC 轴的“旋转球”,在弹出的“角度”文本框输入“90°”,按“Enter”键旋转分流道。最后单击“设计填充”对话框中的“确定”按钮,创建好的分流道如图 6.8 所示。

图 6.7　“重用库”和“设计填充”对话框

步骤 3　创建浇口。

在图 6.7 所示“重用库”的“成员选择”列表区选择浇口“Gate[Fan]”。在“设计填充”对话框“详细信息”列表区设置“Section_Type”为“Circular”,设置参数值:$D=4,L=20,L_2=5.5$。然后单击“放置”列表区的“选择对象”按钮,在图形区捕捉图 6.8 所示分流道末端截面圆心,系统加载浇口,如图 6.9 所示。单击图 6.9 所示“YC”箭头,在弹出的“距离”文本框输入“5 mm”,按“Enter”键移动浇口。单击“设计填充”对话框的“确定”按钮,完成浇口的加载。采用同样的方法,创建另一侧浇口,结果如图 6.10 所示。

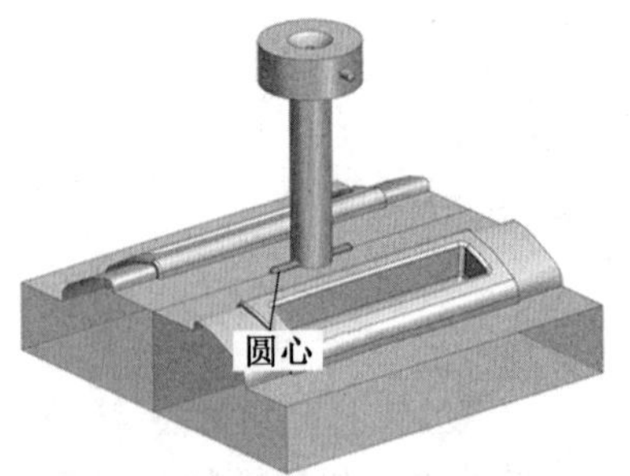

图 6.8　创建好的分流道

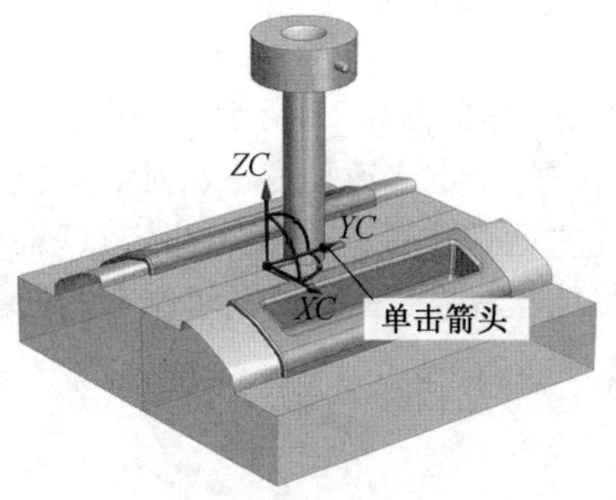

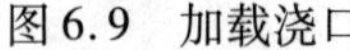
图6.9　加载浇口

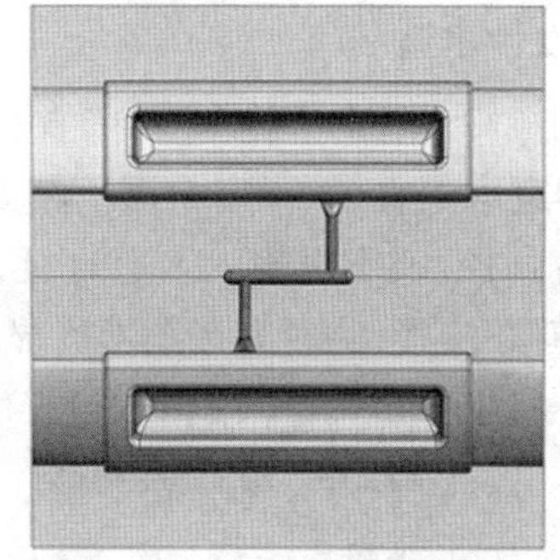
图6.10　创建好的浇口

步骤4　保存文件。

单击“文件\保存\全部保存”,保存创建的浇注系统。

6.2　注塑模冷却系统设计

6.2.1　冷却系统结构

塑料零件注塑成型过程中,模具温度一般由冷却系统调控。冷却系统排列方式对于塑料制品结晶度、力学性能、表面质量、制品内应力和翘曲变形,以及生产效率有显著的影响。

注塑模型腔侧冷却系统结构如图6.11所示,包括水嘴、水堵、水道和密封圈。水嘴是冷却液流入或者流出模具的接头,水堵用来控制冷却液流动方向,水道是冷却液流过的通道,密封圈的作用是防止冷却液流出。

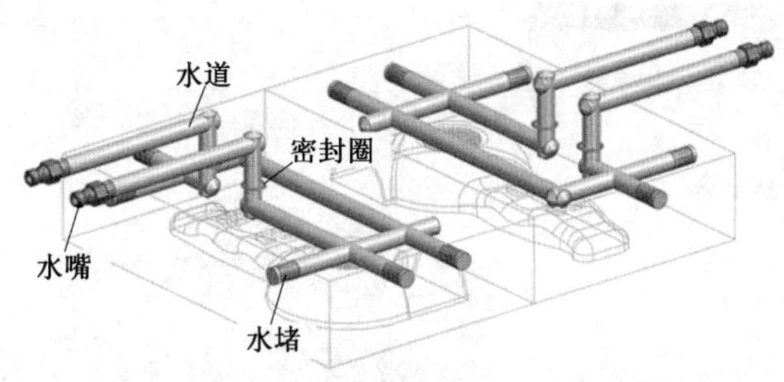

图6.11　型腔侧冷却系统结构

6.2.2　冷却系统设计

冷却系统是通过注塑模向导“冷却工具”工具栏中的命令创建。冷却水道可以通过“直接水路”和“延伸水路”命令创建,水嘴、水堵和密封圈通过“冷却标准件库”和“重用库”进行加载。如果为多型腔模具设计冷却系统,可在创建冷却系统前将其中一个型腔或者型芯设置为工作部件,这样型腔或者型芯工作部件中创建的冷却系统,在其余型腔或者型芯中会自动创建。

1. 设计水道

单击“冷却工具”工具栏中“直接水路”图标，弹出图 6.12 所示对话框。水路设计的步骤：指定水道直径、指定水道一端截面圆心位置、指定水道长度。在对话框“设置”列表区“通道直径”文本框输入水道直径，然后通过“通道位置”列表区“指定点”命令指定水道截面圆心位置，此时会在图形区显示对象操控坐标系（图 6.12），可结合“通道拉伸”列表区的“指定方位”命令编辑水道长度。

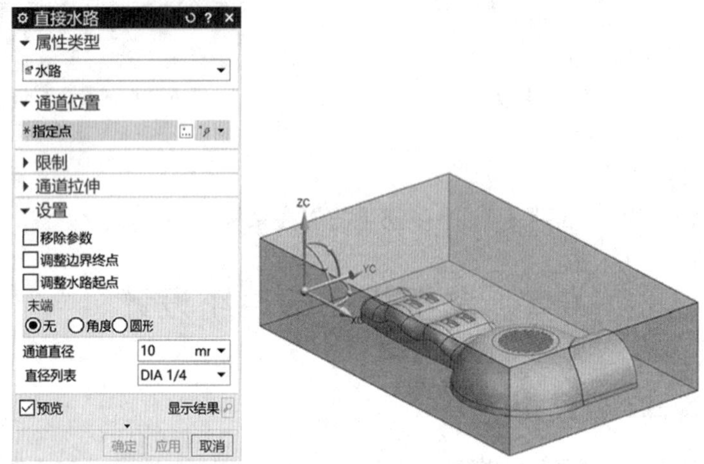

图 6.12　“直接水路”对话框和对象操控坐标系

水道末端加工特征由“延伸水路”命令创建。单击“冷却工具”工具栏中“延伸水路”图标，弹出图 6.13 所示对话框。在对话框“限制”选项区“距离”文本框输入延伸距离，在“设置”选项区设置“末端”形式为“角度”，“顶锥角”为“118°”，然后单击水道需要创建加工特征的一端，结果如图 6.13 所示。

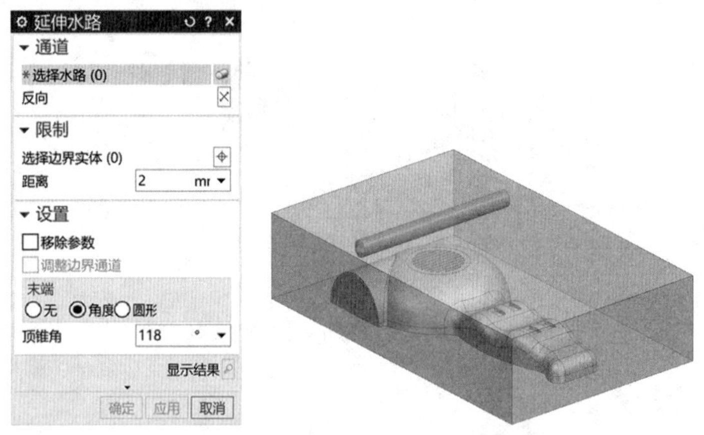

图 6.13　“延伸水路”对话框和水道末端加工特征

2. 创建冷却系统标准件

单击“冷却工具”工具栏中“冷却标准件库”图标，弹出图 6.14 所示“重用库”和“冷却组件设计”对话框，同时显示“信息”窗口。冷却系统标准件设计步骤和分流道类似，在

“重用库”选择标准件目录节点和标准件成员，然后在“冷却组件设计”对话框设置标准件尺寸，即可完成冷却标准件的创建。

图 6.14　“重用库”和“设计填充”对话框

冷却标准件通常采用“PLANE”方式放置。在“冷却组件设计”对话框“放置”列表区“位置”下拉列表中选择“PLANE”，在图形区选择水道端面为放置面(图 6.15)。单击“冷却组件设计”对话框中的“应用”按钮，系统弹出“标准件位置”对话框，并在图形区显示冷却系统标准件和对象操控坐标系(图 6.15)。单击“标准件位置”对话框“偏置”选项区“指定点按钮”，选择水管端面圆心为放置点，然后单击“确定”按钮，加载冷却标准件。

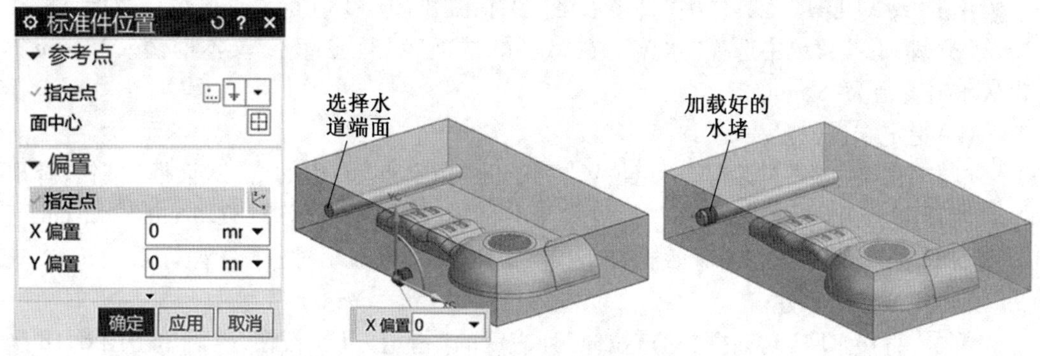

图 6.15　冷却标准件创建过程

6.2.3　冷却系统设计实例

【例 6.2】　在例 6.1 的基础上为模具设计型腔侧冷却系统。冷却系统结构如图 6.16 所示，图中数字为水道序号。

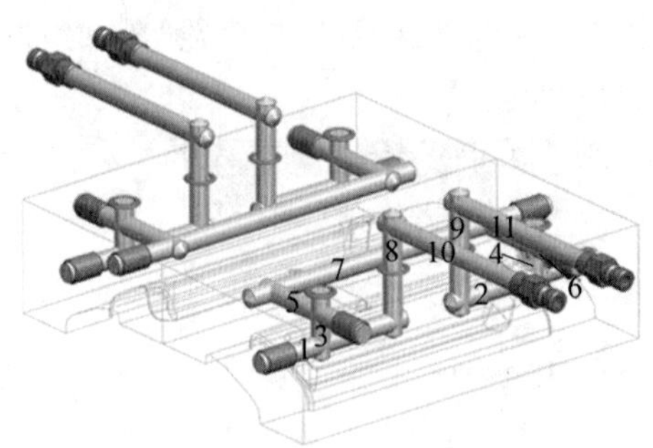

图 6.16　冷却系统结构

步骤 1　打开模具。

将本章二维码中的文件夹“第 6 章\6. 2”复制到电脑。启动 NX 1953，打开文件夹中“塑料卡扣_top_050. prt”文件。显示型腔，隐藏其余零件，如图 6. 17 所示。

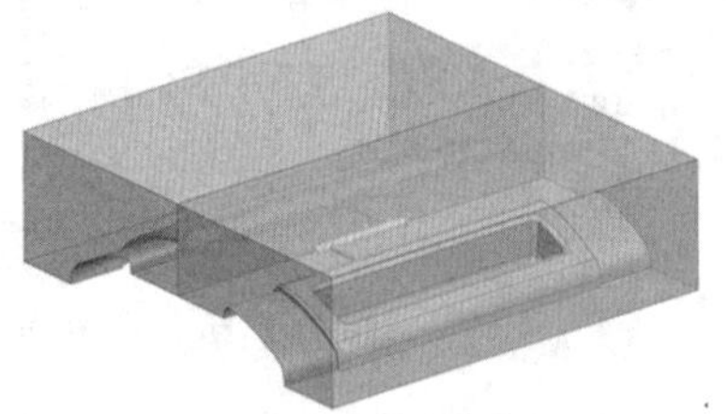

图 6.17　模具型腔

步骤 2　设计水道。

用鼠标右键单击图 6. 17 中的一个型腔，在弹出的快捷菜单中选择“设置为工作部件”，将其设置为工作部件。下面以图 6. 16 中的水道 1 为例，讲解水道的设计方法。

(1) 设置水道直径。

单击“冷却工具”工具栏中“直接水路”图标，弹出图 6. 18 所示“直接水路”对话框，在“属性类型”下拉菜单中选择“水路”，在“设置”选项区“通道直径”文本框输入“8 mm”，设置水道直径为“8 mm”。

(2) 指定水道位置。

单击“直接水路”对话框“通道位置”列表区“指定点”右边的“点对话框”按钮，弹出“点”对话框。在对话框“*X*”“*Y*”“*Z*”文本框分别输入“34. 5 mm”“-87. 5 mm”“12 mm”，如图 6. 18 所示。单击“点”对话框的“确定”按钮，图形区显示对象操控坐标系。

(3) 完成水道创建。

单击“直接水路”对话框“通道拉伸”列表区的“指定方位”按钮，然后单击图 6. 18 坐标系的“*YC*”轴，在弹出的“距离”文本框中输入“70”，按“Enter”键创建水路。单击“直接水路”对话框“确定”按钮完成水道 1 的创建，结果如图 6. 18 所示。

图 6. 16 中水道 2 ~ 11 的创建方法与水道 1 创建方法相同。冷却水道参数见表 6. 1，其中水道 8 ~ 11 可以用已经创建的水道端面圆心为放置点，在定义水道位置时用捕捉点的方式指定。创建的水道如图 6. 19 所示。

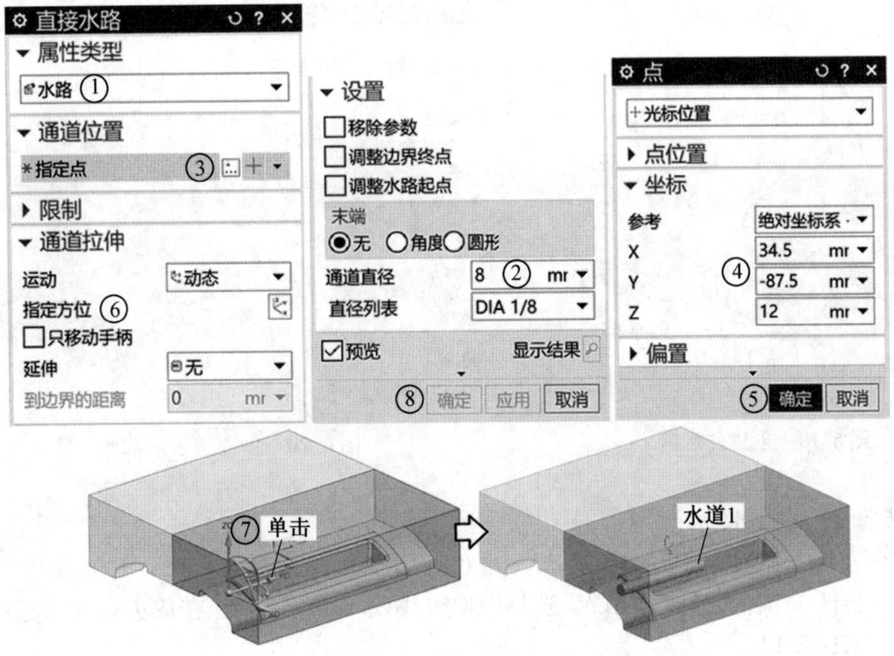

图 6.18　通过“直接水路”创建水道 1 的过程

表 6.1　冷却水道参数

水道序号	放置点坐标(*X*,*Y*,*Z*)	水道长度方向	水道长度偏移值
1	34.5,-87.5,12	*YC*	70
2	34.5,87.5,12	*YC*	-70
3	34.5,-55.5,35	*ZC*	-23
4	34.5,55.5,35	*ZC*	-23
5	62.7,-55.5,25	*XC*	-60
6	62.7,55.5,25	*XC*	-60
7	4,87.5,25	*YC*	-145
8	图 6.19 圆心 1	*ZC*	40
9	图 6.19 圆心 2	*ZC*	40
10	图 6.19 圆心 3	*XC*	88.5
11	图 6.19 圆心 4	*XC*	88.5

(4)创建水道末端加工特征。

单击“冷却工具”工具栏中“延伸水路”图标,弹出图 6.20 所示对话框。在“限制”选项区“距离”文本框输入“5 mm”,在“设置”选项区设置“末端”形式为“角度”,在“顶锥角”文本框输入“118”,然后单击各水道末端,创建加工特征,结果如图 6.20 所示。

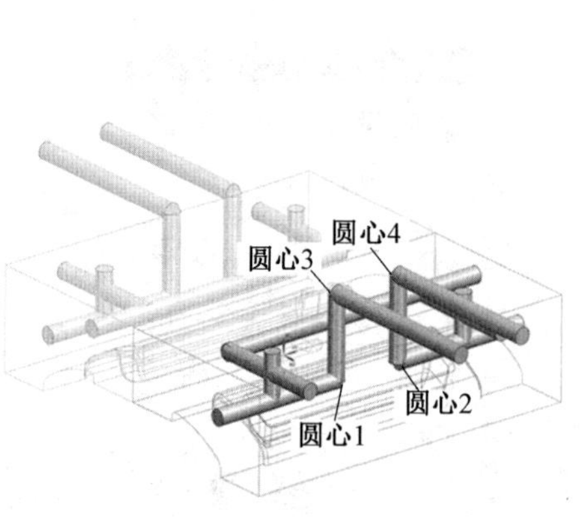

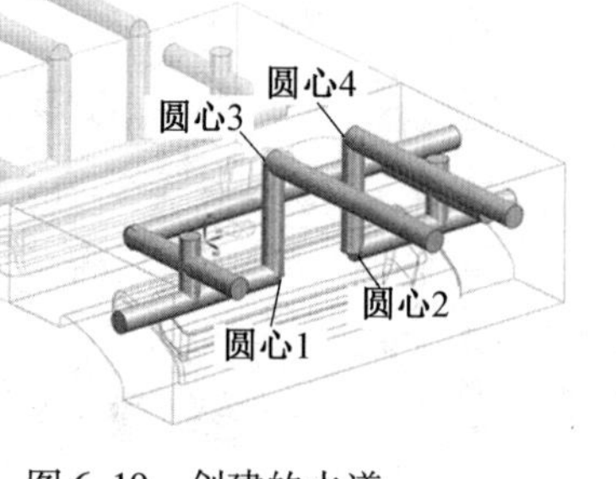

图 6.19　创建的水道

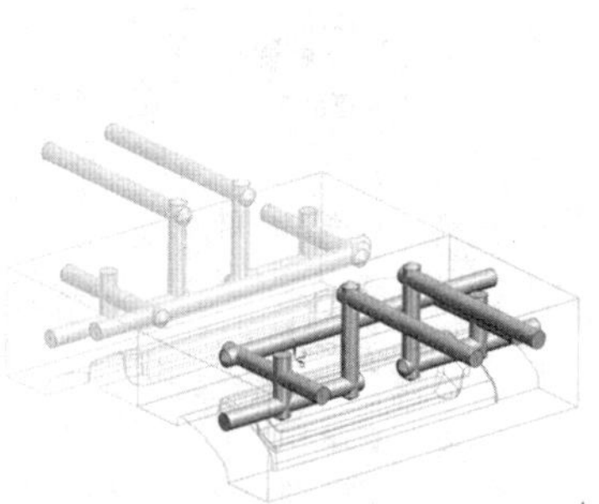

图 6.20　创建水道末端加工特征

步骤 3　添加水嘴。

单击“冷却工具”工具栏中“冷却标准件库”图标，弹出图 6.21 所示“重用库”和“冷却组件设计”对话框。在“重用库”选择“COOLING\Water”节点，在成员列表区选择水嘴“CONNECTOR PIUG”。

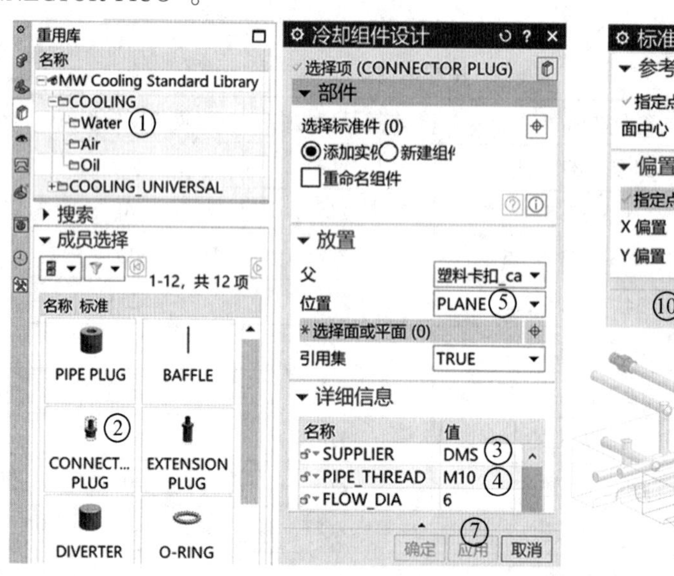

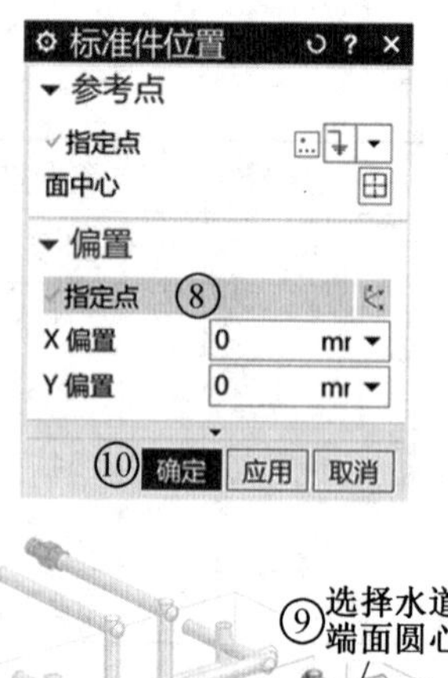

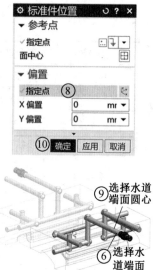

图 6.21　水嘴加载过程

在“冷却组件设计”对话框“详细信息”列表区“SUPPLIER”下拉列表中选择“DMS”，在“PIPE_THREAD”下拉列表中选择“M10”，在“放置”选项区“位置”下拉列表中选择“PLANE”，然后在图形区单击水道 10 端面，单击“冷却组件设计”对话框中的“应用”按钮，弹出图 6.21 所示“标准件位置”对话框，同时图形区显示水嘴和对象操控坐标系。单击“标准件位置”对话框“偏置”选项区“指定点”按钮，选择水道端面圆心为放置点，然后单击“确定”按钮，加载水嘴，结果如图 6.21 所示。采用同样的方法加载另一个水嘴。

步骤4　添加水堵和密封圈。

添加水堵和密封圈的方法和添加水嘴的方法相同。图6.22水堵和密封圈的尺寸参数以及放置方法等见表6.2。图6.22中密封圈放置面选择型腔顶面，当选择水道端面圆心为放置点时，系统会将该点投影到型腔顶面用来加载密封圈。其余水堵和密封圈可以采用同样的方法加载，结果如图6.16所示。

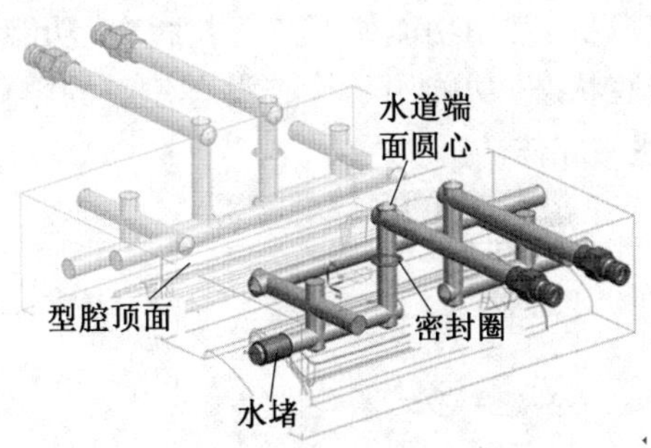

图6.22　加载的水堵和密封圈

表6.2　冷却标准件参数

标准件	重用库		冷却组件尺寸参数值	放置面	放置点
	目录节点	类型			
水堵	COOLING\Water	DIVERTER	ENGAGE=16 FITTING_DIA=10	水道端面	对应水道端面圆心
密封圈	COOLING\Water	O-RING	FITTING_DIA=8.65 SECTION_DIA=1.5	型腔顶面	图6.22水道端面圆心

步骤5　保存文件。

单击“文件\保存\全部保存”，保存创建的冷却系统。

6.3　腔体设计

6.3.1　腔体设计概述

腔体是成型零件、标准件、浇注系统、冷却系统在模具上的安装空间。注塑模向导通过“腔”命令创建腔体。单击“主要”工具栏中“腔”图标，弹出图6.23所示“开腔”对话框，其基本功能是从建腔的目标体中减去工具体，从而创建腔体。

“开腔”对话框“模式”下拉列表提供了“去除材料”和“添加材料”两个选项。“去除材料”进行减去运算，“添加材料”进行合并运算。

“目标”选项区的“选择体”用于选择创建腔体的目标对象，比如定模板。

“工具”选项区中“工具类型”有“组件”和“实体”两种。选择“组件”表示使用组件系统作为工具体进行建腔；选择“实体”表示使用所选零件作为工具体进行建腔。通常用分流道、浇口和冷却水道建腔时,"工具类型"选择"实体";用其他零件建腔时,"工具类型"选择"组件"。

"工具"选项区中"引用集"有"FALSE""TRUE""整个部件"和"无更改"4 个选项,用来控制被选工具体引用集。通常是将零部件的"FALSE"引用集链接到目标体中,从目标体中减去相应的部分。

最下方的"工具"选项区中常用功能如下:"查找相交"功能用于搜索与目标体相交的组件,并高亮显示;"检查腔状态"功能用于检查没有建腔的零件,并高亮显示;"移除腔"功能用于移除工具体创建的腔体。

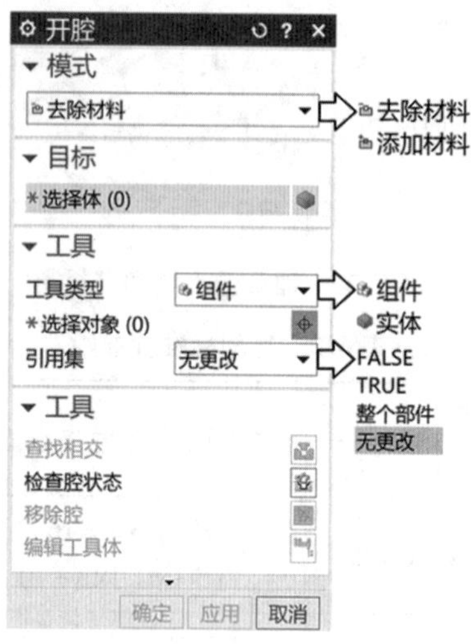

图 6.23 "开腔"对话框

6.3.2 腔体设计实例

【例 6.3】 在例 6.2 的基础上为模具零部件建腔。

步骤 1 打开模具。

将本章二维码中的文件夹"第 6 章\6.3"复制到电脑。启动 NX 1953,打开文件夹中"塑料卡扣_top_050.prt"文件,打开模具,如图 6.24 所示。

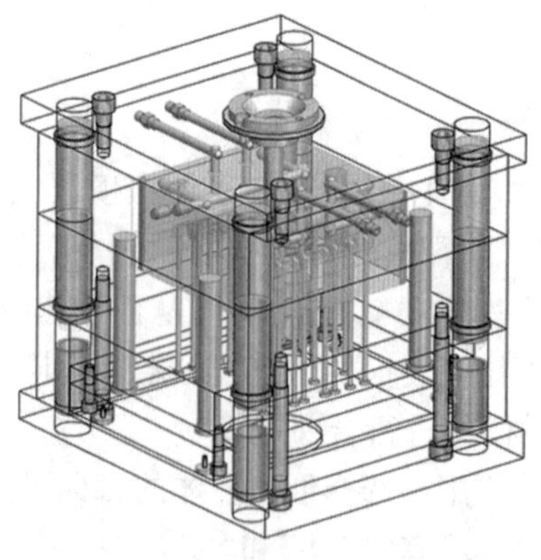

图 6.24 塑料卡扣模具

步骤 2　为定模底板创建腔体。

定模底板上需要建腔的组件有定位圈和浇口套。单击“主要”工具栏中的“腔”图标，系统弹出图 6.25 所示“开腔”对话框。在对话框中选择“去除材料”模式，“工具类型”选择“组件”，“引用集”选择“无更改”，在图形区选择定模底板为目标体，此时下部“工具”列表区中的命令被激活，单击“查找相交”命令按钮，系统自动搜索到定位圈和浇口套组件，然后单击对话框中的“确定”按钮，完成定模底板建腔，结果如图 6.25 所示。

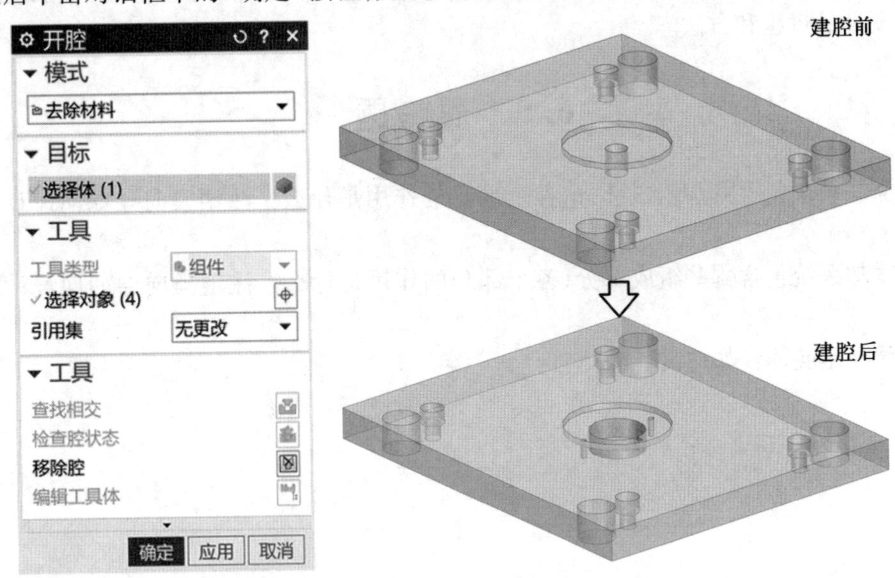

图 6.25　定模底板建腔

步骤 3　为定模板创建腔体。

定模板上需要建腔的组件有型腔镶块、浇口套、水嘴，此外水道实体需要建腔。

在“开腔”对话框中选择“去除材料”模式，“工具类型”选择“组件”，“引用集”选择“无更改”，在图形区选择定模板为目标体(图 6.26(a))，单击“工具”选项区“选择对象”按钮，然后在图形区选择型腔镶块、浇口套、水嘴，单击对话框中的“应用”按钮，结果如图 6.26(b)所示。

在“开腔”对话框中将“工具类型”选为“实体”，单击“目标”选项区“选择体”按钮，在图形区选择定模板，然后单击“工具”选项区“选择对象”按钮，在图形区选择定模板中的水道，单击对话框中的“确定”按钮，结果如图 6.26(c)所示。

(a) 建腔前的定模板　(b) 型腔镶块、浇口套、水嘴建腔　(c) 水道建腔

图 6.26　定模板建腔

采用同样的方法对其他零部件建腔，单击“文件\保存\全部保存”，保存模具文件。

6.4　本章小结

本章主要介绍了注塑模浇注系统、冷却系统的结构以及各组成部分的作用等;详细说明了设计填充、冷却工具、腔体设计命令的功能,以及浇注系统、冷却系统、腔体设计和编辑的方法;通过实例演示了浇注系统分流道、浇口,冷却系统水道、水嘴、水堵、密封圈,以及腔体设计的过程和方法。

6.5　思考题

1. 浇注系统包含哪些组成部分,各个部分的作用是什么?注塑模向导如何设计浇注系统?

2. 冷却系统包含哪些组成部分,各个部分的作用是什么?注塑模向导如何设计冷却系统?

3. 什么是腔体?如何设计腔体?

第7章　注塑模设计综合实例

本章通过综合实例介绍注塑模具设计过程,包括项目初始化、模具设计准备、分型、模架、标准件、侧抽芯、浇注和冷却系统设计等步骤。通过本章的学习,读者可以完成模具设计的大部分工作。

7.1　设计任务

为图7.1所示电器外壳设计模具,产品材料为ABS,模具结构为一模两腔。

图7.1　电器外壳

7.2　设计过程

7.2.1　项目初始化

1. 进入注塑模向导

将本章二维码中的文件“第7章\电器外壳模具\电器外壳.prt”复制到电脑。启动NX 1953软件,打开“电器外壳.prt”文件。单击“应用模块\注塑模和冲模\注塑模”,进入注塑模向导。

2. 加载产品

单击注塑模向导工具栏中的“初始化项目”图标,弹出图7.2所示“初始化项目”对话框。在对话框设置“材料”为“ABS”,“收缩”为“1.006”,单击“确定”按钮,完成项目初始化。

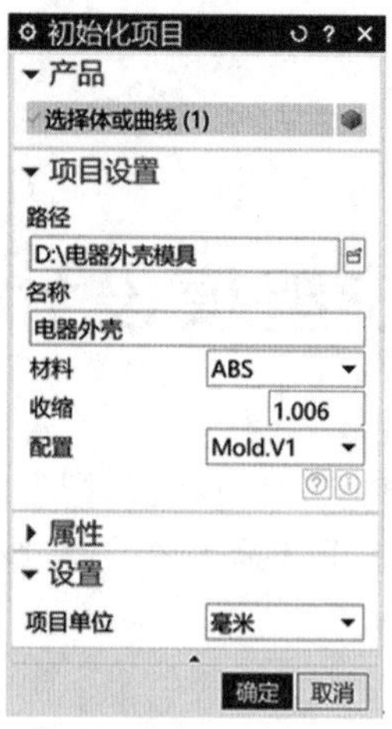

图 7.2　“初始化项目”对话框

7.2.2　模具设计准备

1. 定义模具坐标系

单击注塑模向导工具栏中的“模具坐标系”图标，弹出图 7.3 所示对话框。由于零件坐标系 *XC*–*YC* 平面即为分型面，+*ZC* 方向是顶出方向，不必变换坐标系。在“模具坐标系”对话框单击“确定”，将零件坐标系设置为模具坐标系。

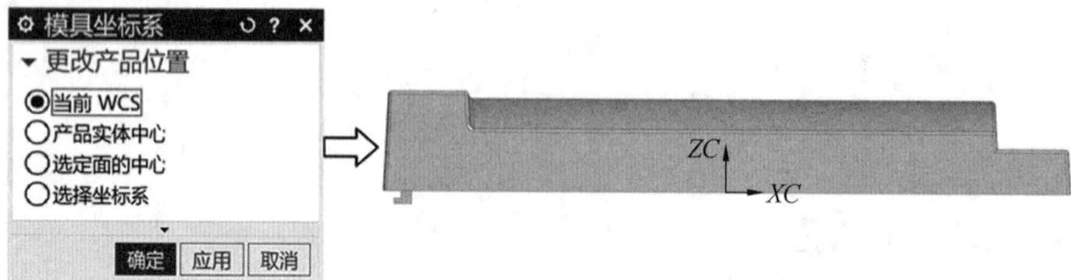

图 7.3　模具坐标系

2. 创建工件

单击注塑模向导工具栏中“工件”图标，弹出“工件”对话框。采用“产品工件”类型，“用户定义的块”方法创建工件，在“尺寸”选项区的“限制”区域设置“开始”距离值为“-30”，“结束”距离值为“50”，单击“确定”按钮，创建工件，如图 7.4 所示。

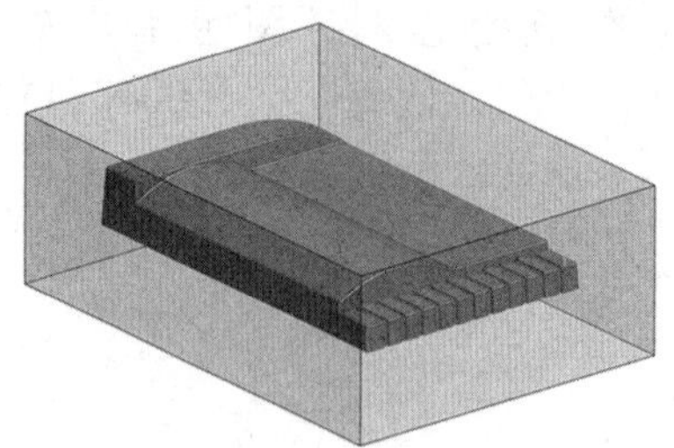

图 7.4　创建工件

3. 型腔布局

单击注塑模向导工具栏中“型腔布局”图标，弹出图 7.5 所示的“型腔布局”对话框。选择“布局类型”为“矩形”和“平衡”，指定“*YC*”方向为布局方向，指定“型腔数”为“2”，单击“开始布局”按钮，生成型腔布局，结果如图 7.6 所示。单击“编辑镶块窝座”按钮，弹出“设计镶块窝座”对话框，指定半径“*R*”值为“15”，“type”值为“1”型，单击“确定”按钮，返回“型腔布局”对话框。单击“自动对准中心”按钮，将模具坐标系移动到两个型腔的中心，如图 7.6 所示。

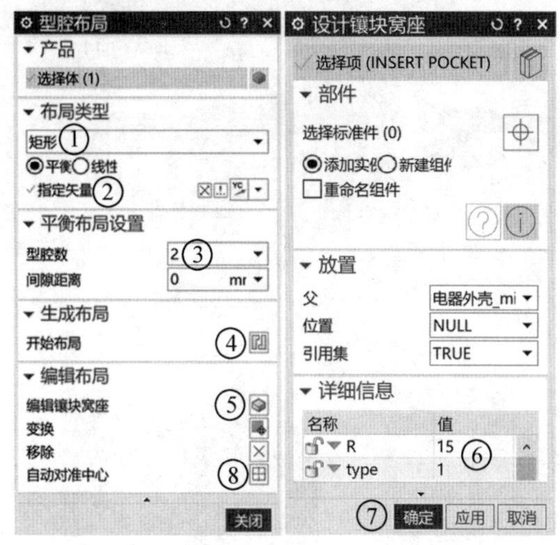

图 7.5　型腔布局

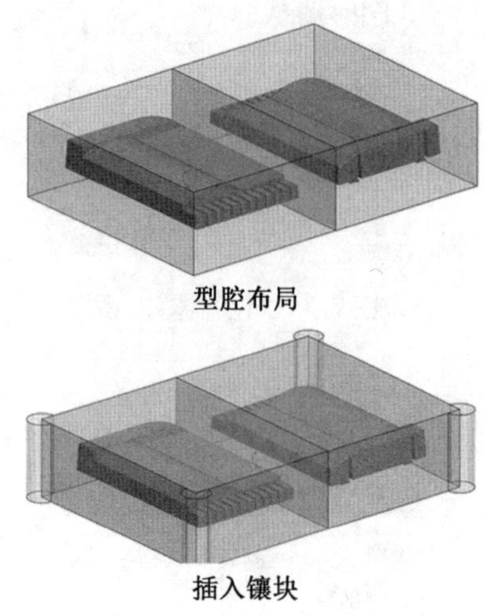

图 7.6　型腔和镶块

7.2.3　分型

1. 实体补片

(1)生成包容体。

单击注塑模向导工具栏中“包容体”图标，弹出图 7.7 所示的“包容体”对话框。定义“参数”选项区中“偏置”的值为“2”，单击“选择对象”按钮，选择图 7.8 中的面 1 和面 2，单击“包容体”对话框中的“应用”按钮，生成包容体 1。用同样的方法生成包容体 2。

(2)修剪实体。

修剪包容体 1。单击注塑模向导工具栏中“修剪实体”图标，弹出图 7.9 所示的“修剪实体”对话框。单击对话框中“目标”选项区的“选择体”按钮，选择包容体 1，然后单击“修剪面”选项区的“选择面”按钮，选择图 7.10 中的面 1，面 1 修剪结果如图 7.11 所示。在修剪时，如果修剪方向错误，单击“修剪面”选项区的“反向”按钮，使箭头指向要修剪的方向。采用同样的方法，用图 7.10 的“面 2 ~ 6”修剪包容体 1。

图 7.7　“包容体”对话框

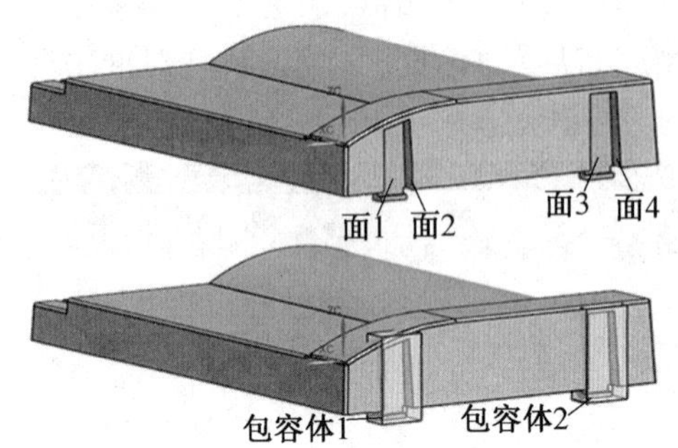

图 7.8　包容体

图 7.9　“修剪实体”对话框

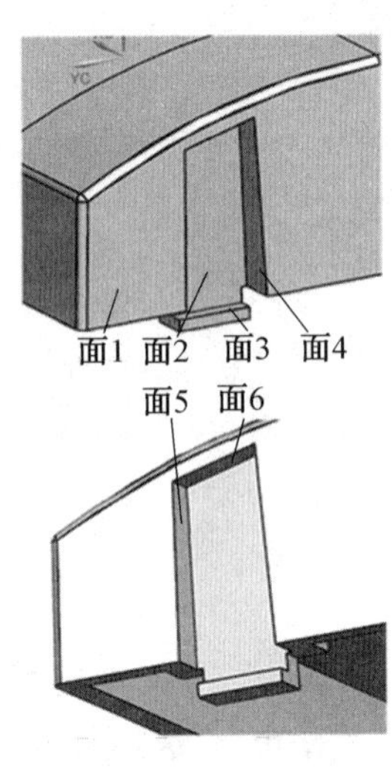

图 7.10　修剪面

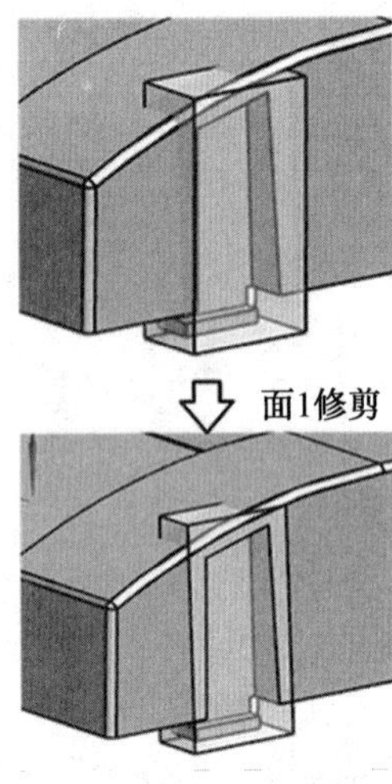

图 7.11　面 1 修剪结果

包容体 2 的修剪方法和包容体 1 相同，修剪后的结果如图 7.12 所示。

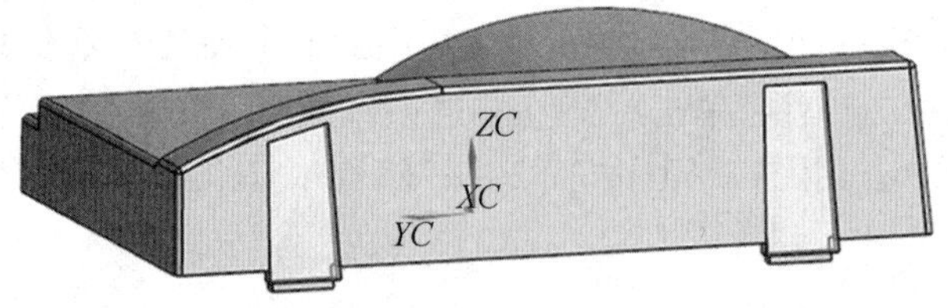

图 7.12　修剪包容体

(3)实体补片。

单击注塑模向导工具栏中“实体补片”图标,弹出图7.13所示的“实体补片”对话框,选择修剪后的两个包容体,单击“确定”按钮,完成实体补片,如图7.13所示。

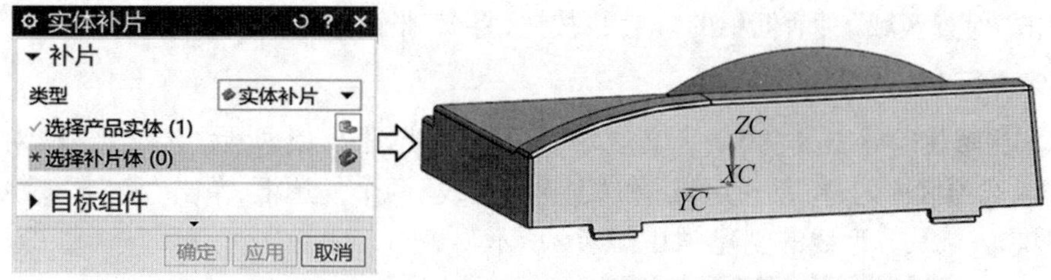

图7.13　实体补片

2. 设计区域

(1)计算模型表面属性。

单击注塑模向导工具栏中“检查区域”图标,弹出图7.14所示“检查区域”对话框,同时模型被高亮显示,并显示脱模方向。在“计算”选项卡中选择“保留现有的”选项并单击“计算”按钮,系统对产品模型表面属性进行计算分析。

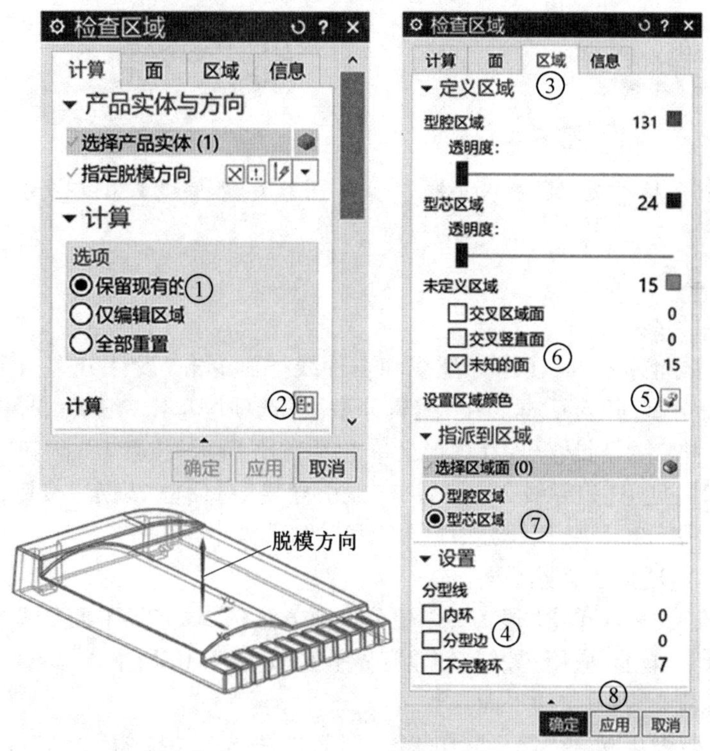

图7.14　检查区域

(2)设置型腔和型芯区域颜色。

单击“检查区域”对话框的“区域”选项卡,在“设置”选项区域中取消勾选“内环”“分型边”和“不完整环”3个复选框,然后单击“设置区域颜色”按钮,模型表面型腔和型芯区域以不同的颜色显示，且有 15 张面未定义。

(3)指派未定义面。

观察发现，15 张未定义面属于型芯区域。勾选“未知的面”复选框，选择“型芯区域”，单击“检查区域”对话框中的“应用”按钮，将 15 张面指派到型芯区域。

3. 定义区域和分型线

单击注塑模向导工具栏中“定义区域”图标，弹出图 7.15 所示“定义区域”对话框。在“设置”选项区中勾选“创建区域”和“创建分型线”两个复选框，单击“确定”，完成型腔区域、型芯区域及分型线的创建，如图 7.16 所示。

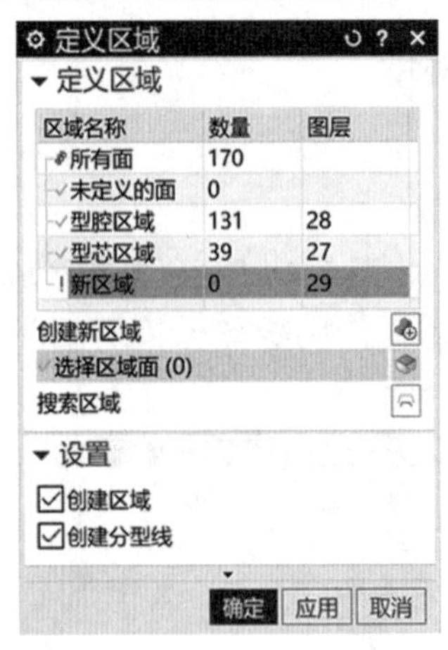

图 7.15　“定义区域”对话框

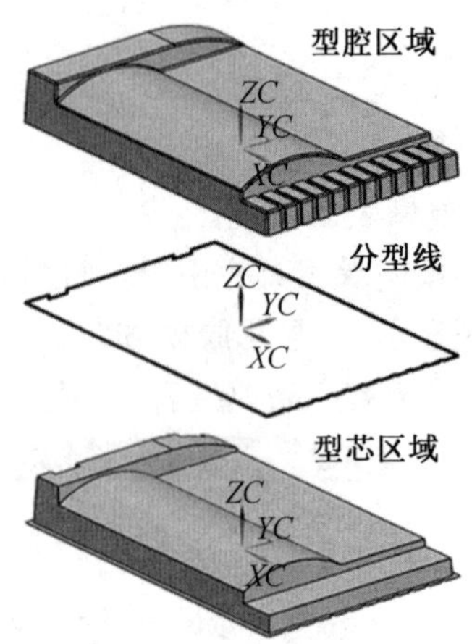

图 7.16　型腔和型芯区域及分型线

4. 创建分型面

(1)编辑引导线。

设置“分型导航器”，只显示分型线和工件线框。单击“设计分型面”图标，弹出图 7.17所示“设计分型面”对话框。在“编辑分型段”选项区单击“编辑引导线”按钮，弹出图 7.17 所示“引导线”对话框。在图形区单击图 7.18 所示“位置 1”，创建“引导线 1”，同样单击“位置 2”，创建“引导线 2”，然后单击“引导线”对话框“确定”按钮，返回“设计分型面”对话框。引导线将分型线分为“段 1”和“段 2”两部分。

(2)通过“段 1”创建有界平面。

在“分型段”列表区单击“段 1”，创建分型面方法选择“有界平面”，并指定第一和第二方向为“$-XC$”，单击“应用”按钮，创建有界平面，如图 7.18 所示。

(3)通过“段 2”创建拉伸平面。

在分型段列表区单击“段 2”，创建分型面方法选择“拉伸”，并指定拉伸方向为“$-XC$”，拉伸距离值为“120”，单击“设计分型面”对话框中的“应用”按钮，创建拉伸平面，如图 7.18 所示。

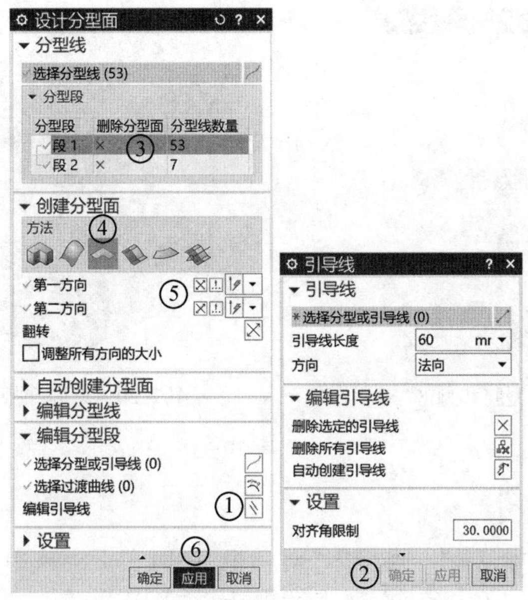

图 7.17　“设计分型面”和“引导线”对话框创建“段 1”分型面

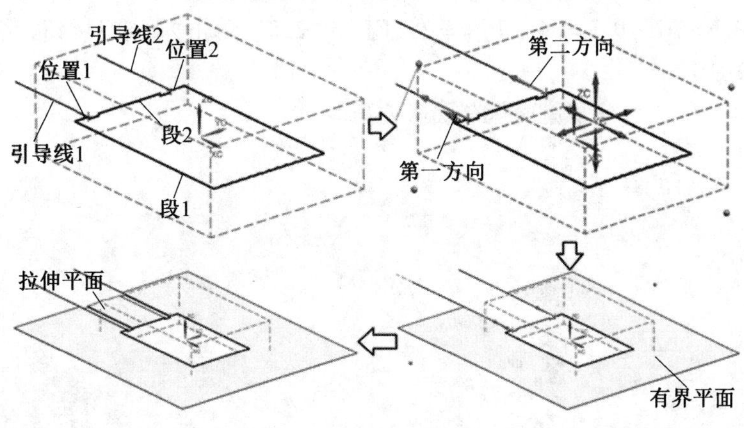

图 7.18　设计分型面

5. 创建型腔和型芯

单击“定义型腔和型芯”图标,弹出图 7.19 所示“定义型腔和型芯”对话框,在“选择片体”列表区单击“型腔区域”,单击对话框中的“应用”按钮。系统会弹出“查看分型结果”对话框,接受系统默认方向,单击“确定”按钮,创建型腔。采用相同的步骤创建型芯,结果如图 7.20 所示。

图 7.19　“定义型腔和型芯”对话框

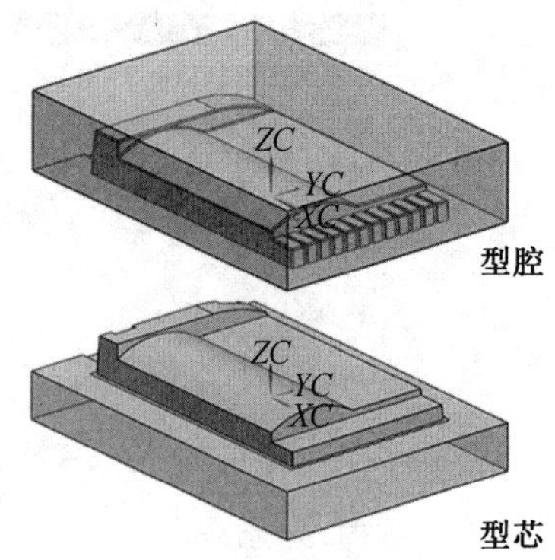

图 7.20　型腔和型芯

7.2.4　添加模架

单击“模架库”图标，弹出“模架库”对话框，同时在资源条中显示“重用库”，如图 7.21所示。在“重用库”在“名称”列表区中选择“DME”，在“成员选择”列表中选择“2A”。在“模架库”对话框“详细信息”列表区中设置参数值：index = 4045，TCP_type = 1，AP_h = 96，BP_h = 76，CP_h = 86，CP_w = 75，EJ_w = 235。单击“确定”按钮，完成模架的加载，如图 7.22 所示。

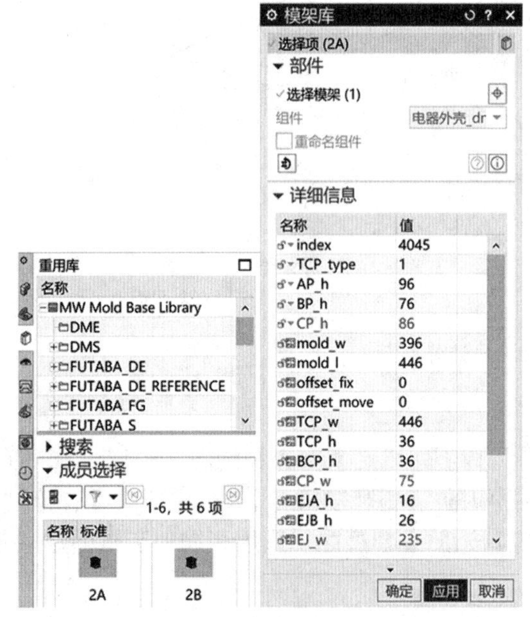

图 7.21　“重用库”和“模架库”对话框

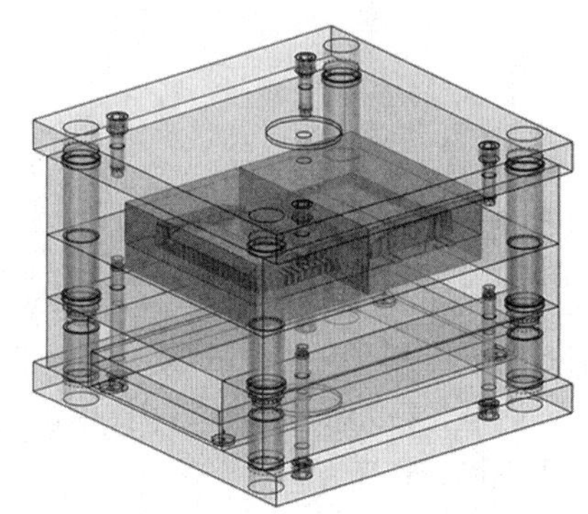

图 7.22　模架

7.2.5　创建滑块

1. 创建滑块头

(1)显示补片体。

系统自动将零件的补片体隐藏并放置在第 25 层,创建滑块头时需要显示补片体。为了操作方便,在“装配导航器”中取消勾选“电器外壳_misc_059”和“电器外壳_dm_079”,将其隐藏。单击“菜单\格式\图层设置”,弹出“图层设置”对话框,在“图层”列表区中勾选“25”层的复选框,然后关闭对话框,显示补片体,如图 7.23 所示。

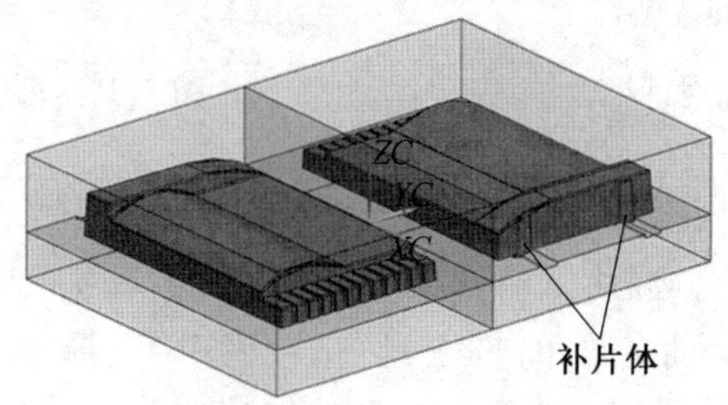

图 7.23　补片体

(2)将补片体链接到型腔。

选择一个型腔,单击鼠标右键,在弹出的快捷菜单中选择“设为工作部件”,将其设置为工作部件。单击“菜单\插入\关联复制\WAVE 几何链接器”,在弹出的对话框的链接类型中选择“体”,然后选择两个补片体,单击“确定”按钮,将补片体链接到型腔。

(3)创建拉伸体。

单击“拉伸”图标,弹出“拉伸”对话框和选择过滤器,在选择过滤器中选择“面的边”,选择图 7.24 所示面 1,在“拉伸”对话框设置拉伸方向为“+*XC*”,拉伸距离值为“30”,布尔运算选择“无”,单击“应用”,创建拉伸体 1。如果面 1 不容易选中,可以在面 1 位置处单击鼠标右键,在弹出的快捷菜单中选择“从列表中选择”命令,弹出“快速选取”对话框,在对话框中选择“面 1”。同样的方法创建拉伸体 2,结果如图 7.24 所示。

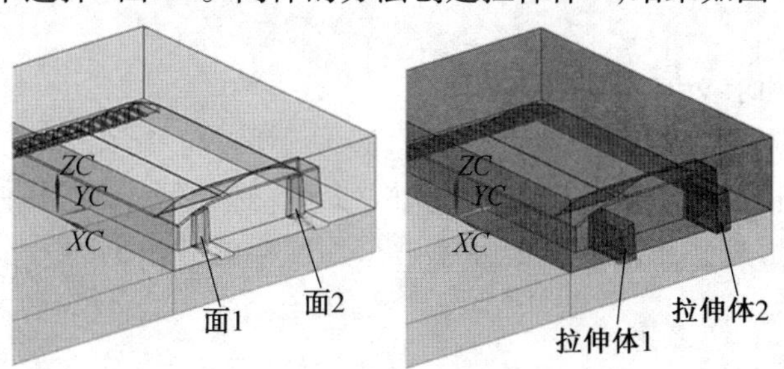

图 7.24　拉伸体

(3)将拉伸体与型腔求交。

单击“菜单\插入\组合\相交”,弹出如图 7.25 所示的“求交”对话框,单击“目标”选项区中“选择体”按钮,选择型腔,再单击“工具”选项区中“选择体”按钮,选择两个拉伸体,勾选“设置”列表栏中的“保存目标”复选框,单击“确定”,得到的结果如图 7.26 所示。

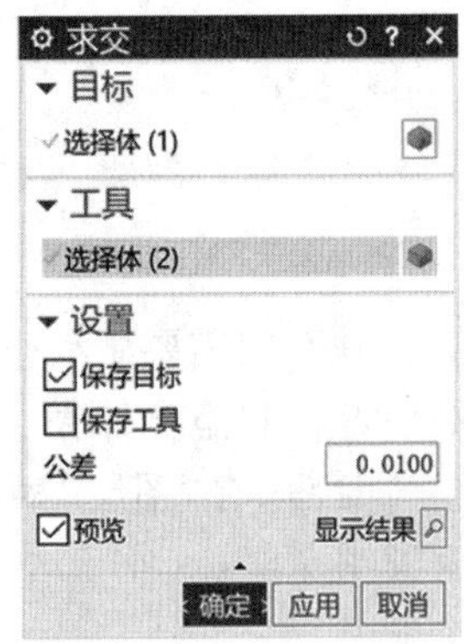

图 7.25　“求交”对话框

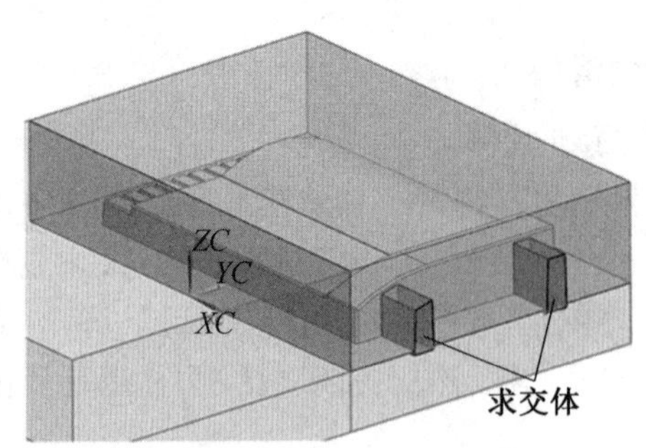

图 7.26　求交体

(4)在型腔中减去求交体。

单击“菜单\插入\组合\减去”,弹出图 7.27 所示的“减去”对话框。单击“目标”选项区中“选择体”按钮,选择型腔,再单击“工具”选项区中“选择体”按钮,选择两个求交体,勾选“设置”列表栏中的“保存工具”复选框,单击“确定”,完成减去运算。隐藏两个求交体后,减去结果如图 7.28 所示。

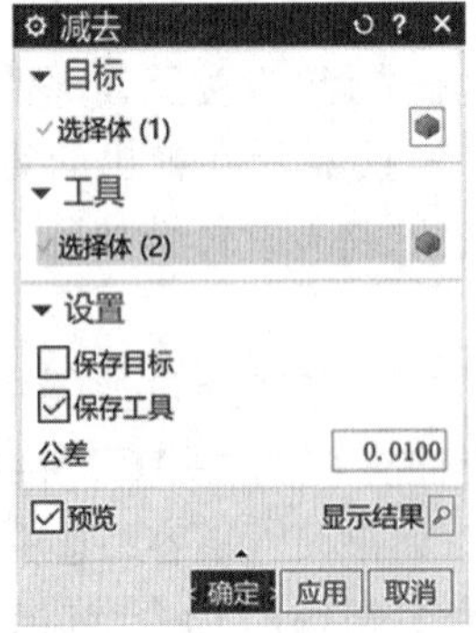

图 7.27　“减去”对话框

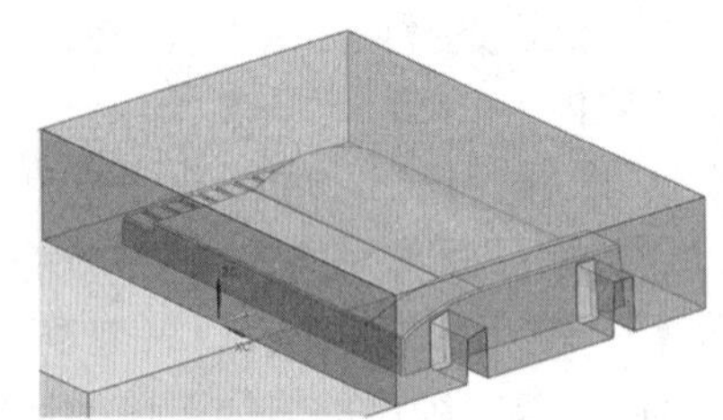

图 7.28　减去结果

(5)将补片体和求交体合并创建滑块头。

单击“菜单\插入\组合\合并”,弹出图 7.29 所示的“合并”对话框。单击“目标”选项区中“选择体”按钮,选择一个求交体,再单击“工具”选项区中“选择体”按钮,选择一个补片体,单击“确定”按钮,创建一个滑块头。采用同样的方法创建另一个滑块头,合并结果如图 7.30 所示。

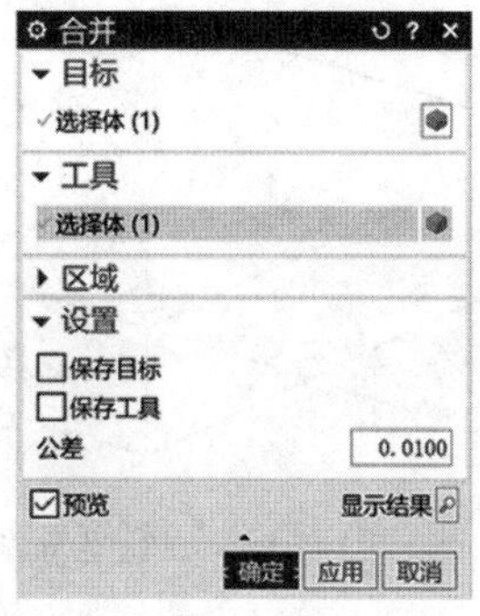

图 7.29　“合并”对话框

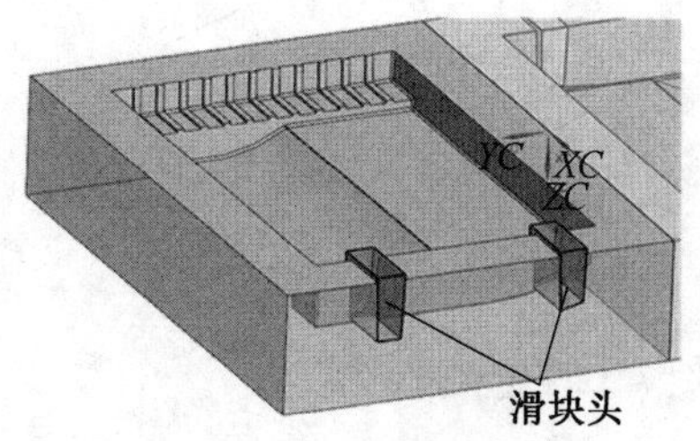

图 7.30　合并结果

2. 添加滑块

(1)选择滑块类型。

单击“滑块和浮升销库”图标，弹出“滑块和浮升销设计”对话框，并显示“重用库”，如图 7.31 所示。在“重用库”的“名称”列表区选择“SLIDE_LIFT\Slide”节点，在“成员选择”列表区选择“Dual Cam-pin Slide”。

(2)定义滑块装配坐标系。

单击“菜单\格式\WCS\原点”，用鼠标捕捉图 7.32 所示边的中点作为坐标系的原点，定义滑块坐标系。

(3)旋转坐标系。

单击“菜单\格式\WCS\旋转”，选择“+*ZC* 轴：*XC*-->*YC*”选项，以+*ZC* 轴为旋转轴，将 *XC* 轴向 *YC* 轴所在位置转动 90°，结果如图 7.33 所示。

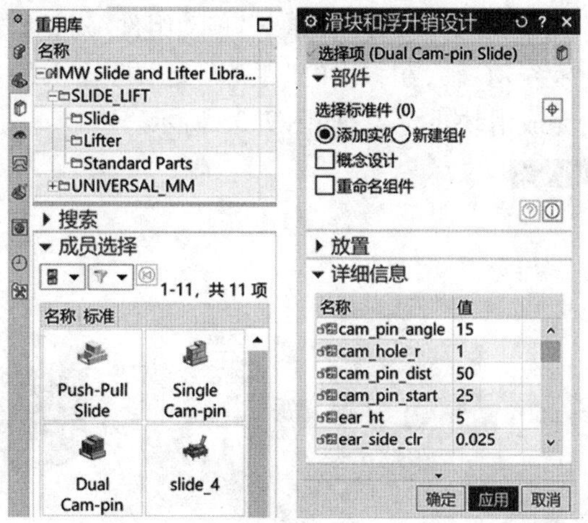

图 7.31　“重用库”和“滑块和浮升销设计”对话框

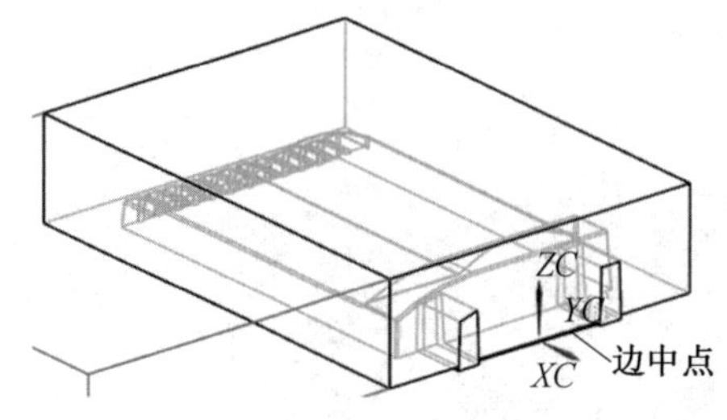

图 7.32　定义坐标系

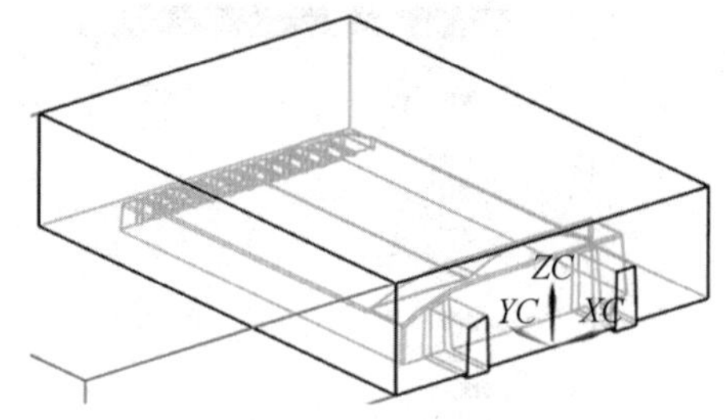

图 7.33　旋转坐标系

(4)加载滑块。

在“滑块和浮升销设计”对话框“详细信息”列表中设置参数值: gib_long = 78, gib_top = slide_top−35, heel_start = 50, travel = 8, wide = 116。单击“确定”按钮,完成滑块的加载,如图 7.34 所示。

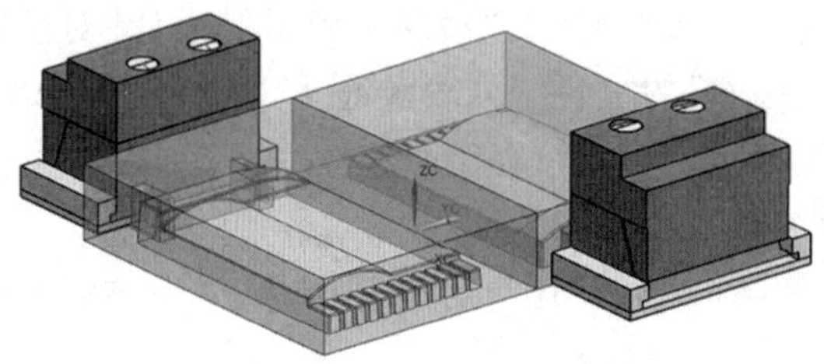

图 7.34　加载滑块

(5)滑块重定位。

打开“滑块和浮升销设计”对话框,如图 7.35 所示,单击“选择标准件”按钮,在图形区单击一个滑块,然后单击“重定位”按钮,弹出“移动组件”对话框,同时在滑块上出现对象操控坐标系,单击坐标系 *ZC* 轴,在弹出的“距离”文本框输入“−21”,单击“移动组件”对话框的“确定”按钮,完成滑块重定位,如图 7.35 所示。

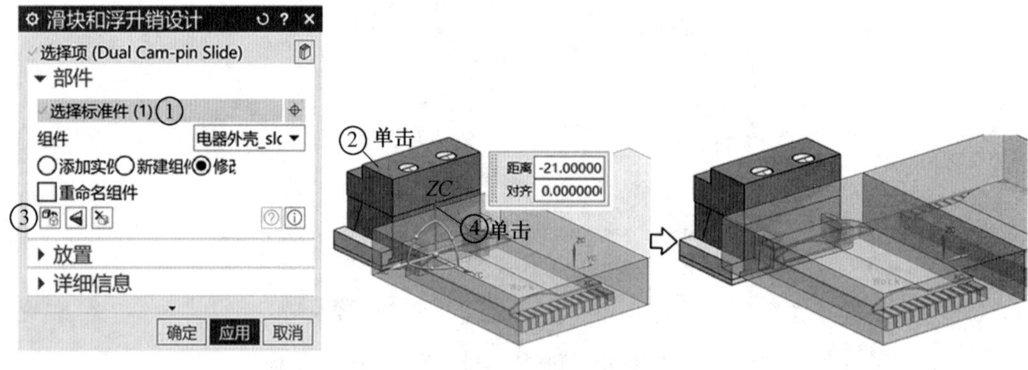

图 7.35　滑块重定位

3. 将滑块头链接到滑块

选择一个滑块体,单击鼠标右键,在弹出的快捷菜单中选择“设为工作部件”。选择“菜单\插入\关联复制\WAVE 几何链接器”,在弹出的对话框中选择“体”链接类型,然后选择两个滑块头,单击“确定”,将滑块头链接到滑块体。

7.2.6　添加标准件

1. 添加定位圈

在“装配导航器”中勾选“电器外壳_dm_079”显示模架,并双击“电器外壳_top_000”将其设置为工作部件。单击“标准件库”图标,弹出“标准件管理”对话框并显示“重用库”,如图7.36所示。在“重用库”的“名称”列表区选择“DME_MM\Injection”目录节点,在“成员选择”列表区选择“Locating_RING_With_Mounting_Holes[DHR21]”。在“标准件管理”对话框“详细信息”列表中设置参数值:$G=90$,$F=36$。单击“标准件管理”对话框的“确定”按钮,加载定位圈,如图7.37所示。

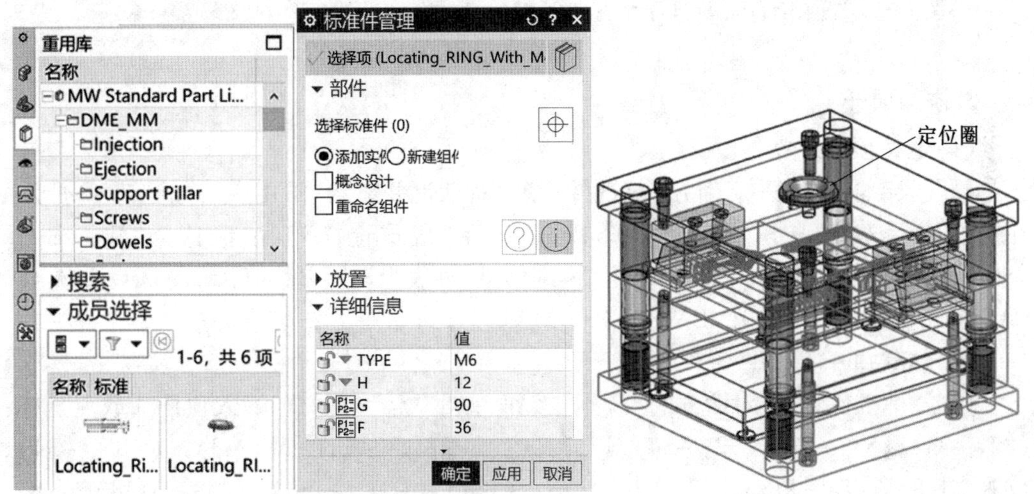

图7.36　“重用库”和“标准件管理”对话框　　　　图7.37　加载的定位圈

2. 添加浇口套

单击“标准件库”图标,弹出“标准件管理”对话框并显示“重用库”,如图7.38所示。在“重用库”选择“DME_MM\Injection”节点,在“成员选择”列表区选择“Sprue Bushing[DHR76 DHR78]”。在“标准件管理”对话框“详细信息”列表中设置参数值:$D=20$,$N=116$,$H=45$。单击“标准件管理”对话框的“确定”按钮,加载浇口套,如图7.39所示。

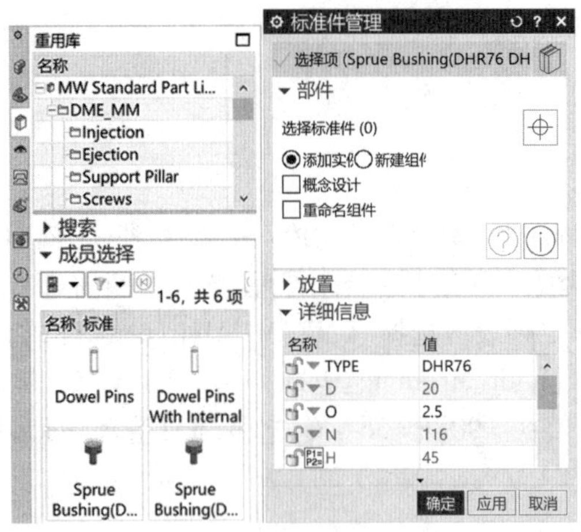

图 7.38　“重用库”和“标准件管理”对话框

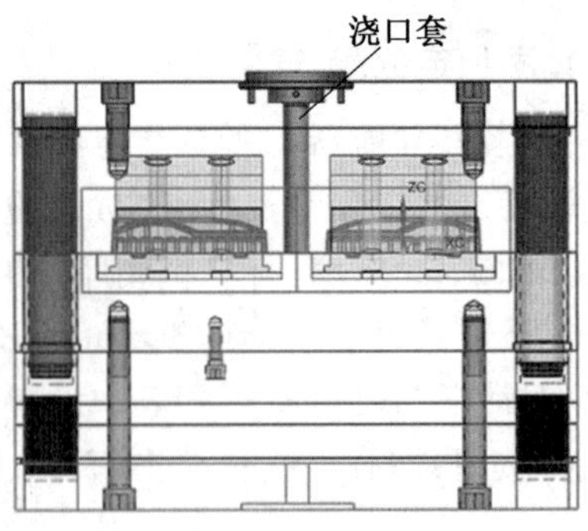

图 7.39　加载的浇口套

3. 添加顶杆

(1)定义顶杆参数。

单击“标准件库”图标，弹出“标准件管理”对话框并显示“重用库”，如图 7.40 所示。在“重用库”选择“DME_MM \ Ejection”节点，在“成员选择”列表区选择“Ejector Pin [Straight]”。在“标准件管理”对话框“详细信息”列表中设置参数值：CATALOG_DIA = 5，CATALOG_LENGTH = 160，HEAD_TYPE = 3。

(2)加载顶杆。

单击“标准件管理”对话框的“应用”按钮，弹出“点”对话框，输入顶杆加载点坐标：(82，-34)，(58，-34)，(32，-34)，(7，-34)，(-27，-34)，(-58，-34)，(-85，-34)，(82，-138)，(58，-138)，(32，-138)，(7，-138)，(-27，-138)，(-58，-138)，(-85，-138)，每输入一个点坐标，单击“确定”一次。输入坐标结束后单击“点”对话框的“取消”按钮，返回到“标准件管理”对话框，单击对话框的“取消”按钮，完成顶杆的加载，如图 7.41所示。

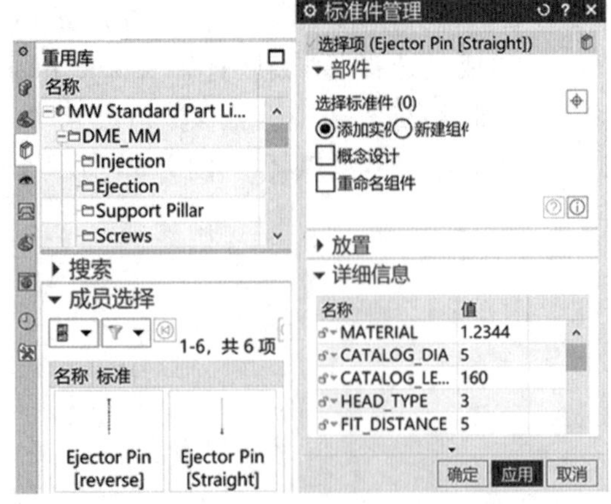

图 7.40　“重用库”和“标准件管理”对话框

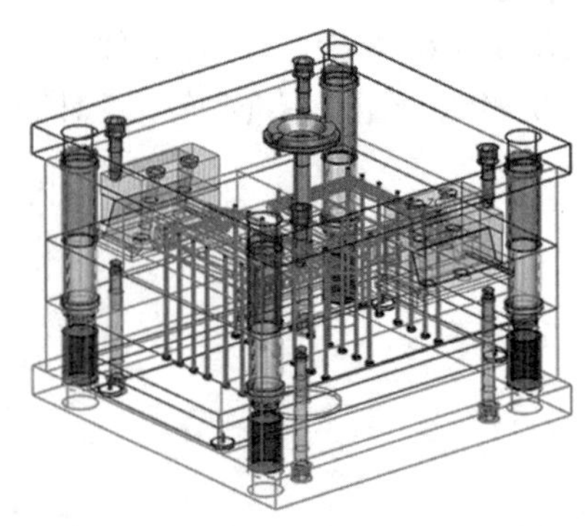

图 7.41　加载的顶杆

(3)顶杆后处理。

单击“顶杆后处理”图标,弹出图 7.42 所示对话框。在“类型”下拉列表中选择“修剪”选项,在“工具”列表区中选择“修边曲面”为“CORE_TRIM SHEET”,然后选择“目标”列表区域中的“电器外壳_ej_pin_074”,添加的顶杆都被选中,单击“确定”按钮,系统用型芯分型面修剪顶杆,结果如图 7.43 所示。

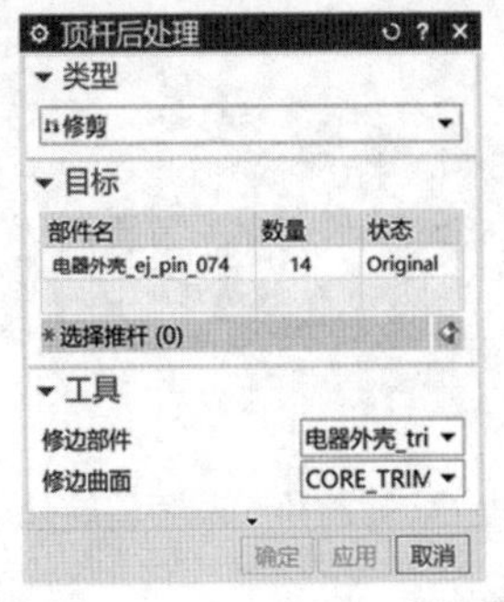

图 7.42　“顶杆后处理”对话框

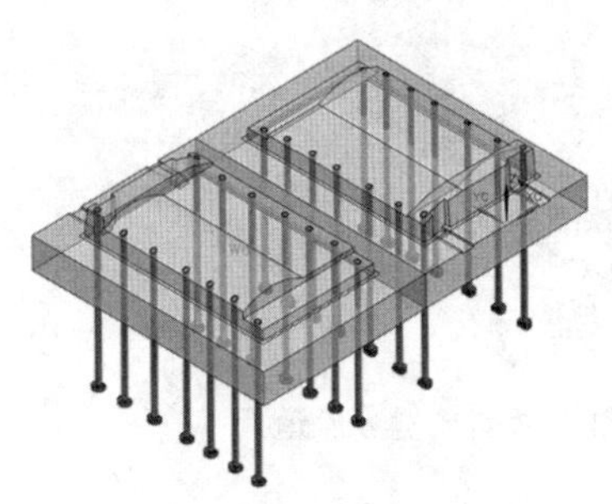

图 7.43　顶杆修剪

7.2.7　浇注系统设计

1. 设计分流道

(1)定义分流道参数。

在“装配导航器”中取消勾选“电器外壳_top_000”,然后勾选“电器外壳_core_024”和“电器外壳_parting-set_018”,只显示两个型芯和电器外壳模型。单击“设计填充”图标,弹出“设计填充”对话框并显示“重用库”,如图 7.44 所示。在“重用库”选择“FILL_MM”节点,在“成员选择”列表区选择“Runner[2]”。在“设计填充”对话框“详细信息”列表中设置参数值:$D=5$,$L=36$。

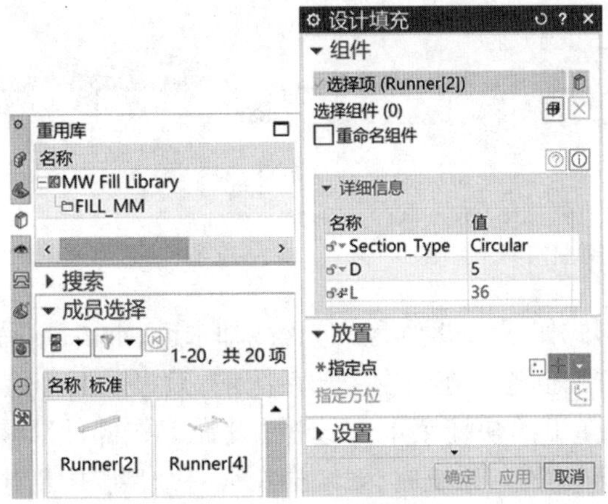

图 7.44　“重用库”和“设计填充”对话框

(2)放置分流道。

在“设计填充”对话框中“放置”列表区单击“点对话框”按钮,在弹出的“点”对话框中输入 X、Y、Z 轴的坐标值“0”，单击“点”对话框的“确定”按钮。系统加载分流道的同时显示图 7.45 所示对象操控坐标系，并返回“设计填充”对话框。

(3)旋转分流道。

单击图 7.45 所示绕 ZC 轴的“旋转球”，在弹出的“角度”文本框输入“90”，按“Enter”键旋转分流道。最后单击“设计填充”对话框的“确定”按钮，结果如图 7.46 所示。

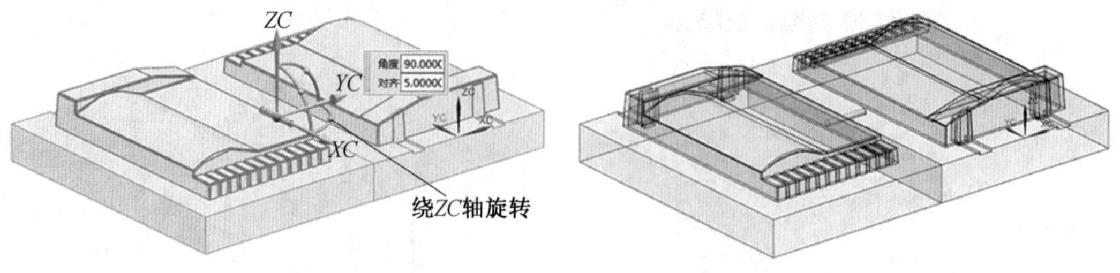

图 7.45　放置分流道　　图 7.46　旋转后的分流道

2. 设计浇口

设计浇口的过程与设计分流道的过程类似。单击“设计填充”图标，弹出“设计填充”对话框并显示“重用库”。在“重用库”选择“FILL_MM”节点，在“成员选择”列表区选择“Gate[Fan]”。在“设计填充”对话框“详细信息”列表中设置“Section_Type”值为“Semi_Circular”，$D=5$，$L_2=6$。单击“放置”列表区的“选择对象”按钮，在图形区捕捉分流道末端截面圆心，系统加载浇口。如果浇口方位不对，按照旋转分流道的方法进行旋转。随后单击“确定”按钮，完成浇口的创建，结果如图 7.47 所示。

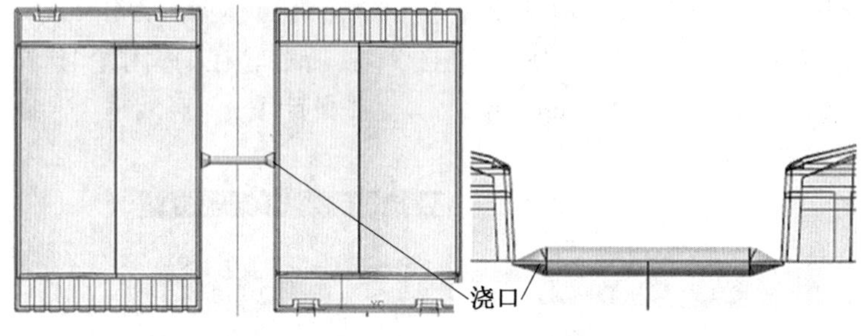

图 7.47　设计浇口

7.2.8　冷却系统设计

型腔侧冷却系统形式如图 7.48 所示，包含冷却水道、水堵、水嘴和密封圈。型芯侧冷却系统可以按照本例方法创建。在创建冷却系统前，只显示两个型腔，在图 7.48 所示型腔上单击鼠标右键，在弹出的快捷菜单中选择“设为工作部件”，将其设置为工作部件。这样，在选择的型腔中创建冷却系统时，系统会在另一个型腔中创建相同的冷却系统。

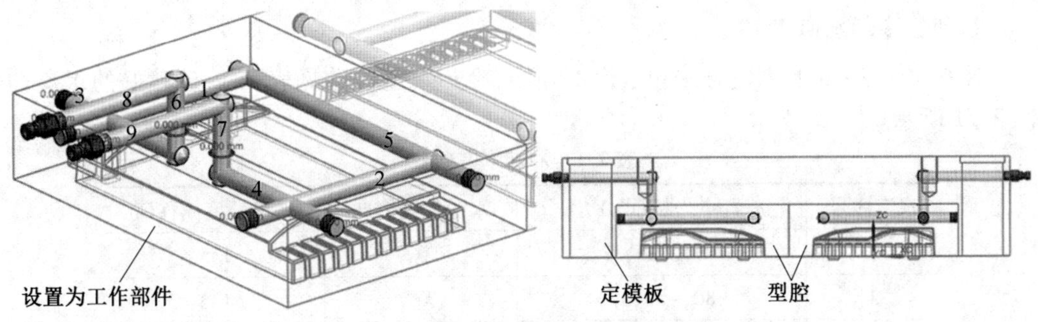

图 7.48　型腔侧冷却系统形式

1. 创建冷却水道 1

(1)定义水道 1 的直径和放置点。

单击“直接水路”图标,弹出“直接水路”对话框如图 7.49 所示。在“属性类型”下拉列表中选择“水路”,在“设置”选项区指定“通道直径”为“10 mm”,单击“通道位置”选项区的“点对话框”按钮,在弹出的对话框中输入 *X*、*Y*、*Z* 轴的坐标,分别为“-80”“-85”“37”,单击“点”对话框的“确定”按钮,返回“直接水路”对话框,图形区出现以指定点为原点的对象操控坐标系,如图 7.50 所示。

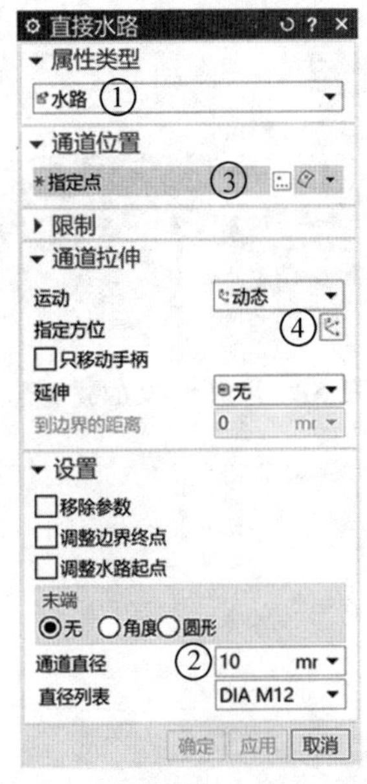

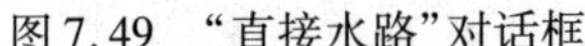

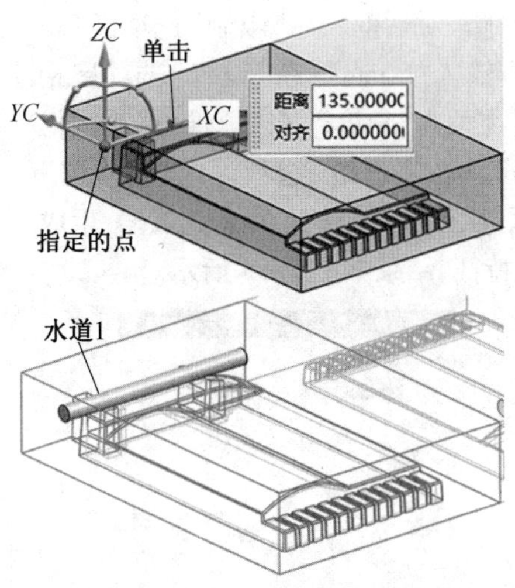

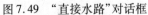

图 7.49　“直接水路”对话框　　　　图 7.50　创建水道 1

(2)定义水道 1 的长度。

单击“直接水路”对话框中的“指定方位”按钮,然后单击图形区坐标系“*XC*”轴,在弹出的“距离”文本框中输入“135”,按“Enter”键创建水道。单击“直接水路”对话框中的“确定”按钮完成水道 1 的创建,结果如图 7.50 所示。

2. 创建冷却水道 2 ~ 9

冷却水道 2 ~ 9 的创建方法和水道 1 相同，冷却水道参数见表 7.1，创建好的水道如图 7.51 所示。

表 7.1　冷却水道参数

水道序号	放置点坐标(*X*,*Y*,*Z*)	水道长度方向	水道长度偏移值
1	-80,-85,37	*XC*	135
2	80,-85,37	*XC*	135
3	-120,-50,37	*YC*	-100
4	120,-50,37	*YC*	100
5	120,50,37	*YC*	205
6	图 7.51 圆心 1	*ZC*	40
7	图 7.51 圆心 2	*ZC*	40
8	图 7.51 圆心 3	*XC*	-88
9	图 7.51 圆心 4	*XC*	-88

3. 创建水道末端加工特征

单击“延伸水路”图标，弹出图 7.52 所示“延伸水路”对话框。在“限制”选项区“距离”文本框输入“5 mm”，在“设置”选项区指定“末端”类型为“角度”，在“顶锥角”文本框输入“118”，单击“通道”选项区“选择水路”按钮，在图形区依次单击每个水道末端，生成水道加工特征，结果如图 7.53 所示。

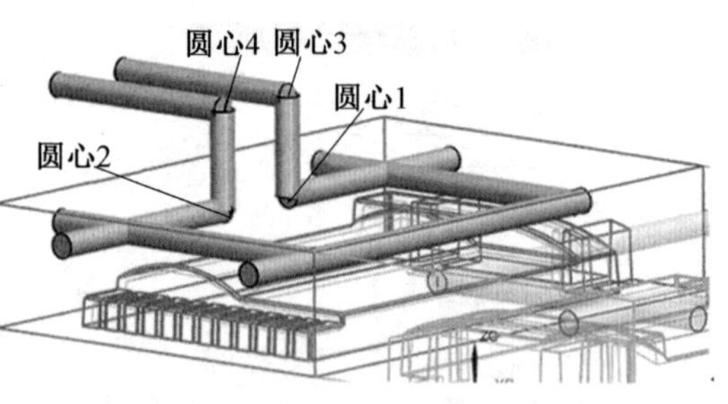

图 7.51　水道 6 ~ 9 的放置点

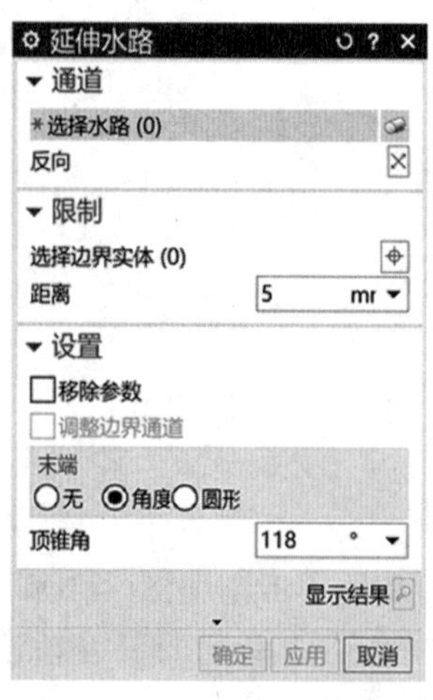

图 7.52　“延伸水路”对话框

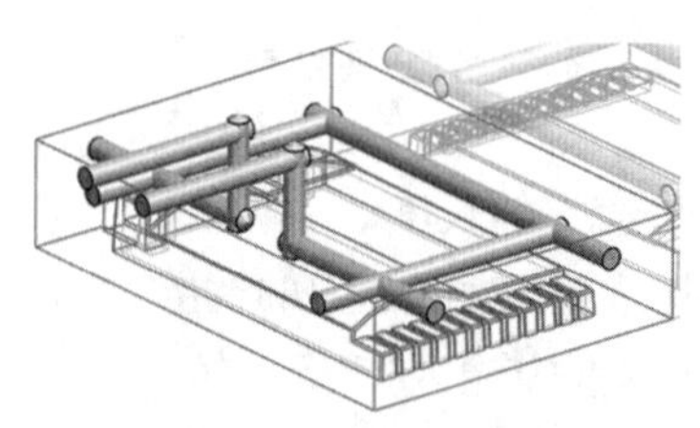

图 7.53　延伸水路

4. 创建冷却系统标准件

(1)创建水堵。

单击“冷却标准件库”按钮,弹出“冷却组件设计”对话框并显示“重用库”,如图 7.54 所示。在“重用库”的“名称”列表区选择“COOLING\Water”水堵节点,在“成员选择”列表区选择“PIPE PLUG”水堵类型。在“冷却组件设计”对话框“详细信息”列表中设置水堵尺寸值:ENGAGE = 8,FITTING_DIA = 12,在“放置”选项区“位置”下拉列表选择“PLANE”,单击“选择面或平面”,选择图 7.54 所示水管端面为放置面,单击“冷却组件设计”对话框中的“应用”按钮,弹出“标准件位置”对话框。单击“偏置”选项区“指定点”按钮,捕捉指定的水管端面圆心为放置点,单击“标准件位置”对话框的“确定”按钮,加载水堵,并返回“冷却组件设计”对话框。其他 4 个水堵的加载方法相同,创建结果如图 7.55 所示。

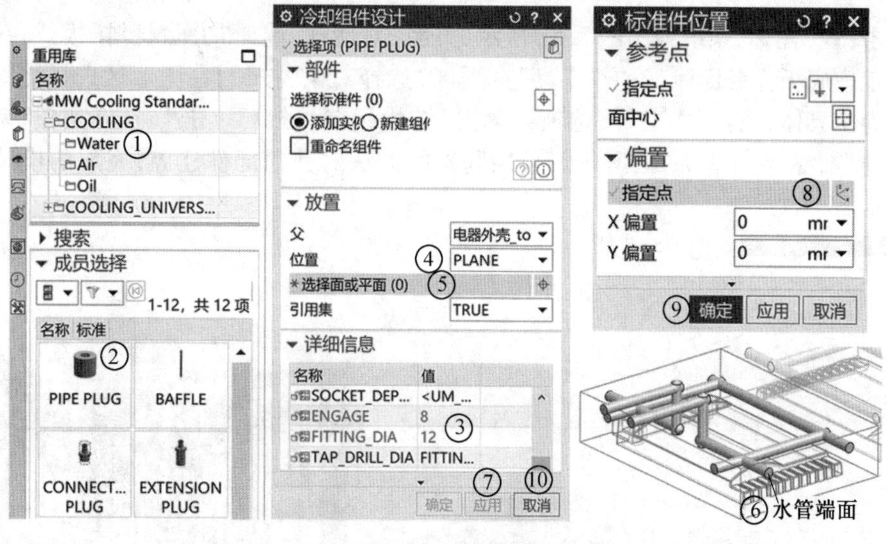

图 7.54 创建水堵

(2)创建水嘴和密封圈。

水嘴和密封圈的创建过程和水堵相同,创建过程使用的冷却标准件参数见表 7.2,结果如图 7.55 所示。密封圈的放置点如图 7.56 所示。

表 7.2 冷却标准件参数

标准件	重用库		冷却组件尺寸参数	放置面	放置点
	目录节点	类型			
水堵	COOLING\Water	PIPE PLUG	ENGAGE=8 FITTING_DIA=12	水道端面	对应水道端面圆心
水嘴	COOLING\Water	CONNECTOR PLUG	PIPE_THREAD=M10	水道端面	对应水道端面圆心
密封圈	COOLING\Water	O-RING	FITTING_DIA=10.22 SECTION_DIA=1.5	型腔顶面	图 7.56 水道端面圆心

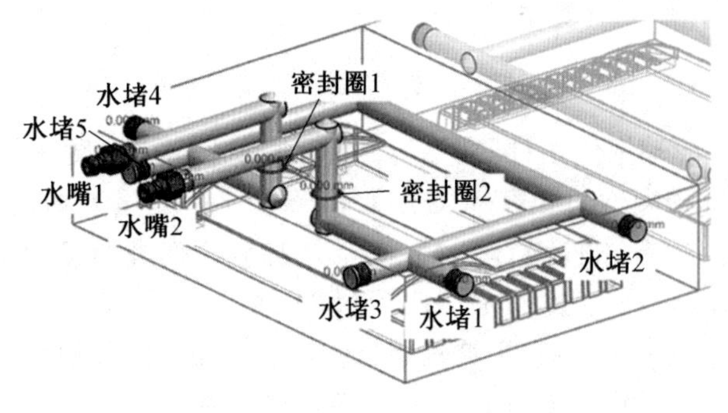

图 7.55 冷却系统标准件

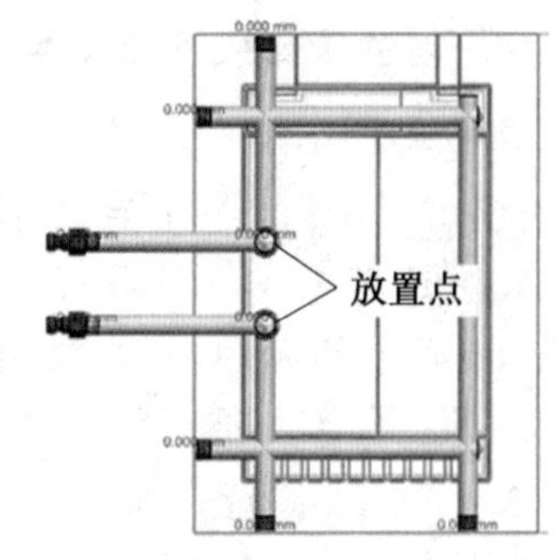

图 7.56 密封圈的放置点

7.2.9 腔体设计

单击“腔”图标，系统弹出图 7.57 所示“开腔”对话框，选择“去除材料”模式，在图形区选择定模底板为目标体，单击“工具”选项区“选择对象”按钮，在图形区选择浇口套和定位圈为工具体，或者在“工具”选项区单击“查找相交”，然后单击“确定”按钮，完成定模底板建腔，结果如图 7.57 所示。采用同样的方法对其他部件建腔，完成的模具如图 7.58所示。

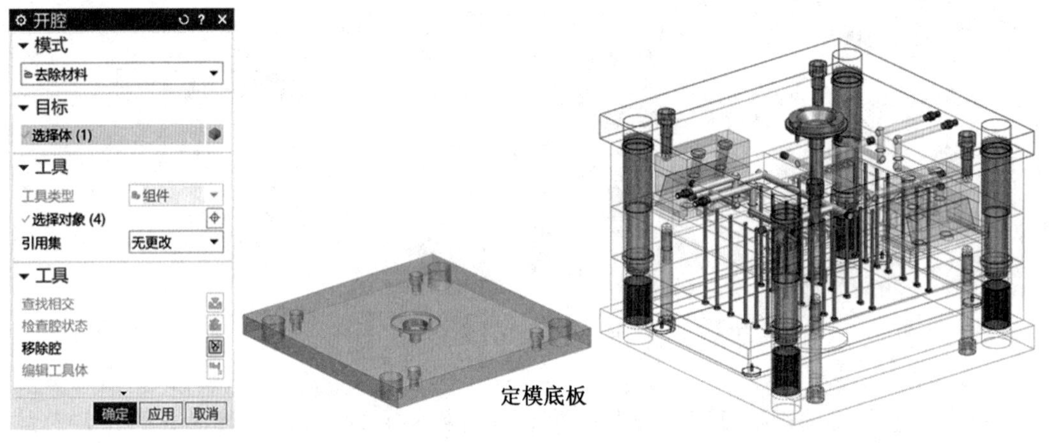

图 7.57 定模底板建腔

图 7.58 完成的模具

单击选择“文件\保存\全部保存”，保存所有模具文件。

7.3 本章小结

本章通过电器外壳零件介绍了模具设计过程，重点讲述了模具设计准备、分型、添加模架、创建滑块、标准件设计、浇注系统设计、冷却系统设计的方法。通过本章的学习，读者可以掌握使用注塑模向导设计模具的方法，熟悉塑料模具设计的相关命令。

7.4　思考题

1. 根据本章内容,思考注塑模具分型、创建滑块的详细步骤。
2. 思考模架、滑块、标准件、浇注系统和冷却系统加载时是如何定位的?
3. 思考注塑模向导如何管理装配文件,如何结合建模和曲面命令进行模具设计?

第8章　级进模设计基础

级进模是压力机一次行程中,在不同工位上完成两个或者两个以上冲压工序,生产钣金零件的冲模。钣金零件需求的快速增加对级进模的效率、精度、寿命要求越来越高,模具的设计与制造技术也在不断进步。Progressive Die Wizard(级进模具设计向导,简称PDW)是NX系统提供的设计级进模的专业模块。PDW把级进模设计技术的复杂要素集中到结构化设计流程中,提供了最佳的设计过程,提高了设计的专业性和效率。本章介绍级进模的结构和组成,PDW的功能以及使用PDW设计级进模的过程。

8.1　级进模结构介绍

级进模设计包含工艺设计和结构设计两部分。工艺设计是进行条料设计;结构设计是设计模架、标准件、凸模和凹模等零部件,其中标准件、凸模和凹模等零部件安装在模架上。模架可以分为两大部分:运动部分和固定部分。运动部分安装在压力机滑块上,固定部分与压力机工作台固定在一起。运动部分随压力机滑块上下运动、冲压条料,完成钣金零件的加工。

1. 条料

条料实例如图8.1所示。条料设计是在金属条板上布置废料和钣金零件的中间部件。条料设计决定了材料利用率,以及冲裁、弯曲、成形等冲压工序的顺序,是级进模设计的关键。

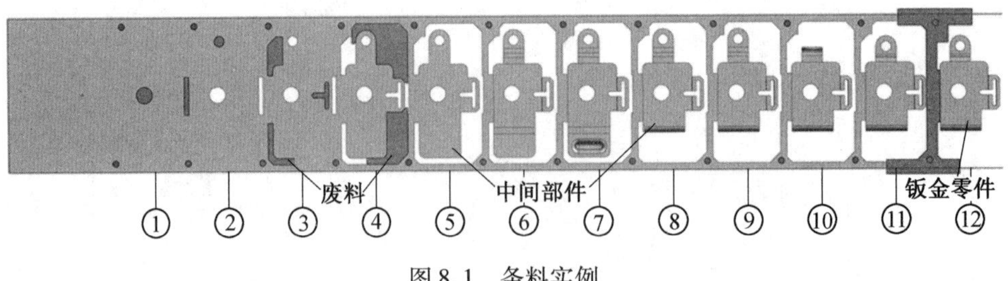

图8.1　条料实例

2. 模架

模架包括上模座、上垫板、凸模固定板、卸料板垫板、卸料板、凹模固定板、下垫板、下模座和垫块等模板,如图8.2所示。

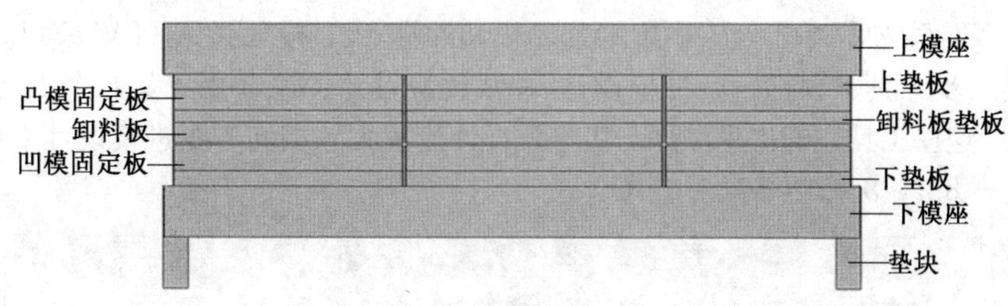

图 8.2　模架

3. 标准件

标准件包括导柱导套(卸料板导柱导套、模架导柱导套)、导正销、浮升销等零件,是级进模中起导向、定位、连接固定作用的零件,如图 8.3 所示。

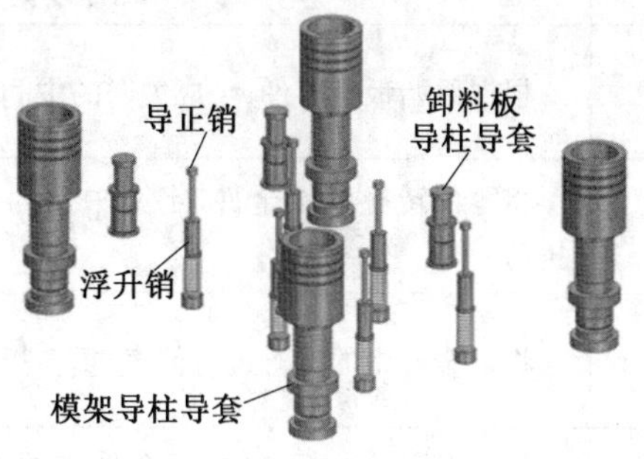

图 8.3　标准件

4. 凸模和凹模

凸模和凹模包括冲裁凸、凹模,折弯凸、凹模,成形凸、凹模等,是级进模各工位加工中间部件的零件。凸模和凹模如图 8.4 所示。

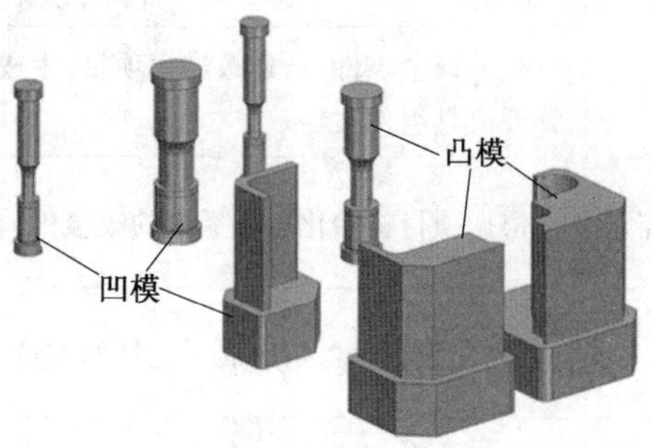

图 8.4　凸模和凹模

8.2　NX1953 PDW 简介

PDW 集成了级进模设计的知识和经验,涵盖了级进模设计的全部过程,包括中间工步设计、初始化项目、毛坯布局、废料设计、条料排样、冲压力计算、模架设计、凸模和凹模设计、标准件设计、让位槽和腔体设计等。PDW 中包含了模架和标准件库,可以快速调用,提高设计效率。

进入 NX 系统后,单击“应用模块\注塑模和冲模\级进模”,进入 PDW 模块。PDW 中包括中间工步工具、条料设计、冲模设计、冲裁镶块设计、NX 通用工具几个工具栏,如图 8.5 所示。这些工具栏的排列顺序与级进模设计流程大致相同。级进模设计常用命令及其功能见表 8.1 ~ 8.4,可备学习参考。

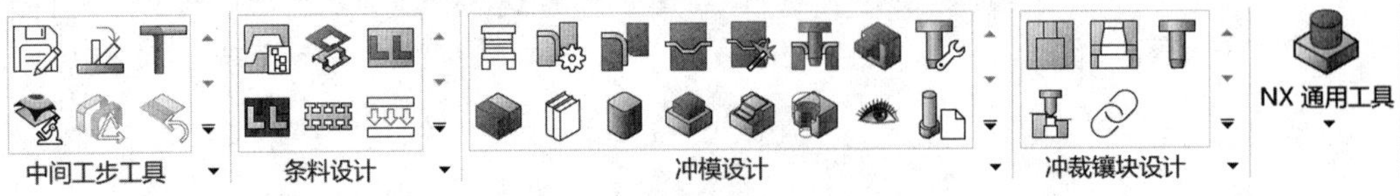

图 8.5　级进模向导工具栏

表 8.1　中间工步工具命令

命令图标	命令名称	命令功能
	定义中间工步	根据原始钣金零件,生成关联的中间工步零件
	直接展开	将零件转换为钣金件、定义中性因子、预折弯、合并折弯、删除折弯
	折弯操作	将钣金件中的直弯进行伸直、重新折弯、预折弯、过弯操作
	分析可成型性-一步式	通过有限元分析,展平钣金件中的部分面或者所有面并计算变薄、应力、应变和回弹,以预测成形风险

表 8.2　条料设计命令

命令图标	命令名称	命令功能
	初始化项目	载入钣金零件,新建级进模项目,生成模具装配目录和相关文件,管理模具组件文件
	毛坯生成器	根据项目初始化过程插入的钣金件,在级进模项目中创建毛坯
	毛坯布局	定义条料宽度,指定展平毛坯的方位、角度、间距以及侧距
	废料设计	创建工艺废料和结构废料,进行废料的编辑、工艺处理、分组
	条料排样	在得到钣金件最终形状之前,对废料和中间工步进行布置
	冲压力计算	计算级进模设计中工艺特征所需要的冲压力

表 8.3　冲模设计命令

命令图标	命令名称	命令功能
	管理模架	添加和设计模架，也可以分割模架、调整模架和模板的长度
	冲模设计设置	设置级进模设计参数，比如穿透深度、避空间隙等
	折弯镶块设计	设计标准折弯凸、凹模，还可以创建用户定义的折弯凸、凹模
	成形镶块设计	设计成形凸、凹模
	特殊成形	创建和编辑特殊成形的冲压凸、凹模
	翻孔镶块设计	设计翻孔凸、凹模
	镶块辅助设计	设计凸、凹模的固定结构，比如螺钉、挂台、压块，以及加强结构
	镶块编辑工具	复制、删除镶块，更新镶块位置，更改镶块父项
	拆分镶块	将镶块拆分为小镶块，以方便镶块的替换
	标准件	添加和编辑标准件，比如导柱导套、螺钉、浮升销等
	常规镶块	为冲裁凸、凹模创建镶块
	支撑垫块	创建并编辑支撑垫块
	让位槽设计	创建让位槽实体，以便在模板上创建腔，防止条料和冲模板之间产生干涉
	腔设计	在模板的相应位置开设安装槽，用于放置凸、凹模和标准件，避免与条料干涉
	视图管理器	管理级进模组件的显示和隐藏
	概念设计	配置和安装模架和标准件

表 8.4　冲模镶块设计命令

命令图标	命令名称	命令功能
	凹模镶块	通过标准镶块、草绘轮廓、包容块的方法设计凹模镶块
	型腔和废料孔	设计型腔和废料孔实体
	凸模镶块	通过标准和用户定义方式,设计凸模镶块
	特殊冲裁	创建和编辑特殊冲裁凸、凹模
	冲裁镶块工具	设计冲裁镶块的工具

PDW 还有“NX 通用工具”下拉菜单,其中包含了常用的建模命令,比如删除、加厚、缝合等,方便在级进模设计过程中使用。如果要使用“NX 通用工具”中没有的建模命令,需要单击“应用模块\建模”,进入建模模块,选择需要的命令,或者在“菜单”中寻找相关命令。

8.3　NX1953 PDW 级进模设计过程

PDW 是按照中间工步设计,条料设计,模架和标准件设计,凸、凹模设计,模具设计收尾的顺序进行级进模设计,如图 8.6 所示,图中也给出了设计过程对应的命令。

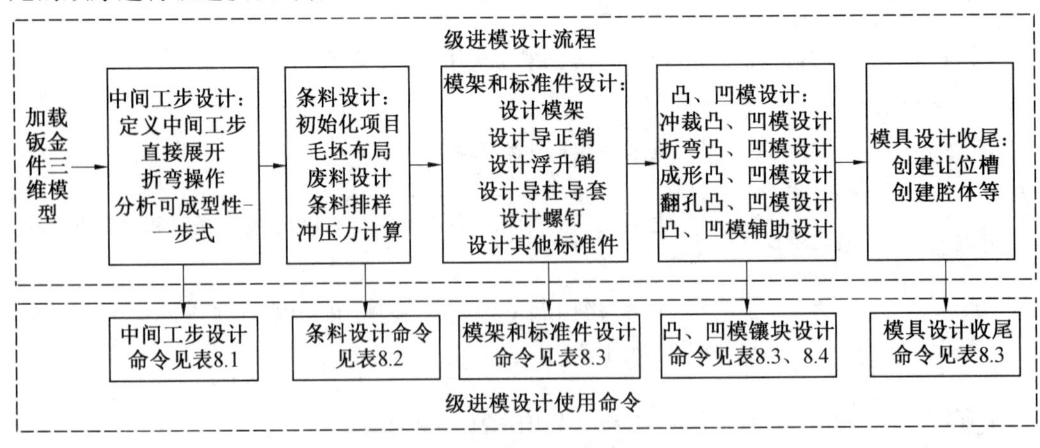

图 8.6　级进模设计过程和使用的命令

【例 8.1】　级进模设计实例——使用 NX1953 PDW 设计图 8.7 所示冲裁折弯件的级进模。

本例的设置目标是使读者熟悉级进模设计的一般过程，以及相关命令的操作方法，详细步骤如下。

步骤 1　打开零件模型。

将本章二维码中的文件夹“第 8 章\冲裁折弯件模具”复制到电脑。启动 NX 1953，打开文件夹中的“冲裁折弯件. prt”文件，单击“应用模块\注塑模和冲模\级进模”，进入级进模向导。

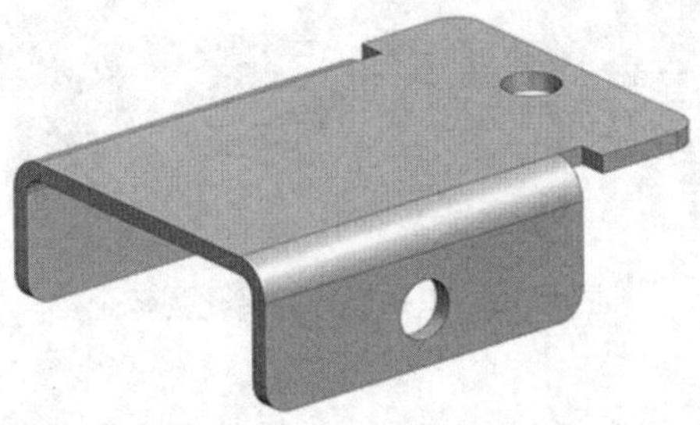

图 8.7　冲裁折弯件

步骤 2　中间工步设计。

中间工步设计是将原始钣金件展开，得到各工位的中间零件。

(1)定义中间工步。

单击“定义中间工步”图标，打开图 8.8 所示对话框。设置“工步序列”为“从部件到毛坯”，“中间工步数量”为“2”，“起始工位”为“4”，“步距”为“110”，“步距方向”为“*X*”方向，单击“确定”按钮后，生成两个中间工步：Final 和 Final-1，同时建立了装配结构，管理中间工步文件，如图 8.9 所示。

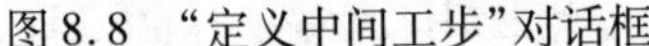

图 8.8　“定义中间工步”对话框

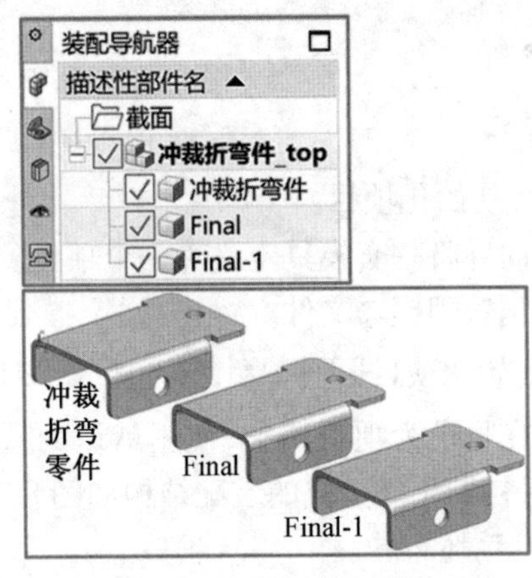

图 8.9　生成中间工步

(2)识别折弯并转化为钣金。

单击“直接展开”命令图标，打开图 8.10 所示对话框，同时系统将原始钣金零件设置为工作部件。在对话框选择“转换为钣金”模式，确认“选择基本面”命令处于激活状态，选择图 8.10 所示基本面，单击“应用”，系统识别折弯，结果显示在“折弯表”中。单击

“确定”按钮结束命令。

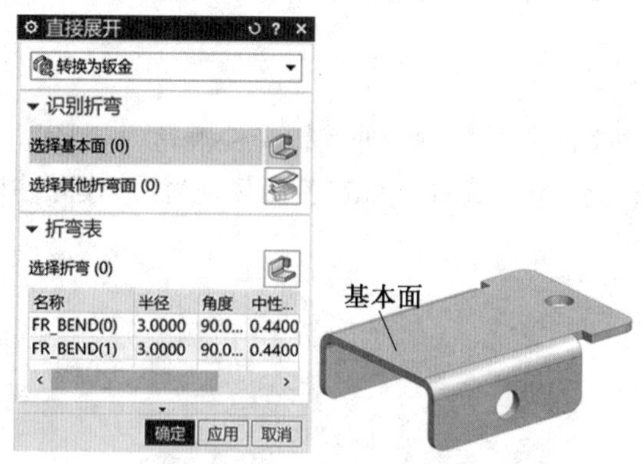

图 8.10　识别折弯并转化为钣金

(3)折弯展开。

在“装配导航器”或者图形区双击“Final-1”将其设为工作部件,单击“折弯操作”图标,弹出图 8.11 所示对话框。在对话框中选择“伸直”模式,确认“选择折弯”命令处于激活状态,选择图 8.11 所示折弯面之一,单击“应用”将其展平,然后再展开另一个折弯。如展开方向有误,可以勾选或取消勾选“显示备选结果”复选框,切换到另一个结果。

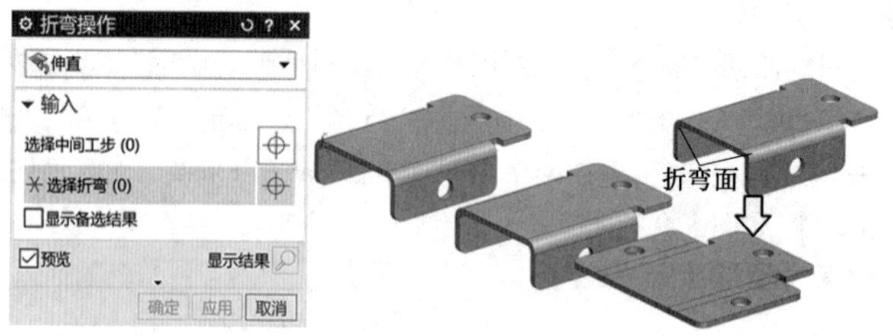

图 8.11　折弯展开

步骤 3　初始化项目。

级进模向导将一套模具定义为一个项目。“初始化项目”功能生成模具的装配结构,通过装配结构管理模具文件。

单击“初始化项目”图标,打开图 8.12 所示对话框。系统以钣金零件为工作部件,并以零件所在目录为项目路径,使用默认的项目名“prj”,采用常规模板,单击“确定”按钮,完成项目初始化。生成的装配结构如图 8.13 所示。

步骤 4　毛坯布局。

“毛坯布局”功能是将展开的毛坯导入级进模装配结构中,进行毛坯的排样。

(1)导入毛坯。

单击“毛坯生成器”图标,在弹出的对话框中选择“创建”模式,如图 8.14 所示,单击“导入毛坯部件”按钮。在弹出的“选择”对话框中选择“Final-1. prt”文件,这是已经展平的毛坯,单击对话框“确定”按钮,导入毛坯。如果“选择”对话框中没有“Final-1. prt”文件,先单击“文件\保存\全部保存”,然后再进行选择。

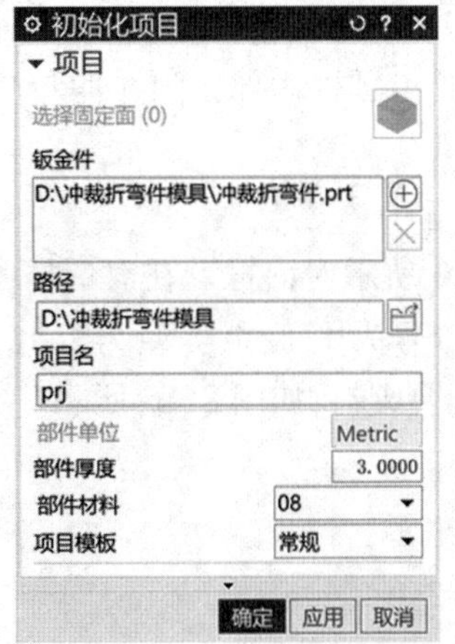

图 8.12　“初始化项目”对话框

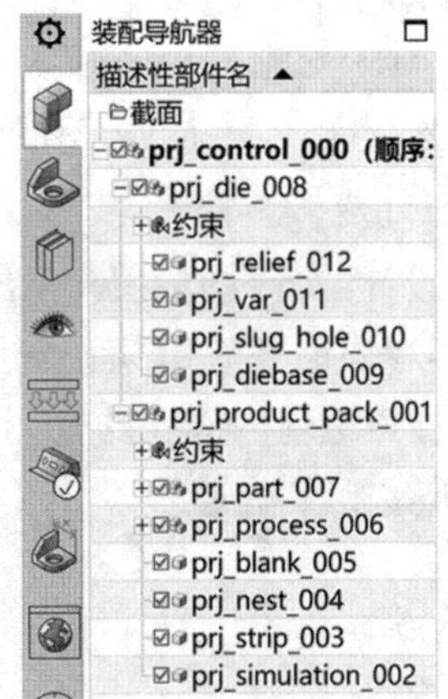

图 8.13　生成的装配结构

确认“毛坯生成器”对话框中的“选择固定面”命令处于激活状态,选择毛坯的上表面作为固定面,如图 8.14 所示,单击 “确定”按钮,完成毛坯导入。

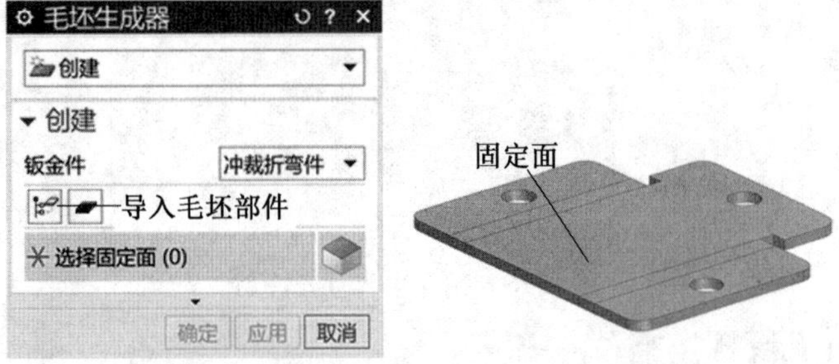

图 8.14　导入毛坯部件

(2)进行布局。

单击“毛坯布局”命令图标,弹出图 8.15 所示“毛坯布局”对话框。同时在图形窗口可以看到 3 个并排放置的毛坯,中间毛坯处于高亮选中状态。在对话框中选择“创建布局”模式,设置“步距”和“宽度”为“110”,单击对话框中的“确定”按钮,创建毛坯布局如图 8.15 所示。

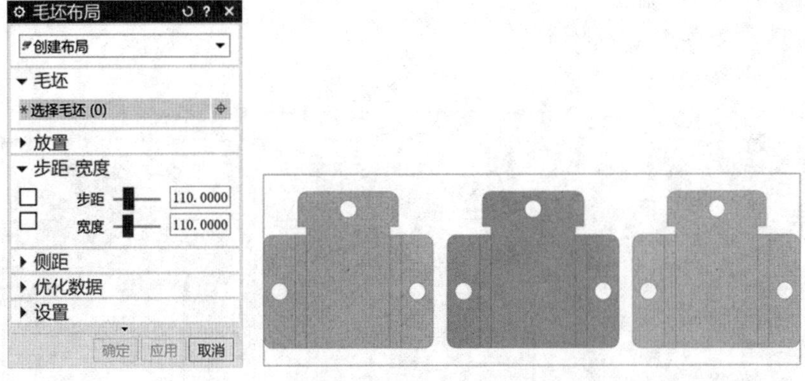

图 8.15　毛坯布局

步骤 5　废料设计。

废料分为设计废料和工艺废料:设计废料是由零件内部封闭孔冲裁产生;工艺废料是毛坯间的搭边、载体等,由毛坯布局决定。

(1)创建设计废料。

单击“废料设计”命令图标,弹出图 8.16 所示对话框。在对话框中选择“创建”模式,单击“孔边界”按钮,系统默认设置废料工位号为 1,废料类型为“冲裁”,单击“应用”按钮,系统自动搜索毛坯内部孔的轮廓,创建 3 块废料,如图 8.16 所示。

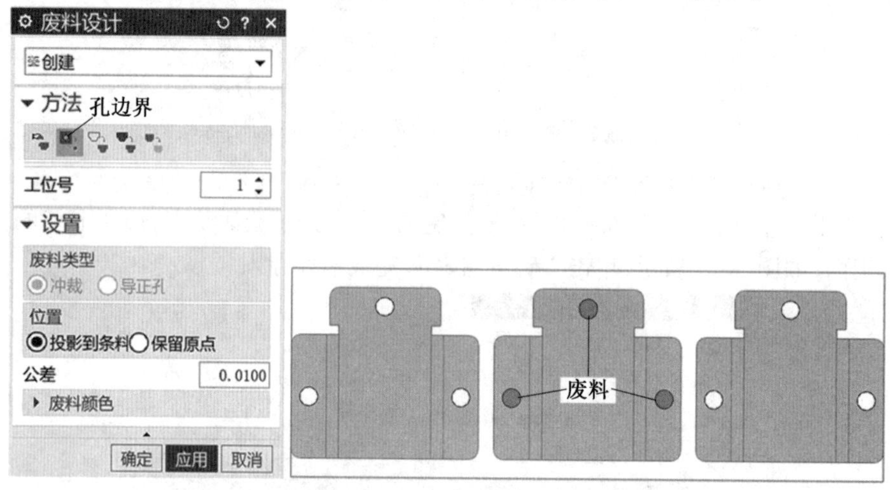

图 8.16　用孔边界创建废料

(2)创建导正孔废料。

在“废料设计”对话框选择“创建”模式,单击“封闭曲线”按钮,废料类型设置为“导正孔”,然后单击“绘制截面”按钮,系统弹出“创建草图”对话框,单击“确定”按钮,进入草绘环境。在草图中绘制图 8.17 所示圆。退出草图后,单击“废料设计”对话框中的“应用”按钮,创建图 8.17 所示导正孔废料。

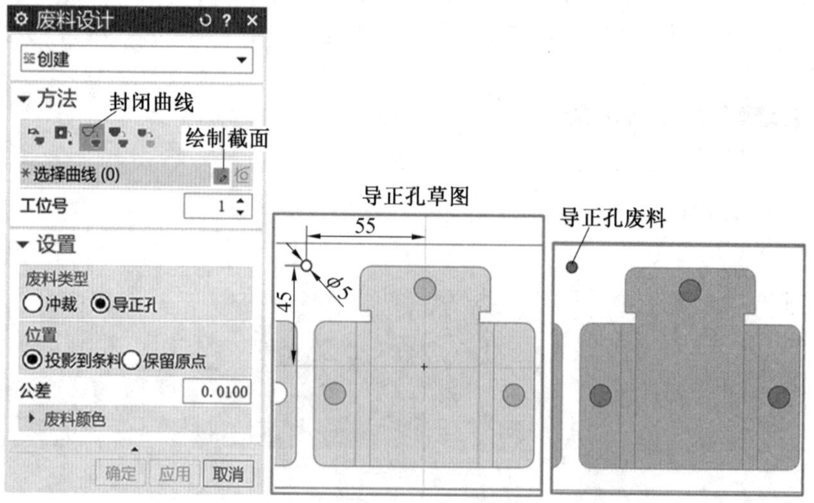

图 8.17　设计导正孔废料

(3) 创建其他工艺废料。

在“废料设计”对话框选择“创建”模式，单击“毛坯边界+草图”按钮，系统自动设置废料类型为“冲裁”，然后单击“绘制截面”按钮，系统弹出“创建草图”对话框，单击“确定”按钮，进入草绘环境。在草图中绘制图 8.18 所示废料 1 的草图，毛坯边界部分不用绘制，但是草图曲线和毛坯边界要形成封闭曲线。退出草图后，单击“废料设计”对话框的“应用”按钮，系统创建废料 1。采用相同的方法，创建废料 2 和废料 3，它们的草图如图 8.18 所示。

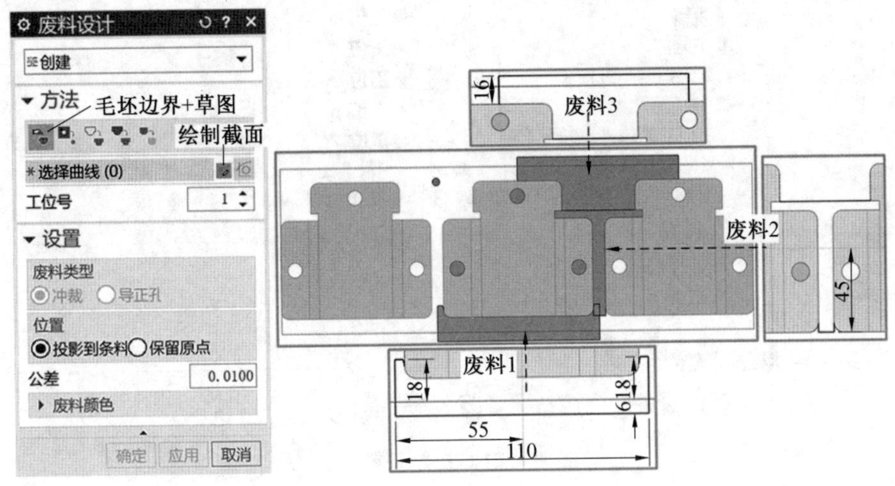

图 8.18　毛坯边界+草图设计废料

步骤 6　条料排样。

“条料排样”功能用于将中间工步零件和废料指定到各自的冲压工位。

(1) 创建条料。

单击“条料排样”图标，打开“条料排样导航器”对话框，如图 8.19 所示。分别双击“步距”“宽度”“工位号”并输入数值“110”“110”“7”。进给方向使用默认值 0。

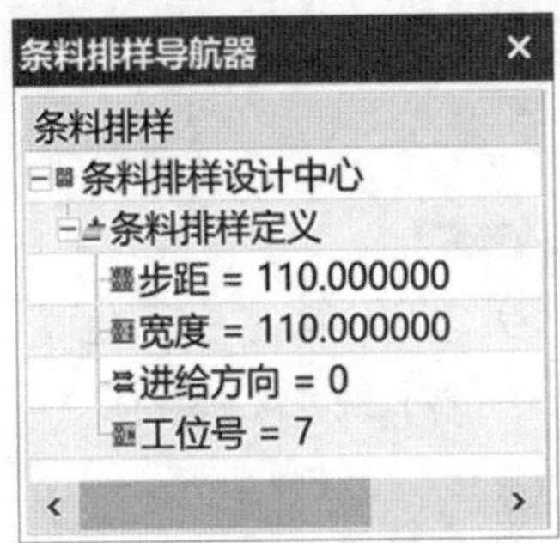

图 8.19　“条料排样导航器”对话框

用鼠标右键单击“条料排样定义”，在弹出的快捷菜单中单击“创建”，系统将创建条料。“条料排样导航器”对话框增加了未处理节点和工位节点，如图 8.20 所示。创建的条料如图 8.21 所示，除了导正孔废料，其余废料都在工位 1。

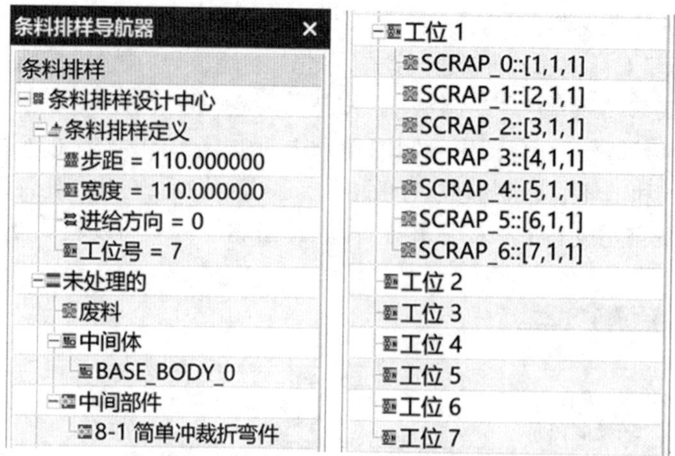

图 8.20　创建条料后的导航器

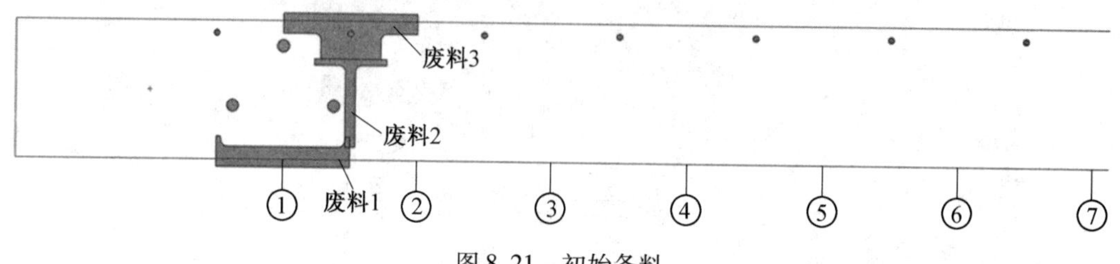

图 8.21　初始条料

(2)移动废料。

单击“条料排样导航器”对话框的“工位 1”节点中的废料,图形区中对应的废料会高亮显示,从而可以识别两者的对应关系。在“条料排样导航器”对话框的“工位 1”节点中用鼠标右键单击废料 1(图 8.21),在弹出的快捷菜单中选择“下移\1”,“条料排样导航器”和图形区中的废料 1 移动到工位 2 节点中。采用同样的方法,将废料 2 和废料 3 分别移动到工位 3、工位 6,结果如图 8.22 所示。

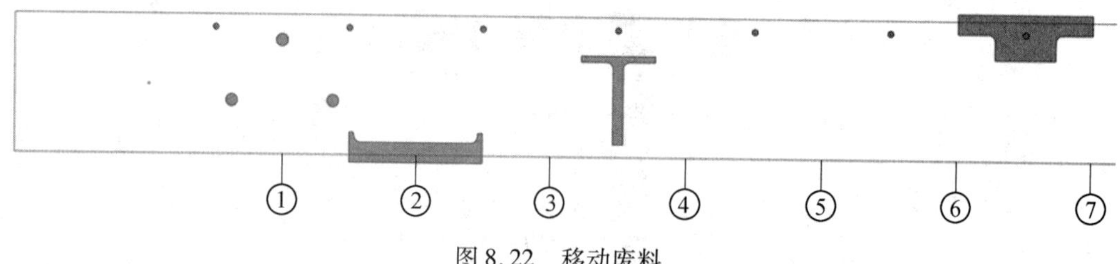

图 8.22　移动废料

(3)载入中间部件。

在“条料排样导航器”对话框中用鼠标右键单击“中间部件”,在弹出的快捷菜单中单击“打开”,弹出“选择部件”对话框,在对话框中选择“冲裁折弯件_top. prt”,这是中间工步的顶层装配节点,然后单击“确定”载入中间部件,结果如图 8.23 所示。

图 8.23 中工位 6 和工位 7 缺少中间部件,需要从工位 5 复制。用鼠标右键单击“条料排样导航器”对话框“工位 5”节点下的“Final”部件,如图 8.23 所示,在弹出的快捷菜单中单击“复制”,右键单击“工位 6”,在快捷菜单中单击“粘贴”。同样在工位 7 粘贴中

间部件，结果如图 8.24 所示。

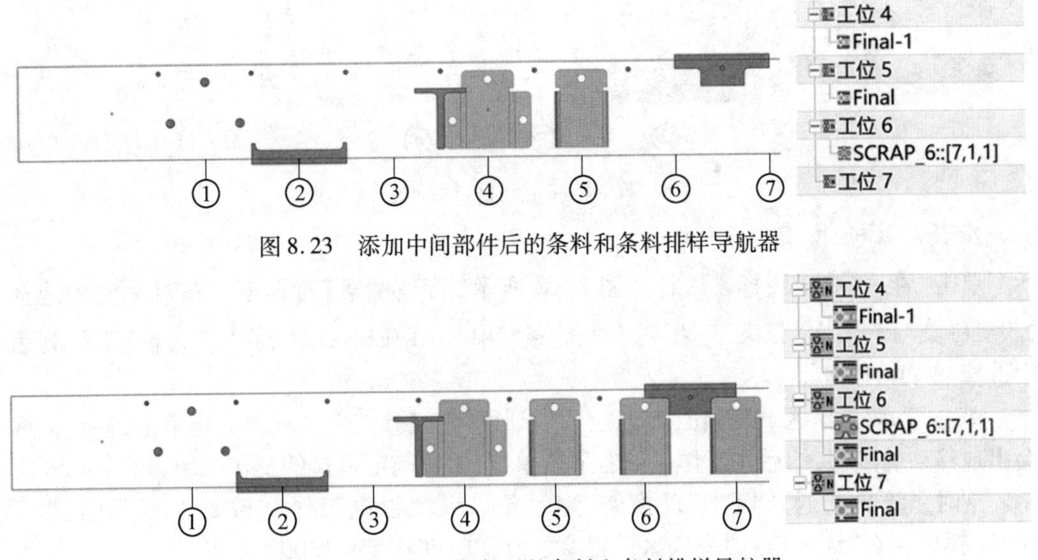

图 8.23　添加中间部件后的条料和条料排样导航器

图 8.24　复制中间部件后的条料和条料排样导航器

(4)仿真冲裁。

在“条料排样导航器”对话框中用鼠标右键单击“条料排样定义”，在弹出的快捷菜单中选择“仿真冲裁”，在弹出的“条料排样设计”对话框中，指定“起始工位”为“1”，“终止工位”为“7”(图 8.25)，然后单击“确定”，仿真冲裁结果如图 8.26 所示。

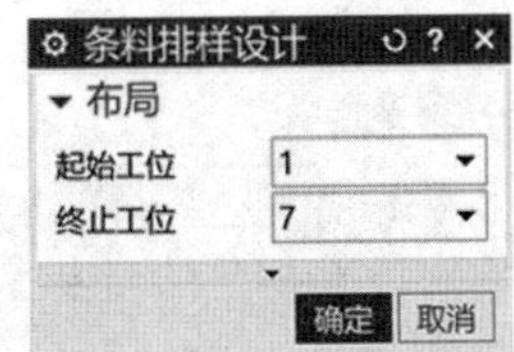

图 8.25　“条料排样设计”对话框

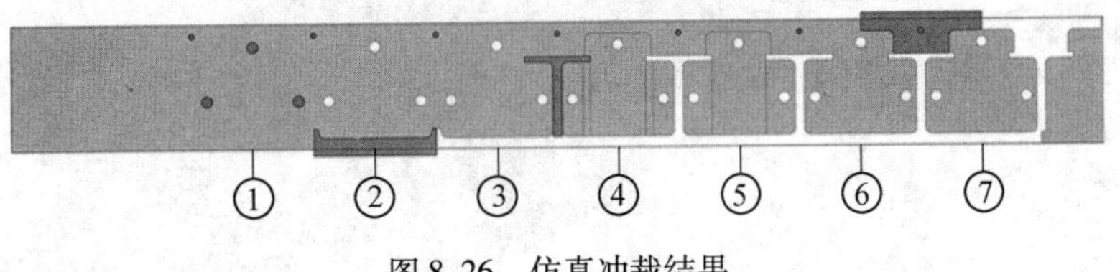

图 8.26　仿真冲裁结果

(5)移除毛坯材料。

图 8.26 中工位 4 到工位 7 中间部件与仿真条料重叠，需要移除多余材料。用鼠标右键单击“条料排样定义”，在弹出的快捷菜单中选择“移除毛坯材料”，在弹出的“条料排样设计”对话框中指定“起始工位”为“4”，“终止工位”为“7”，然后单击“确定”，移除条料与中间部件重叠的材料，关闭“条料排样导航器”。

单击“菜单\格式\移动至图层”，弹出“类选择”对话框，在“类型过滤器”下拉列表中选择实体，在图形区选择无用的毛坯和条料，将其移动到 255 层隐藏，结果如图 8.27 所示。

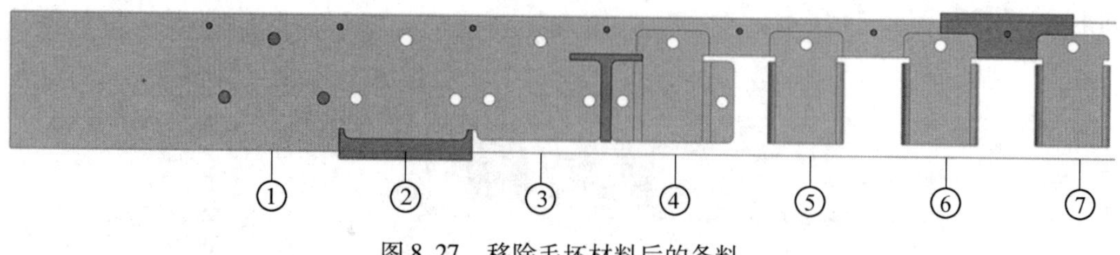

图 8.27　移除毛坯材料后的条料

步骤 7　添加模架。

单击“管理模架”图标，打开图 8.28 所示“管理模架”对话框。在对话框中选择“设计模架”模式，在“目录”下拉列表中选择“DB_UNIVERSAL1”，在“板数量”下拉列表中选择“8 PLATES”。

单击“选取工作区域”按钮，弹出“点”对话框，在模具工作区域左上角单击，移动鼠标会出现移动的红框，然后在工作区域右下角单击，大致确定模具的工作区域，如图 8.28 所示。这时系统自动返回到“管理模架”对话框。系统根据工作区域大小，自动推荐了 10020 模架。在“详细信息”列表区设置参数值：PL=900，PW=300。

单击“管理模架”对话框“指定参考点”按钮，弹出“点”对话框，在图形区选择条料左边中点，如图 8.28 所示，单击“点”对话框中的“确定”按钮，返回“管理模架”对话框。在参考点“到模架边缘的距离”文本框输入“110”。单击“确定”按钮加载模架，结果如图 8.28所示。

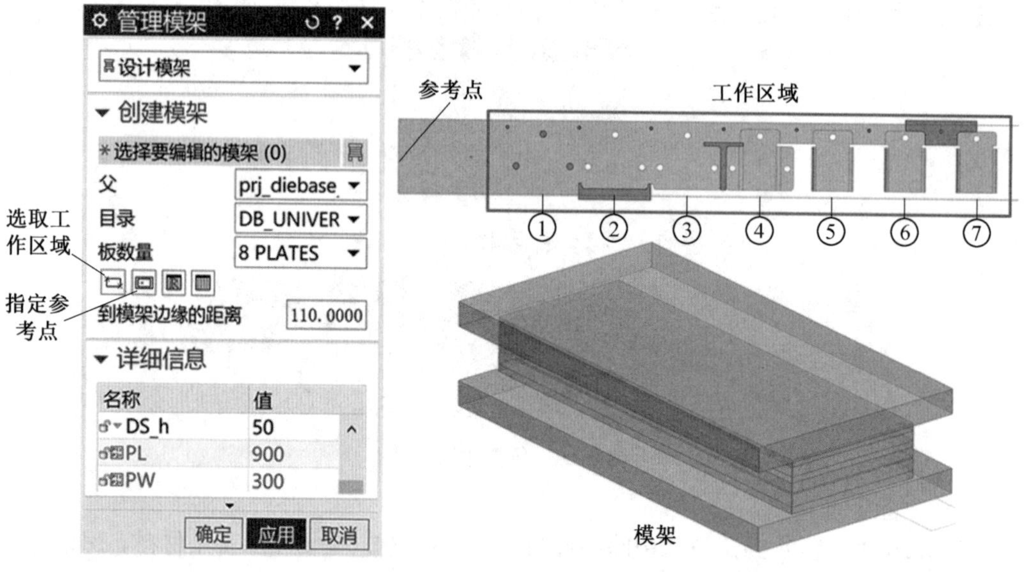

图 8.28　加载模架

步骤 8　创建凸、凹模。

本例以冲裁凸模、凹模以及凹模废料孔实体为例讲解凸、凹模的创建过程，具体步骤如下。

(1) 创建凸模。

在“装配导航器”中只勾选“prj_strip_＊”和“prj_simulation_＊”显示条料。单击“凸模镶块”图标，打开图 8.29 所示“凸模镶块设计”对话框。确认“选择废料”命令处于激活状态，选择图 8.29 指示的废料，“镶块类型”选择“用户定义”，单击“确定”按钮，完成凸模的创建。

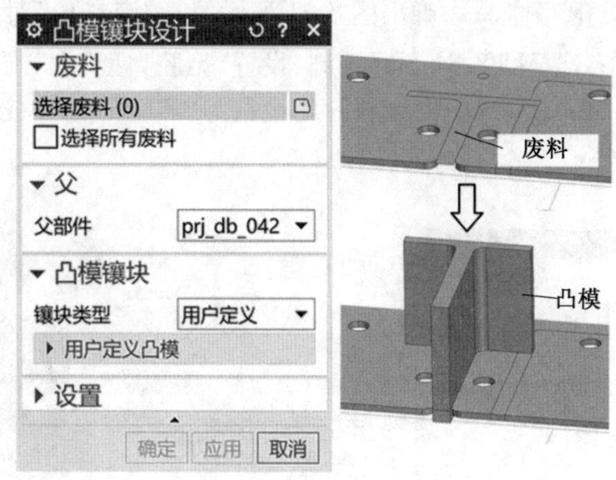

图 8.29　创建凸模

(2)创建凹模。

单击“凹模镶块”图标，打开图 8.30 所示“凹模镶块设计”对话框。确认“选择废料”命令处于激活状态，选择图 8.30 所示废料，选择“镶块模式”为“草图轮廓”，确认选择“凹模镶块”。单击“创建基准平面”按钮，系统自动在选择的废料位置创建通过条料底面的基准面。

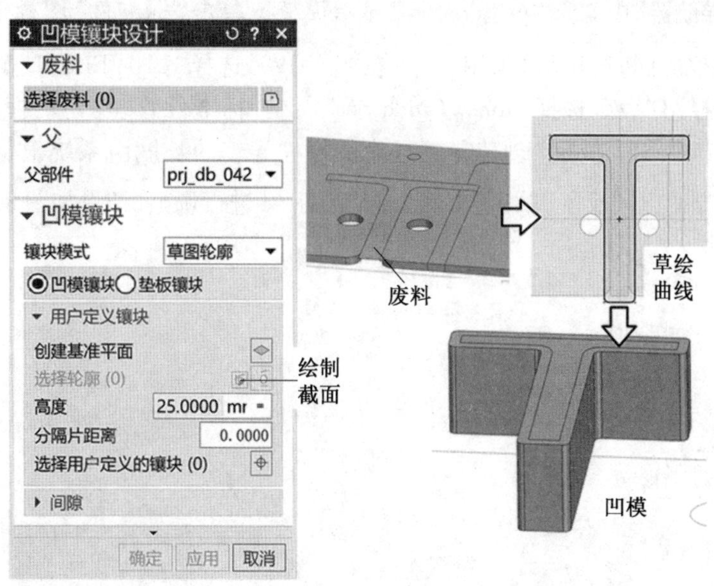

图 8.30　创建凹模

单击“绘制截面”图标，在弹出的“创建草图”对话框中单击“确定”按钮，以创建的基准面为草绘平面，进入草绘环境，绘制图 8.30 所示草绘曲线。截面曲线是废料轮廓向外偏置 3 mm 创建的，圆角半径为 2 mm。退出草图，返回“凹模镶块设计”对话框，单击“确认”创建凹模镶块。

(3)创建凹模废料孔。

单击“型腔和废料孔”图标，弹出图 8.31 所示“模腔废料孔”对话框，确认“选择废料”命令处于激活状态，选择图 8.31 所示废料，设置“型腔类型”为“锥角”，设置 H、A、C_1、C_2 分别为 3、-1、2、3，BBP 和 DS 中的废料孔均设置为“FILLET”，单击“确定”，系统为凹模镶块创建废料孔实体。

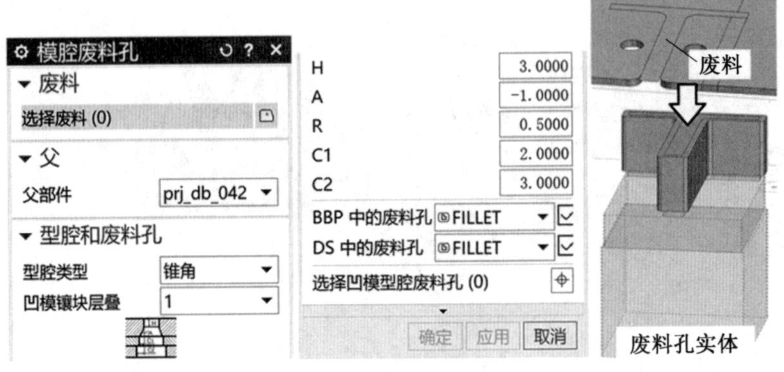

图 8.31 创建凹模废料孔

步骤 9 创建标准件。

本例以导柱导套为例讲解标准件的创建过程。

在“装配导航器”中勾选“prj_die_ * ”显示模架。单击“标准件”图标，系统弹出“标准件”对话框的同时，显示“重用库”。在“重用库”选择“UNIVERSAL_MM\Guide”节点，在“成员选择”列表区选择“Inner Guide Set”。在“标准件管理”对话框设置参数值：NUM=6，d_1=15，单击“应用”创建导柱导套。导柱导套的长度由系统根据模板厚度计算。如果导柱导套方向反了，单击“翻转方向”图标进行调整，结果如图 8.32 所示。

图 8.32 设计导柱导套

步骤 10　创建腔体。

单击“腔设计”命令图标，系统弹出“开腔”对话框，如图 8.33 所示。选择“去除材料”模式，在图形区选择卸料板为目标体，在“工具”选项区单击“查找相交”按钮，单击“确定”按钮，完成卸料板建腔，结果如图 8.33 所示。此时卸料板上已创建了凸模和导柱导套的安装空间。

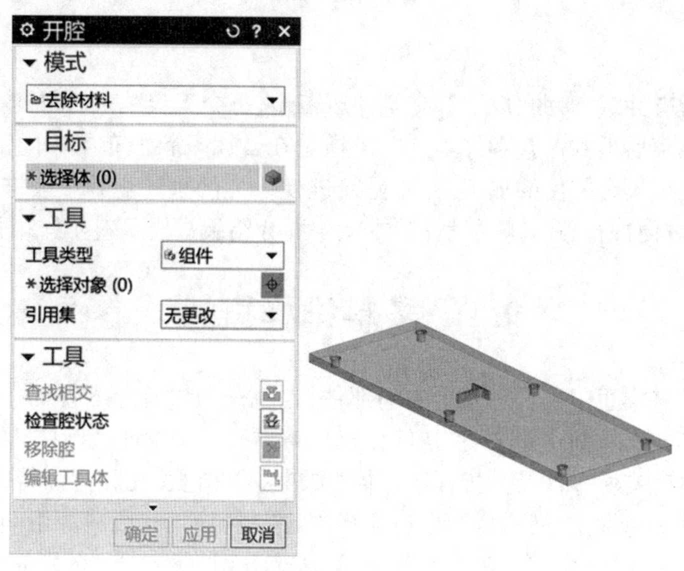

图 8.33　卸料板建腔

步骤 11　保存文件。

单击“文件\保存\全部保存”，保存模具文件。

8.4　本章小结

本章主要介绍了级进模的结构以及 NX1953 PDW 设计级进模的过程和主要命令，并通过实例讲解了 NX1953 级进模向导设计模具的过程和方法。通过本章的学习，读者可以理解 NX1953 级进模向导设计模具的方法，能够设计简单的级进模。

8.5　思考题

1. 级进模由哪些部分组成？每个组成部分的作用是什么？

2. NX1953 级进模向导设计模具包含哪些过程？需要使用哪些命令？

第9章　级进模条料排样

级进模通常有冲裁、弯曲、成形等多个冲压工步，每个工步结束后得到一个中间部件，所有冲压工步结束后得到钣金零件。条料排样是在金属条料上布置中间部件，中间部件的排列顺序决定了钣金零件的加工工序，是级进模设计的重要步骤。级进模向导提供了条料排样功能，方便进行条料排样设计。本章主要介绍级进模条料排样相关功能。

9.1　条料排样概述

条料排样的基本思想是合理布置中间部件，也就是布置钣金零件的加工工序。条料排样的步骤包括定义中间工步、项目初始化、毛坯布局、废料设计、条料排样、计算冲压力。

图9.1是侧弯支座零件及其排样图。侧弯支座零件包含孔和弯曲特征，加工侧弯支座需要多个冲裁和弯曲工序，排样图中包含条料、废料、导正孔废料和中间部件。侧弯支座排样图共有8个工位，中间工步在冲裁之后，从第五到第七工步，分别完成向下折弯、向上折弯和侧向弯曲工序。

中间工步设计是将原始钣金件展开，得到各工位的中间部件。项目初始化建立模具装配结构，用来管理条料相关文件以及凸模和凹模、模架、标准件等零件文件。毛坯布局是设计展开毛坯的排列方式。废料设计是设计搭边、载体、毛坯内部孔废料。条料排样将废料和中间部件放到合适的工步，图9.1中，侧弯支座条料排样的第一工步到第四工步布置了废料，是冲裁工步；第五工步到第七工步布置了弯曲中间部件，是弯曲工步；第八工步为冲裁落料工步。计算冲压力是计算级进模各工位的成形力以及模具的压力中心位置，为模具设计提供参考。

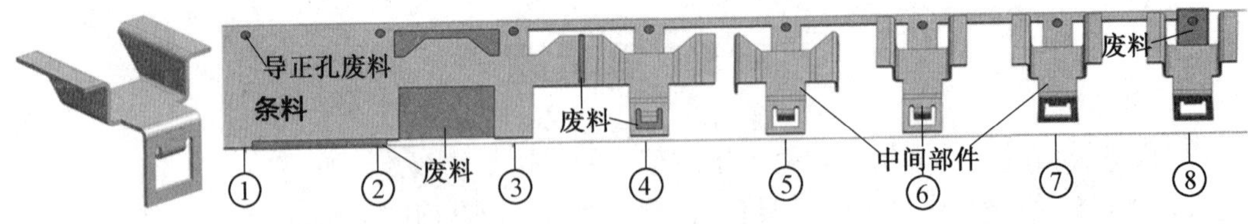

图9.1　侧弯支座零件及其排样图

9.2　中间工步设计

9.2.1　转换为钣金

通过 NX 钣金模块设计的零件,系统可以识别其折弯特征,进行展开、重新折弯等操作。而对于 NX 建模模块设计的钣金零件或对于其他三维软件设计的零件,必须将零件转化为 NX 钣金零件,识别折弯特征,才能进行展开、重新折弯等操作。

“转换为钣金”功能操作是通过“直接展开”命令完成的。单击级进模向导工具栏中的“直接展开”图标,弹出图 9.2 所示对话框。该对话框共有转换为钣金、合并折弯、定义预折弯和删除折弯 4 种功能模式。

1. 转换为钣金

在“直接展开”对话框选择“转换为钣金”模式,对话框中“识别折弯”选项区的“选择基本面”命令默认处于激活状态,选择图 9.3 所示基本面,单击“应用”按钮,系统识别折弯,并将结果显示在“折弯表”选项区中,如图 9.3 所示。在识别折弯时,也可以单击“选择其他折弯面”,在图形区选择折弯面进行转换。

系统识别折弯后,会在折弯表列出半径、角度、中性因子和长度(展开长度)。展开长度通过“中性因子表”或者“BAF 表”定义中性因子来计算。当选择“中性因子表”时,中性因子的值可以通过双击折弯表中的数值进行编辑,或者在“中性因子”下拉列表中选择新值,或者在“材料”下拉列表中选择合适的材料进行更新。当选择“BAF 表”时,NX 使用折弯公式计算展开长度。折弯中性因子定义后,单击“直接展开”对话框中的“应用”按钮,系统将已经识别的折弯特征转换为 NX 钣金特征。

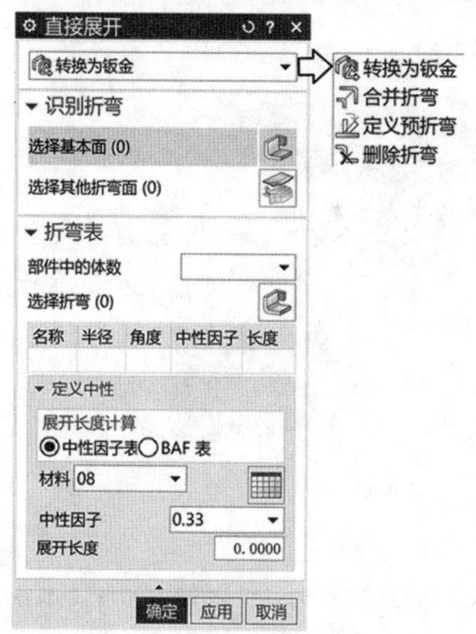

图 9.2　“直接展开”对话框

图 9.3　识别折弯

2. 合并折弯

在“直接展开”对话框选择“合并折弯”模式，在图形区选择同轴的折弯特征，如图 9.4 所示；或者按住“Shift”键在折弯表中选择“FR_BEND(0)”和“FR_BEND(1)”，单击“应用”按钮，原本的两个折弯特征被合并成一个特征。合并后的折弯将同时变形。

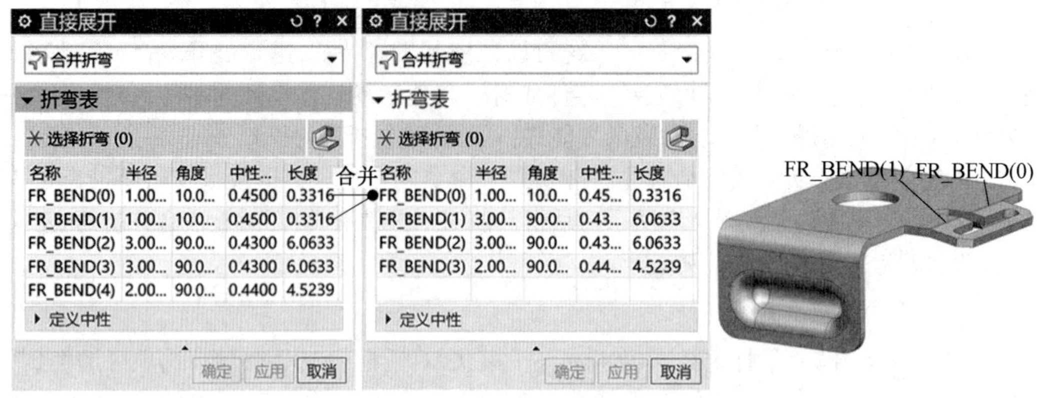

图 9.4　合并折弯

3. 定义预折弯

一些折弯需要分几次折弯成形，“定义预折弯”模式可以将角度大的折弯特征分解成几个角度小的折弯特征，进行分步成形。在“直接展开”对话框选择“定义预折弯”模式，在图形区或者折弯表中选择图 9.5 所示折弯特征，单击鼠标中键切换到“选择起始边”，在图形区选择折弯起始边，在“定义预折弯”选项区指定折弯数目和角度，单击“应用”按钮，完成预折弯定义。

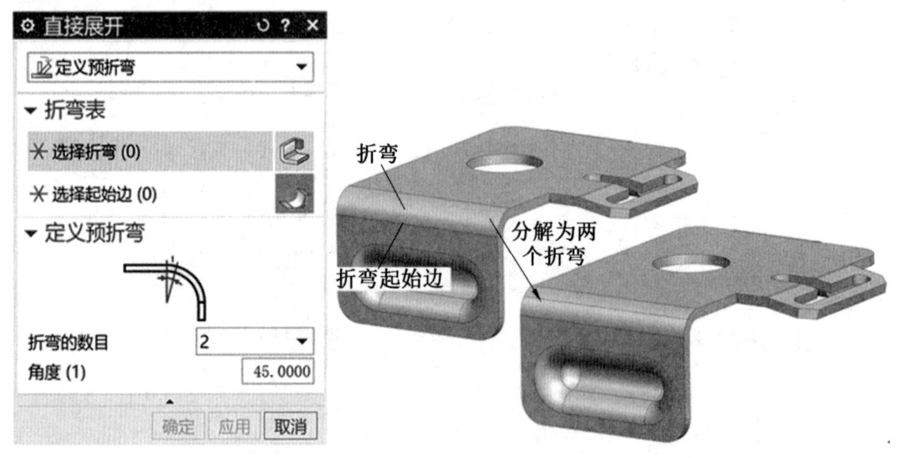

图 9.5　定义预折弯

4. 删除折弯

“删除折弯”模式可以删除系统识别的折弯特征。在“直接展开”对话框选择“删除折弯”模式，在图形区或者折弯表中选择要删除的折弯特征，单击“应用”按钮，删除折弯特征。

9.2.2　定义中间工步

中间工步是冲裁后进行弯曲、变形等工序所需要的工步。单击“定义中间工步”图标，弹出图 9.6 所示对话框。在“定义中间工步”对话框中，工步序列“从部件到毛坯”表示中间工步排列顺序是从零件到毛坯，“从毛坯到部件”表示中间工步排列顺序是从毛坯到零件。中间工步数量、中间工步在条料中的起始工位和步距参数需要预先通过分析钣金零件加工工艺进行确定。步距方向定义了中间工步的排列方向。

“编辑中间工步”是在已有的工步中插入新的工步或删除现有工步。选择一个工步，然后选择“插在后面”或者“删除”操作中的一项，单击对话框中的“应用”按钮，完成添加工步或者删除工步操作。如果需要在最后位置增加工步，直接增加中间工步数量，然后单击“应用”按钮即可。

中间工步的命名规则与工步序列选择有关。当“工步序列”选择“从部件到毛坯”时，默认的命名规则为 Final_<number>_<suffix>；当选择“从毛坯到部件”时，默认的命名规则为 Stage_<number>_<suffix>。选择“重命名组件”复选框，单击“应用”后，会弹出“部件名管理”对话框，可以指定每个中间工步的名称。

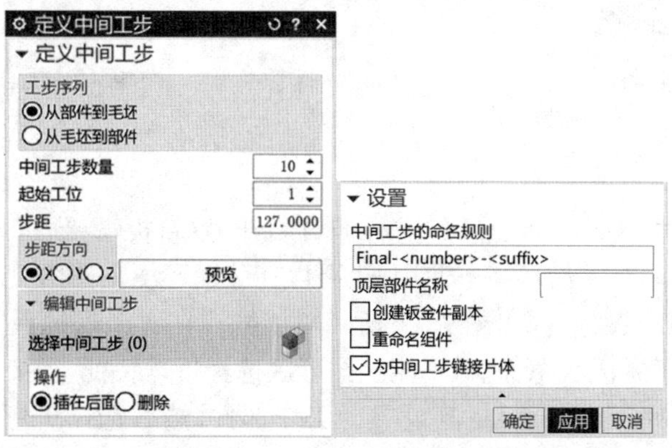

图 9.6　“定义中间工步”对话框

进入级进模向导，打开“定义中间工步”对话框，设置“工步序列”为“从部件到毛坯”，“中间工步数量”为“4”，“起始工位”为“4”，“步距”为“27”，“步距方向”为“X”方向，其他参数采用默认设置，单击“确定”按钮后，生成图 9.7 所示侧板零件的 4 个中间工步，同时系统自动建立了一个装配结构，每一个节点对应一个中间工步。

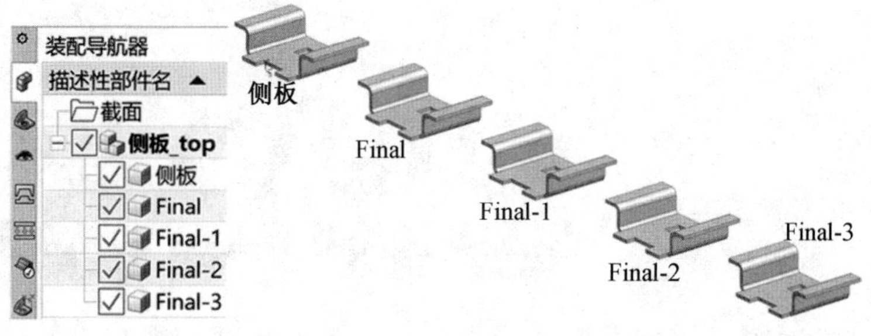

图 9.7　中间工步及装配结构

9.2.3　钣金件展开

中间工步零件需要展开,从而定义钣金零件在不同工步下的成型状态。对于不同的钣金零件,其折弯特点不同,展开的方法也不同。当钣金件折弯线为直线时,此类零件为直弯零件,如图 9.8 所示;当钣金件折弯线为非线性时,此类零件为自由形状弯曲零件,如图 9.9 所示。而大多数钣金件既包含直弯特征,也包含自由形状弯曲特征,这类零件称为混合折弯零件,如图 9.10 所示。

对于直弯零件,可以使用"折弯操作"命令进行处理,得到中间工步成型状态。对于自由形状弯曲零件,使用"分析可成型性-一步式"命令进行处理,得到中间工步状态。而对于混合折弯零件,需要综合使用上述两个命令进行处理。

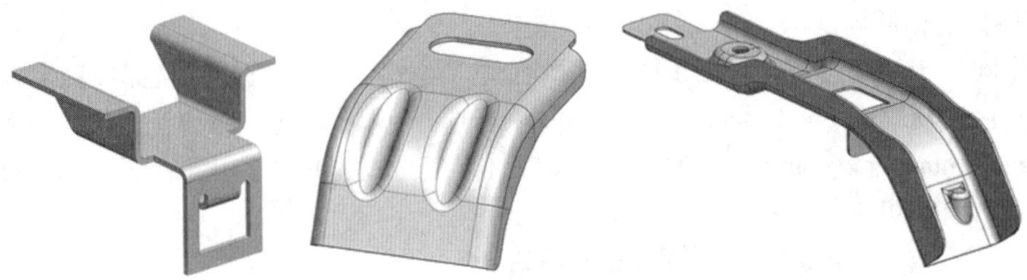

图 9.8　直弯零件　　图 9.9　自由形状弯曲零件　　图 9.10　混合折弯零件

1. 折弯操作

"折弯操作"功能对 NX 钣金零件进行伸直展开、重新折弯、预折弯和过度折弯操作。折弯操作既可以在单个零件环境下使用,也可以在装配环境下使用。

单击"折弯操作"图标,弹出图 9.11 所示对话框。在对话框选择"伸直"模式,"选择折弯"命令默认处于激活状态,此时不能在图形区选择折弯特征,需要在"装配导航器"或者在图形区双击中间工步节点,将其设置为工作部件,然后选择折弯特征,如图 9.12 所示,单击对话框中的"应用"按钮将折弯伸直,后续中间工步节点也发生相同的变形。如果伸直方向不对,可以勾选或者取消勾选"显示备选结果"切换到另一个结果。

在图 9.11"折弯操作"对话框选择"伸直"模式后,也可以先单击"选择中间工步"按钮,然后在图形区选择中间工步,将其设置为工作部件再进行后续操作。

图 9.11　"折弯操作"对话框

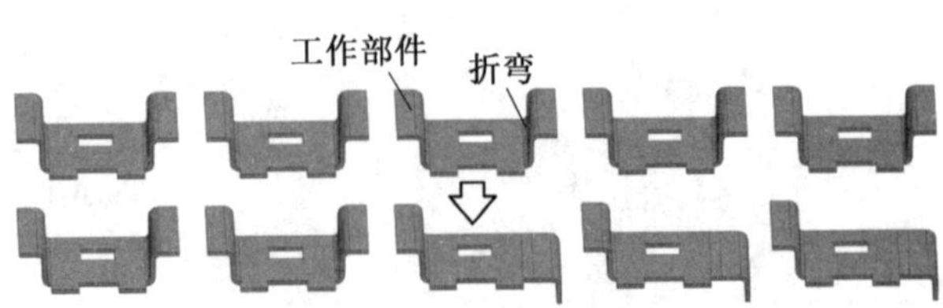

图 9.12　折弯伸直

"折弯操作"对话框的"重新折弯"功能模式是"伸直"功能模式的逆向过程,两者操作过程相同。"折弯操作"对话框的"预折弯"与直接展开对话框的"定义预折弯"功能和用法相同,不再详述。

"折弯操作"对话框的"过弯"模式使用两种参数控制过弯量,分别是调整折弯角度大小和调整折弯半径大小。选择调整折弯角度大小,可以指定目标角度值,并选择是否保持半径固定;选择调整折弯半径大小,可以指定目标半径值,并选择是否固定凸台\凸缘位置。

2. 分析可成型性-一步式

"分析可成型性-一步式"是基于有限元的变形分析工具,使用这个工具可以展开钣金零件部分面得到中间成型状态,也就是中间工步;也可以展开钣金零件得到平面轮廓;还可以通过应力、应变、变薄和回弹分析结果,预测成型性。

单击"分析可成型性-一步式"图标,弹出图9.13所示对话框。在对话框中需要定义展开方式(类型、对象类型、展开区域、展开曲线或点、目标区域)、边界条件、材料、脱模方向、厚度、计算、结果显示、设置参数。

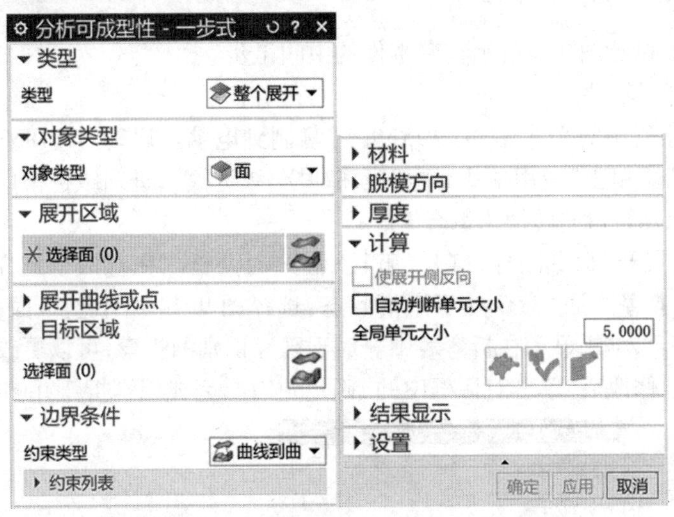

图9.13　"分析可成型性-一步式"对话框

(1)展开方式。

在"类型"选项区选择"中间展开",是对中间工步进行展开,选择"整个展开"则对部件进行完全展开。

在"对象类型"选项区选择"面",是对面进行成型性分析,选择"体"则对实体进行成型性分析。

"展开区域"用于定义要展开和计算的曲面。如果选择整个曲面,系统执行完全展开;如果选择部分曲面,则进行中间工步展开。

"展开曲线或点"选项区用来选择面上的曲线和点,对其进行成型性分析。

"目标区域"选项区在中间展开时可用,用于定义展开区域映射到的目标面。

(2)边界条件。

"边界条件"选项区用于指定展开过程中不发生位移的曲线,或者指定点来锁定展开曲面的位置。

(3)材料、脱模方向及厚度。

“材料”选项区用于定义钣金件材料,从而定义了弹塑性性能参数,用来进行有限元分析,“脱模方向”选项区定义展开面的法线方向;厚度选项区的“曲面类型”用于指定抽取展开区域的曲面,系统会创建带有偏置的展开区域,当展开对象为实体时,系统自动判断零件厚度。

(4)计算及结果显示。

“计算”选项区用来定义有限元分析网格尺寸,检查网格质量并提交计算。

“结果显示”选项区用来显示有限元分析结果,比如厚度、应力、应变等结果。

(5)设置。

“设置”选项区提供了材料、网格、求解器和报告的参数,可以用来修改材料性能参数、网格类型、收敛级别、迭代步数、摩擦系数、报告显示内容等参数。

9.2.4　中间工步设计实例

【例 9.1】　设计图 9.8 所示直弯零件的中间工步。

步骤 1　打开零件。

将本章二维码中的文件夹“第 9 章\9.1”复制到电脑。启动 NX 1953,打开文件夹中“直弯零件.prt”。单击“应用模块\注塑模和冲模\级进模”,进入级进模向导。

步骤 2　识别折弯并转换为钣金。

单击“直接展开”命令图标,打开“直接展开”对话框。在对话框选择“转换为钣金”模式。确认“选择基本面”命令处于激活状态,选择图 9.14 所示基本面,单击“应用”按钮,系统识别折弯,结果显示在折弯表中。对于已经识别的折弯,可以更改中性因子,重新计算展开长度。修改后,单击对话框中的“确定”按钮,完成识别折弯并转换为钣金。

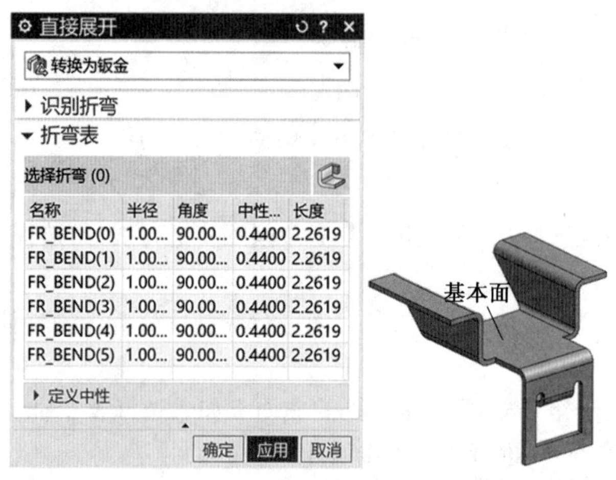

图 9.14　识别折弯并转化为钣金

步骤 3　定义中间工步。

单击“定义中间工步”命令图标,打开“定义中间工步”对话框。设置工步序列为“从部件到毛坯”,“中间工步数量”为“4”,“起始工位”为“4”,“步距”为“56”,“步距方向”为“Y”方向,其他参数采用默认设置,单击“确定”按钮后,生成 4 个中间工步,同时建立了一个装配结构,如图 9.15 所示。

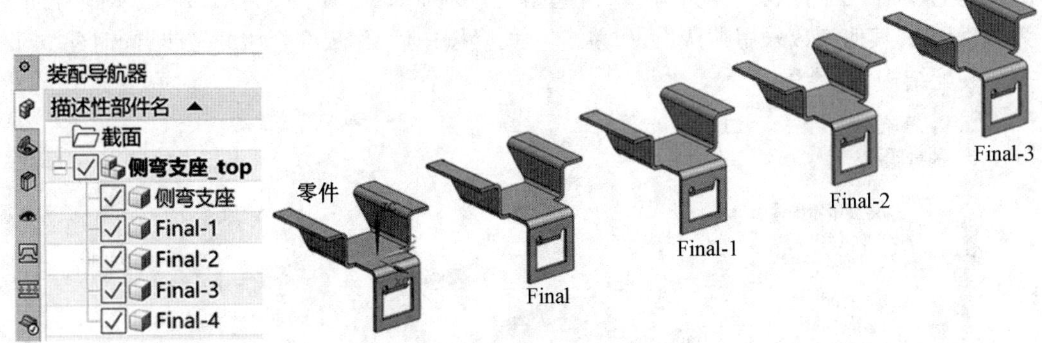

图 9.15　直弯零件中间工步及装配结构

步骤 4　展开折弯。

双击 Final-1 将其设为工作部件,单击级进模向导中的“折弯操作”图标,在“折弯操作”对话框中选择“伸直”模式,选择图 9.16 所示折弯,将其展平。如果展开方向有误,可以勾选或者取消勾选“显示备选结果”复选框,切换到另一个结果。Final-1 展开后,Final-2和 Final-3 也发生了相同的变形。采用同样的方法,展平 Final-2 的两处折弯和 Final-3 的 3 处折弯。在“装配导航器”中双击“直弯零件_top”,将其设置为工作部件,结果如图 9.16 所示。单击“文件\保存\全部保存”,保存中间部件装配文件。

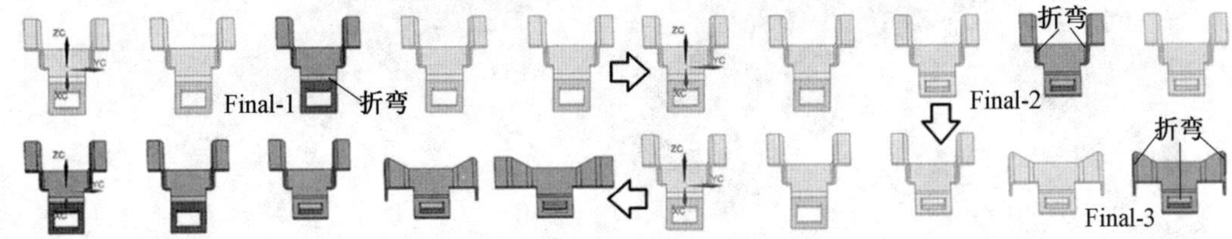

图 9.16　直弯零件展开过程

【例 9.2】　为图 9.10 所示混合折弯零件设计中间工步。

步骤 1　打开零件。

将本章二维码中的文件夹“第 9 章\9.2”复制到电脑。启动 NX 1953,打开文件夹中“混合折弯零件.prt”。单击“应用模块\注塑模和冲模\级进模”,进入级进模向导。

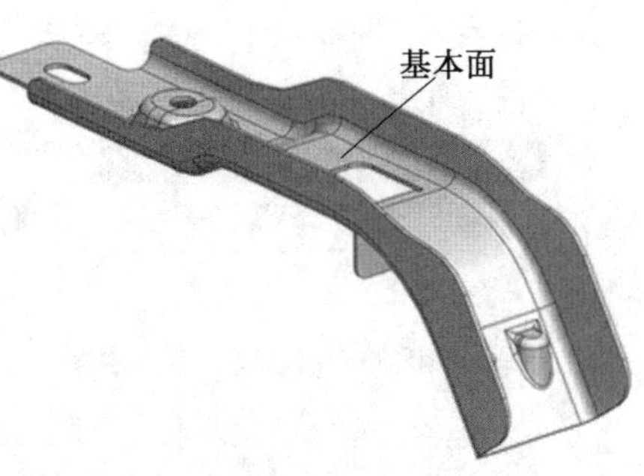

图 9.17　选择基本面

步骤 2　识别折弯并转化为钣金。

单击“直接展开”图标,打开“直接展开”对话框,在对话框选择“转换为钣金”模式。确认“选择基本面”命令处于激活状态,选择图 9.17 所示基本面,单击对话框中的“确定”按钮,系统识别折弯,结果显示在折弯表中，完成识别折弯并转换为钣金。

步骤 3　定义中间工步。

单击“定义中间工步”命令图标，打开“定义中间工步”对话框。设置工步序列为“从部件到毛坯”，“中间工步数量”为“5”，“起始工位”为“2”，“步距”为“127”，“步距方向”为“*Y*”方向，其他参数采用默认设置，单击“确定”按钮后，生成 5 个中间工步，同时建立了一个装配结构，如图 9.18 示。

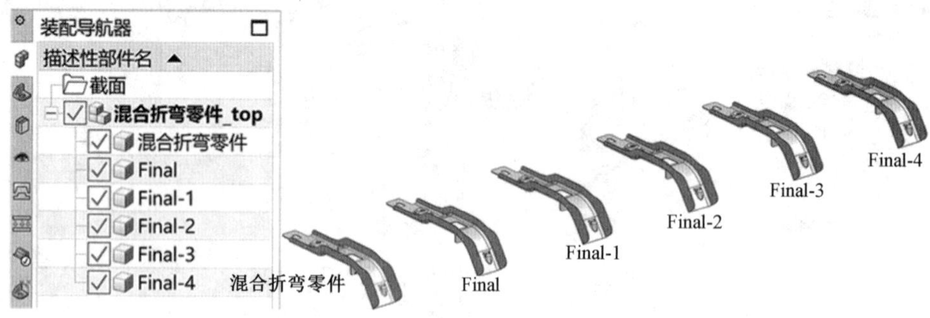

图 9.18　混合折弯零件中间工步及装配结构

步骤 4　在 Final-1 工步展开直弯。

双击 Final-1 将其设为工作部件，单击级进模向导中的“折弯操作”图标，选择“伸直”模式，确认“选择折弯”命令处于激活状态，选择图 9.19 所示折弯，单击“确定”按钮，将其展平。

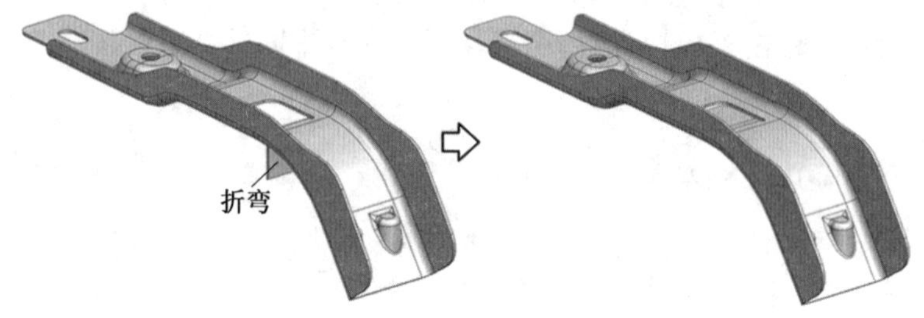

图 9.19　展开直弯特征

步骤 5　删除 Final-2 工步圆孔面。

双击 Final-2 将其设为工作部件。单击“菜单\插入\同步建模\删除面”，弹出图 9.20 所示对话框。选择“面”模式，确认“选择面”命令处于激活状态，选择图 9.20 所示圆孔面，单击“确定”按钮，将其删除。

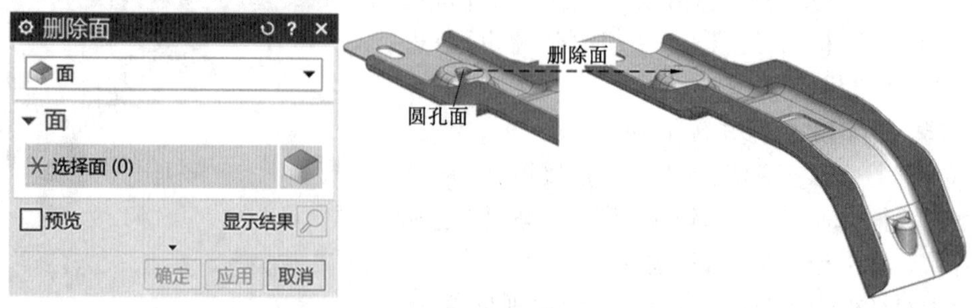

图 9.20　删除圆孔面

步骤 6　删除 Final-3 工步凸包特征。

双击 Final-3 将其设为工作部件。再次使用“删除面”命令，删除图 9.21 所示 3 个凸包。在“删除面”对话框选择“面”模式，取消勾选“预览”复选框，依次选择凸包的内、外表面，单击“确定”按钮，删除凸包。

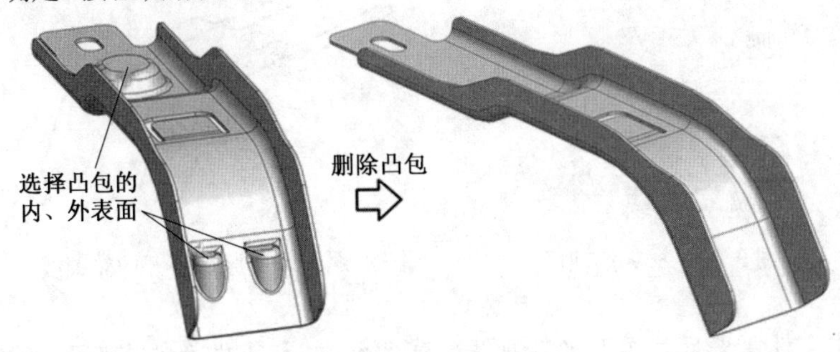

图 9.21　删除凸包

步骤 7　在 Final-4 工步展开两侧弯边特征并创建中间工步。

双击 Final-4 将其设为工作部件。打开“分析可成型性--一步式”命令对话框。将“类型”设置为“中间展开”，“对象类型”设置为“面”。确认“展开区域”的“选择面”命令处于激活状态，选择图 9.22 所示曲面为展开面。单击“目标区域”的“选择面”按钮，选择图 9.22 所示曲面为展开目标面。

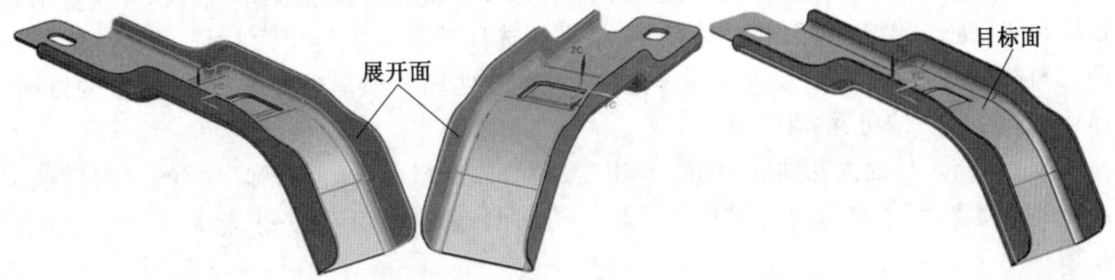

图 9.22　展开面和目标面

在“边界条件”选项区选择“曲线到曲线”，系统自动将展开面和目标面的公共边作为边界曲线。在“材料”选项区材料列表中选择“库材料”，勾选“默认材料库”，然后在材料表中选择“Steel”，如图 9.23 所示。在“厚度”选项区，将“曲面类型”设置为“外表面”，勾选“自动判断厚度”，由系统自动判断零件厚度值。

在“计算”选项区，设置“全局单元大小”为“2.5”，单击“网格面”图标，系统自动进行网格划分，然后单击“计算”图标，系统进行展开区域计算，得到图 9.24 所示展开区域的外形轮廓线。单击“分析可成型性--一步式”对话框中的“确定”按钮，完成局部展开。

图 9.23　材料选项区

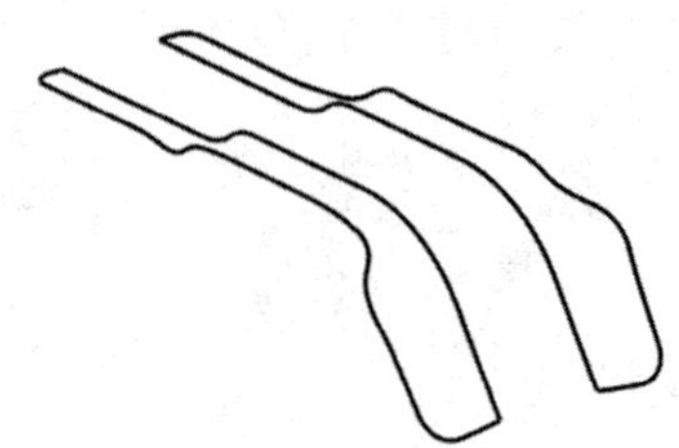

图 9.24　弯边区域展开的轮廓线

中间工步实体需要通过展开的轮廓线创建曲面，并与零件上的未变形面缝合，然后通过“加厚”命令来创建。

(1)使用“N 边曲面”命令，通过轮廓线创建曲面。单击“菜单\插入\网格曲面\N 边曲面”，弹出“N 边曲面”对话框，选择“已修剪”模式，在“设置”选项区勾选“修剪到边界”，然后选择图 9.24 所示一侧轮廓线，单击“确定”按钮，创建 N 边曲面。用同样的方法创建另一侧 N 边曲面，结果如图 9.25 所示。

(2)通过“抽取几何特征”命令提取零件上的未变形面。单击“菜单\插入\关联复制\抽取几何特征”，弹出“抽取几何特征”对话框。选择抽取对象类型为“面”，在“设置”选项区勾选“隐藏原先项”，设置曲面类型为“一般 B 曲面”，然后选择图 9.22 指示的目标面，单击 “确定”按钮，抽取曲面。

(3)缝合 N 边曲面和抽取曲面。单击“菜单\插入\组合\缝合”，弹出“缝合”对话框，选择缝合类型为“片体”，选择抽取曲面和 N 边曲面，单击“确定”按钮，将片体缝合，如图 9.26 所示。

(4)将片体加厚，创建中间工步。单击“菜单\插入\偏置缩放\加厚”，弹出“加厚”对话框，在“设置”选项区勾选“改善裂口拓扑以启用加厚”复选框，设置偏置距离为“0.75 mm”，“公差”为“0.01”，单击“确定”加厚片体，创建图 9.27 所示中间工步。

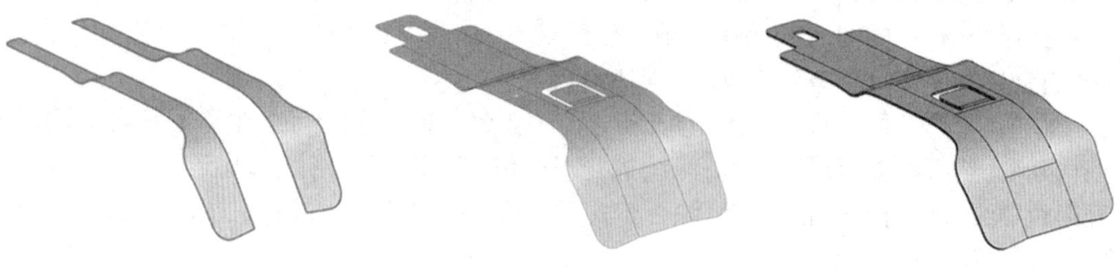

图 9.25　N 边曲面　　图 9.26　缝合曲面　　图 9.27　中间工步

步骤 8　再次展开零件。

图 9.27 所示中间工步需要再次展开，获得毛坯外形轮廓。定义中间工步时只定义了 5 个工步，需要在 Final-4 之后再增加一个工步。打开“定义中间工步”对话框，设置“工步

序列”为“从部件到毛坯”,“中间工步数量”为“6”,“起始工位”为“2”,“步距”为“127”,“步距方向”为“Y”方向,其他参数采用默认设置,单击“确定”按钮后,增加了 Final-5 工步。Final-5 工步是通过链接 Final-4 工步创建的,因此既有 Final-4 工步展开前的几何体,也有展开后的几何体。在“装配导航器”中双击 Final-5 工步将其设为工作部件,然后在“部件导航器”用鼠标右键单击展前模型的链接体,如图 9.28 所示,在弹出的快捷菜单中选择“删除”,保留展开后的几何体。

打开“分析可成型性-一步式”命令对话框。将“类型”设置为“中间展开”,“对象类型”设置为“面”。确认“展开区域”选项区的“选择面”命令处于激活状态,选择图 9.29 所示曲面为展开面。单击“目标区域”选项区的“选择面”按钮,选择图 9.29 所示曲面为展开目标面。

在“边界条件”选项区选择“曲线到曲线”,“材料”中选择“Steel”,在“厚度”选项区,勾选“自动判断厚度”,由系统自动判断厚度值。

在“计算”选项区,设置“全局单元大小”为“2.5”,单击“网格面”图标,系统自动进行网格划分,然后单击“计算”图标,系统进行展开区域计算,得到图 9.30 所示展开区域的外形轮廓线。单击对话框中的“确定”按钮,完成展开。

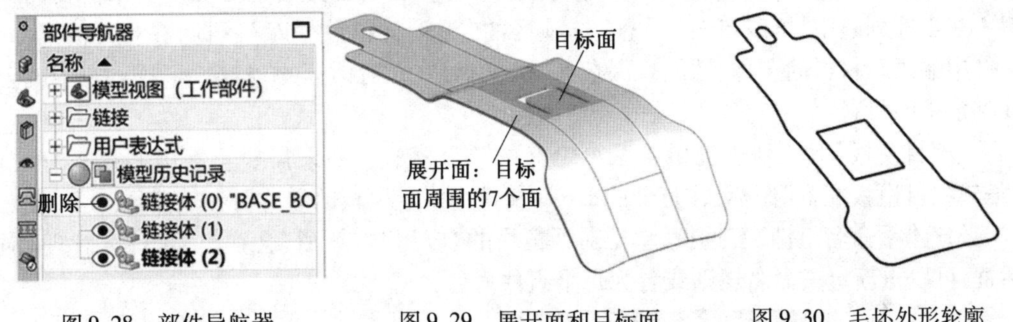

图 9.28　部件导航器　　图 9.29　展开面和目标面　　图 9.30　毛坯外形轮廓

单击“菜单\插入\设计特征\拉伸”,弹出“拉伸”对话框,选择图 9.30 所示的外形轮廓线,指定拉伸方向为$-ZC$方向,拉伸距离为“0.75 mm”,单击“确定”创建毛坯。

在“装配导航器”中双击“混合折弯零件_top”,将其设置为工作部件,结果如图 9.31 所示。单击“文件\保存\全部保存”,保存中间工步文件。

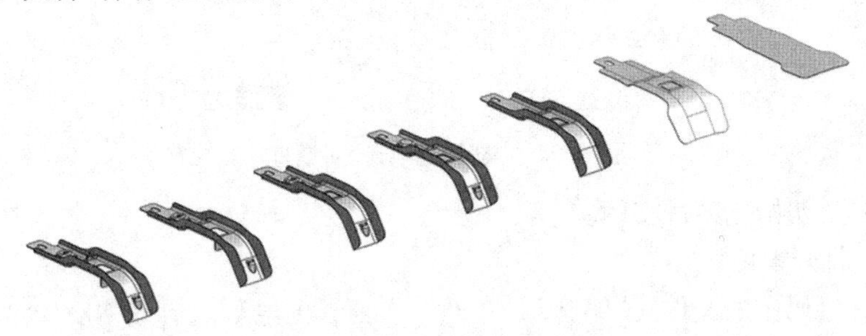

图 9.31　中间工步

9.3 初始化项目

级进模包括条料、模架、凸凹模、标准件等文件,级进模向导通过装配结构管理这些文件。“初始化项目”操作就是系统复制预定义级进模装配结构,建立项目装配结构的过程。

打开中间工步文件,单击级进模向导中的“初始化项目”图标,弹出图 9.32 所示对话框。

对话框中“钣金件”和“路径”文本框是存放零件以及模具文件的目录。如要为多个零件进行项目初始化,单击添加图标⊕,弹出“选择部件”对话框,选择另一个钣金件,单击“确定”按钮即可。默认路径是零件文件所在的路径,如果有需要可以修改这个路径。

“项目名”文本框用于指定模具项目的名称,默认是 prj。“部件单位”“部件厚度”“部件材料”是系统自动从零件信息中提取的,如果有需要可以更改。“部件单位”可以是公制或者英制,模架和标准件也采用对应单位制的库文件。选择了“部件材料”,系统在计算冲压力、折弯半径等参数时,将使用材料的剪切强度、抗拉强度等参数。如果需要的材料不在当前列表中,可以单击“设置”选项区的“编辑材料数据库”图标,在打开的 Excel 文件中输入新材料的名称、性能。保存 Excel 文件后,在对话框的“材料”下拉列表中就会找到定义的材料。

“项目模板”下拉列表提供了系统定义的项目模板。如果需要重新配制模板,单击“编辑项目模板配置”图标,在打开的 Excel 文件中指定模板的名称及存储路径。

勾选“重命名组件”复选框,单击对话框中的“应用”按钮后,会弹出“部件名管理”对话框,可以重新定义命名规则或者为每个组件命名。

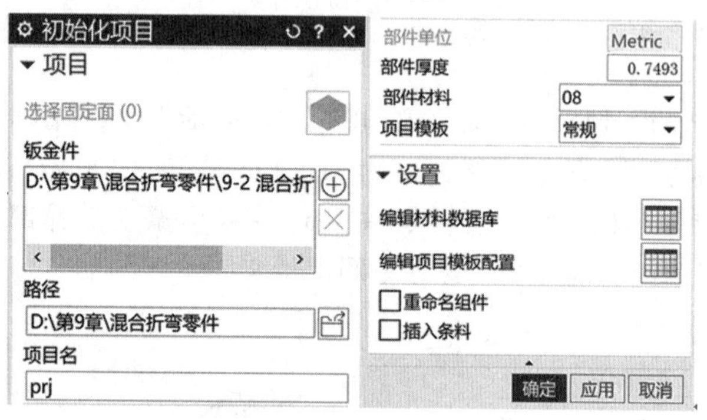

图 9.32 “初始化项目”对话框

【例 9.3】 初始化项目实例。

步骤 1 打开零件。

将本章二维码中的文件夹“第 9 章\9.3(1)”复制到电脑。启动 NX 1953,打开文件夹中“9-2 混合折弯零件_top.prt”,进入级进模向导。

步骤 2 初始化项目。

打开“初始化项目”对话框,系统以混合折弯零件为工作部件,并以零件所在目录为项目路径,使用默认的项目名 prj 以及系统识别的部件参数,采用常规模板,单击“确定”按钮,完成项目初始化。

项目初始化后,系统自动创建装配结构,如图 9.33 所示。装配结构顶层节点为“prj_control_000”,其中 prj 为项目名,control 为功能后缀名,000 是系统自动生成的文件编号。装配结构树中其他文件命名规则相同。两个二级节点“prj_die_008”和“prj_product_pack_001”分别是模具零件装配结构和工艺装配结构。装配导航器节点作用见表 9.1。

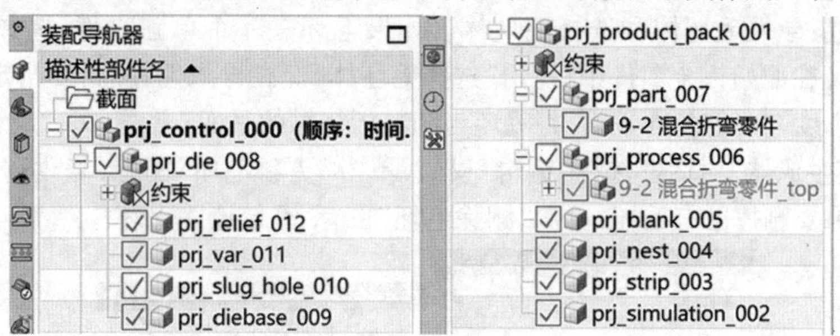

图 9.33　项目装配结构

表 9.1　装配导航器节点作用

功能后缀	作用说明
control	装配的顶层节点,要打开整个模具设计项目,需要先打开这个节点
die	管理模具零件文件,让位槽、模架、凸凹模、标准件等文件都在该节点下
relief	放置让位槽实体
var	存放挖腔的间隙参数、CAM 的信息等
slug_hole	管理废料孔数据
diebase	管理模架、标准件、凸凹模等文件
product_pack	管理产品工艺设计相关文件,零件、毛坯、排样、仿真等文件都在该节点下
part	存放原始钣金零件
process	存放中间工步零件,中间工步装配顶层节点后缀为“top”
blank	存放钣金件毛坯
nest	存放毛坯布局和废料设计结果
strip	放置条料排样的结果
simulation	放置条料仿真的结果

9.4　毛坯布局

“毛坯布局”用于将展开的毛坯导入到级进模装配结构中,并进行毛坯的排样,比如单排排样,双排排样等,以便确定条料的步距,宽度,利用率。

9.4.1 导入毛坯

在级进模向导工具栏中单击“毛坯生成器”命令图标，弹出图 9.34 所示对话框。该对话框可以导入毛坯，也可以编辑毛坯。

在“毛坯生成器”对话框中选择“创建”模式，在“钣金件”下拉列表会出现要创建毛坯的零件。如果在项目初始化时插入多个零件，这里会显示多个零件。系统提供了两种毛坯插入方式：导入毛坯体和选择毛坯体。如果毛坯是一个单独零件，选择“导入毛坯体”；如果毛坯在原始钣金零件中，使用“选择毛坯体”。在导入毛坯后，要指定固定面，固定面是模具高度方向的基准平面，是毛坯与卸料板接触的平面。

在“毛坯生成器”对话框选择“编辑”模式，单击“更新毛坯”图标，修改过的毛坯会自动更新。如果要删掉已有毛坯，单击“删除毛坯”图标，系统删除毛坯。

图 9.34 “毛坯生成器”对话框

9.4.2 毛坯布局

“毛坯布局”功能可以调整毛坯在条料中的角度、方位，实现直排、斜排布局；可以复制毛坯，实现多排布局；也可以调整毛坯间距，控制步距和宽度。

单击级进模向导工具栏中的“毛坯布局”图标，弹出“毛坯布局”对话框，同时系统将 nest 节点设置为工作部件，并自动在该节点下增加毛坯节点，3 个毛坯同时显示在图形区，而且中间毛坯处于被选中的状态。“毛坯布局”对话框提供了“创建布局”“添加毛坯”“复制毛坯”“移除毛坯”“设置基点”和“翻转毛坯”的功能模式。

1. 创建布局

“毛坯布局”对话框中的“创建布局”模式如图 9.35 所示。在“放置”选项区，可以将 3 个毛坯整体向 X 方向或者 Y 方向平移，也可以整体旋转一个角度。

在“步距-宽度”选项区，可以指定条料的步距和宽度。

在“侧距”选项区可以指定毛坯的搭边值。默认设置是“平均”，条料上边和下边的搭边值相同。如果要单独控制上边或者下边的搭边值，选择“下”或者“上”，在文本框输入值即可。

在“优化数据”选项区可以看到当前参数条件下的材料利用率。勾选“最小空间大小”复选框，将显示毛坯之间的最小距离。

如果需要设置移动的步距增量，在“设置”选项区指定“对齐大小”的数值。

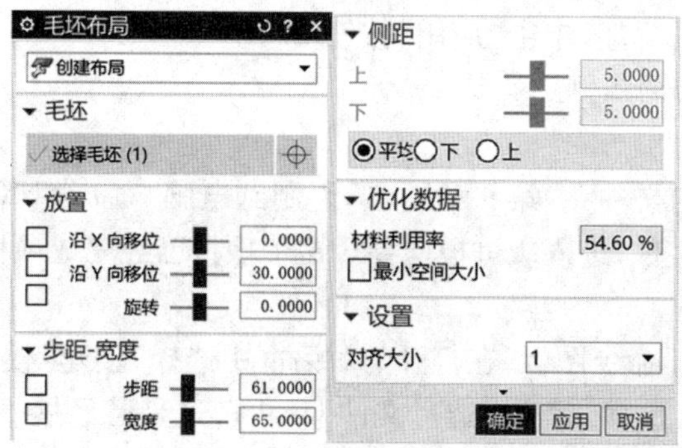

图 9.35　“毛坯布局”对话框中的“创建布局”模式

2. 添加毛坯

对于存在多个毛坯的级进模,需要通过添加毛坯的方式将其他毛坯导入到排样中。在“毛坯布局”对话框选择“添加毛坯”模式,如图 9.36 所示。如果在项目初始化时插入多个零件,毛坯列表会显示没有排样的毛坯,单击选择后,单击对话框中的“应用”按钮,系统插入所选毛坯,nest 节点将增加添加的毛坯。

3. 复制毛坯

在“毛坯布局”对话框选择“复制毛坯”模式,如图 9.37 所示。选择要复制的毛坯,单击“应用”按钮,在 nest 节点将增加复制的毛坯,在图形区增加一行 3 个毛坯,从而实现双排排样或者多排排样。

图 9.36　添加毛坯

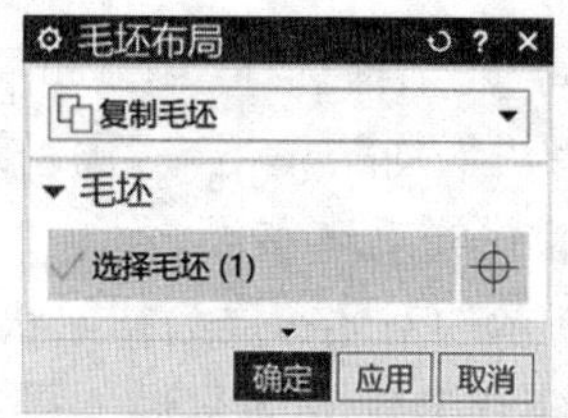

图 9.37　复制毛坯

4. 移除毛坯

在“毛坯布局”对话框选择“移除毛坯”模式,在图形区选择要移除的毛坯,单击“应用”按钮,删除毛坯。

5. 设置基点

基点是毛坯布局时系统在毛坯上创建的点,是移动、复制、旋转毛坯的参考点,系统以这个点作为条料排样的参考点。在“毛坯布局”对话框选择“设置基点”模式,在图形区选择要设置基点的毛坯,然后单击“选择基点”,在图形区或者通过“点”对话框选择合适的点作为基点,单击“应用”按钮,完成基点的设置。

6. 翻转毛坯

“翻转毛坯”是将毛坯在凸、凹模中的位置翻转。在“毛坯布局”对话框选择“翻转毛坯”模式,选择要翻转的毛坯,单击“应用”按钮即可。

【例 9.4】 毛坯布局实例。

步骤 1 打开零件。

将本章二维码中的文件夹“第 9 章\9.4”复制到电脑。启动 NX 1953,打开文件夹中“prj_control_000. prt”文件,进入级进模向导。这个项目已经完成项目初始化。

步骤 2 导入毛坯。

单击“毛坯生成器”命令图标,在打开的对话框中选择“创建”模式,单击“导入毛坯部件”图标,在弹出的“选择”对话框中选择文件 Final-1,这是已经展平的毛坯,单击“确定”按钮,导入毛坯。选择毛坯的上表面作为固定面,单击“毛坯生成器”对话框中的“确定”按钮,完成毛坯导入,如图 9. 38 所示。

步骤 3 单排排样毛坯布局。

单击“毛坯布局”命令按钮,弹出“毛坯布局”对话框。在图形窗口可以看到 3 个并排放置的毛坯,中间毛坯处于高亮选中状态,如图 9. 39 所示。

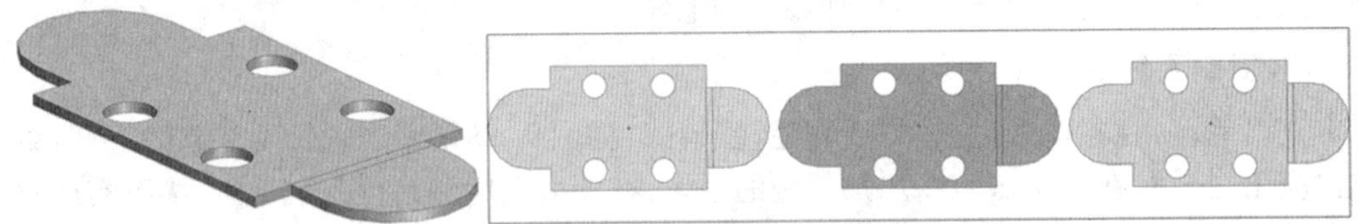

图 9. 38　导入的毛坯　　图 9. 39　毛坯初始布局

在“毛坯布局”对话框选择“创建布局”,设置“旋转”为“90”,“步距”为“31”,“宽度”为“61”,“侧距”为“平均”,单击“应用”按钮,创建毛坯布局如图 9. 40 所示。

步骤 4 多排排样毛坯布局。

以图 9. 39 所示的毛坯布局为初始状态,在“毛坯布局”对话框选择“复制毛坯”,单击“应用”按钮,系统沿 Y 轴方向复制一排 3 个毛坯。在“毛坯布局”对话框选择“创建布局”,设置“沿 Y 向移位”值为“30”,调整两排毛坯的间距,结果如图 9. 41 所示。

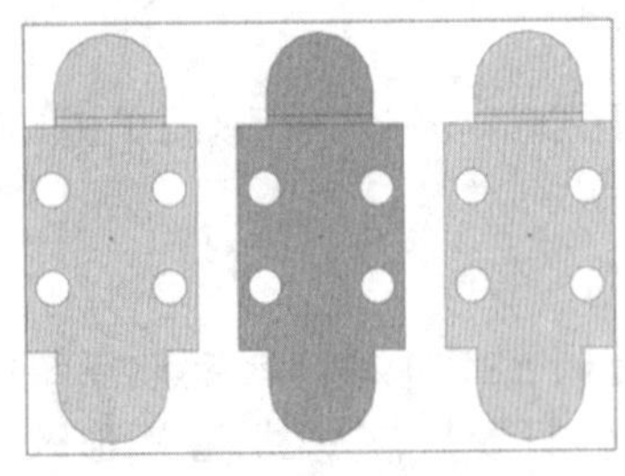

图 9. 40　单排布局结果

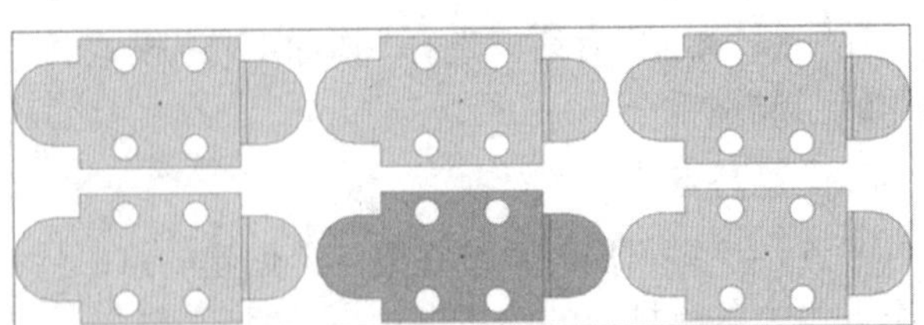

图 9. 41　多排布局结果

9.5　废料设计

级进模冲裁条料时会产生废料,废料分为设计废料和工艺废料。设计废料是由零件内部封闭孔冲裁产生,由零件形状和结构决定。工艺废料是毛坯间的搭边、载体等,是由毛坯布局决定。级进模向导在废料设计命令中提供了灵活的废料设计、编辑功能。设计的废料是以片体形式存在,被保存在 nest 节点中。

9.5.1　创建废料

单击“废料设计”命令图标,弹出的“废料设计”对话框如图9.42所示。在对话框中选择“创建”废料模式后,系统提供了4种创建废料的方法,分别是“毛坯边界+草图”“孔边界”“封闭曲线”“现有片体”,并且提供了更改废料类型的功能。默认情况下设计的废料都在第一工位,可以在创建废料时指定工位号,也可以在条料排样时再指定工位号。

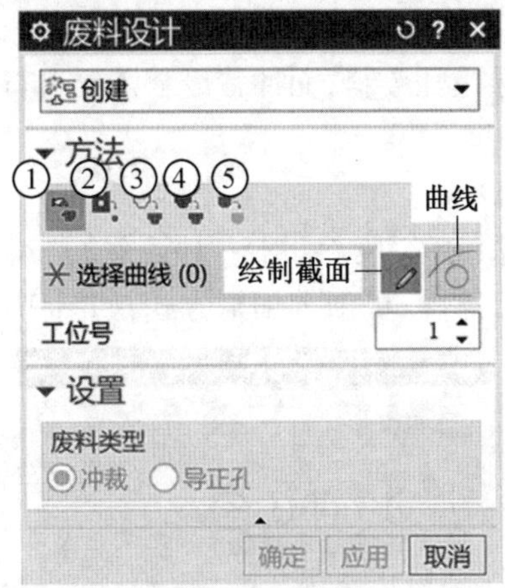

图9.42　创建废料

①—毛坯边界加草图;②—孔边界;③—封闭曲线;④—现有片体;⑤—更改类型

1. 通过“毛坯边界+草图”创建废料

用“毛坯边界+草图”的方式创建废料是通过草绘曲线和毛坯边界组成封闭轮廓来创建废料。

在“废料设计”对话框选择“创建”模式后,单击“毛坯边界+草图”图标,然后单击“绘制截面”图标,系统弹出“创建草图”对话框。选择系统创建的基准面或者毛坯的一个面作为草绘平面,进入草绘环境,绘制废料轮廓线,所绘轮廓线和毛坯边界必须能够形成封闭轮廓。然后退出草绘环境,返回“废料设计”对话框,单击“应用”按钮,系统通过草绘曲线和毛坯边界创建废料片体。

2. 通过“孔边界”创建废料

“孔边界”是毛坯内部封闭的轮廓,可以是圆形孔边界或者异形孔边界,由毛坯形状和结构决定。在“废料设计”对话框选择“创建”模式,单击“孔边界”图标,单击“应用”按钮,系统自动搜索毛坯内部封闭孔边界,创建废料片体。

3. 通过“封闭曲线”创建废料

这种方法利用草绘封闭曲线创建废料。在“废料设计”对话框选择“创建”模式,单击“封闭曲线”图标,然后单击“绘制截面”图标,进入草图绘制封闭曲线。退出草图后,单击“废料设计”对话框中的“应用”按钮,系统通过封闭曲线创建废料。

4. 通过“现有片体”创建废料

如果已经通过曲面功能创建了合适的片体,可以用本方法将其指定为废料。在“废料设计”对话框选择“创建”模式,单击“现有片体”图标,在图形区选择已有片体,然后单击“应用”按钮,系统将片体识别为废料。片体识别为废料就可以用于条料排样等后续设计。

5. 更改废料类型

单击“更改类型”图标后,废料类型被激活,指定废料类型为“冲裁”废料或者“导正孔”废料后,在图形区选择废料片体,单击“应用”按钮,系统改变废料类型。在条料排样时,系统会在每个工位创建导正孔废料,而冲裁废料需要自行指定工位号。

9.5.2　编辑废料

对于已经创建的废料,系统在“废料设计”对话框的“编辑”模式中,提供了拆分、合并、应用最小半径、更改工位、删除、更新等编辑方式,如图 9.43 所示。

图 9.43　编辑废料

①—拆分;②—合并;③—应用最小半径;④—更改工位;⑤—删除;⑥—更新

1. 废料拆分

废料拆分是将大的废料分割成小的废料。在“废料设计”对话框选择“编辑”模式,单击“拆分”图标,确认“选择废料”命令处于激活状态,在图形区选择废料。随后系统自动切换到“选择拆分曲线”,可以选择已有曲线或者进入草图绘制曲线。单击“废料设计”对话框中的“应用”按钮,完成废料拆分。

2. 废料合并

废料合并是将小块废料合并为大块废料。在“废料设计”对话框选择“编辑”模式,单击“合并”图标,分别选择要合并的废料,单击“应用”按钮,系统将相邻的两块废料合并。

3. 应用最小半径

“应用最小半径”用于在废料的尖角处创建圆角。在“废料设计”对话框选择“编辑”模式，单击“应用最小半径”图标，在图形区选择废料，指定最小圆角半径，单击“应用”按钮，系统在废料尖角位置创建圆角。

4. 更改工位

如果在创建废料时指定了工位号，可以使用“更改工位”功能改变工位号。在“废料设计”对话框选择“编辑”模式，单击“更改工位”图标，在图形区选择废料，指定工位号，单击“应用”按钮，系统更改废料工位号。

5. 删除废料

在“废料设计”对话框选择“编辑”模式，单击“删除”图标，在图形区选择要删除的废料，单击“应用”按钮，完成废料删除。

6. 更新废料

在“废料设计”对话框选择“编辑”模式，单击“更新”图标，然后单击“应用”按钮，系统更新所有废料。

9.5.3　废料工艺处理

为了满足精冲要求或避免冲压过程中两块废料交界处产生毛刺，需要对废料进行重叠、过切、修剪等工艺处理。在“废料设计”对话框选择“附件”模式，系统会提供废料工艺处理的方法。

1. 重叠

该功能是在两块相邻的废料之间产生重叠，以免交接处产生毛刺。在“废料设计”对话框选择“附件”模式，单击“重叠”图标，确认“选择废料”命令处于激活状态，在图形区选择废料，系统自动激活“选择废料的边”。选择废料需要重叠的边，设置重叠宽度值，单击“应用”按钮，完成废料相应边的重叠。

2. 过切

为了避免相邻平接废料在交接处产生毛刺，在交接处可以进行“过切”处理。在“废料设计”对话框选择“附件”模式，单击“过切”图标，选择合适的过切类型，并指定过切参数，在图形区选择需要过切的废料边，单击“应用”按钮，系统在废料边靠近毛坯的一端添加过切。过切类型有垂直型、相切型、圆形、矩形、圆角型，可以按照需要进行选用。

3. 修剪

精冲需要进行多次冲裁，采用“修剪”功能产生多个具有一定偏置值的废料，可以满足精冲设计要求。在“废料设计”对话框选择“附件”模式，在图形区选择废料，指定修剪号，也就是冲裁次数，以及对应的修剪偏置值，单击“应用”按钮，系统将创建精冲前的冲裁废料。

4. 用户定义

“用户定义”功能用来创建自定义工艺特征，比如用于材料补偿的特征等。在“废料设计”对话框选择“附件”模式，单击“用户定义”图标，在图形区选择废料，系统自动切换到“选择曲线”，可以选择已有曲线，也可进入草图绘制满足工艺要求的曲线。单击“应用”按钮，系统将通过草绘曲线创建的片体添加到废料。

9.5.4 废料的分组

对废料进行分组可以为同一工位的废料指定相同的颜色，方便观察。在“废料设计”对话框选择“分组”模式，确认“选择废料”命令处于激活状态，在图形区选择废料。单击“选择颜色”右边的颜色块，从弹出的“颜色”对话框选择合适的颜色，单击“确定”按钮，返回“废料设计”对话框。单击“应用”按钮，为废料指定颜色。也可以勾选“将颜色应用于相同尺寸的废料”复选框，为相同尺寸的废料指定颜色。

图 9.44 废料附件功能

①—重叠；②—过切；③—修剪；④—用户定义

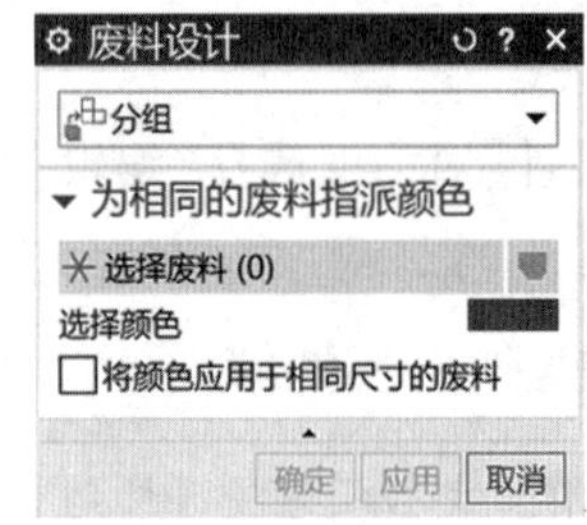

图 9.45 废料分组功能

9.5.5 废料设计实例

【例 9.5】 完成图 9.46 所示废料设计，其中废料 1 为设计废料，废料 2 ~ 4 为工艺废料。

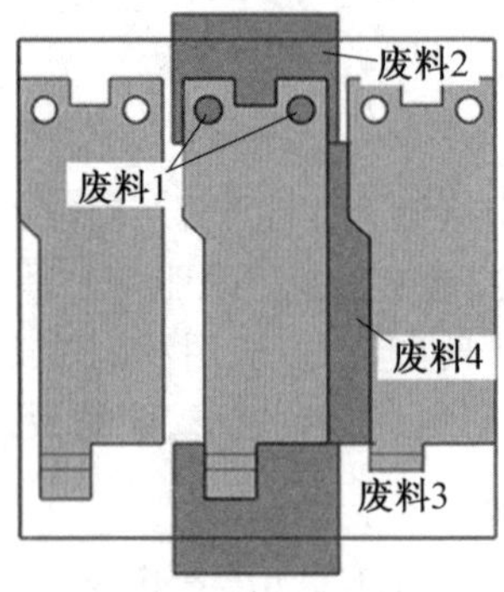

图 9.46 废料设计

步骤 1 打开零件。

将本章二维码中的文件夹“第 9 章\9.5”复制到电脑。启动 NX 1953，打开文件夹中“prj_control_000.prt”文件，进入级进模向导。这个项目已经完成毛坯布局。

步骤 2　创建设计废料 1。

单击“废料设计”命令图标,弹出“废料设计”对话框的同时,系统自动将 nest 节点设置为工作部件。在“废料设计”对话框选择“创建”模式,单击“孔边界”图标,单击“应用”按钮,系统自动搜索毛坯内部的两个圆孔轮廓,创建废料。

步骤 2　创建工艺废料 2 ~4。

在“废料设计”对话框选择“创建”模式,单击“毛坯边界+草图”图标,然后单击“绘制截面”图标,系统弹出“创建草图”对话框并自动在中间毛坯创建基准平面,如图 9.47 所示。单击“创建草图”对话框中的“确定”按钮,进入草绘环境。

图 9.47　毛坯边界+草图设计废料

在草图环境中绘制图 9.48 所示废料 2 的草图,退出草图后,单击“废料设计”对话框中的“应用”按钮,系统由绘制的草图曲线和毛坯边界创建废料 2。采用与废料 2 相同的方法,创建废料 3 和 4。废料 3 和 4 的草图如图 9.49 和 9.50 所示,图中草绘曲线起始点可以不在毛坯边界,只要保证草图曲线和毛坯边界能围成封闭轮廓即可。

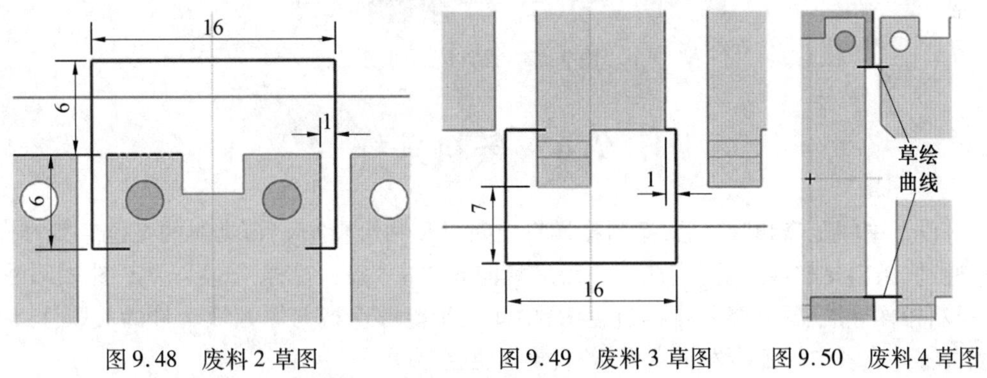

图 9.48　废料 2 草图　　图 9.49　废料 3 草图　　图 9.50　废料 4 草图

步骤 3　设计废料重叠。

在“废料设计”对话框选择“附件”模式,单击“重叠”图标,然后单击废料 4,再单击边 1,如图 9.51 所示,设置“重叠宽度”为“0.5”,单击“应用”按钮,完成废料 4 边 1 处的重叠设计。采用同样的过程设计废料 4 和边 2 处的重叠。

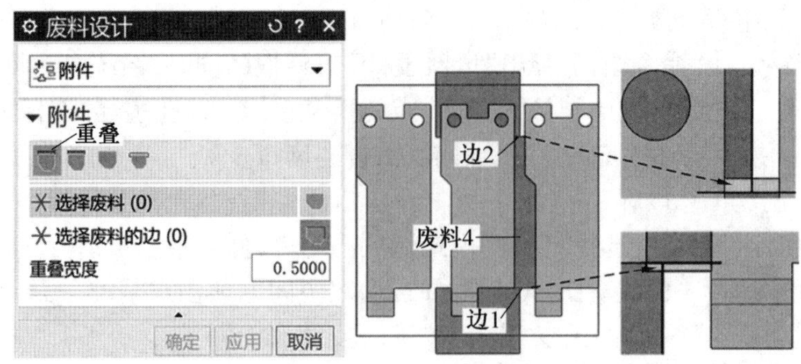

图 9.51 设计废料重叠

步骤 4 设计废料过切。

在“废料设计”对话框选择“附件”模式，单击“过切”图标，在“过切类型”中选择“相切类型”，确认“选择侧边”处于激活状态，然后单击选择图 9.52 所示废料的侧边，设置参数“A”为“0.2”，“R”为“0.5”，“Rf”为“0.2”，单击“应用”，完成过切特征设计。采用同样的方法，为废料平接处设计过切特征。

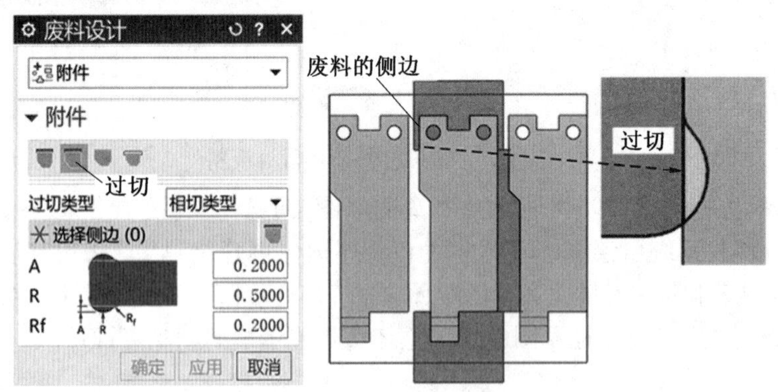

图 9.52 设计废料过切

9.6 条料排样

设计中间工步和废料后，条料排样将中间工步和废料指定到具体的工位。条料排样是通过“条料排样导航器”完成。在级进模向导单击“条料排样”图标，弹出图 9.53 所示“条料排样导航器”。条料排样过程中，中间工步能够保持与原始钣金件的关联性，因此钣金零件或者中间工步发生变更，条料排样也会更新。

图 9.53 为初始状态的条料排样导航器，在“条料排样定义”节点下有 4 个参数，分别是“步距”“宽度”“进给方向”和“工位号”。双击这些参数可以更改其数值。“进给方向”值为 0 时表示从左向右，值为 1 时表示从右向左，默认值为 0。“工位号”值表示工步数量，默认值为“18”。

条料排样导航器主要通过鼠标右键菜单进行操作。在“条料排样定义”上单击鼠标右键，会弹出图 9.53 所示快捷菜单。快捷菜单中“创建”功能是按照指定参数创建条料，

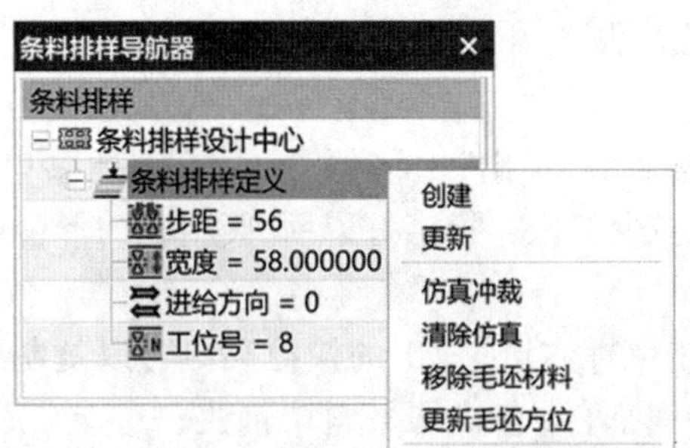

图9.53　初始状态的条料排样导航器及快捷菜单

这时图形区只显示条料轮廓、工位号和废料;“更新”功能是在毛坯、废料、步距、条料宽度变更后进行更新;“仿真冲裁”功能创建条料实体,并从中移除废料实体;“清除仿真”功能是删除仿真冲裁的结果;“移除毛坯材料”功能是移除中间工步和条料实体重叠的材料,获得实际效果的条料;“更新毛坯方位”功能是在毛坯布局中将毛坯翻转,使用本选项更新条料中毛坯方位。

完成条料排样的导航器如图9.54所示,它在初始条料排样导航器的基础上增加了未处理节点和工位节点。

“未处理的”节点下放置“废料”“中间体”“中间部件”,它们可以被插入条料。如果中间工步是由包含在原始钣金件中的实体来定义,实体文件放置在“中间体”节点下;如果中间工步是由一个装配来管理,装配文件放置在“中间部件”节点下。

图9.54中有8个工位,分别是工位1~8。每个工位节点下放置有废料和中间部件。废料的前缀是SCRAP,后缀是编号,比如“SCRAP_2”表示第3块废料。中间工步的前缀是Final,后缀也是编号。

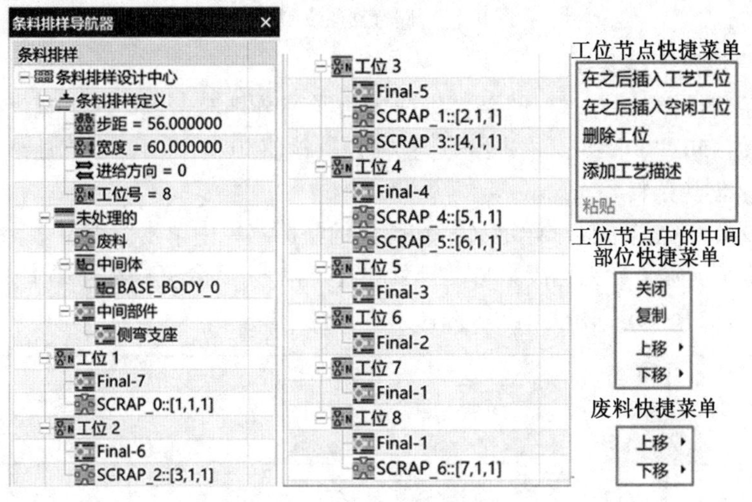

图9.54　完成条料排样的导航器及快捷菜单

在工位节点单击鼠标右键,弹出快捷菜单,其中“在之后插入工艺工位”选项的作用是在所选工位后插入新的工艺工位,把所选工位中间工步复制到新工位;“在之后插入空闲工位”用于在所选工位后插入空工位;“删除工位”用于删除所选工位;单击“添加工艺描述”会弹出“工艺描述”对话框，用于添加工艺说明；“粘贴”用于将复制的中间工步粘贴到本工位。

在“废料”上单击鼠标右键，弹出“上移”和“下移”快捷菜单。“上移”和“下移”都有下拉菜单，用于指定移动多少工位。指定好以后，废料在图形窗口和条料排样导航器发生相应的移动。

在“中间部件”上单击鼠标右键，弹出的快捷菜单可以复制或者关闭中间部件。“关闭”的作用是关闭当前中间部件，它将从条料中消失；“复制”的作用是复制当前中间部件，用于粘贴。“上移”和“下移”的作用与“废料”的右键快捷菜单功能相同，用于上移或者下移中间部件。

条料排样的步骤包括设置条料参数、创建条料、移动废料、载入中间部件、仿真冲裁、移除毛坯材料，下面通过实例讲解。

【例 9.6】 条料排样实例。

步骤 1 打开零件。

将本章二维码中的文件夹“第 9 章\9.6”复制到电脑。启动 NX 1953，打开文件夹中“prj_control_000. prt”文件，进入级进模向导。侧弯支座废料设计如图 9.55 所示。这个项目已经完成了中间工步设计、初始化项目、毛坯布局和废料设计。条料宽为 60，步距为 56，工步数量为 8 个，总共有 7 块废料。

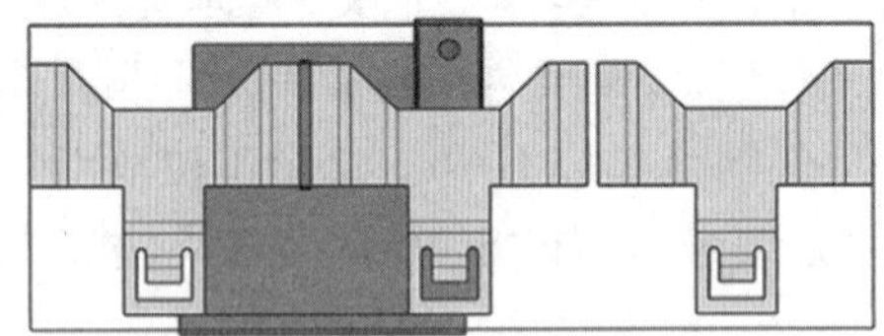

图 9.55　侧弯支座废料设计

步骤 2 设置条料参数。

单击“条料排样”图标，打开“条料排样导航器”，分别双击“步距”“宽度”“工位号”，然后输入数值“56”“60”“8”。“进给方向”使用默认值“0”。

步骤 3 创建条料。

用鼠标右键单击“条料排样定义”，在弹出的快捷菜单中单击“创建”，系统创建条料，如图 9.56 所示。除了导正孔废料自动排列在各工位外，其余废料都在第 1 工位。这是由于设计废料时没有指定工位号，默认都在第 1 工位。

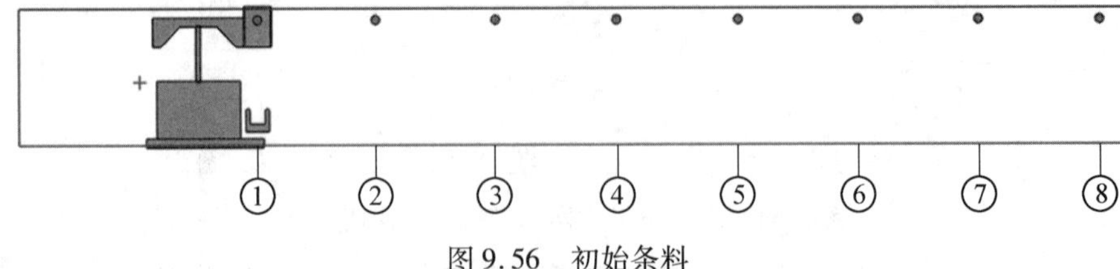

图 9.56　初始条料

系统创建条料的同时，条料排样导航器变为图 9.57 所示状态。与图形窗口对应，“SCRAP_0”到“SCRAP_6”的 7 块废料都在工位 1。

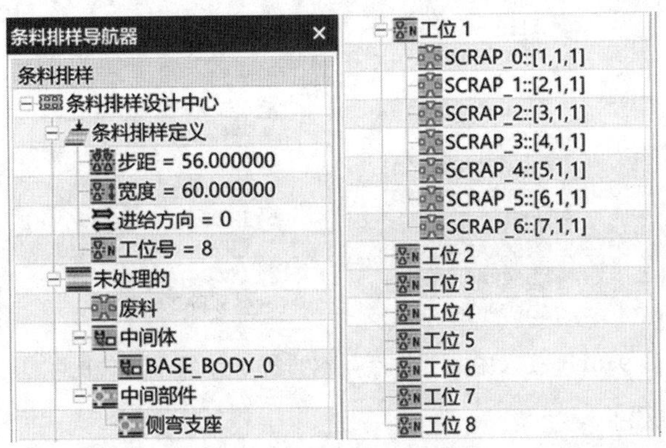

图 9.57　条料排样导航器

步骤 4　移动废料。

废料编号如图 9.58 所示，图中省略了前缀 SCRAP。“SCRAP_0”是导正孔废料，无须移动。在“条料排样导航器”中，用鼠标右键单击“SCRAP_1”，选择下移 2，移动到第 3 工位。采用同样的方法，将“SCRAP_2”移动到第 2 工位，将“SCRAP_3”移动到第 3 工位，将“SCRAP_4”和“SCRAP_5”移动到第 4 工位，将“SCRAP_6”移动到第 8 工位。移动后的废料如图 9.59 所示。

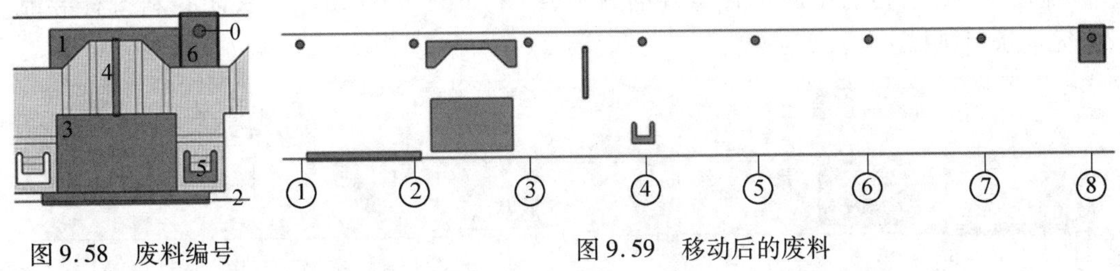

图 9.58　废料编号

图 9.59　移动后的废料

步骤 5　载入中间部件。

在“条料排样导航器”中用鼠标右键单击“未处理的”节点下的“中间部件”，单击弹出的“打开”快捷菜单，打开“选择部件”对话框，在项目所在文件夹中选择“侧弯支座_top”，这是中间工步的顶层装配节点。然后单击“确定”载入中间部件，结果如图 9.60 所示。由图 9.60 可见，第 8 工位缺少中间部件，需要添加。

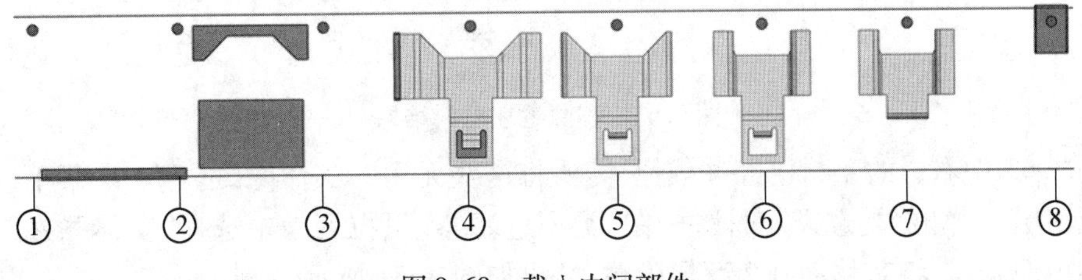

图 9.60　载入中间部件

载入中间部件后条料排样导航器中工位的状态如图 9.61 所示。在条料排样导航器中工位 7 的 Final 中间部件上单击鼠标右键，在弹出的菜单上选择“复制”。用鼠标右键单击工位 8，在弹出的快捷菜单上选择“粘贴”，将工位 7 的中间部件粘贴到工位 8。

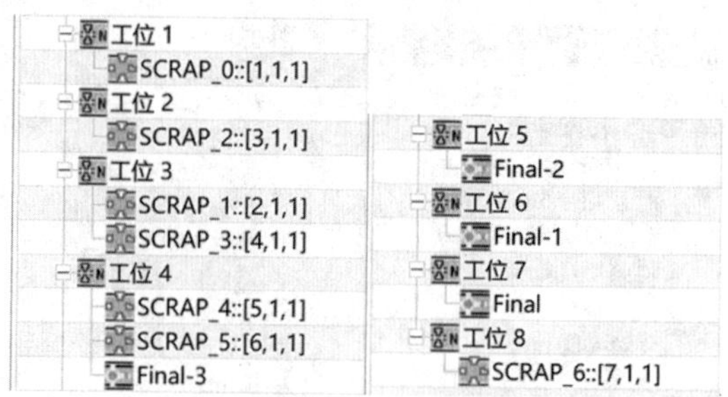

图 9.61　载入中间部件后条料排样导航器中工位的状态

步骤 6　仿真冲裁。

在“条料排样导航器”中用鼠标右键单击“条料排样定义”，在快捷菜单中选择“仿真冲裁”，在弹出的“条料排样设计”对话框中指定起始工位为 1，终止工位为 8，然后单击“确定”，结果如图 9.62 所示。中间工步所在工位都有多余的材料，这是由于中间工步是外部导入的，与仿真条料有重叠。重叠部分需要从条料中移除。

步骤 7　移除毛坯材料。

在“条料排样导航器”中用鼠标右键单击“条料排样定义”，在快捷菜单中选择“移除毛坯材料”，在弹出的“条料排样设计”对话框中指定起始工位为 4，终止工位为 8，然后单击“确定”，移除条料与中间部件重叠的材料，结果如图 9.63 所示。关闭条料排样导航器，完成条料排样。

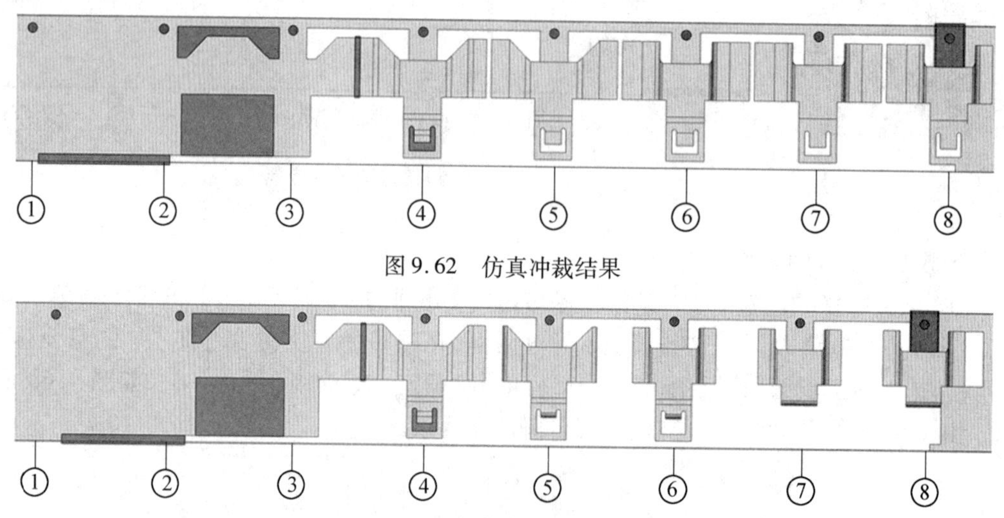

图 9.62　仿真冲裁结果

图 9.63　移除毛坯材料结果

图 9.63 中右边的条料已经冲裁掉，需要将这些无用的实体隐藏。单击“菜单\格式\移动至图层”，弹出“类选择”对话框，在“类型过滤器”下拉列表中选择“实体”，在图形区单击无用的条料，将其移动到 255 层隐藏，结果如图 9.64 所示。

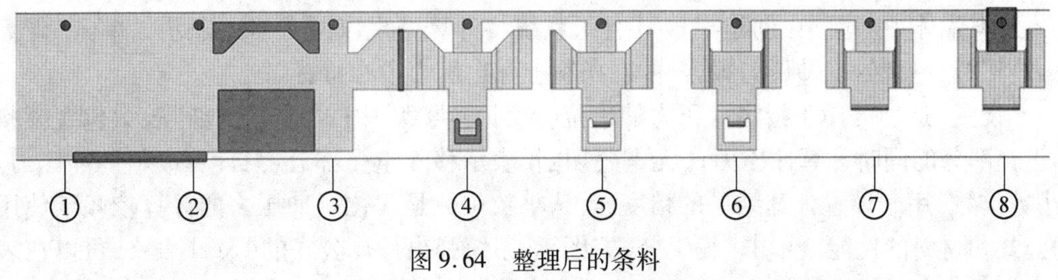

图 9.64　整理后的条料

9.7　计算冲压力

冲压力和压力中心是级进模设计的重要参数。冲压力用于凸、凹模强度分析以及寿命预测。模具的压力中心与冲床滑块压力中心不一致时，会导致凸、凹模间隙不均匀和导向零件的加速磨损，影响冲压精度。因此，需要明确冲压力大小以及压力中心位置，为级进模设计提供参考。

级进模向导提供了计算冲压力的功能。单击级进模向导工具栏中的“冲压力计算”图标，弹出图 9.65 所示对话框。对话框有 3 个选项区，分别为“工艺列表”选项区，“计算”选项区和“设置”选项区。

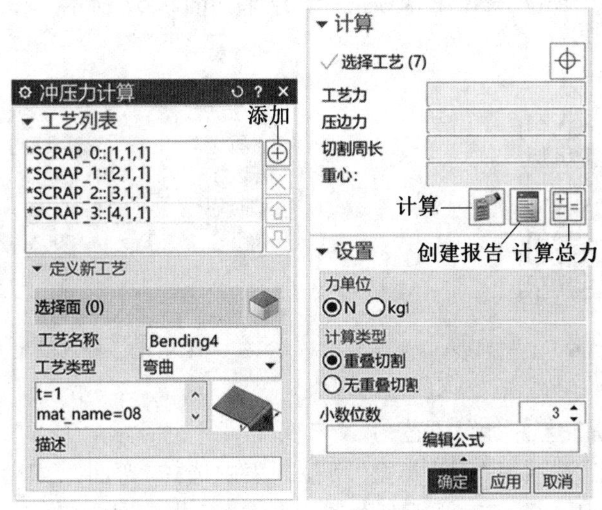

图 9.65　“冲压力计算”对话框

“工艺列表”选项区列出了所有的冲裁废料，废料名前面的星号“ * ”表示没有计算冲压力。计算冲压力后，工艺名称前面的“ * ”会被移除。对于工艺列表中没有列出的工艺，比如弯曲、成形工艺，需要通过定义新工艺进行添加。展开定义新工艺选项组，在“工艺类型”下拉列表中选择合适的工艺，在“选择面”命令处于激活的条件下，选择要定义工艺的特征面。定义工艺的名称可以在“工艺名称”文本框编辑。单击“添加”图标，新工艺被添加到“工艺列表”中。

“计算”选项区用于进行冲压力计算。在“工艺列表”中单击选择成形工艺后，单击“计算”选项区的“计算”图标，系统将计算工艺力、压边力、切割周长和重心，计算结果被写入废料片体中。单击“创建报告”图标，系统将计算结果以网页格式显示。单击“计算总力”图标，系统给出冲压力报告，并在条料上标出压力中心位置。

“设置”选项区用于指定冲压力的单位。“计算类型”中的“重叠切割”表示包含废料的重叠部分的同时计算冲压力；“无重叠切割”表示移除重叠部分，只计算废料的冲压力。“小数位数”用于设置计算结果的精度，默认小数位数是 3 位。冲压力的计算依赖于使用的公式和材料的性能。单击“编辑公式”图标，系统弹出计算公式的 Excel 表格，可以在表格中查看或者编辑计算公式，以及公式使用的材料性能参数。

【例 9.7】 计算冲压力实例。

步骤 1 打开零件。

将本章二维码中的文件夹“第 9 章\9.7”复制到电脑。启动 NX 1953，打开文件夹中“prj_control_000. prt”文件，进入级进模向导。这个项目在例 9.6 中已经完成了条料排样。

步骤 2 计算废料工艺力。

单击级进模向导中的“冲压力计算”图标，弹出“冲压力计算”对话框。对话框的“工艺列表”中列出了所有废料，废料名前都带有“ * ”标记，如图 9.66 所示。选择所有废料，单击计算选项区的“计算”图标，系统计算工艺力、压边力、切割周长和重心，废料名前的“ * ”被移除。单击任意一块或者几块废料，图形区会显示废料的重心位置，计算选项区同时显示计算结果。单击“SCRAP_3”后，计算结果如图 9.67 所示。

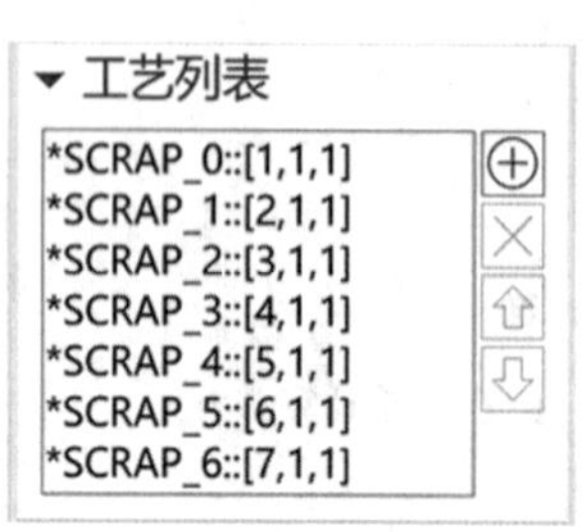

图 9.66 工艺列表

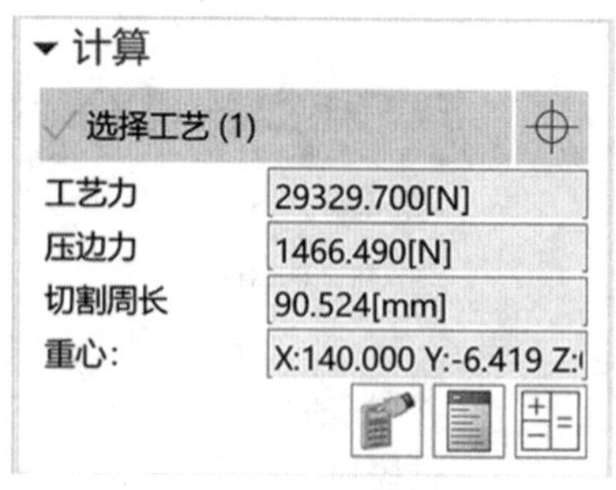

图 9.67 计算结果

步骤 3 定义新工艺并计算工艺力。

在“定义新工艺”选项组“工艺类型”下拉列表中选择“弯曲”，如图 9.68 所示。在图形窗口选择图 9.69 所示第 5 工位折弯面，“工艺名称”指定“Bending7”，不能和工艺列表中已有名称重复。单击“添加”图标，将新工艺添加到工艺列表中。单击“计算”选项区“计算”图标，系统计算工艺力。

采用同样的方法，添加其他折弯工艺，并计算工艺力。

图 9.68　定义折弯工艺

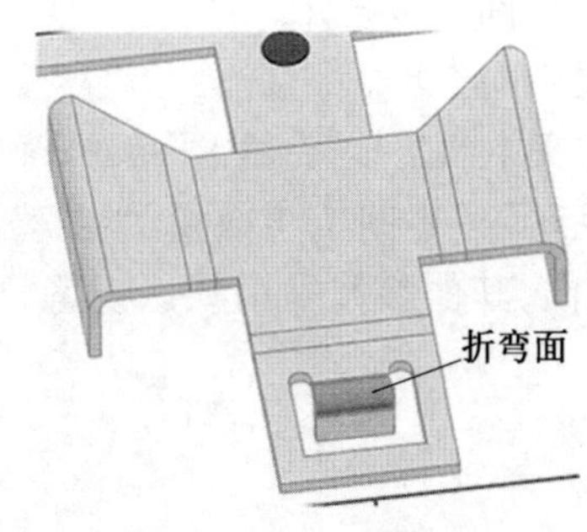

图 9.69　选择折弯面

步骤 4　计算总力。

定义新工艺并计算所有工艺的成形力后,单击"计算总力"图标,系统给出冲压力报告如图 9.70 所示,并在条料上标出压力中心位置,完成冲压力的计算。

Result of Force Calculation

SCRAP_0,SCRAP_1,SCRAP_2,SCRAP_3

SCRAP_4,SCRAP_5,SCRAP_6,Bending7

Bending8,Bending9,Bending10,Bending11

Bending12

Name	Value
Process_Force	144864.690[N]
Holding_Force	13377.239[N]
Total_Force	158241.929[N]
Perimeter_of_Cutting	405.043[mm]
Center_of_Force	(182.183,3.632,-0.048)

图 9.70　冲压力报告

9.8　条料排样综合实例

【例 9.8】　为图 9.71 所示钣金零件设计条料。

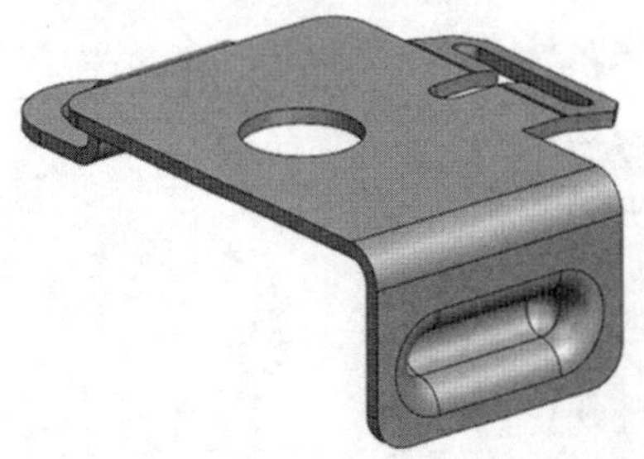

图 9.71　钣金零件

步骤 1　打开零件模型。

将本章二维码中的文件夹"第 9 章\9.8"复制到电脑。启动 NX 1953,打开文件夹中

“钣金零件.prt”文件。单击“应用模块\注塑模和冲模\级进模”,进入级进模向导。

步骤 2　中间工步设计。

(1)定义中间工步。

单击“定义中间工步”命令图标,打开“定义中间工步”对话框。设置“工步序列”为“从部件到毛坯”,“中间工步数量”为“7”,“起始工位”为“6”,“步距”为“72”,“步距方向”为“*Y*”方向,其他参数采用默认设置,单击“确定”按钮后,生成 7 个中间工步,如图 9.72所示。

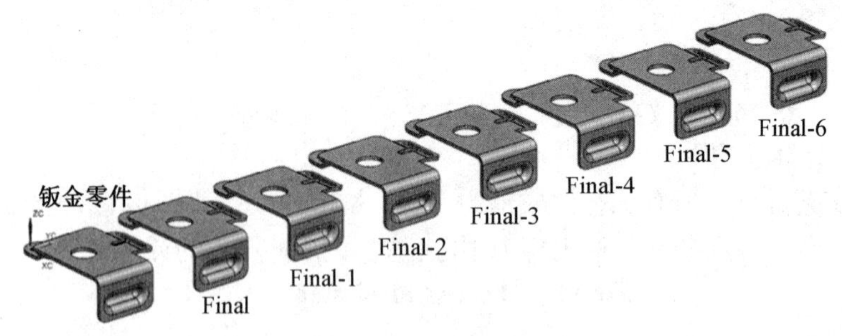

图 9.72　钣金零件中间工步

(2)折弯展开。

双击 Final-2 将其设为工作部件,单击级进模向导中的“折弯操作”命令,选择“伸直”模式,确认“选择折弯”处于激活状态,选择图 9.73 所示折弯面,单击“确定”按钮,将其展平。

采用同样的方法,按照图 9.73 的顺序,在 Final-3、Final-4、Final-5 工步展开折弯。如果展开过程中伸直方向不对,可以勾选或者取消勾选“折弯操作”对话框的“显示备选结果”复选框,切换到另一个结果。

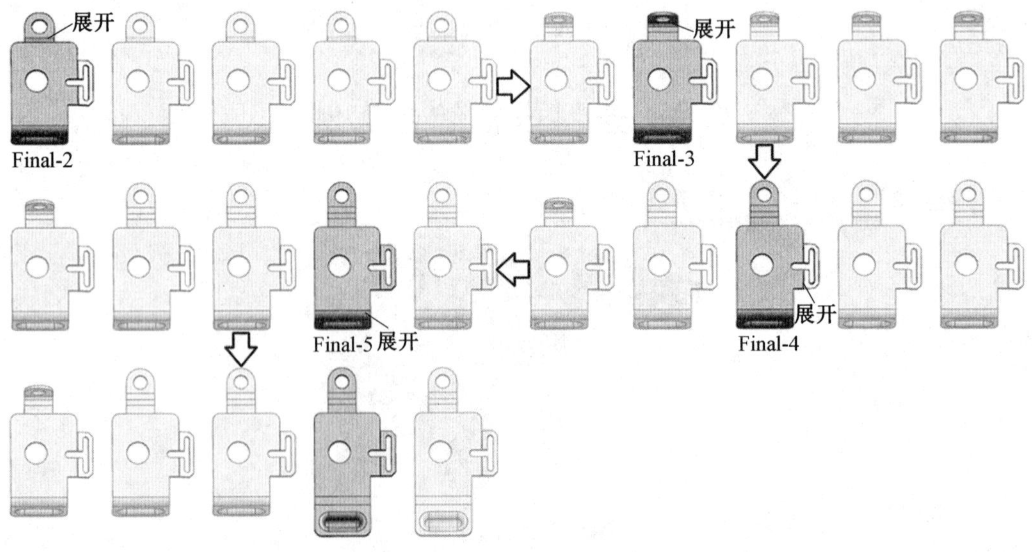

图 9.73　钣金零件展开过程

(3)在 Final-6 工步删除凸包特征。

双击 Final-6 将其设为工作部件。单击“菜单\插入\同步建模\删除面”,在弹出的“删除面”对话框选择“面”模式,取消勾选“预览”复选框,确认“选择面”处于激活状态,依次选择图 9.74 所示凸包的内、外表面,单击“确定”按钮,将其删除。

在“装配导航器”中双击“钣金件_top”,将其设置为工作部件。设计的中间工步如图 9.75 所示。单击“文件\保存\全部保存”,保存中间工步装配文件。

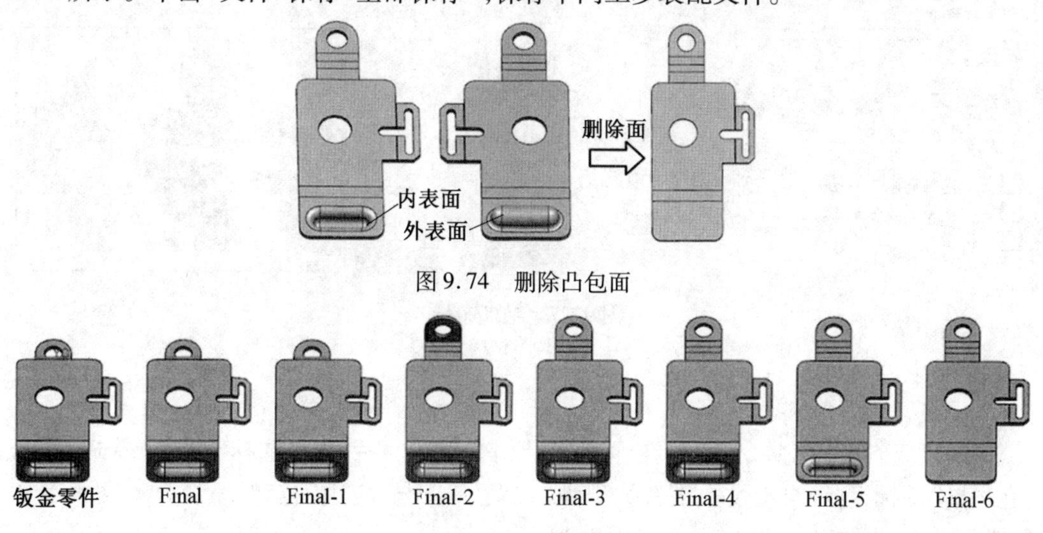

图 9.74　删除凸包面

图 9.75　中间工步

步骤 3　初始化项目。

打开“初始化项目”对话框,系统以钣金零件为工作部件,并以零件所在目录为项目路径,使用默认的项目名“prj”,采用常规模板,单击“确定”按钮,完成项目初始化。

步骤 4　毛坯布局。

(1)导入毛坯。

单击“毛坯生成器”命令图标,在对话框中选择“创建”模式,单击导入毛坯部件图标,如图 9.76 所示。在弹出的“选择”对话框中选择文件 Final-6;由于这是已经展平的毛坯,单击“确定”按钮,导入毛坯。确认“选择固定面”命令处于激活状态,选择毛坯的上表面作为固定面,如图 9.76 所示,单击“毛坯生成器”对话框中的“确定”按钮,完成毛坯导入。

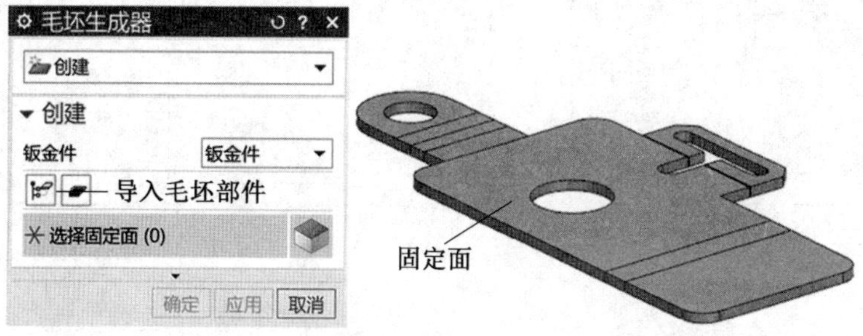

图 9.76　导入毛坯部件

(2)毛坯布局。

单击“毛坯布局”命令图标,弹出“毛坯布局”对话框。在对话框中选择“创建布局”,

设置“旋转”为“-90”，“步距”为“72”，“宽度”为“145”，“侧距”为“平均”，单击对话框中的“确定”按钮，创建毛坯布局如图 9.77 所示。

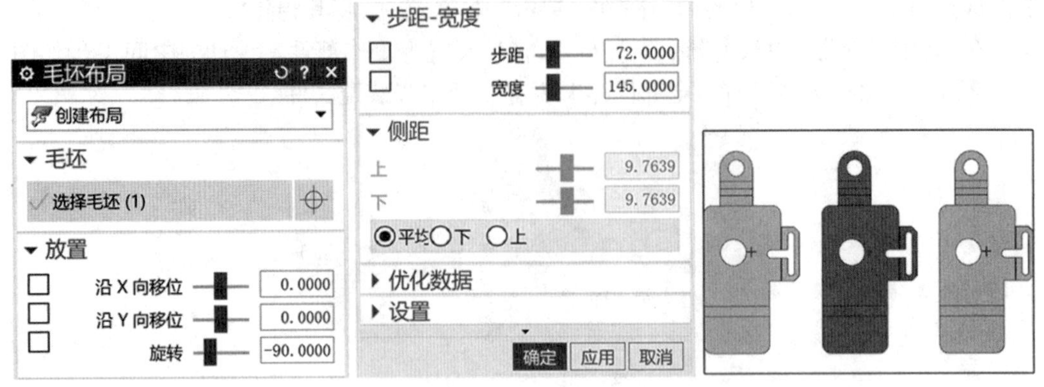

图 9.77　毛坯布局

步骤 5　设计废料。

(1)创建设计废料。

单击“废料设计”命令图标，在弹出的“废料设计”对话框中选择“创建”模式，单击“孔边界”图标，系统自动设置废料类型为“冲裁”，单击“应用”按钮，系统自动搜索毛坯内部孔的轮廓，创建 3 块废料，如图 9.78 所示。

(2)创建导正孔废料。

在“废料设计”对话框选择“创建”模式，单击“封闭曲线”图标，将“废料类型”设置为“导正孔”，然后单击“绘制截面”图标，系统弹出“创建草图”对话框，并自动在中间毛坯创建基准平面。单击“创建草图”对话框中的“确定”按钮，进入草绘环境。在草图环境中绘制图 9.79 所示的两个圆。退出草图后，单击“废料设计”对话框中的“应用”按钮，系统创建图示两个导正孔废料。

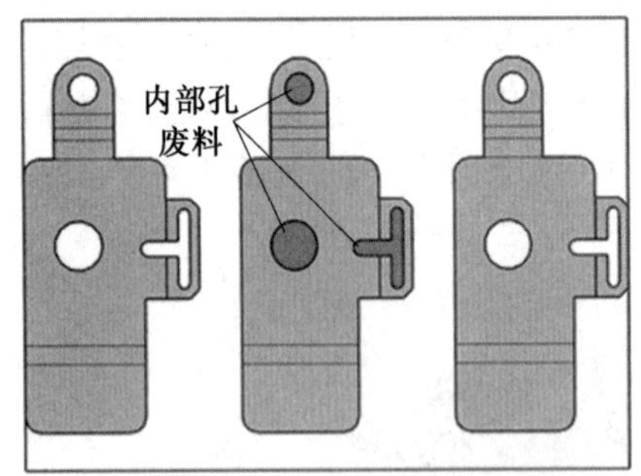

图 9.78　内部孔废料

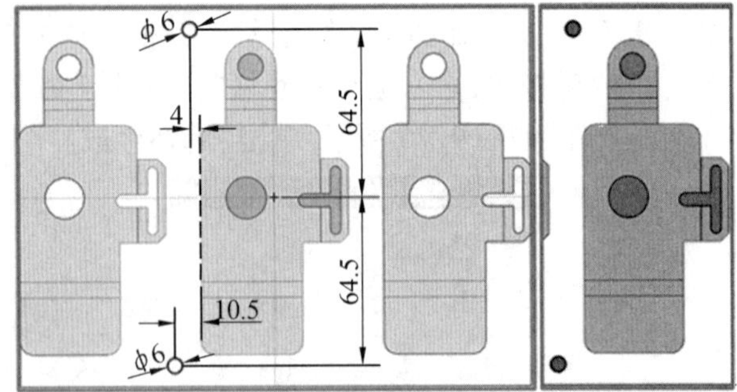

图 9.79　导正孔废料

(3)创建其他工艺废料。

在“废料设计”对话框选择“创建”模式，单击“毛坯边界+草图”图标，系统自动设置“废料类型”为“冲裁”，然后单击“绘制截面”图标，系统弹出“创建草图”对话框，单击对话框中的“确定”按钮，进入草绘环境。在草图环境中绘制图 9.80 所示废料 1 的草图。

退出草图后，单击“废料设计”对话框中的“应用”按钮，系统创建废料 1。

采用与废料 1 相同的方法，创建废料 2 ~ 5，它们的草图如图 9.80 所示。

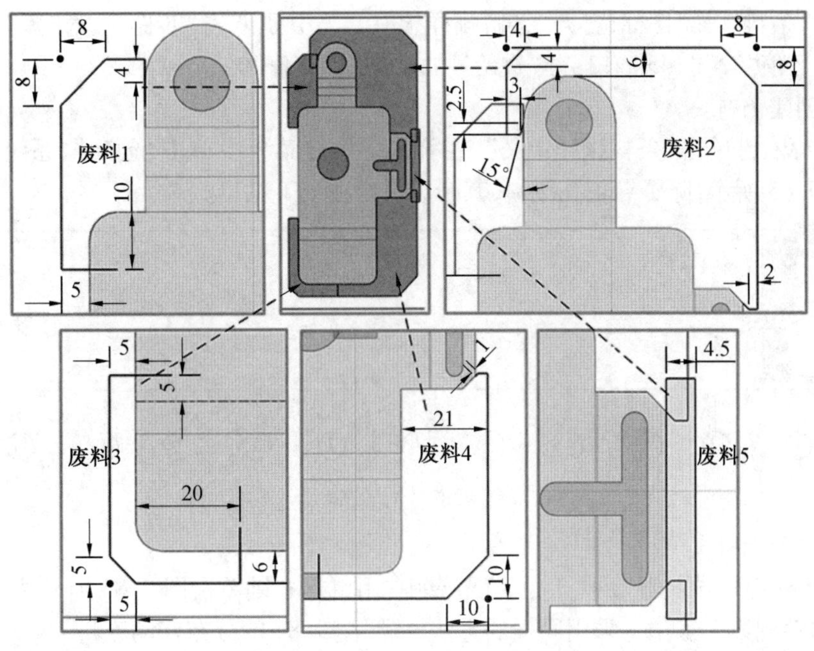

图 9.80　毛坯边界+草图设计废料

（4）创建分离废料。

为了给分离废料提供参考，将图 9.80 中的废料 2、4、5 复制到前一个工位。单击“菜单\编辑\移动对象”，弹出图 9.81 所示“移动对象”对话框。确认“选择对象”命令处于激活状态，选择废料 2、4、5，在“变换”选项区的“运动”下拉列表选择“点到点”，指定出发点为内部废料孔圆心，目标点为邻近毛坯废料孔圆心，如图 9.81 所示；在“结果”选项区选择“复制原先的”，单击“确定”按钮，完成废料复制，结果如图 9.81 所示。

依据复制后的废料，采用“毛坯边界+草图”方法创建图 9.82 所示分离废料。

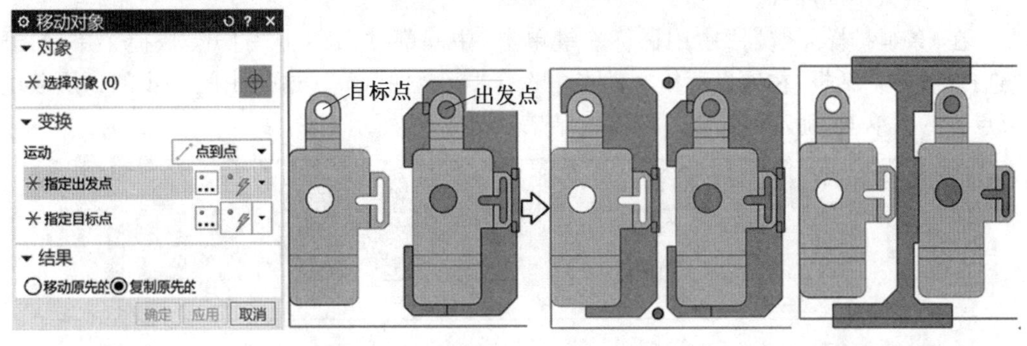

图 9.81　复制废料　　图 9.82　分离废料

步骤 6　条料排样。

(1)设置条料参数。

单击“条料排样”图标,打开“条料排样导航器”,分别双击“步距”“宽度”“工位号”,然后输入数值“72”“145”“12”。“进给”方向使用默认值“0”。

(2)创建条料。

用鼠标右键单击“条料排样定义”,在弹出的快捷菜单中单击“创建”,系统将创建条料,如图 9.83 所示,除了导正孔废料,其余废料都在第 1 工位。

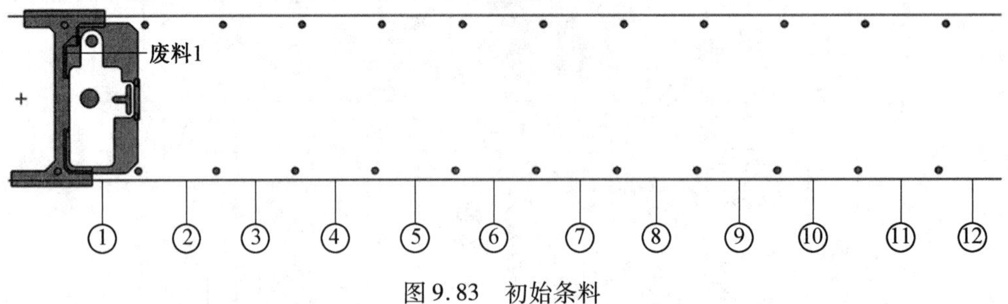

图 9.83　初始条料

(3)移动废料。

在“条料排样导航器”的“工位 1”节点中,用鼠标右键单击图 9.83 所示废料 1,选择下移 2,移动到第 3 工位。采用同样的方法,按照图 9.84 的分布移动废料。

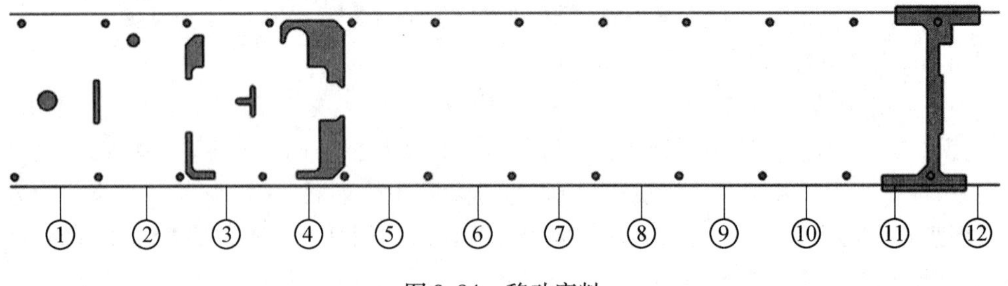

图 9.84　移动废料

(4)载入中间部件。

在“条料排样导航器”中用鼠标右键单击“中间部件”,单击“打开”快捷菜单,打开“选择部件”对话框,在项目所在文件夹中选择“钣金件_top”,这是中间工步的顶层装配节点。然后单击“确定”载入中间部件,结果如图 9.85 所示。

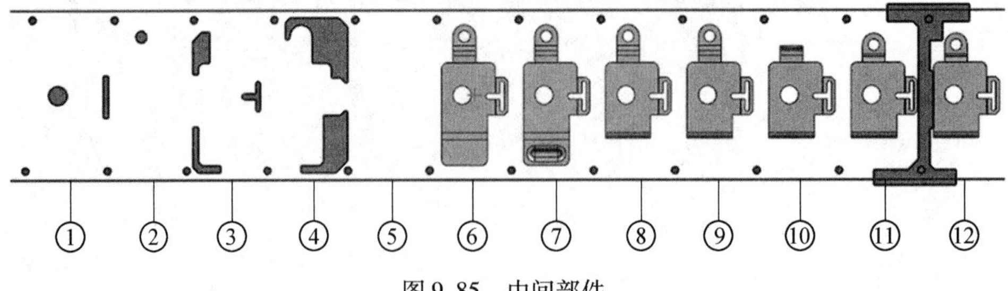

图 9.85　中间部件

(5)仿真冲裁。

在“条料排样导航器”中用鼠标右键单击“条料排样定义”,在快捷菜单中选择“仿真冲裁”,在弹出的“条料排样设计”对话框中指定“起始工位”为“1”,“终止工位”为“12”,然后单击“确定”,结果如图 9.86 所示。

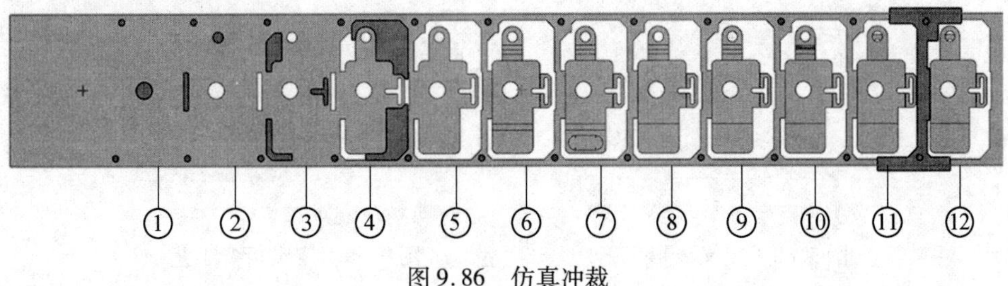

图 9.86　仿真冲裁

(6)移除毛坯材料,隐藏无用实体。

用鼠标右键单击“条料排样定义”,在快捷菜单中选择“移除毛坯材料”,在弹出的“条料排样设计”对话框中指定“起始工位”为“6”,“终止工位”为“11”,然后单击“确定”,移除条料与中间部件重叠的材料,关闭条料排样导航器,完成条料排样。

单击“菜单\格式\移动至图层”,弹出“类选择”对话框,在“类型过滤器”下拉列表中选择“实体”,在图形区单击无用的毛坯和条料,将其移动到 255 层隐藏,结果如图 9.87 所示。

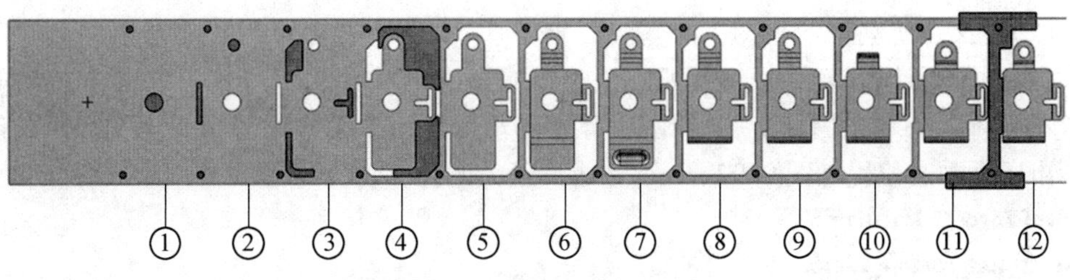

图 9.87　移除毛坯材料结果

步骤 7　计算冲压力。

(1)定义新工艺。

单击级进模向导中的“冲压力计算”图标,弹出“冲压力计算”对话框。对话框“工艺列表”中列出了所有废料特征。可以选择一块或者几块废料,计算冲压力,也可以将折弯特征和成形特征添加后再计算。

展开“定义新工艺”选项组,“工艺类型”下拉列表中选择“Round_embossing”,如图 9.88所示。在图形窗口选择图 9.90 所示第 7 工位凸包所有成形面,“工艺名称”指定为“Round_embossin1”。单击“添加”图标,将成形工艺添加到工艺列表中。

在“工艺类型”下拉列表中选择“弯曲”,如图 9.89 所示。在图形窗口选择图 9.90 所示第 8 工位折弯面,工艺名称指定“Bending1”。单击“添加”图标,将弯曲工艺添加到工艺列表中。采用同样的方法,添加图 9.90 所示的其他 3 个折弯工艺。

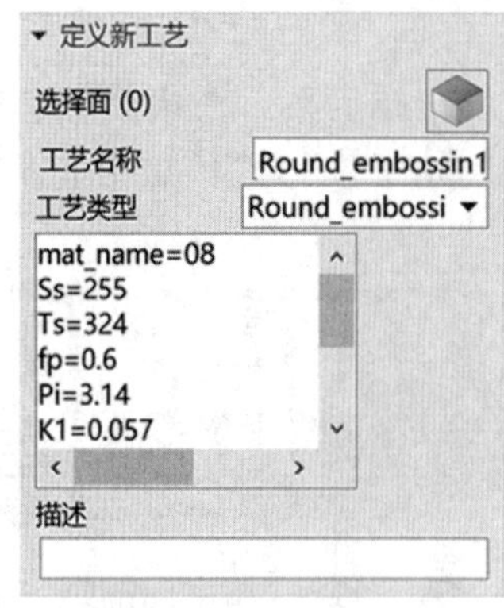

图 9.88 定义成形工艺

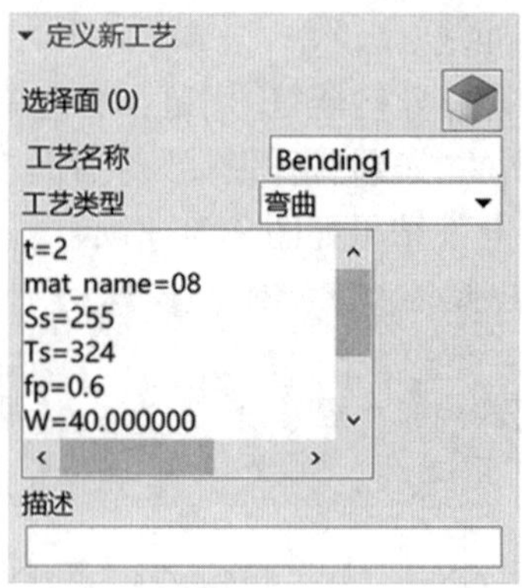

图 9.89 定义折弯工艺

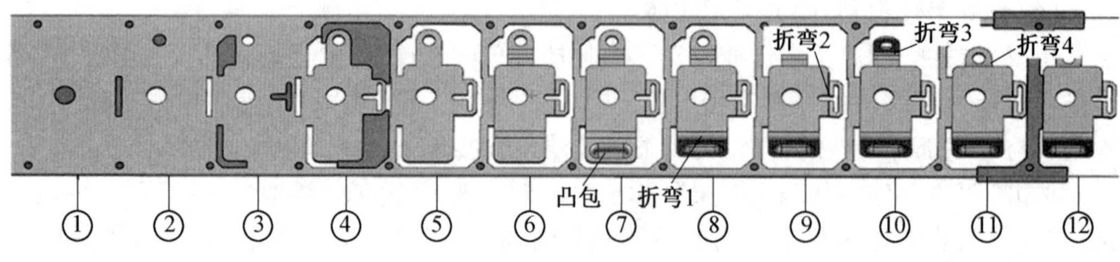

图 9.90 成形和折弯特征

(2)定义新工艺。

在“冲压力计算”对话框选择所有工艺，单击计算选项区的“计算”图标，工艺名前的“ * ”被移除。再单击“计算总力”图标，系统给出的冲压力报告如图 9.91 所示，并在条料上标出压力中心位置如图 9.92 所示，完成冲压力的计算。

Result of Force Calculation

SCRAP_0,SCRAP_1,SCRAP_2,SCRAP_4

SCRAP_5,SCRAP_6,SCRAP_7,SCRAP_8

SCRAP_9,SCRAP_10,SCRAP_11,Bending1

Bending2,Round_embossin1,Bending3,Bending4

Name	Value
Process_Force	629404.900[N]
Holding_Force	43950.740[N]
Total_Force	673355.640[N]
Perimeter_of_Cutting	928.502[mm]
Center_of_Force	(283.240,-0.054,-0.055)

图 9.91 冲压力报告

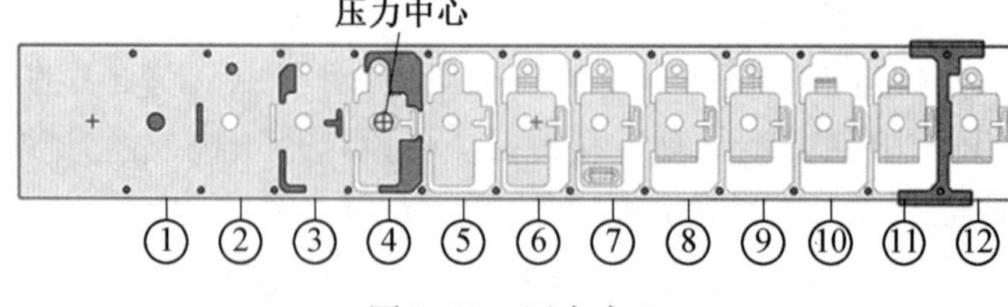

图 9.92 压力中心

9.9 本章小结

本章主要讲解了级进模条料排样设计过程。通过本章的学习，读者可以掌握中间工步设计、初始化项目、毛坯布局、废料设计、条料排样和计算冲压力的方法，其中中间工步设计、废料设计和条料排样是关键环节。中间工步设计需要展开钣金零件,直弯零件可以直接展开,而自由形状弯曲零件需要通过有限元仿真的方法展开。废料包括设计废料和工艺废料,设计废料可以自动生成,而工艺废料需要通过草绘轮廓结合毛坯边界创建。条料排样包含创建条料、移动废料、载入中间部件、仿真冲裁、移除毛坯材料等步骤,决定了级进模的加工工序。

9.10　思考题

1. 中间工步设计包含哪些过程? 如何展开直弯零件? 如何展开自由形状弯曲零件?
2. 如何进行多排排样毛坯布局?
3. 如何创建设计废料和工艺废料?
4. 条料排样包含哪些步骤,如何计算冲压力?

第 10 章　级进模模架和标准件设计

模架是模具的主体结构,级进模所有零件比如导柱、导套、螺钉、销钉等标准件,以及凸模和凹模都安装在模架上。模架和标准件的尺寸已经标准化,级进模向导提供了模架和标准件结构的设计、尺寸定义的方法,提高了级进模设计效率。本章主要介绍模架结构和标准件的结构、作用以及设计方法。

10.1　级进模模架设计

10.1.1　级进模模架结构

1. 模架基本结构

典型级进模模架结构如图 10.1 所示,包含上模座、上垫板、凸模固定板、卸料板垫板、卸料板、凹模固定板、下垫板、下模座和垫块。这些模板的功能,以及在级进模向导中的代号见表 10.1。

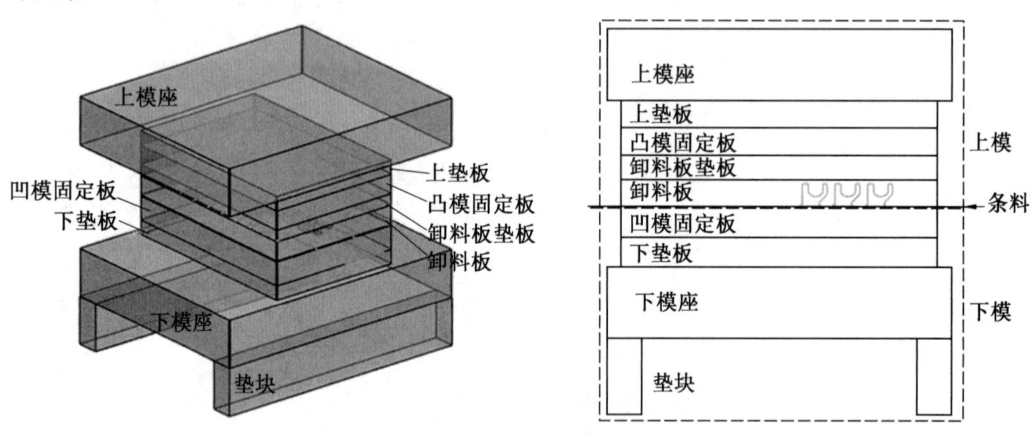

图 10.1　典型级进模模架结构

表 10.1　级进模模板名称和功能

模板	级进模向导中的代号	模板作用
上模座	TP	装配与支承上模所有零部件,并安装到压力机滑块上
上垫板	TBP	安装在凸模固定板与上模座之间,用于承载和分散冲压载荷

续表 10.1

模板	级进模向导中的代号	模板作用
凸模固定板	PP	用于安装和固定凸模
卸料板垫板	BP	安装在凸模固定板与卸料板之间,用于分散冲压载荷
卸料板	SP	从凸模上卸下制件与废料
凹模固定板	DP	用于安装和固定凹模
下垫板	BBP	安装在凹模固定板与下模座之间,用于分散冲压载荷
下模座	DS	装配与支承下模所有零部件
垫块	PB	承载模架

上模座、上垫板、凸模固定板、卸料板垫板、卸料板固定在一起,称为上模部分。上模通过模柄或者螺栓和压板、压力机滑块固定在一起,随压力机滑块上下运动实现冲压动作,是模具的活动部分。凹模固定板、下垫板、下模座、垫块固定在一起,称为下模部分。下模通过螺栓和压板与压力机工作台固定在一起,是模具的固定部分。

2. 模架选用

通常凸、凹模固定板,卸料板,上、下垫板的长度和宽度相同,同时小于上模座和下模座的尺寸,如图 10.2 所示。凹模固定板的长度、宽度和模座的尺寸的经验关系式为

$$L = P_L + K \tag{10.1}$$

$$W = P_W + 2D + K_1 \tag{10.2}$$

其中,L 为上、下模座长度(mm);P_L 为凹模固定板长度(mm);K 为经验值,取 10 ~ 40 mm;W 为上、下模座宽度(mm);P_W 为凹模固定板宽度(mm);D 为导套外径(mm);K_1 为经验值,大于 40 mm。

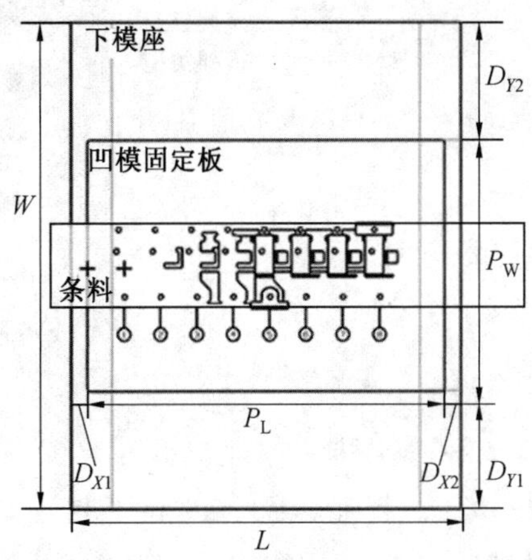

图 10.2　模板与条料尺寸关系

凹模固定板的长度、宽度和条料尺寸关系也可以对照公式(10.1)和(10.2)进行确

定。级进模各模板的厚度需要通过公式计算,并进行强度校核。

10.1.2　级进模向导模架设计

级进模向导是通过“管理模架”对话框设计、装配和编辑模架。单击级进模向导工具栏中的“管理模架”命令图标,弹出图 10.3(a)所示对话框,同时显示模架“信息”窗口。

1. 模架的编辑

在“管理模架”对话框选择“设计模架”模式,当“选择要编辑的模架”命令处于激活状态时,选择已经加载的模架,可以重新选择模架类型,定义模板尺寸。

2. 模架的装配

模架默认“父”部件是“prj_diebase_ * ”,也就是模架在“装配导航器”中存放于“prj_diebase_ * ”节点下。可以在“父”下拉列表中重新指定父部件。通常使用默认父部件,不需要更改。

3. 模架的类型

在“目录”下拉列表中,级进模向导提供了 12 大类模架。选择一类模架,在“板数量”下拉列表中会显示按照模板数量定义的模架类型,同时“详细信息”列表区会显示模架的尺寸,“信息”窗口也会显示对应模架的结构和尺寸标注。

例如,在“目录”下拉列表中选择“DB_UNIVERSAL1”时,“板数量”下拉列表中提供了 5 种类型的模架,分别是九板式模架、十板式模架、十二板式模架、五板式模架和八板式模架,如图 10.3(b)和 10.4 所示。

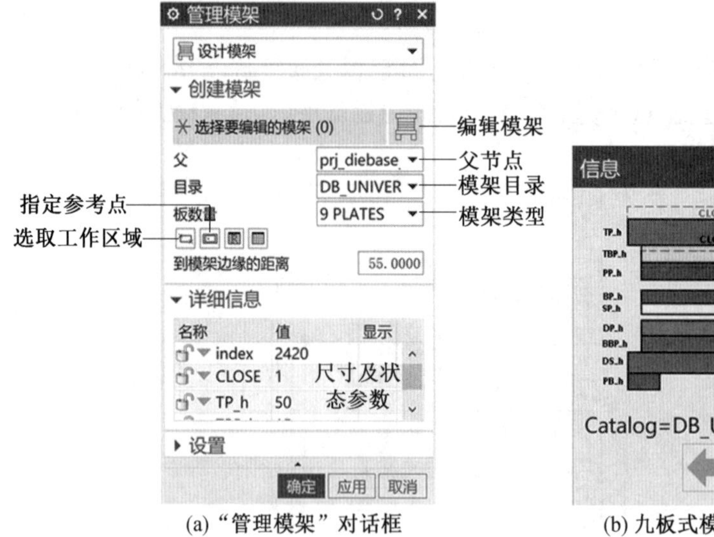

(a) “管理模架” 对话框

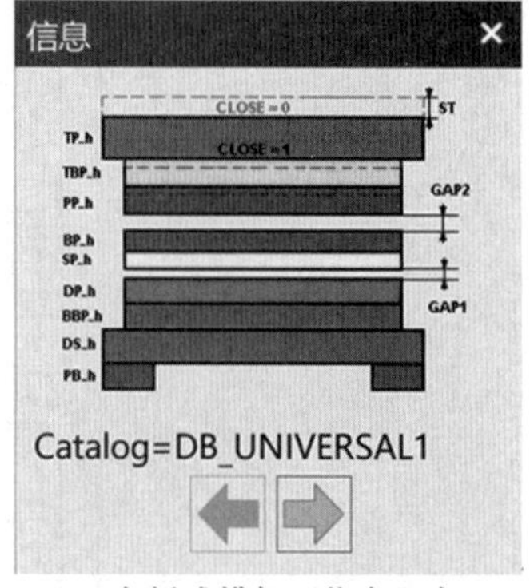

(b) 九板式模架 “信息” 窗口

图 10.3　“管理模架”对话框和“信息”窗口

十板式模架、十二板式模架、五板式模架和八板式模架是在九板式模架的基础上增加或者减少模板形成的,可以根据需要选择合适的模架。

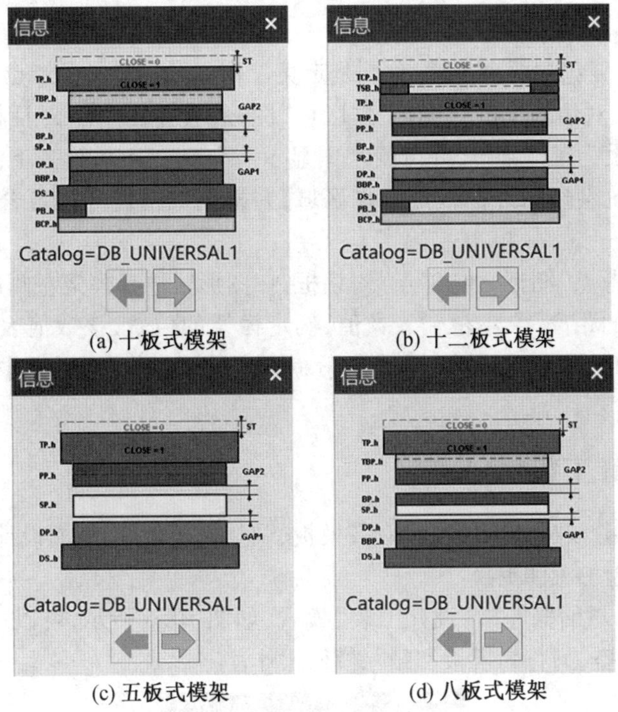

(a) 十板式模架　(b) 十二板式模架

(c) 五板式模架　(d) 八板式模架

图 10.4　模架结构

4. 模架的尺寸

在"管理模架"对话框的"详细信息"列表区,会显示模架各模板的尺寸和状态参数。

例如,当"目录"下拉列表选择"DB_UNIVERSAL1","板数量"下拉列表选择"9 PLATES"时,"详细信息"列表区如图 10.5 所示。列表区中"index"表示模架的编号,"2420"表示凹模固定板长度为 240 mm,宽度为 200 mm,分别对应于图 10.2 中 P_L 和 P_W 的值。"CLOSE"表示级进模的开合模状态,其值为 1 时为合模状态,值为 0 时为开模状态。"GAP1"和"GAP2"为模板间隙值。"＊_h"参数表示模板的厚度值,模板代号含义见表 10.1。"P_L""P_W""D_{X1}""D_{X2}""D_{Y1}"和"D_{Y2}"的含义如图 10.2 所示。

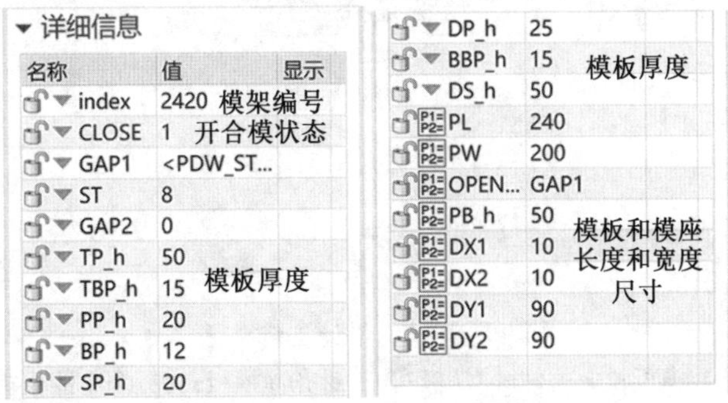

图 10.5　"详细信息"列表区

需要修改某个参数值时,双击参数数值可直接修改,新输入的数值不在模架的数据表中时,系统以红色显示。输入新数值后,要按"Enter"键进行确认。

5. 模架的加载

级进模模架加载包含两个步骤，分别是定义工作区域和定义参考点。

在“管理模架”对话框单击“选取工作区域”图标，会弹出“点”对话框，同时系统自动将“ * _strip”部件设为工作部件，并以俯视图显示。分别在条料第一工位左上角、最后工位右下角单击，系统会显示红框框选工作区域，并根据红框尺寸推荐合适的模架规格和参数。

单击“指定参考点”图标，弹出“点”对话框，在图形区选择模架左侧边缘的参考点，然后在“到模架边缘的距离”文本框输入数值，确定模架的位置，该数值表示模架左侧边缘与参考点在 X 方向的距离。设置这些参数后，单击“管理模架”对话框中的“确定”按钮加载模架。

10.1.3 设计工装

设计工装是拆分模板、合并模板、对齐模板、调整模板长度，从而设计出符合工程要求的模板，使模板易于加工和更换。

在“管理模架”对话框选择“设计工装”模式，如图 10.6 所示，可以进行模板的拆分、合并、对齐、长度调整、另存为模板和删除模架操作。

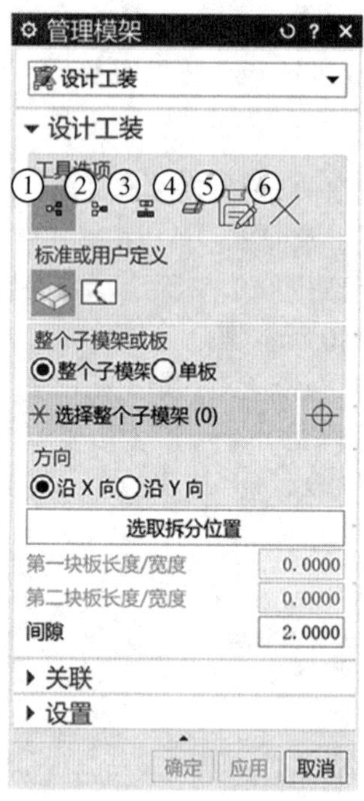

图 10.6　设计工装

①—拆分冲模板；②—合并冲模板；③—对齐冲模板；④—调整冲模板长度；
⑤—另存为模板；⑥—删除模架

1. 拆分冲模板

在“工具选项”中单击“拆分冲模板”。当在“标准或者用户定义”选项区选择“标准”

时,表示模板的拆分线为直线,不需要草绘拆分线;当选择“用户定义”时,表示需要在草绘环境中绘制拆分线。

在“整个子模架或板”选项区选择“整个子模架”表示拆分整个模架,此时“选择整个子模架”命令处于激活状态,单击一块模板后,整个子模架都被选中;在“整个子模架或板”选项区选择“单板”,此时“选择单板”命令处于激活状态,表示只选择一块模板。

拆分方向系统提供了两种选择,“沿 X 向”和“沿 Y 向”。

单击“选取拆分位置”按钮,系统自动将“ * _strip”部件设为工作部件,并以俯视图显示,方便选择拆分位置。鼠标移动时,会实时显示长度信息。在要拆分的位置单击后,返回“管理模架”对话框。

在“管理模架”对话框“第一块板长度/宽度”“第二块板长度/宽度”以及“间隙”文本框输入数值,精确控制模板的长度。最后单击“确定”按钮,将选择的模架或者模板拆分。

2. 合并冲模板

在“工具选项”中单击“合并冲模板”。根据合并对象选择“整个子模架”或者“单板”,在图形区选择要合并的模架或者模板,指定合并方向,单击“确定”按钮,合并所选模架或者模板。

3. 对齐冲模板

在“工具选项”中单击“对齐冲模板”。根据对齐对象选择“整个子模架”或者“单板”,在图形区选择要对齐的模架或者模板,指定对齐方向,然后指定两组模板之间的间隙值,单击“确定”按钮,对齐所选模架或者模板。

4. 调整冲模板长度

在“工具选项”中单击“调整冲模板长度”。根据调整对象选择“整个子模架”或者“单板”,在图形区选择要调整的模架或者模板,指定调整方向,单击“选取位置”,弹出“点”对话框,在图形区出现虚线四边形,表示待调整模板的大小;将鼠标移动到四边形边线内侧单击,即选中虚线边线,移动鼠标在合适长度位置单击,并返回“管理模架”对话框。如果需要,可以在“板长度/宽度”中输入数值,以便精确控制模板长度。最后单击“确定”按钮,调整所选模架或者模板长度。

5. 另存为模板

在“工具选项”中单击“另存为模板”,在图形窗口选择模架,单击“确定”按钮,在弹出的“在输出目录中选择/创建文件”对话框中,指定模架存储的路径和文件名,然后单击“确定”按钮,弹出“部件名管理”对话框,如果需要可以修改保存模板的名称。单击“确定”按钮,系统将模架复制到指定目录,再通过文件注册,就可以重用保存的模架数据。

6. 删除模架

在“工具选项”中单击“删除模架”,在图形窗口选择模架,单击“确定”按钮就可以删除所选模架。

10.1.4　模具参数设计

在设计级进模的时候,有很多工艺参数,比如冲头补偿、凸模冲入凹模深度、凸模和凹模间的间隙、抬料高度、凸模与凸模固定板的间隙等,会在设计中频繁使用。为了保持这些工艺参数的一致性,级进模向导使用“冲模设计设置”对话框对这些参数进行管理。

单击“冲模设计设置”图标,弹出 10.7 所示“冲模设计设置”对话框,同时系统自动将“ * _var”部件设为工作部件,模具工艺参数均读取自该文件。

“冲模设计设置”对话框上部为参数的名称和值,下部为参数含义示意图。双击参数值,输入新的数值,单击对话框中的“确定”按钮,完成工艺参数的修改。

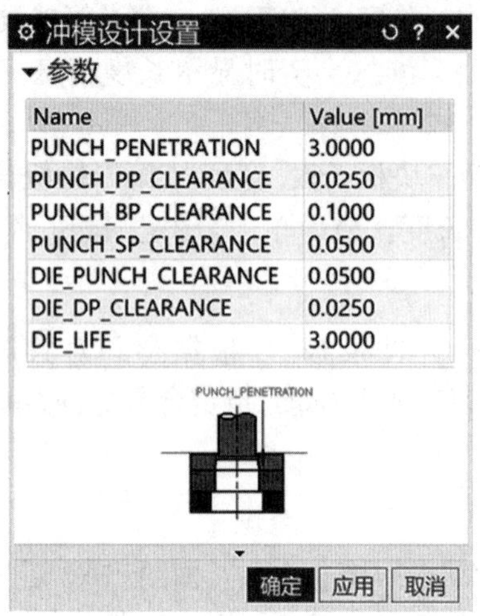

图 10.7　“冲模设计设置”对话框

10.1.5　级进模模架设计实例

【例 10.1】　图 10.8 为支架零件的条料,为其设计模架并设计工装。

步骤 1　打开条料。

将本章二维码中的文件夹“第 10 章\10.1(1)”复制到电脑。启动 NX 1953,打开文件夹中“prj _ control _ 037. prt”。在“装配导航器”中只勾选“prj _ strip _ * ”和“prj_simulation_ * ”显示条料,隐藏其他零件。

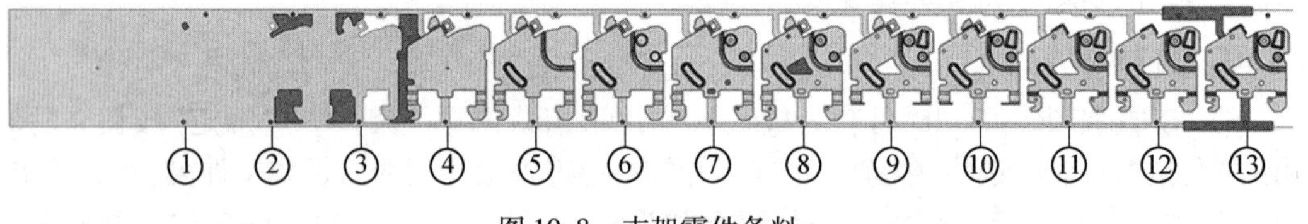

图 10.8　支架零件条料

步骤 2　添加模架。

在级进模向导中单击“管理模架”图标,打开“管理模架”对话框。在对话框中选择“设计模架”模式,在“目录”下拉列表中选择“DB_UNIVERSAL1”,在“板数量”下拉列表中选择“12 PLATES”。

单击“选取工作区域”图标,弹出“点”对话框,在条料第 1 工位左上角单击,移动鼠标时系统显示的红框随之移动,然后在最后工位右下角单击,红框范围大致确定了模具的工作区域,如图 10.9 所示。这时系统自动返回到“管理模架”对话框。

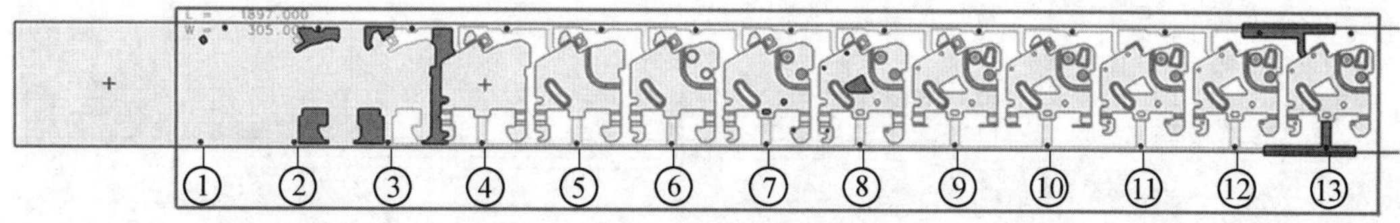

图 10.9　模具工作区域

系统根据工作区域大小，推荐了 15040 模架，此模架尺寸偏小。修改参数值：$P_L=1\ 940$，$P_W=320$。

单击“指定参考点”图标，弹出“点”对话框，在图形区选择图 10.10 所示第 1 工位导正孔圆心，单击“确定”返回到“管理模架”对话框，然后在“到模架边缘的距离”文本框输入“-40”，该数值表示模架左侧边缘与参考点在 X 方向的距离。

单击“管理模架”对话框中的“确定”按钮，加载模架，结果如图 10.11 所示。

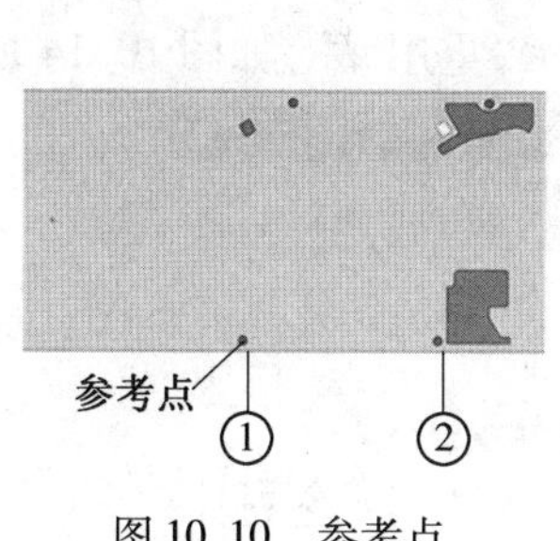

图 10.10　参考点

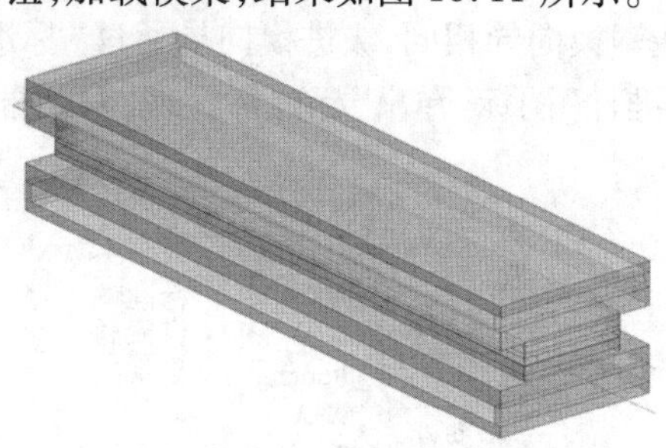
图 10.11　加载的模架

步骤 3　拆分模架。

在“管理模架”对话框选择“设计工装”模式。单击“拆分冲模板”，选择“整个子模架”，指定拆分“沿 X 向”，拆分间隙为 2 mm。

在图形区单击选择一块模板后，整个子模架都被选中。单击“选取拆分位置”按钮，系统切换为俯视图显示，移动鼠标出现红框，在要拆分的位置单击鼠标左键，如图 10.12 所示，返回“管理模架”对话框。如要精确控制模板长度，可以在对话框中输入数值。单击“应用”按钮，系统将模架拆分。采用同样的方法继续拆分模架，结果如图 10.13 所示。

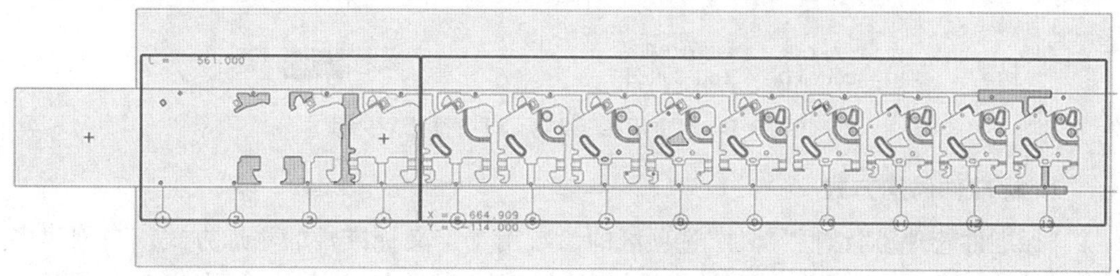

图 10.12　选取拆分位置

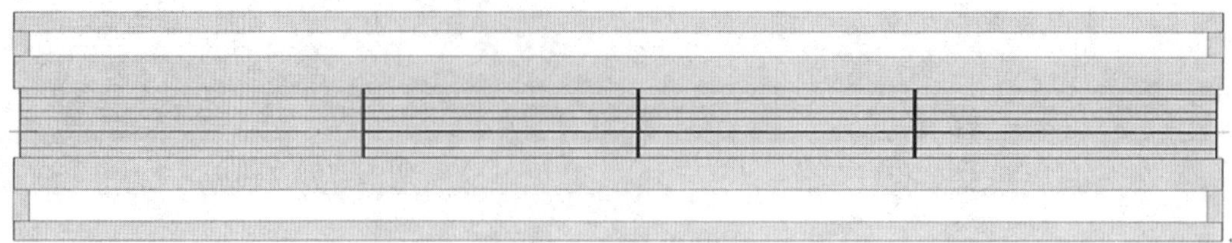

图 10.13 模架拆分结果

10.2 级进模标准件设计

10.2.1 添加标准件

和注塑模向导相同，级进模向导通过“标准件管理”对话框和“重用库”管理标准件。单击“标准件”图标，弹出“标准件管理”对话框，同时显示“重用库”，如图 10.14 所示。

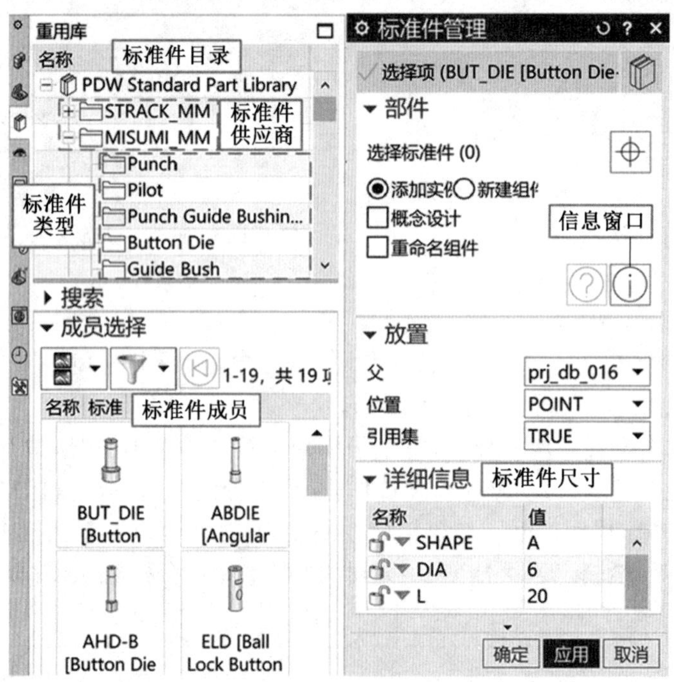

图 10.14 “重用库”和“标准件管理”对话框

1. 标准件添加方式

“标准件管理”对话框“部件”选项区的参数用于定义标准件的添加方式。当创建多个相同的标准件时，选择“添加实例”是创建同一部件的阵列，编辑一个部件，其余相同部件随之更改；选择“新建组件”时，连续添加的相同标准件被赋予不同的名字，编辑其中一个部件，不影响其他部件。

勾选“重命名组件”复选框，在添加标准件时，会弹出“部件名管理”对话框，可以为添加的标准件重命名。

2. 标准件装配

在“标准件管理”对话框“放置”选项区的参数用于标准件的装配管理。

“父”下拉列表可以定义标准件的父部件，也就是在“装配导航器”中的存放节点，通常使用默认父部件。如果模架被拆分，需要在“父”下拉列表中选择整个模架组或者拆分后的子模架，来定义标准件的安装和装配位置。

“位置”下拉列表用来定义标准件在模架中的放置方法，比如“NULL”“POINT”“PLANE”等。一般情况下，使用默认的放置方法即可。

“引用集”用来控制标准件在模架装配体的显示方式，包括“TRUE”“FALSE”“Entire Part”“MODEL”4 种方式。

3. 标准件目录

标准件的目录显示在重用库中。标准件的目录包含二级目录，一级目录是标准件的供应商，比如 STRACK、MISUMI、UNIVERSAL、FUTABA 等公司；二级目录是每个供应商可以提供的标准件的类型，比如 UNIVERSAL 公司可以提供的标准件有“Shcs_Top”“Shcs_Bottom”“Guide”“Lifter”“Pilot”等。

4. 标准件成员

当在重用库标准件的目录中选择一级节点和二级节点后，比如选择“UNIVERSAL_MM\Pilot”节点，标准件成员列表区会显示 Pilot 标准件可供选择的结构形式，共有 11 种，可以根据实际工程需要选择一种结构。

5. 标准件尺寸

选择一个标准件成员后，“标准件管理”对话框“详细信息”列表区会显示该标准件具体的尺寸。尺寸参数具体含义可以通过“信息”对话框查看。如果“信息”对话框没有显示，可以单击信息窗口图标打开。

10.2.2　编辑标准件

添加标准件后，单击“标准件管理”对话框“部件”选项区的“选择标准件”按钮，然后在图形区选择一个标准件后，“部件”选项区会变成图 10.15 所示形式。如果选择的标准件含有装配结构，比如带弹簧的浮升销，系统会弹出图 10.16 所示对话框。当选择“向上一级”时表示编辑整个装配；当选择“编辑这个”时表示编辑选择的零件。

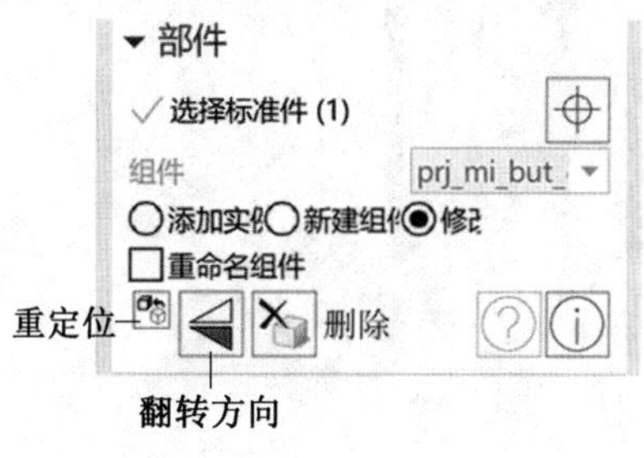

图 10.15　标准件编辑

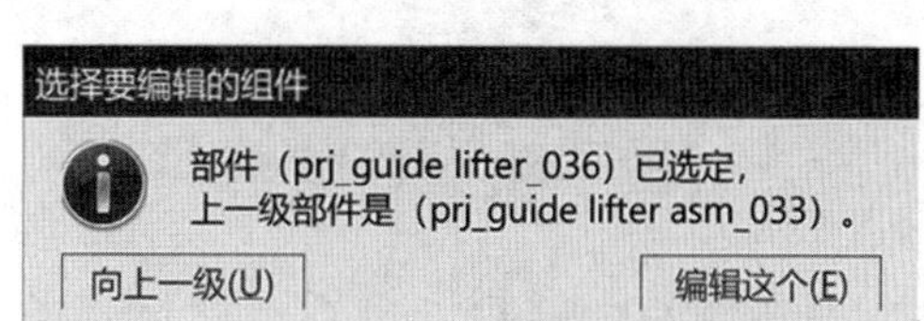

图 10.16　“选择要编辑的组件”对话框

在图 10.15 中,单击“重定位”图标,会弹出“移动组件”对话框,对组件进行移动定位;单击“翻转方向”图标,可以将组件上、下翻转 180°;单击“删除”图标,可以移除组件和相关特征。此时,还可以在“详细信息”列表区重新定义标准件的尺寸。

10.2.3　级进模标准件设计实例

【例 10.2】　图 10.17 为传真机某零件条料,已经添加模架,为模具设计导正销、浮升销、螺钉、销钉、导柱、导套和限位柱。

步骤 1　打开条料。

将本章二维码中的文件夹“第 10 章\10.2”复制到电脑。启动 NX 1953,打开文件夹中“prj_control_000.prt”。在“装配导航器”中只勾选“prj_strip_*”和“prj_simulation_*”显示条料,隐藏其他零件。

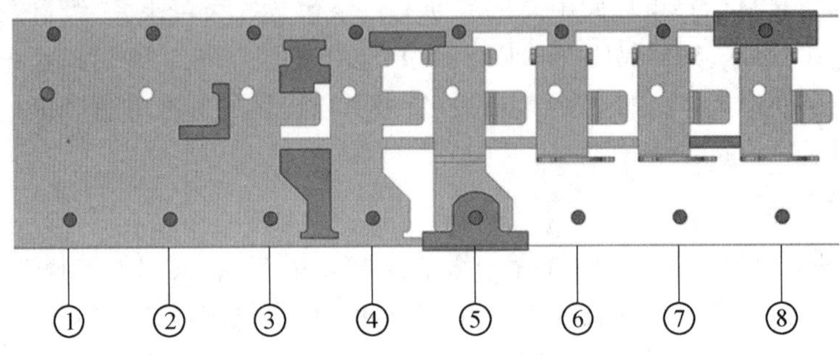

图 10.17　传真机某零件条料

步骤 2　安装导正销。

导正销与导正孔配合,起到控制零件的位置精度,消除送料误差的作用。

单击“标准件”图标,弹出“标准件”对话框并显示“重用库”。在“重用库”选择“UNIVERSAL_MM\Pilot”节点,在“成员选择”列表区选择“Straight Pilot Punch”。在“标准件管理”对话框设置参数值:$H=5$,$P=2.92$,“位置”下拉列表默认为“POINT”,表示导正销按指定点位置安装,单击“应用”按钮,弹出“点”对话框,将捕捉类型设置为“圆弧中心/椭圆中心/球心”,在图形窗口分别捕捉第 2 工位两个导正孔的圆心,如图 10.18 所示,加载导正销。

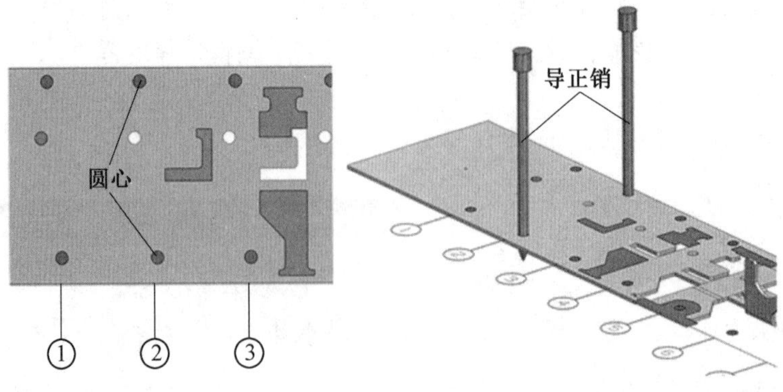

图 10.18　安装导正销

单击“点”对话框中的“返回”按钮,返回到“标准件管理”对话框,单击“取消”完成导正销的安装。导正销的长度由系统根据卸料板、卸料垫板、凸模固定板厚度确定。

步骤 3　安装浮升销。

浮升销起到抬料作用,有时还有具有板料送进及导向作用。

单击“标准件”图标,在弹出的“重用库”选择“UNIVERSAL_MM\Lifter”节点,在“成员选择”列表区选择“Guide Lifter Asm”。在“标准件管理”对话框设置参数值:$D=4$,$A=1.2$,“位置”下拉列表默认为“POINT”,表示浮升销按指定点位置安装,单击“应用”按钮,弹出“点”对话框,将捕捉类型设置为“曲线/边上的点”,以俯视图方式显示条料,在图形窗口选择图 10.19 所示边线,并输入“曲线长度”值为“30”,单击“点”对话框中的“确定”按钮,加载一个浮升销。采用同样的方法在条料下侧加载第 2 个浮升销。单击“点”对话框中的“返回”按钮,返回到“标准件管理”对话框,单击“取消”完成浮升销的安装。浮升销组件的长度由系统根据凹模固定板、下垫板、下模座厚度确定。

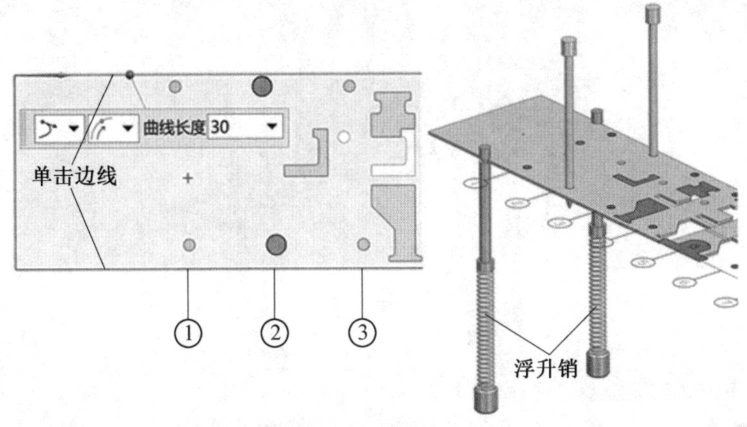

图 10.19　安装浮升销

其他工位的导正销和浮升销,通过复制已经安装的导正销和浮升销进行创建。单击“镶块编辑工具”图标,在弹出的“镶块编辑工具”对话框中选择“复制”模式,确认“选择镶块”命令处于激活状态,在图形区单击选择图 10.20 所示导正销,单击“指定控制点”中的“点对话框”图标,弹出“点”对话框,捕捉导正孔圆心为控制点。然后单击“指定目标点”中的“点对话框”图标,捕捉临近导正孔圆心为目标点,如图 10.20 所示。单击“点”对话框中的“确定”按钮,复制一个导正销。采用同样的方法,复制其他导正销和浮升销,复制的导正销和浮升销不能与凸凹模干涉,结果如图 10.21 所示。

步骤 4　安装螺钉。

在“装配导航器”中只勾选“prj_sub_ * ”“prj_dp_ * ”“prj_bbp_ * ”“prj_ds_ * ”“prj_pb_ * ”显示下模,隐藏其他零件。

单击“标准件”图标,出现的“重用库”的“UNIVERSAL_MM\Shcs_Top”节点、“UNIVERSAL_MM\Shcs_Bottom”节点和“UNIVERSAL_MM\Stripper Bolt”节点分别是上模螺钉、下模螺钉和卸料螺钉节点,安装方法相同。单击“UNIVERSAL_MM\Shcs_Bottom”节点,成员列表中显示螺钉成员,比如成员 Shcs DP BBP DS 表示安装一个六角螺钉,用来

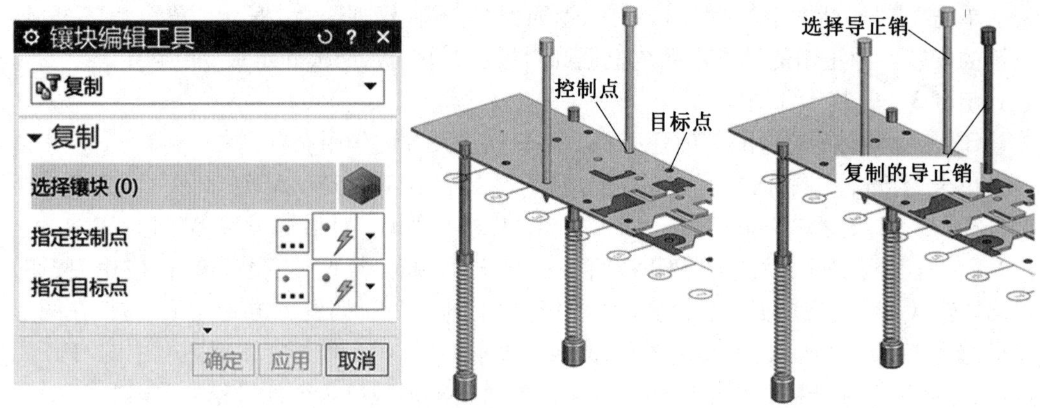

图 10.20　复制一个导正销

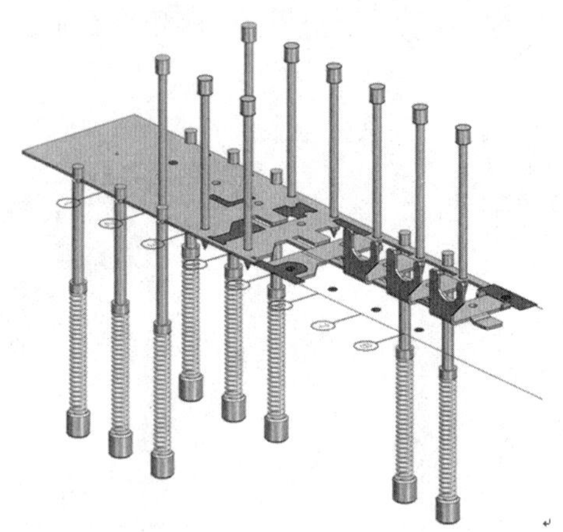
图 10.21　复制的导正销和浮升销

固定凹模固定板、下垫板和下模座，成员 Shcs DP BBP DS_Set 表示安装一组六角螺钉，用来固定凹模固定板、下垫板和下模座。由于螺钉都是成组使用，下面以 Shcs DP BBP DS_Set 为例，介绍螺钉的安装方法。

单击“标准件”命令图标，弹出“标准件”对话框并显示“重用库”。在“重用库”选择“UNIVERSAL_MM\Shcs_Bottom”节点，在“成员选择”列表区选择“Shcs DP BBP DS_Set”。在“标准件管理”对话框设置参数值：PATTERN = 4a，表示使用 4 颗螺钉，布置方式如图 10.22 所示；“SIZE = 8”表示使用 M8 的螺钉；$X = 15$，$Y = 15$，表示螺钉中心到模板边缘的距离。单击“应用”，系统根据凹模固定板、下垫板和下模座的厚度计算螺钉长度，结果如图 10.23 所示。

采用同样的方法，安装模架其余位置螺钉。

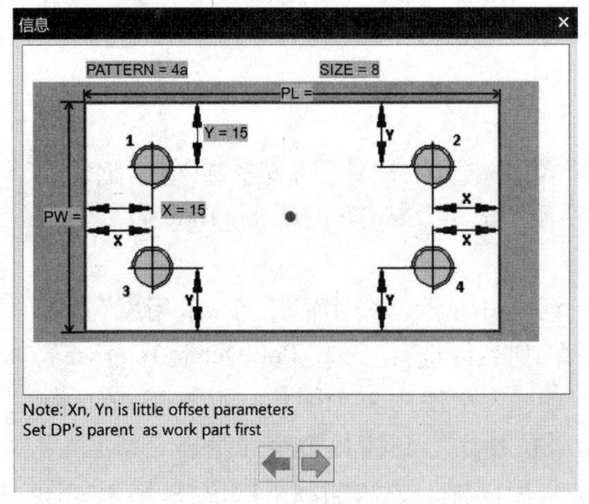

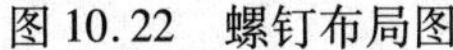
图 10.22　螺钉布局图

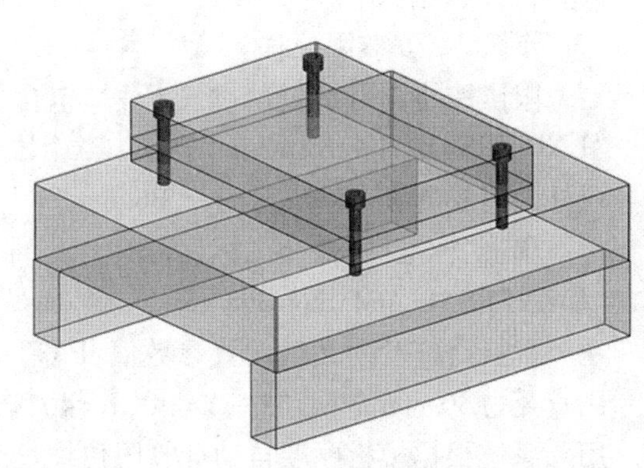
图 10.23　安装螺钉组

步骤 5　安装销钉。

销钉的安装方法和螺钉相同。单击“标准件”图标，弹出“标准件”对话框并显示“重用库”。在“重用库”选择“UNIVERSAL_MM\Dowel_Bottom”节点，在“成员选择”列表区选择“ms DP BBP DS_Set”。在“标准件管理”对话框设置参数值：PATTERN = 4，表示使用 4 颗销钉；$D = 6$，表示使用直径为 6 mm 的销钉；$X = 30$，$Y = 25$，表示销钉中心到模板边缘的距离。单击“应用”系统根据模板厚度自动计算销钉长度，结果如图 10.24 所示。采用同样的方法，安装模架其余位置销钉。

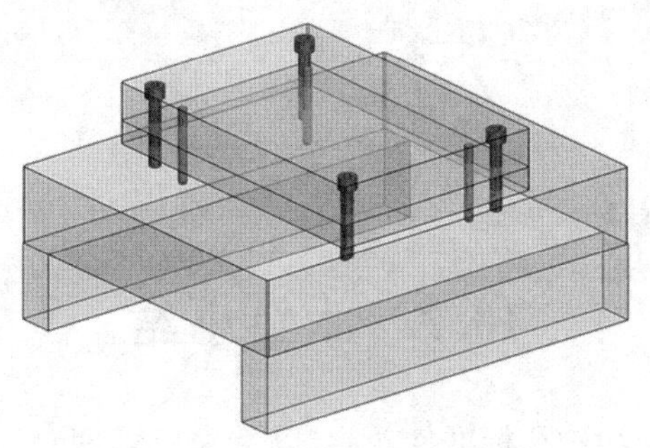
图 10.24　安装销钉组

步骤 6　安装导柱和导套。

导向组件包括模架导柱导套和卸料板导柱导套两种，两者都在“重用库”的“UNIVERSAL_MM\Guide”节点中。模架导柱导套使用成员“Removable Outer Guide Set”，而卸料板导柱导套使用成员“Inner Guide Set”，两者安装方法相同。下面以卸料板导柱导套为例，介绍导柱导套的安装方法。

单击“标准件”命令图标，弹出“标准件”对话框并显示“重用库”。在“重用库”选择“UNIVERSAL_MM\Guide”节点，在“成员选择”列表区选择“Inner Guide Set”。在“标准件管理”对话框设置参数值：NUM = 4，表示使用 4 组导柱导套；$d_1 = 15$，表示使用直径为 15 mm的导柱；$X = 55$，$Y = 30$，表示导柱中心到模板边缘的距离。单击“应用”，系统根据模板厚度自动计算导柱导套长度。如果导柱导套方向错误，单击“翻转方向”图标进行调整，结果如图 10.25 所示。

步骤 7　安装限位柱。

限位柱的作用是限制冲压行程，包含上限位柱和下限位柱，两者都在“重用库”的“UNIVERSAL_MM\Stop Pin”节点中。上限位柱使用成员“Stop_Pin_Outer_Top_Set”，下限位柱使用成员“Stop_Pin_Outer_Bottom_Set”。

单击“标准件”命令图标，弹出“标准件”对话框并显示“重用库”。在“重用库”选择“UNIVERSAL_MM\Stop Pin”节点，在“成员选择”列表区选择“Stop_Pin_Outer_Top_Set”。在“标准件管理”对话框设置参数值：PATTERN = 4，表示使用 4 个限位柱；$D = 40$，表示使用直径为 40 mm 的限位柱；$X = 30$，$Y = 40$，表示限位柱中心到模板边缘的距离。单击“应用”，系统根据模板厚度自动计算限位柱长度。采用同样的方法加载下限位柱，结果如图 10.26 所示。

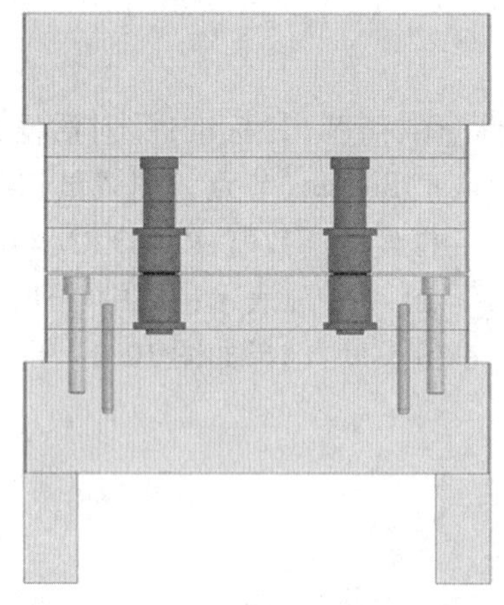

图 10.25　卸料板导柱导套

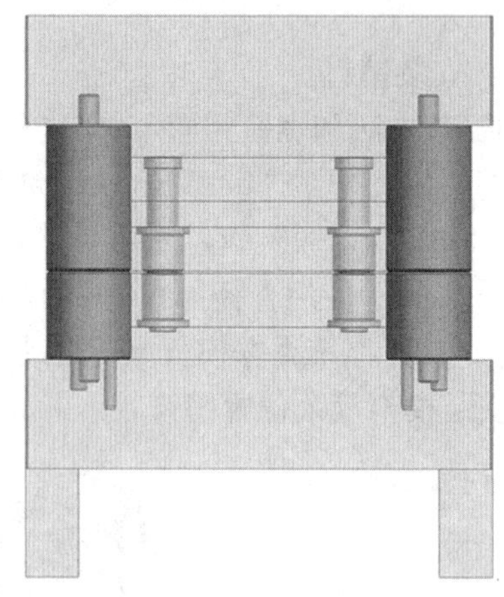

图 10.26　安装的限位柱

10.3　本章小结

本章主要介绍了模架结构和标准件功能，以及模架管理对话框和标准件管理对话框的使用方法；详细介绍了重用库中模架和标准件的添加方法，便于选取合适的模架和标准件；通过实例详细讲解了设计模架、工装的方法，标准件设计方法，以及级进模向导中标准件定位和长度尺寸自动定义的原理。

10.4　思考题

1. 典型九板式级进模模架由哪些模板组成？作用各是什么？如何设计模架？

2. 导正销、浮升销、螺钉、销钉、导柱、导套、限位柱是如何定位的？它们的长度尺寸系统自行定义的依据是什么？

3. 如何编辑模架和标准件？

第 11 章　级进模凸模和凹模镶块设计

级进模凸模和凹模镶块包括冲裁凸、凹模，折弯凸、凹模，成形凸、凹模等，用来完成钣金件的冲裁、折弯、成形工序。级进模向导提供了标准凸、凹模设计功能，也提供了自定义轮廓凸、凹模设计功能，使用这些功能可以快速完成凸模和凹模的设计。本章详细介绍凸、凹模镶块设计过程，凸、凹模镶块辅助设计，以及让位槽和腔体的设计方法。

11.1　冲裁凸模和凹模设计

11.1.1　冲裁凸模镶块设计

一个冲裁凸模镶块如图 11.1 所示，设计凸模镶块需要确定镶块的形状、位置、结构形式和尺寸，以及在“装配导航器”中的存放节点等参数，其中镶块的尺寸包括结构尺寸和装配尺寸。

由于凸模镶块用于冲裁废料，因此凸模镶块头部形状和废料形状相同。冲裁凸模镶块有标准镶块和用户定义镶块两种形式，标准镶块用来冲裁圆形、矩形等规则形状废料，用户定义镶块用来冲裁异形废料。凸模镶块安装在模架的凸模固定板（PP）、卸料板垫板（BP）和卸料板（SP）上，因此选择废料后，凸模镶块的位置也就确定了。凸模镶块的长度是依据 PP、BP 和 SP 厚度确定，此外还需要指定凸模镶块在这 3 块板上的安装间隙。

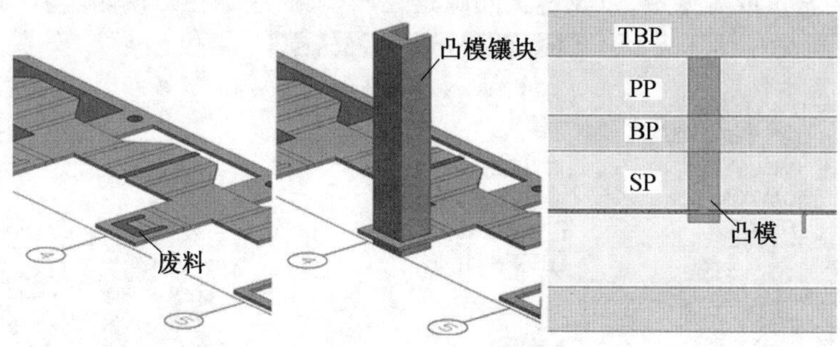

图 11.1　冲裁凸模镶块

单击“凸模镶块”图标，弹出图 11.2 所示“凸模镶块设计”对话框，下面介绍对话框各选项区功能。

（1）“废料”选项区“选择废料”命令默认处于激活状态，用于提示选择要创建冲裁凸模的废料，一次可以选择多块废料。

（2）“父”选项区用于指定冲裁凸模的父部件，也就是凸模镶块在“装配导航器”中的存放节点。默认父部件为“prj_db_＊”,也可以在“父部件”下拉列表中重新指定。

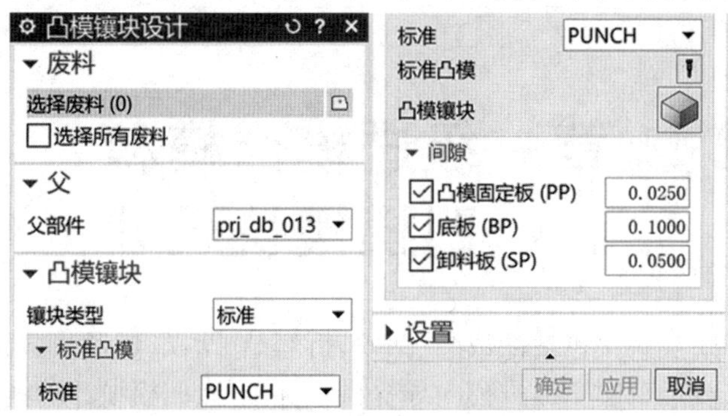

图 11.2　“凸模镶块设计”对话框

(3)“凸模镶块”选项区用来指定冲裁凸模的结构形式和安装尺寸。“镶块类型”下拉列表有“标准”和“用户定义”两个选项,分别用来设计标准凸模镶块和用户定义凸模镶块。

当“镶块类型”选择“标准”时,“标准”下拉列表选项有“PUNCH”“MISUMI”“DAYTON”“FIBRO”,这些选项是以标准凸模镶块供应商进行命名的。单击“标准凸模”或者“凸模镶块”图标,会弹出“标准件管理”对话框和“重用库”,用来选择需要的凸模镶块结构形式,并设置镶块尺寸,如图 11.3 所示。“标准凸模”调用重用库“STANDARD_PUNCH”节点,而“凸模镶块”调用“Punch_INSERT”节点,两者用法和标准件设计方法相同,这里不再赘述。“间隙”选项区用来指定冲裁凸模安装在模架时和 PP、BP、SP 的间隙。

当镶块类型选择“用户定义”时,需要定义的参数如图 11.4 所示。如果要定义凸模进入凹模的深度,要勾选“凸模穿透不同”,然后在“凸模穿透”文本框输入数值。凸模和 PP、BP、SP 板间隙的形状和尺寸通过勾选“PP”“BP”“SP”复选框进行设置,“间隙”下拉列表提供的形状形式有“间隙”“圆角”“圆”和“超偏值”4 种。在“设置”选项区可以指定凸凹间隙值为常量或者变量,以及定义间隙是在凹模侧,还是在凸模侧。

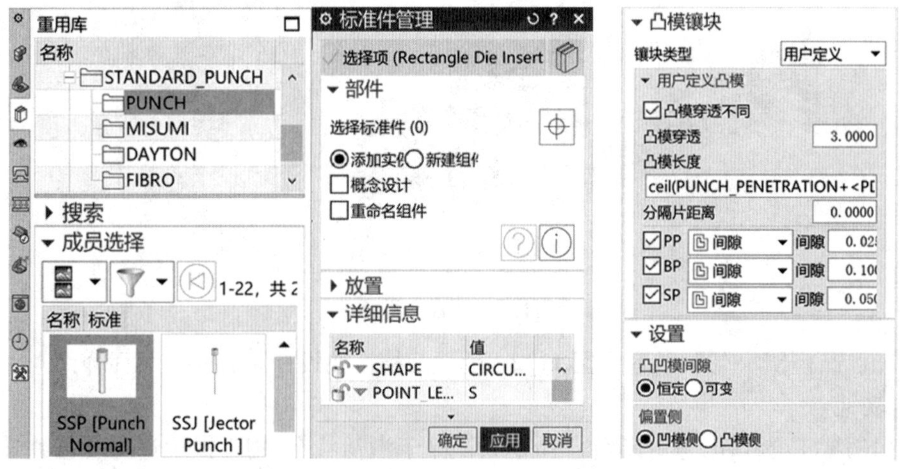

图 11.3　“重用库”和“标准件管理”对话框　　　　图 11.4　用户定义凸模参数

11.1.2　冲裁凹模镶块设计

凹模镶块和凸模配合完成废料的冲裁。冲裁凹模是以废料为基础设计的，如图 11.5 所示。和冲裁凸模类似，凹模位置由废料决定，在“装配导航器”中的存放节点为“prj_db_ * ”。冲裁凹模安装在凹模固定板上，一般凹模镶块高度和凹模固定板高度相同，创建凹模镶块时也需要指定其与凹模固定板的安装间隙。

单击“凹模镶块”图标，弹出图 11.6 所示“凹模镶块设计”对话框。在对话框的“镶块模式”下拉列表中提供了“标准镶块”“草图轮廓”和“包容块”3 种确定凹模镶块外形轮廓的方法。

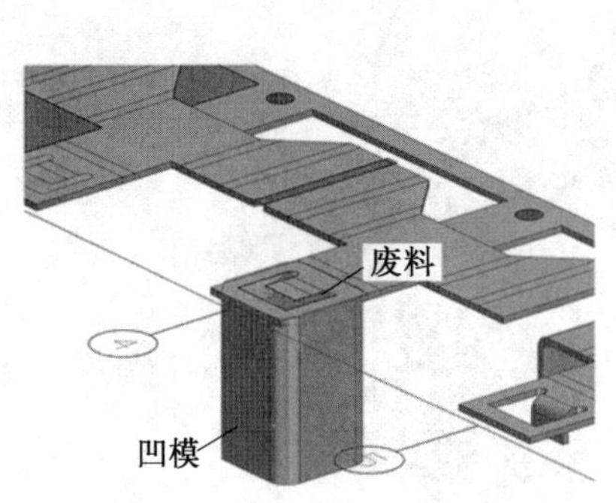

图 11.5　凹模镶块

图 11.6　标准“凹模镶块设计”对话框

“标准镶块”方法一般用来设计圆形废料的凹模镶块，使用方法和标准凸模镶块相同，是通过“标准件管理”和“重用库”，来设计凹模镶块的结构和定义尺寸。

“草图轮廓”方法通过绘制截面线并进行拉伸创建凹模镶块。通过“草图轮廓”方法创建凹模镶块如图 11.7 所示。选择废料后，单击“创建基准平面”图标，系统创建通过废料底面的基准平面。以基准平面为草绘平面，绘制凹模镶块截面线。系统拉伸截面线创建凹模镶块，拉伸高度默认为凹模固定板的厚度。

以“草图轮廓”方法创建凹模镶块，在图 11.7 对话框中的“设置”选项区会出现“概念设计”“无假体”和“重命名组件”3 个选项。勾选“概念设计”，系统只创建凹模的轮廓线，检查无误后，关闭选项创建凹模实体；勾选“无假体”，系统只创建凹模实体而不创建假体，缩短凹模创建时间；勾选“重命名组件”，创建凹模后，可以为其指定合适的部件名称。

“包容块”方法将废料最大外轮廓向外扩展适当距离，以凹模固定板的厚度为高度创建包容块，该包容块就是凹模镶块。通过“包容块”方法创建凹模镶块，对话框中的“凹模镶块”选项区如图 11.8 所示。选择废料后，系统根据废料自动创建凹模镶块，可以调整凹模镶块 4 个侧面的偏移值，改变镶块的大小，也可以在创建凹模镶块后，单击图 11.8 对话框中“选择用户定义的镶块”图标，再单击凹模镶块，修改其尺寸。

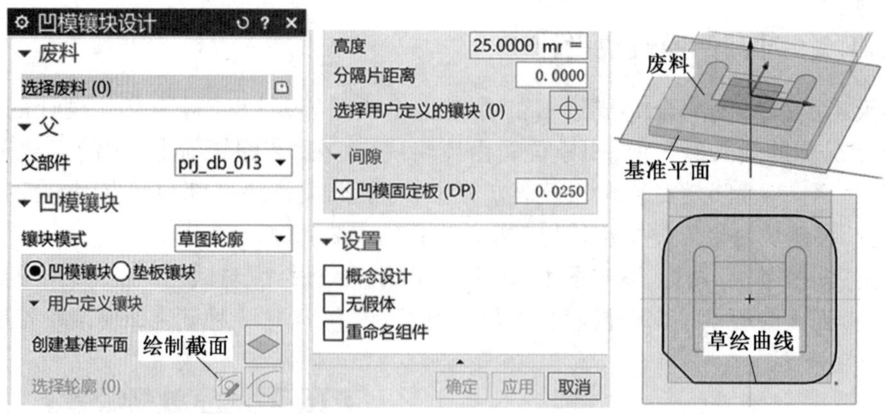

图 11.7　通过“草图轮廓”方法创建凹模镶块

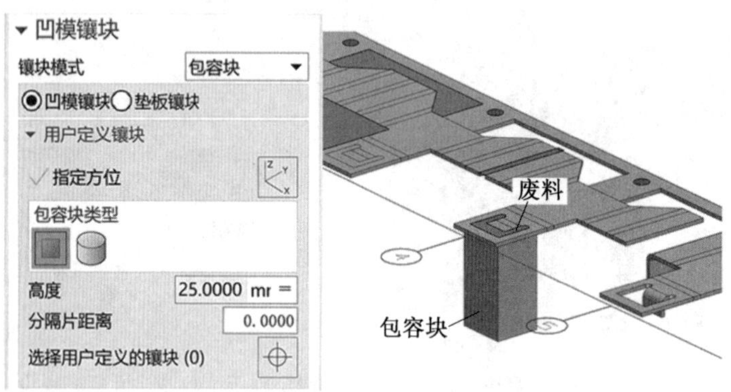

图 11.8　通过“包容块”方法创建凹模镶块

11.1.3　冲裁凹模废料孔设计

冲裁凹模内部有废料孔,在冲裁过程中起到废料落料的作用。级进模向导创建凹模废料孔的实体,该实体是在凹模中挖腔的工具体,如图 11.9 所示。由于废料落料时要穿过下垫板(BBP)和下模座(DS),因此级进模向导同时也创建了在下垫板和下模座挖腔的实体。

单击“型腔和废料孔”图标,弹出图 11.10 所示“模腔废料孔”对话框。在对话框的“型腔类型”下拉列表中提供了“锥角”“步长”“轮次 Step1”和“轮次 Step2”4 种类型。对废料孔在下垫板和下模座的形状,也提供了 7 种选项。

在“设置”选项区可以指定凸凹模间隙值为“常数”“变量”或者“超偏置”。在进行精冲时,选择“变量”选项,就可以在线性和非线性轮廓处设置不同的间隙。系统默认设置“常数”选项,即使用均匀间隙。还可以定义间隙偏置侧是在凹模侧,还是在凸模侧。

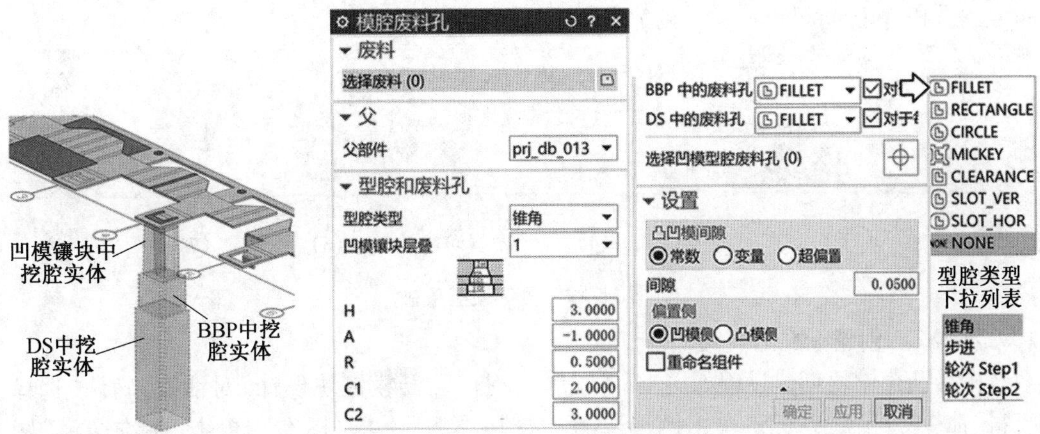

图 11.9　凹模型腔废料孔　　　　图 11.10　“模腔废料孔”对话框

11.1.4　冲裁凸模和凹模关联设计

级进模冲裁凸、凹模镶块是基于废料进行设计的。当废料设计发生变更,比如废料工步调整,需要调整对应的冲裁凸、凹模镶块以及废料孔。级进模向导提供了冲裁凸、凹模以及废料孔调整的工具,使它们和废料相关联,提高设计效率。

单击“冲裁镶块工具”图标,弹出图 11.11 所示“冲裁镶块工具”对话框。对话框中“选择废料”命令默认处于激活状态,在图形区单击选择废料,然后在对话框单击“选择镶块”,在图形区选择需要进行关联的冲裁凸、凹模镶块,单击“确定”按钮,系统更新选择的凸凹模镶块。

此外,“冲裁镶块工具”对话框也提供了删除镶块的功能。单击“选择要删除的镶块”,在图形区选择镶块,单击“确定”按钮,删除镶块。

图 11.11　“冲裁镶块工具”对话框

11.1.5　冲裁凸模和凹模设计实例

【例 11.1】　设计图 11.12 所示两块废料的冲裁凸、凹模,以及凹模废料孔。

步骤 1　打开条料。

将本章二维码中的文件夹“第 11 章\ 11.1”复制到电脑。启动 NX 1953,打开文件夹中“prj_control_000. prt”。该级进模具已经加载了模架,在“装配导航器”中只勾选“prj_ strip_＊”和“prj_simulation_＊”显示条料，隐藏其他模具零件。

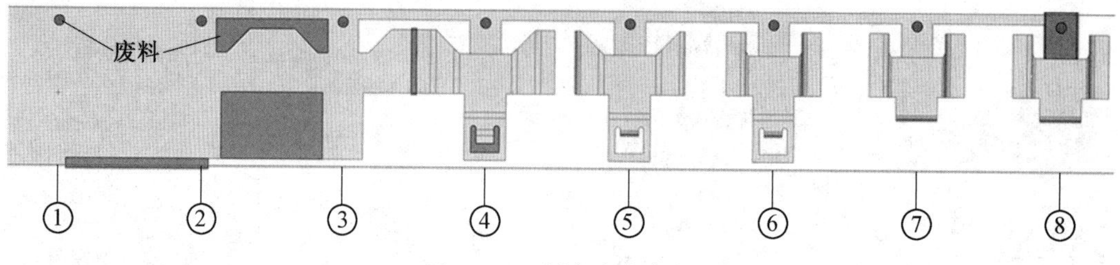

图 11.12　侧弯支座条料

步骤 2　创建标准凸模镶块。

标准凸模镶块创建过程如图 11.13 所示。打开“凸模镶块设计”对话框，确认“选择废料”命令处于激活状态，单击圆形废料，“镶块类型”选择“标准”，单击“标准凸模”图标，在弹出的“重用库”中选择“STANDARD_PUNCH\PUNCH”节点，在“成员选择”列表区选择“SSP [Punch Normal]”。在“标准件管理”对话框中设置凸模直径 D 值为 8，单击“确定”，加载标准圆形凸模，并返回“凸模镶块设计”对话框，单击“确定”按钮，完成凸模的创建。

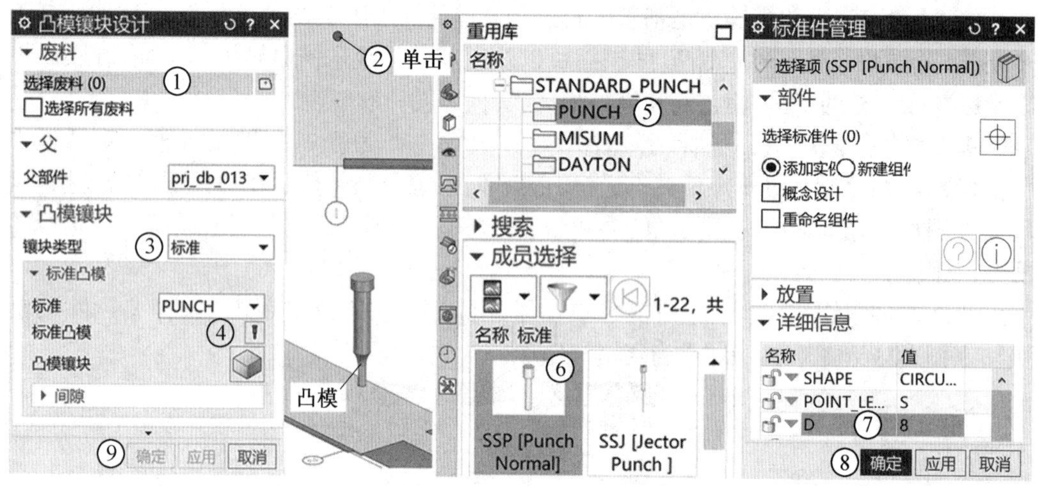

图 11.13　标准凸模镶块创建过程

步骤 3　创建标准凹模镶块。

标准凹模镶块创建过程如图 11.14 所示，与标准凸模镶块创建过程类似。打开“凹模镶块设计”对话框，在对话框设置好参数后，单击“标准镶块”图标，在弹出的“重用库”中选择“DIE_INSERT\MISUMI”节点，在“成员选择”列表区选择“MHD [-Head Type (Regular)-A]”。在“标准件管理”对话框中设置凹模直径 D 值为 8。创建好的凹模镶块如图 11.14 所示。

步骤 4　创建用户自定义凸模。

自定义凸模镶块创建过程如图 11.15 所示。单击“凸模镶块”图标，打开“凸模镶块设计”对话框。确认“选择废料”命令处于激活状态，在图形区单击废料，“镶块类型”选择“用户定义”，单击“确定”按钮完成凸模的创建。也可以选择多个废料，同时创建自定义凸模镶块。

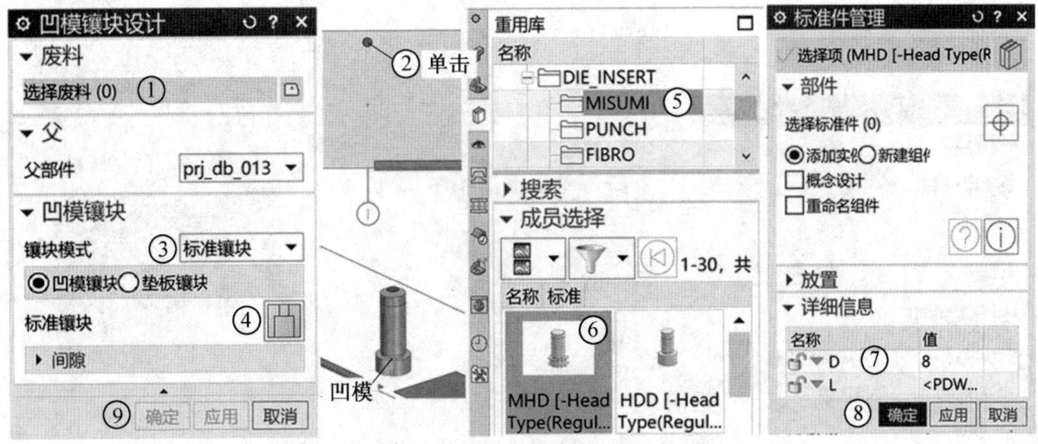

图 11.14　标准凹模镶块创建过程

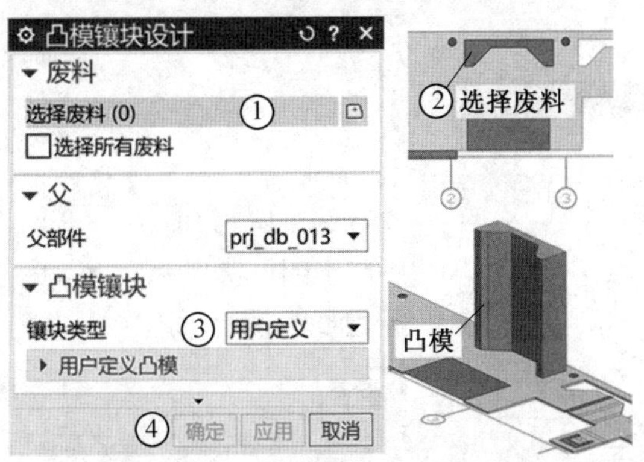

图 11.15　自定义凸模镶块创建过程

步骤 5　创建用户自定义凹模。

自定义凹模镶块创建过程如图 11.16 所示。打开“凹模镶块设计”对话框，确认“选择废料”命令处于激活状态，单击选择图中指示废料，选择“镶块模式”为“草绘轮廓”，选择“凹模镶块”复选框。单击“创建基准平面”图标，创建通过选中的废料底面的基准面。单击“绘制截面”图标，以创建的基准面为草绘平面，进入草绘环境，绘制截面曲线。截面曲线是废料轮廓向外偏置 3 mm，然后倒圆角和斜角创建的。退出草图，返回“凹模镶块设计”对话框，单击“确认”按钮，创建凹模镶块。也可以选择多个废料，然后绘制每个凹模的截面曲线，同时创建多个凹模镶块。

步骤 6　创建凹模废料孔。

创建凹模废料孔过程如图 11.17 所示。单击“型腔和废料孔”图标，弹出“模腔废料孔”对话框。在对话框中确认“选择废料”命令处于激活状态，单击选择图 11.16 所示废料，设置“型腔类型”为“步进”，设置“H”“A”“C_1”“C_2”值分别为“3”“1”“2”“3”，BBP 和 DS 中的废料孔设置为“FILLET”，单击“确定”，系统为凹模镶块创建废料孔实体。

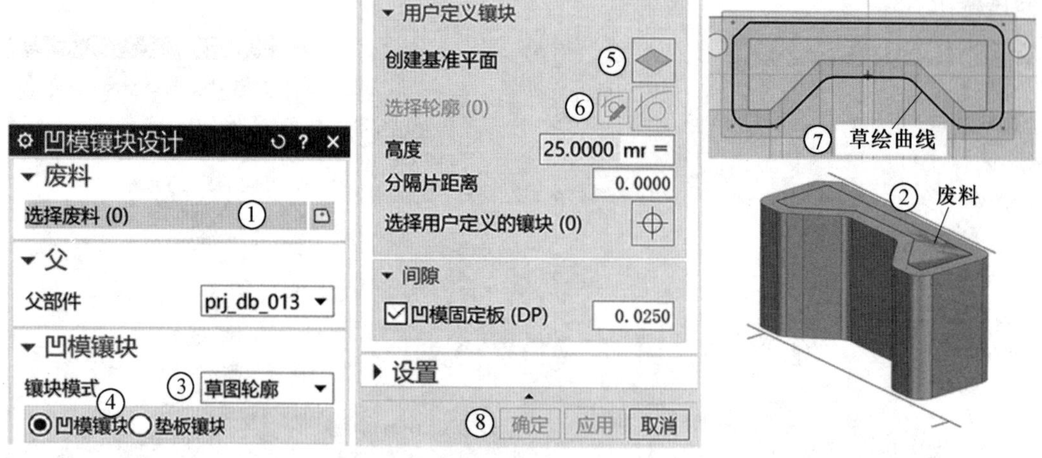

图 11.16　自定义凹模镶块创建过程

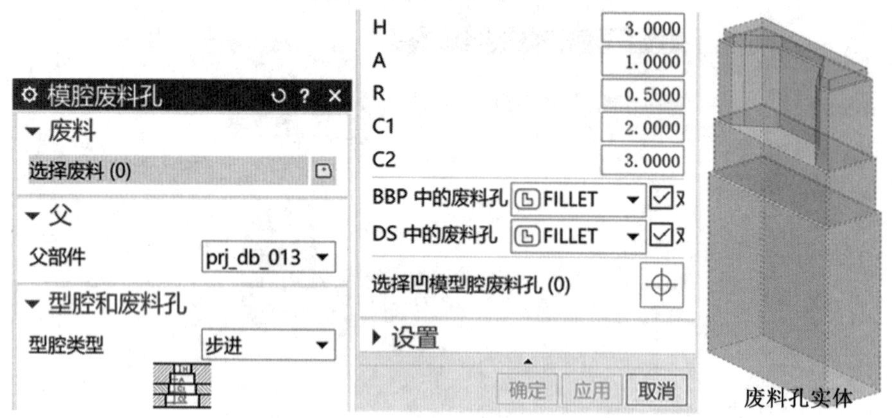

图 11.17　创建凹模废料孔过程

11.2　折弯凸模和凹模设计

11.2.1　标准折弯凸模和凹模镶块设计

一个折弯凸、凹模镶块结构如图 11.18 所示。折弯凸模和凹模配合用于钣金件弯曲部分的成形，因此折弯凸、凹模头部形状由钣金件的弯曲部分确定。折弯凸、凹模默认安装在卸料板或者凹模板上，因此折弯凸、凹模的长度与卸料板或者凹模板的厚度相同。

单击“折弯镶块设计”图标，弹出图 11.19 所示“折弯镶块设计”对话框。在对话框选择“标准镶块”，系统提供了 90°折弯、角折弯、Z 形折弯、V 形折弯、通用 Z 形折弯 5 种折弯镶块设计类型。折弯凸、凹模默认父部件是“prj_db_＊”，也可以在“父”部件下拉列表中重新指定。选择镶块类型为“凸模”或者“凹模”后，单击“标准镶块”图标，系统会弹出“标准件管理”对话框和“重用库”，用来设计折弯凸、凹模镶块的结构形式和定义尺寸。

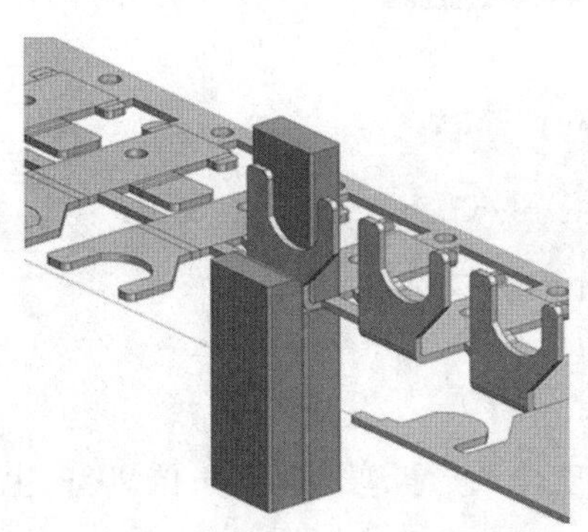

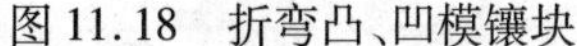
图 11.18　折弯凸、凹模镶块

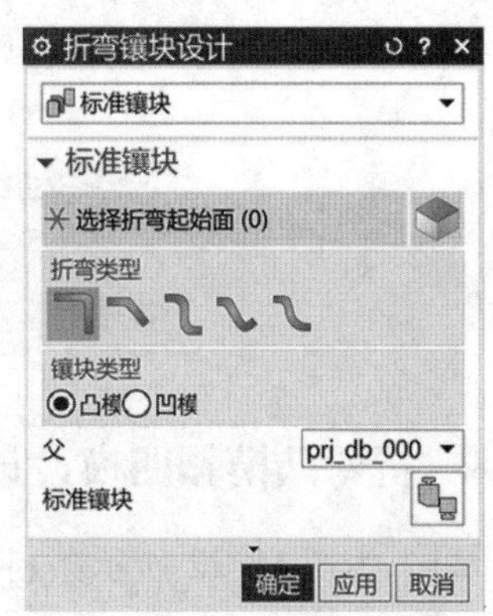

图 11.19　标准“折弯镶块设计”对话框

11.2.2　用户定义折弯凸模和凹模镶块设计

用户定义折弯凸、凹模镶块是在草绘环境中设计镶块的外形轮廓，然后拉伸草绘轮廓获得镶块实体，最后用钣金件折弯面进行修剪，创建折弯凸、凹模。

在“折弯镶块设计”对话框选择“用户定义”模式，如图 11.20 所示。在图形区选择要创建折弯凸、凹模的折弯面，选择“镶块类型”为“凸模”或者“凹模”，单击“创建基准平面”图标，系统在折弯处创建基准平面。以该面作为草绘平面，进入草绘环境，设计折弯凸、凹模的外形轮廓。退出草图后，系统自动拉伸草绘轮廓线，拉伸距离是以折弯凸、凹模安装模板确定的，也可以根据需要调整拉伸距离。系统对拉伸体进行修剪，创建折弯凸、凹模。

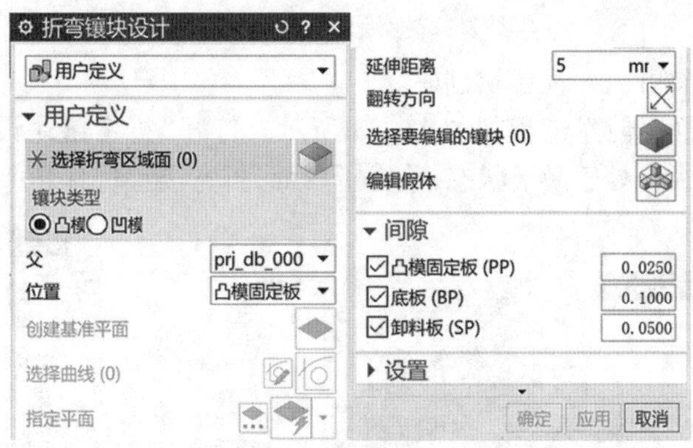

图 11.20　用户定义模式下的“折弯镶块设计”对话框

在设计折弯凸模镶块时，需要指定安装位置是在凸模固定板或者卸料板上，以便确定凸模镶块的长度。

11.2.3　折弯凸模和凹模镶块删除

如果需要删除折弯凸、凹模镶块，在“折弯镶块设计”对话框选择“删除”模式（图 11.21），然后在图形区选择要删除的折弯镶块，单击“确定”就可以删除选择对象。

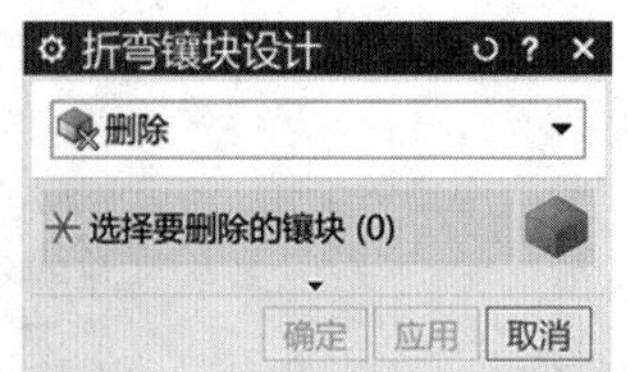

图 11.21　删除折弯镶块对话框

11.2.4　折弯凸模和凹模设计实例

【例 11.2】　为图 11.22 所示条料的第 5 工位 Z 形折弯和第 6 工位 90°向上折弯特征设计凸、凹模镶块。

步骤 1　打开条料。

将本章二维码中的文件夹“第 11 章\ 11.2”复制到电脑。启动 NX 1953，打开文件夹中“prj_control_000. prt”。在“装配导航器”中只勾选“prj_strip_ * ”和“prj_simulation_ * ”显示条料，隐藏模架和其他零件。

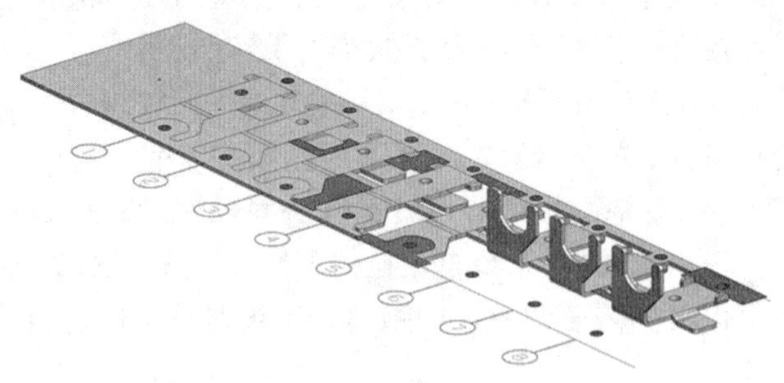

图 11.22　传真机零件条料

步骤 2　标准折弯凸、凹模镶块创建。

标准折弯凸模镶块创建过程如图 11.23 所示。打开“折弯镶块设计”对话框，确认“选择折弯起始面”命令处于激活状态，单击折弯面，折弯类型选择 90°折弯，“镶块类型”

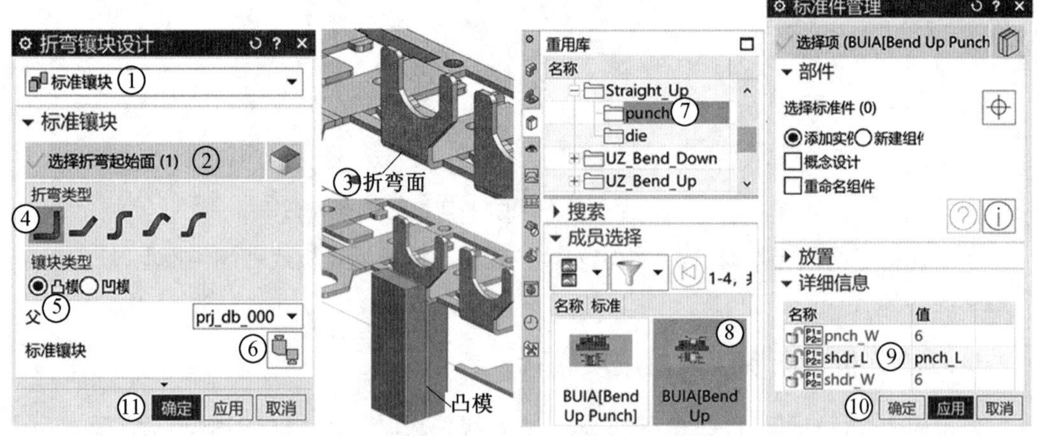

图 11.23　标准折弯凸模镶块创建过程

选择“凸模”,单击“标准镶块”图标,在弹出的“重用库”中选择“Straight_Up\Punch”节点,在“成员选择”列表区选择“BUIA[Bend Up Punch, Without Screw]”。在“标准件管理”对话框中设置参数值:pnch_W=6,shdr_W=6。单击“确定”,加载折弯凸模,并返回“折弯镶块设计”对话框,单击“确定”创建折弯凸模。

标准折弯凹模镶块创建过程与凸模镶块创建过程基本相同。打开“折弯镶块设计”对话框,选择图 11.24 所示折弯面,折弯类型选择 90°折弯,“镶块类型”选择“凹模”,单击“标准镶块”图标,在弹出的“重用库”中选择“Straight_Up\Die”节点,在“成员选择”列表区选择“Bend Up Insert[Without Screw]”。在“标准件管理”对话框中设置参数值:$W=5$,单击“确定”,加载折弯凸模。返回“折弯镶块设计”对话框后,单击“确定”按钮,完成折弯凹模的创建。

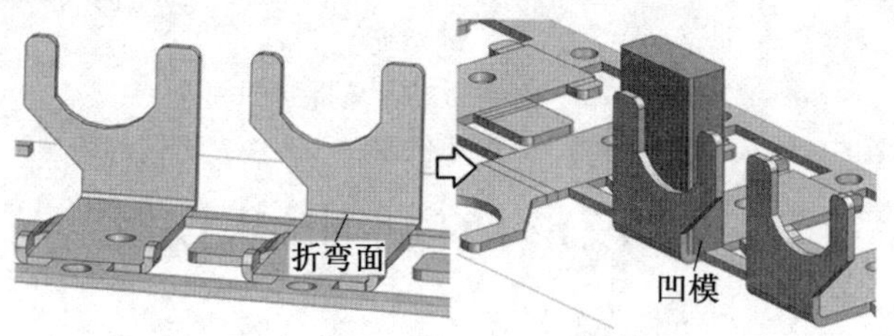

图 11.24　创建标准折弯凹模

步骤 3　创建用户定义折弯凸、凹模镶块。

用户定义折弯凸模镶块创建过程如图 11.25 所示。打开“折弯镶块设计”对话框,选择“用户定义”模式,确认“选择折弯区域面”命令处于激活状态,按照 1 ~ 5 的顺序选择折弯面,“镶块类型”选择“凸模”。单击“创建基准平面”图标,系统依据选择的折弯面创建基准面。单击“绘制截面”图标,以创建的基准面为草绘平面,进入草绘环境,绘制截面曲线。退出草图,返回“折弯镶块设计”对话框,单击“确定”按钮,创建自定义折弯凸模镶块。

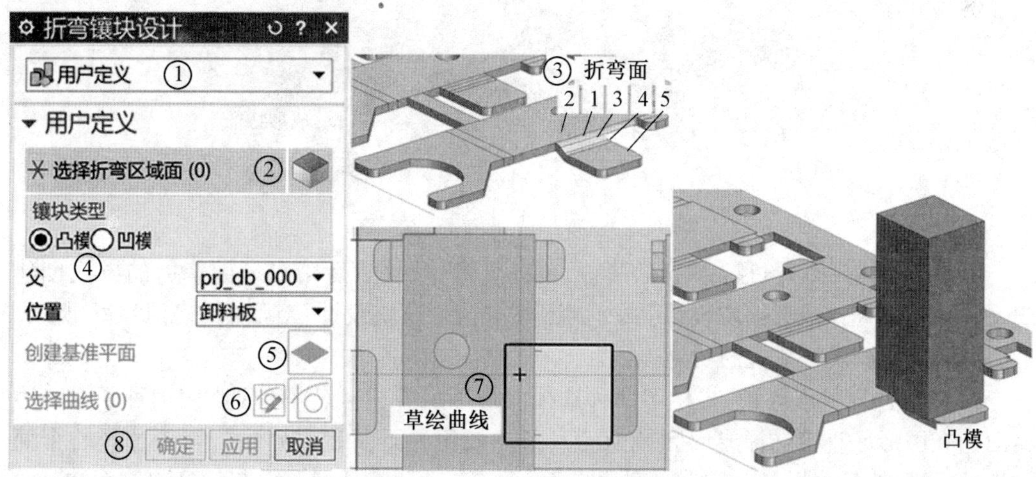

图 11.25　用户定义折弯凹模镶块创建过程

用户定义折弯凹模镶块创建过程与折弯凸模创建过程基本相同。打开“折弯镶块设计”对话框，选择“用户定义”模式，按照图 11.26 所示 1 ~5 的顺序选择折弯面，“镶块类型”选择“凹模”。创建基准平面并进入草绘环境，绘制图 11.26 所示曲线。退出草图，返回“折弯镶块设计”对话框，单击“确定”按钮，创建自定义折弯凹模镶块。

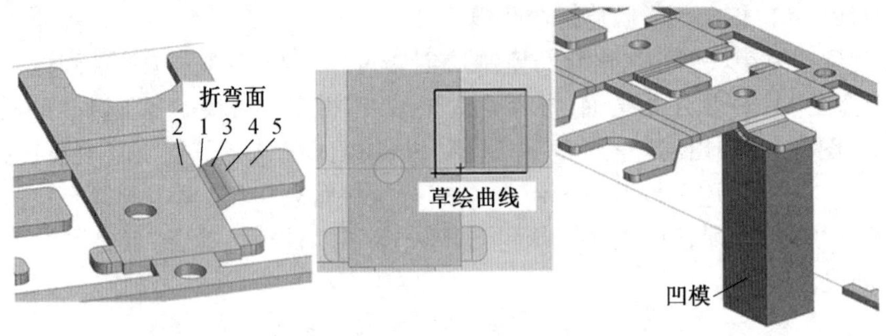

图 11.26　创建用户定义折弯凹模

11.3　成形凸模和凹模设计

11.3.1　成形凸模设计方法

成形凸、凹模镶块结构如图 11.27 所示。成形凸、凹模用来成形加强筋、凸包、凹坑、花纹图案及标记等特征。NX 在设计成形凸、凹模时，将在上模的成形镶块定义为凸模，在下模的成形镶块定义为凹模。成形凸、凹模默认的父部件都是“prj_db_ * ”，也可以指定其他父部件。成形凸模可以安装在凸模固定板或者卸料板上；成形凹模安装在凹模固定板上，其长度和凹模固定板厚度相同。设计成形模镶块时，可以指定镶块与模板间的安装间隙。

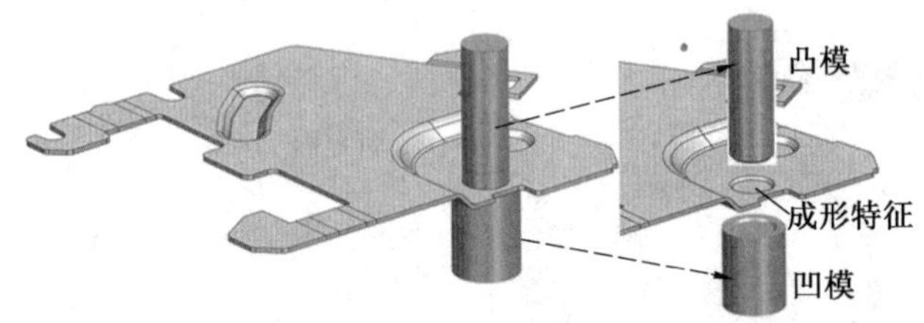

图 11.27　成形凸、凹模镶块结构

成形镶块设计是通过拉伸成形凹、凸模的外形轮廓，然后用成形面修剪的方式创建凹、凸模的。单击“成形镶块设计”图标，弹出的“成形镶块设计”对话框如图 11.28 所示。下面介绍成形镶块对话框的功能。

（1）在“选择成形区域”提供了两种选择成形区域方式。若不勾选“使用种子面和边界面”，在图形区直接选择成形区域面；若勾选“使用种子面和边界面”，首先选择一个面作为种子面，然后选择一个或者多个边界面，系统自动搜索从种子面起始到边界面结束的所有相连的面作为成形区域面。选择完成后可以单击“预览区域”检查区域面是否正确。如果正确，单击“完成预览”退出预览状态，如果不正确，重新选择区域面。

(2)“创建成形毛坯”选项区提供了创建基准平面,绘制草图,指定成形凸模、凹模高度和安装间隙的方法。

在这个选项区如果不勾选“直接通过成形区域修剪”,系统用成形区域面的外形轮廓创建拉伸体,然后用成形区域面进行修剪,创建成形镶块,不需要草绘成形镶块的轮廓线;若勾选“直接通过成形区域修剪”,表示拉伸草绘成形镶块轮廓线,再通过成形区域面来修剪,创建成形镶块。

如果需要删除成形凸、凹模,单击“选择要编辑的凸模或凹模”图标,在图形区选择要删除的镶块,单击“删除凸模或凹模组件”图标,就可以删除选择的成形凸、凹模镶块。

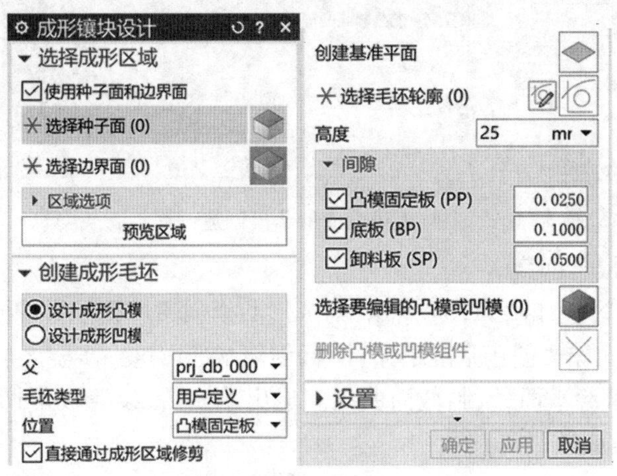

图 11.28　“成形镶块设计”对话框

11.3.2　成形凸模和凹模设计实例

【例 11.3】　为图 11.29 所示的条料第 5 工位凸包设计成形凸、凹模镶块。

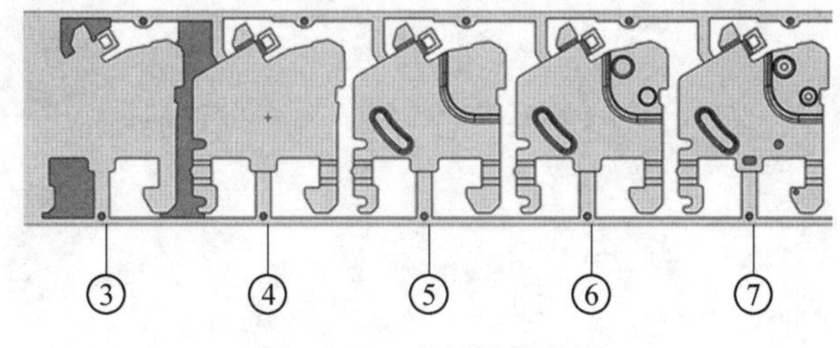

图 11.29　支架零件条料

步骤 1　打开条料。

将本章二维码中的文件夹“第 11 章\11.3”复制到电脑。启动 NX 1953,打开文件夹中“prj_control_037.prt”文件。在“装配导航器”中只勾选“prj_strip_*”和“prj_simulation_*”显示条料,隐藏模架和其他零件。

步骤 2　创建成形凸模。

成形凸模创建过程如图 11.30 所示。打开“成形镶块设计”对话框。确认“选择种子面”命令处于激活状态,单击图示种子面,系统自动切换到“选择边界面”,单击选择图 11.30所示边界面。单击“预览区域”,确认成形区域面无误后,选择“设计成形凸模”,“毛坯类型”为“用户定义”，“位置”为“凸模固定板”，不勾选“直接通过成形区域修剪”，单击“创建基准平面”图标，最后单击“确定”创建成形凸模。

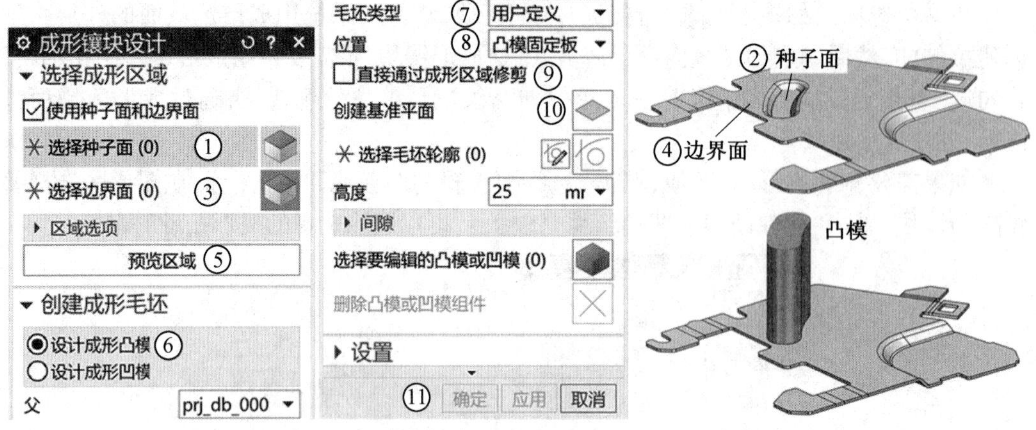

图 11.30　成形凸模创建过程

步骤 3　创建成形凹模。

成形凹模创建过程如图 11.31 所示，与成形凸模创建过程基本相同。在勾选“直接通过成形区域修剪”，单击“创建基准平面”图标创建基准面这一步骤之后，单击“绘制截面”图标，以基准面为草绘平面，绘制截面曲线。退出草图后，设置成形凹模高度值为 25，最后单击“确定”创建成形凹模。

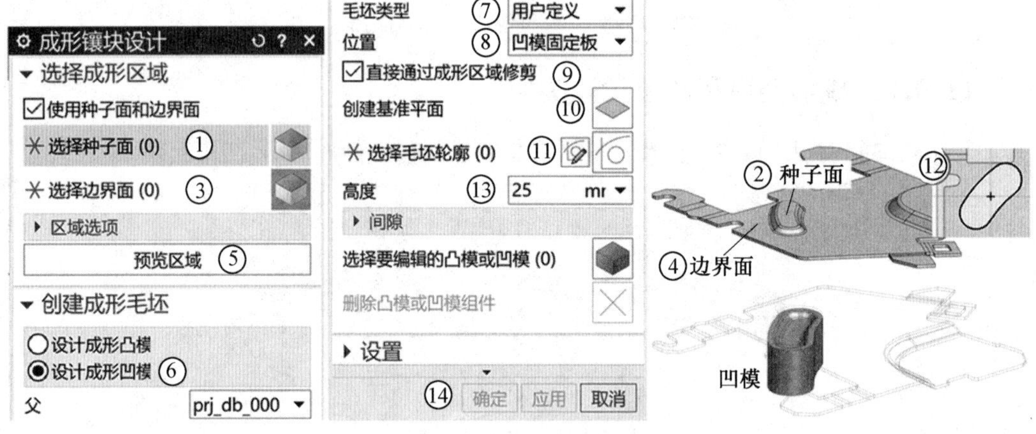

图 11.31　成形凹模创建过程

11.4　凸模和凹模辅助设计

辅助设计是给凸、凹模设计安装结构和加强结构。常见的安装方法有挂台固定、螺钉固定或者压块固定。对于细小或者薄的凸模，可以通过凸缘或者倾斜的方式，增大非工作部分面积或者尺寸来提高强度。

11.4.1　镶块刀柄

对于圆形凸、凹模，通常采用挂台的方式固定，挂台结构在创建圆形凸、凹模时，系统会自动创建。镶块刀柄主要用来为异形凸、凹模创建加强或者固定结构，其结构形式如图 11.32 所示。

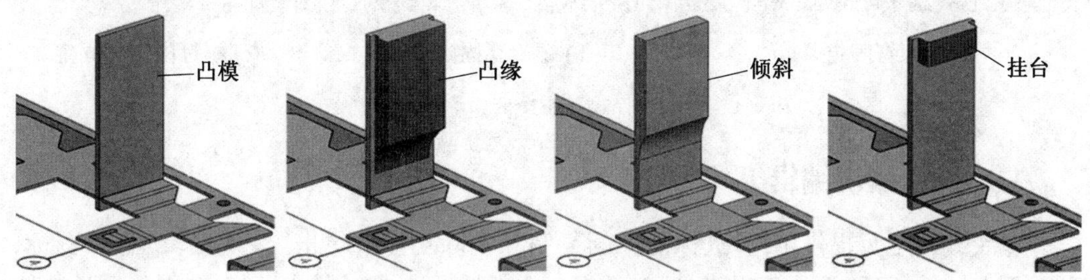

图 11.32　镶块刀柄结构形式

单击“镶块辅助设计”图标，弹出图 11.33 所示“镶块辅助设计”对话框。选择“凸缘”“倾斜”“挂台”模式后，对话框显示 3 种结构示意图，以及相关尺寸（图中尺寸未显示完全）。设置好尺寸并选择凸、凹模根部边缘，单击“确定”，系统创建所设计的镶块刀柄结构。

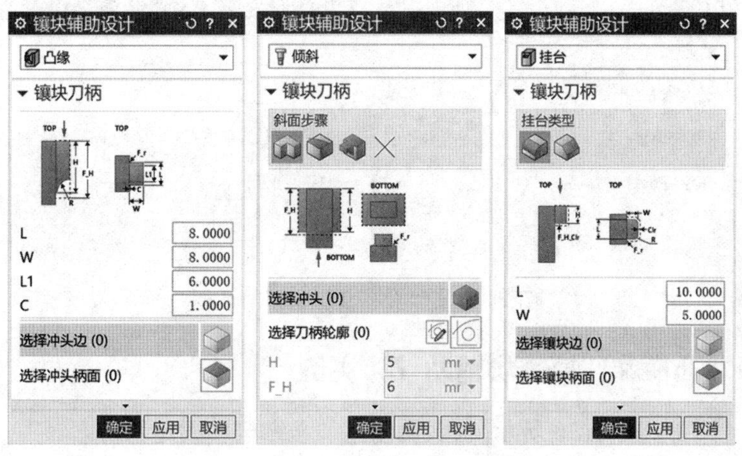

图 11.33　“镶块辅助设计”对话框

11.4.2　冲头安装

在“镶块辅助设计”对话框选择“冲头安装”模式后，系统提供了 3 种冲头安装固定的方式，分别是“螺钉固定”“螺旋塞固定”和“螺钉固定器固定”，如图 11.34 所示，图中给出了 3 种结构的详细尺寸和安装方式示意图。系统通过“重用库”和“标准件管理”对话框管理冲头固定结构，在“重用库”中选择冲头固定形式，在“标准件管理”对话框中设置具体尺寸。

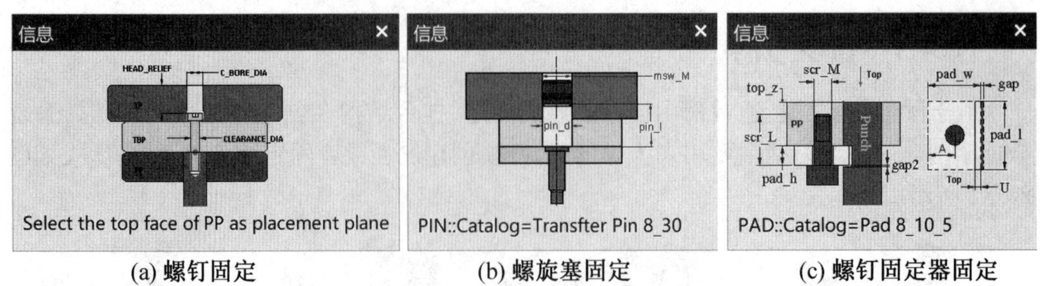

(a) 螺钉固定　　(b) 螺旋塞固定　　(c) 螺钉固定器固定

图 11.34　镶块固定方式

11.4.3　镶块编辑工具

镶块编辑工具提供了镶块、标准件的复制和删除功能。单击“镶块编辑工具”图标，弹出图 11.35 所示“镶块编辑工具”对话框。在对话框选择“复制”模式，在图形区选择镶块或者标准件后，指定复制参考点和目标点，系统完成镶块或者标准件的复制。每指定一个目标点，系统复制一份。在对话框中选择“删除”模式，在图形区选择要删除的镶块，单击“确定”完成删除。

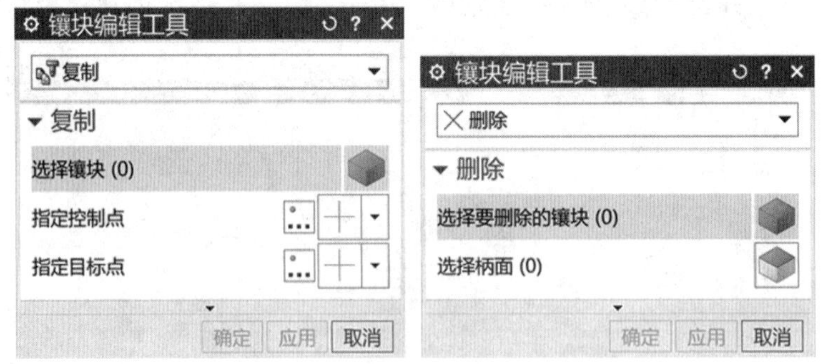

图 11.35　“镶块编辑工具”对话框

11.4.4　凸模和凹模镶块辅助设计实例

【例 11.4】　为图 11.36 所示凸、凹模创建加强结构和固定结构。

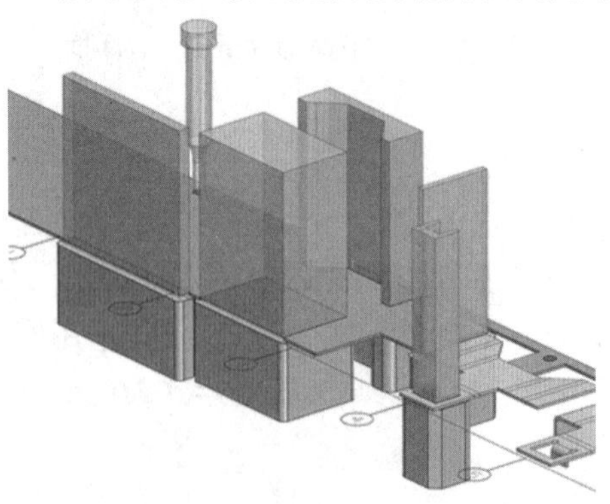

图 11.36　凸凹模辅助设计

步骤 1　打开文件。

将本章二维码中的文件夹“第 11 章\11.4”复制到电脑。启动 NX 1953,打开文件夹中“prj_control_000. prt”文件,只显示条料和凸、凹模,隐藏模架和其他部件。

步骤 2　创建凸缘结构。

打开“镶块辅助设计”对话框。在对话框中选择“凸缘”模式,指定参数值:$L=54$,$W=3$,$L_1=52$,其余参数采用默认值,确认“选择冲头边”命令处于激活状态,单击选择图 11.37 所示边,然后单击对话框中的“确定”按钮,创建凸缘加强结构,如图 11.37 所示。采用同样的方法创建另一侧凸缘加强结构。

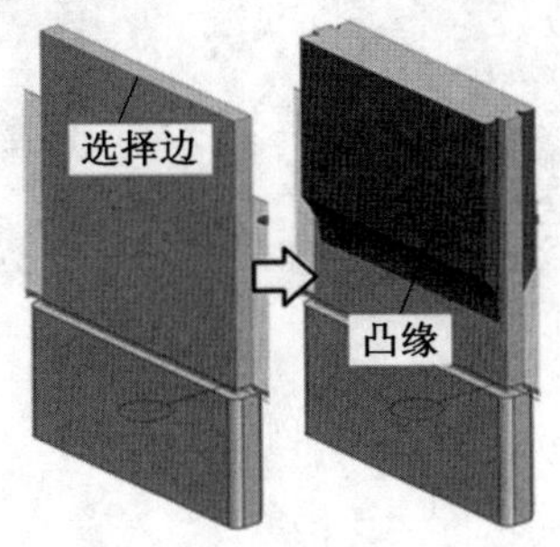

图 11.37　创建凸缘结构

步骤 3　创建倾斜结构。

倾斜加强结构创建过程如图 11.38 所示。打开“镶块辅助设计”对话框,选择“倾斜”模式,单击“添加材料”图标。确认“选择冲头”命令处于激活状态,在图形区选择冲头。单击“绘制截面”图标,以冲头顶面为草绘平面,进入草绘环境,绘制截面曲线。退出草图后,设置拉伸高度 $H=35$ mm,单击“应用”,创建刀柄体。单击“创建斜面”图标,分别选择

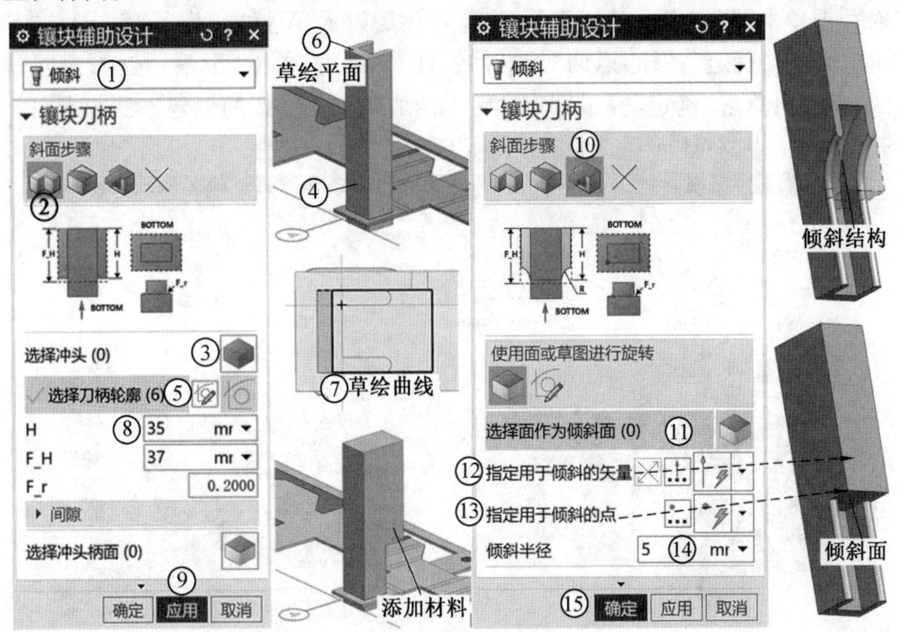

图 11.38　倾斜加强结构创建过程

图示倾斜面、倾斜矢量和倾斜点，指定“倾斜半径”为“5 mm”，最后单击“确定”按钮，创建倾斜加强结构。

步骤 4 创建挂台结构。

打开“镶块辅助设计”对话框。在对话框中选择“挂台”模式，指定参数值：$L=15$，$W=5$，$H=5$，其余参数采用默认值，确认“选择镶块边”处于激活状态，单击图 11.39 所示边，然后单击对话框中的“确定”按钮，创建挂台结构，如图 11.39 所示。

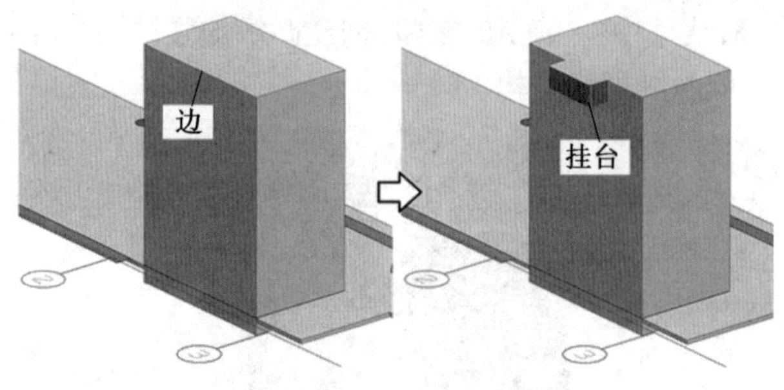

图 11.39 创建挂台结构

步骤 5 安装固定螺钉。

固定螺钉的创建过程如图 11.40 所示。打开“镶块辅助设计”对话框，在对话框中选择“冲头安装”模式，确认“选择冲头边”命令处于激活状态，单击图示选择边，然后单击“设计安装头”图标，弹出“标准件管理”对话框并显示“重用库”。在“重用库”选择“Punch_Mount\Screw”节点，在“成员选择”列表区选择“Screw[Top, TP]”。在“标准件管理”对话框设置参数值：SIZE=6，然后单击“选择面或者平面”按钮，选择图示凸模顶部的面，单击“标准件管理”对话框中的“应用”按钮，弹出“标准件位置”对话框。在“标准件位置”对话框单击“指定点”，单击图示参考点，然后设置“X 偏置”为“-15 mm”，“Y 偏置”为“6 mm”，单击“确定”按钮，返回“标准件管理”对话框，单击“取消”按钮，返回“镶块辅助设计”对话框，单击“确定”完成固定螺钉 1 的加载。螺钉 2 的创建方法与螺钉 1 相同，采用的“X 偏置”为“-40 mm”，“Y 偏置”为“6 mm”。

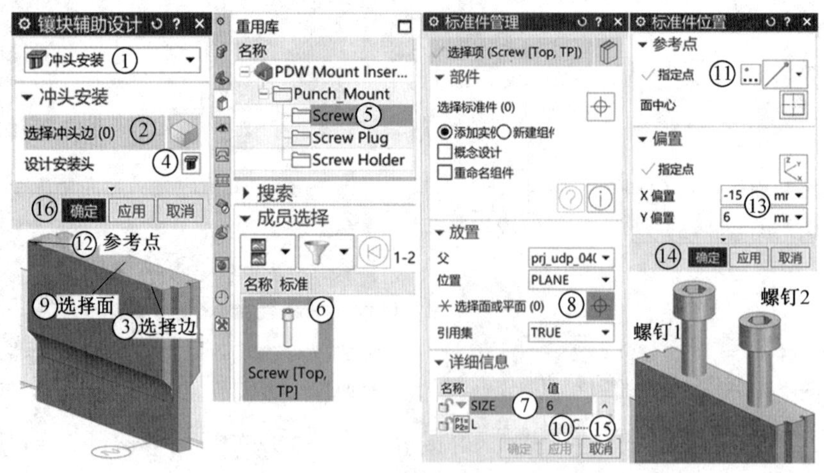

图 11.40 固定螺钉的创建过程

步骤 6　安装螺旋塞。

螺旋塞创建过程如图 11.41 所示。在“镶块辅助设计”对话框中选择“冲头安装”模式,选择圆形凸模边线为冲头边。然后单击“设计安装头”图标,在“重用库”选择“Punch_Mount\Screw Plug”节点,在“成员选择”列表区选择“Screwplug Pin”。在“标准件管理”对话框设置参数值:pin_d=10,单击“应用”按钮,弹出“点”对话框,捕捉圆形凸模顶端圆心作为放置点,同时加载螺旋塞。单击“标准件管理”对话框的“取消”按钮,返回“镶块辅助设计”对话框,单击“确定”完成螺旋塞安装。

图 11.41　螺旋塞创建过程

步骤 7　安装螺钉固定器。

螺钉固定器创建过程如图 11.42 所示。在“镶块辅助设计”对话框中选择“冲头安装”模式,选择图示凸模边线。单击“设计安装头”图标,在“重用库”选择“Punch_Mount\Screw Holder”节点,在“成员选择”列表区选择“Screwholder[Bottom]”。在“标准件管理”对话框中使用默认参数,单击“确定”按钮,加载螺钉固定器,并返回“镶块辅助设计”对话框,单击“确定”完成螺钉固定器的安装。

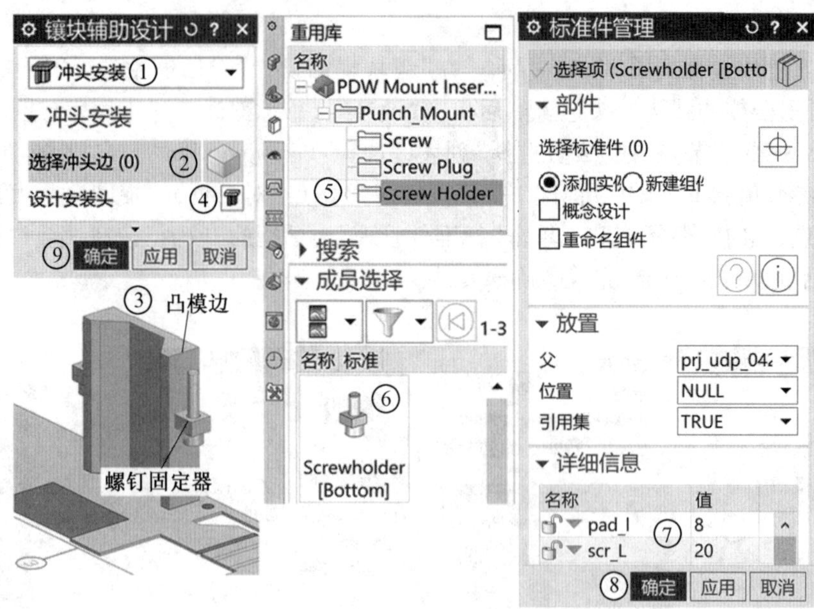

图 11.42　螺钉固定器创建过程

11.5　让位槽及腔体设计

当条料中有折弯、成形等工序时，其形状高度会高于条料厚度。在后续工位上，这些凸出的部分会与模板产生干涉，因此应有足够的空间来避让这些凸出部分。如图 11.43 所示，90°向下折弯处会与凹模板发生干涉，需要在凹模板上开槽，放置条料折弯部分。级进模向导通过让位槽设计命令，先创建开槽的实体，也就是让位槽实体；然后进行腔体设计，在模板上开槽。

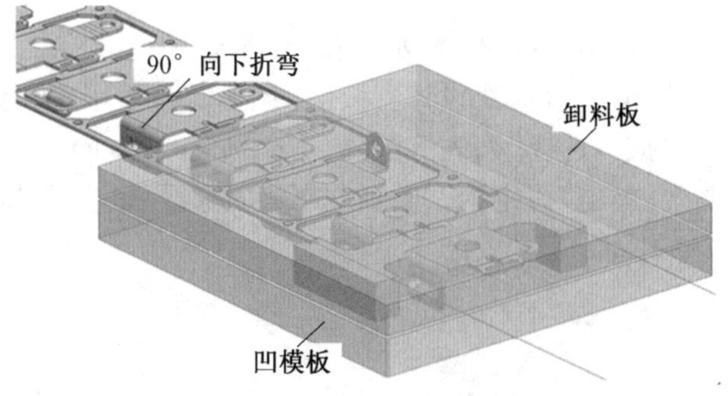

图 11.43　让位槽实体

在级进模中创建的零件，比如让位槽实体、凸模、凹模、导柱、导套、导正销、浮升销等都安装在模架上，因此需要在模板上创建安装空间。腔体设计就是在模板上创建零件的安装槽。通常标准件、凸模、凹模等零件都有“FALSE”“TRUE”等引用集。一般情况下，“FALSE”和“TRUE”引用集的尺寸或者结构是不同的。腔体设计通常是以“FALSE”引用集为工具体，对模板进行布尔减运算创建安装槽。

11.5.1　让位槽实体设计

“让位槽设计”对话框提供了“创建”“编辑”“复制”和“删除”让位槽的功能，如图 11.44 所示。

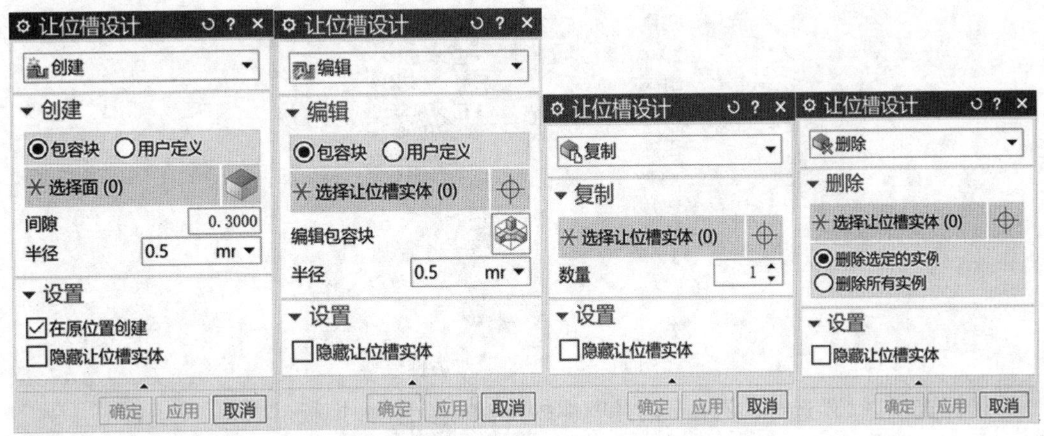

图 11.44　“让位槽设计”对话框

创建让位槽有两种方法，分别是“包容块”和“用户定义”。采用“包容块”方法时，在条料上选择要定义让位槽的面，系统会创建包容体边界盒，它的 6 个面有控制大小的箭头，拖动箭头或者修改“让位槽设计”对话框的“间隙”值和“半径”值，可以调整包容体的大小。采用“用户定义”方法时，选择条料上的面，进入草绘环境，绘制轮廓线，然后进行拉伸创建让位槽。

在“让位槽设计”对话框的“设置”选项区勾选“在原位置创建”复选框，则在当前工位创建让位槽实体，否则在下一工位创建让位槽实体。如果要隐藏创建的让位槽实体，勾选“隐藏让位槽实体”复选框。

在“让位槽设计”对话框选择“编辑”模式，如果选择通过“包容块”方式创建的让位槽实体，可以修改每个面的偏置量或者圆角半径；如果选择“用户定义”方式创建的让位槽实体，可以修改拉伸的开始值和结束值，来编辑让位槽实体。

在“让位槽设计”对话框选择“复制”模式，选择要复制的让位槽实体后，输入需要复制的数量，系统沿条料进给方向以步距为间距复制让位槽。

在“让位槽设计”对话框选择“删除”模式，系统提供了两种删除方式。如果选择“删除选定的实例”，则删除选择的让位槽实体；如果选择“删除所有实例”，则删除选择的让位槽实体及其复制体。

11.5.2　腔体设计

“开腔”对话框提供了创建和删除腔体的功能，如图 11.45 所示，其功能与注塑模向导中的“开腔”对话框功能相同。

在“模式”下拉列表提供了“去除材料”和“添加材料”两个选项，“去除材料”进行减去运算，“添加材料”进行合并运算。

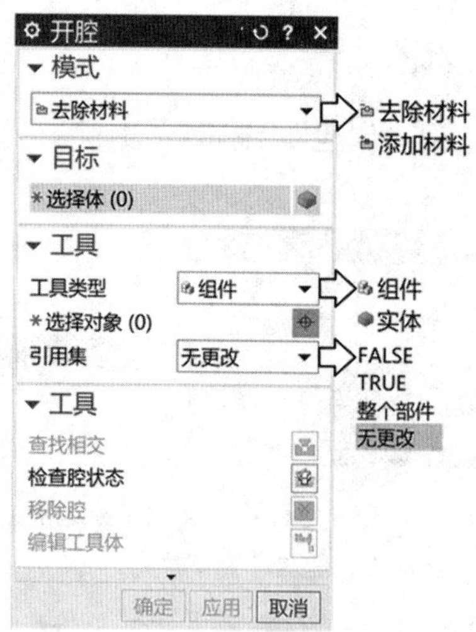

图 11.45　“开腔”对话框

目标选项区的“选择体”用于选择腔体的目标对象，比如模板。

“工具”选项区中“工具类型”包含“组件”和“实体”。选择“组件”表示使用组件系统作为工具体进行建腔；选择“实体”表示使用所选零件作为工具体进行建腔。比如，单击导柱导套组件中的一个导柱时，当选择了“组件”时整个导柱导套组件被选中，当选择了“实体”时只有导柱被选择用于建腔。

“工具”选项区中“引用集”有“FALSE”“TRUE”“整个部件”和“无更改”4 个选项，用来控制被选工具体的引用集。

“工具”选项区的“查找相交”功能用于搜索与目标体相交的组件并高亮显示；“检查腔状态”功能用于检查没有建腔的零件，并高亮显示；“移除腔”功能用于移除创建的腔体。

11.5.3　让位槽实体及腔体设计实例

【例 11.5】　为图 11.46 所示钣金件第 8 ~ 12 工位创建 90°向下折弯部分的让位槽实体，并为凸模和凹模、标准件、让位槽实体建腔。

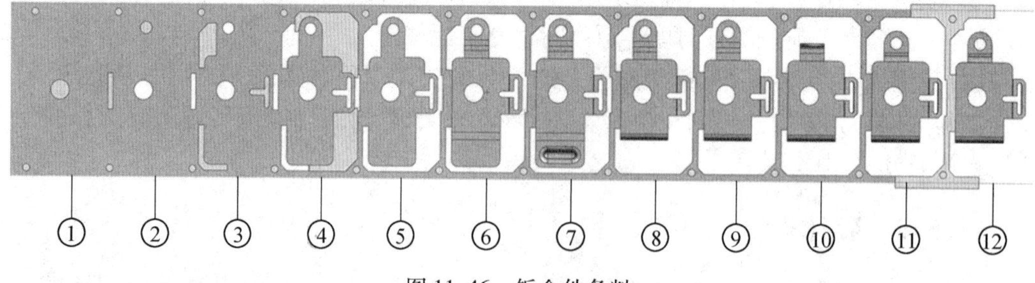

图 11.46　钣金件条料

步骤 1　打开文件。

将本章二维码中的文件夹“第 11 章\11.5”复制到电脑。启动 NX 1953，打开文件夹中“prj_control_000. prt”文件，使其只显示条料和凸、凹模，隐藏模架和其他零件。

步骤 2　创建第 8 工位 90°向下折弯部分让位槽实体。

第 8 工位 90°向下折弯部分会与凹模板互相干涉,因此需要在凹模板开槽。此外由于折弯部分有凸包,因此折弯凹模需要安装侧向进给和复位机构。

打开“让位槽设计”对话框,在对话框中选择“创建”模式,创建方式为“包容块”,“间隙”和“半径”值分别为“0.3”和“0.5”,并且勾选“在原位置创建”复选框,在图形区选择图示 3 个面,系统显示包容体的边界,并出现 6 个方向箭头,单击前方箭头,将前方的“间隙”值设置为“25”,单击“确定”创建让位槽实体。

步骤 3　创建 9 ~ 12 工位 90°向下折弯部分让位槽实体。

第 9 工位 90°向下折弯已经完成,只需要在折弯部分与凹模板干涉位置开槽。第 10 ~ 12工位复制第 9 工位向下折弯部分让位槽实体。

第 9 工位让位槽实体与第 8 工位让位槽实体创建过程相同。打开“让位槽设计”对话框,在第 9 工位选择图 11.47 所示的 3 个面,系统显示包容体的边界,6 个面的“间隙”都采用默认值,单击“确定”创建第 9 工位让位槽实体,如图 11.48 所示。

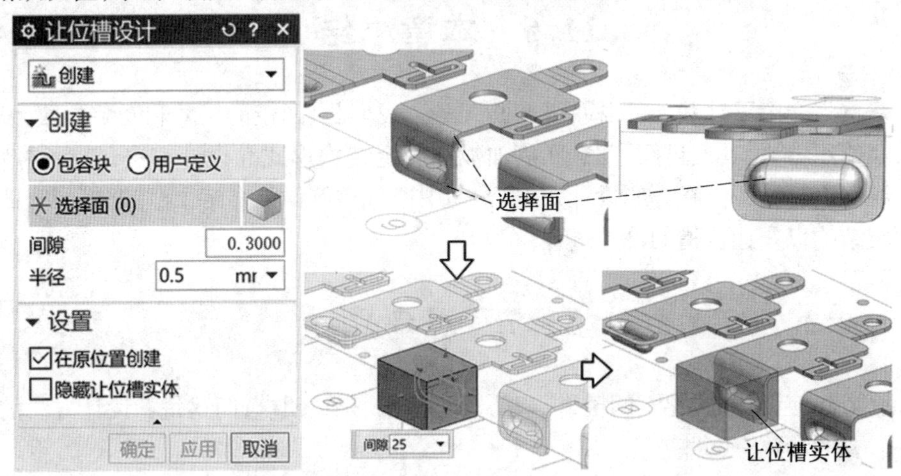

图 11.47　创建第 8 工位让位槽实体

打开“让位槽设计”对话框,在对话框中选择“复制”模式,选择第 9 工位让位槽实体,复制数量为 3 个,单击“确定”复制让位槽实体,如图 11.48 所示。

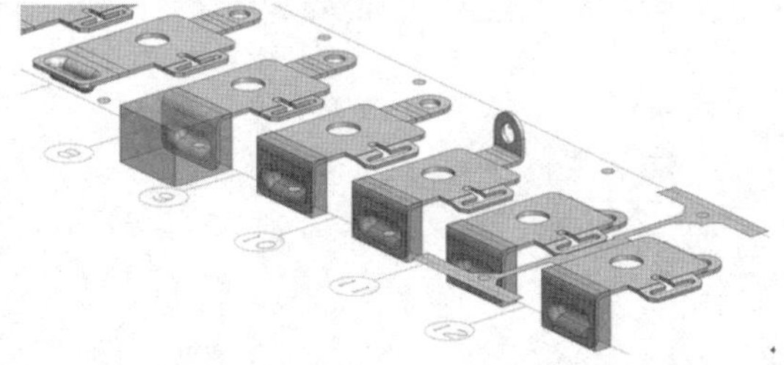

图 11.48　创建的第 9 ~ 12 工位让位槽实体

步骤 4　为卸料板和凹模板创建腔体。

单击“腔设计”命令,系统弹出“开腔”对话框,选择“去除材料”模式,在图形区选择卸料板为目标体,“工具类型”选择“组件”,在“工具”选项区单击“查找相交”按钮,然后单击对话框中的“确定”按钮,完成卸料板建腔,结果如图 11.49 所示。如果有个别零件没有建腔成功,可以再次执行“腔设计”命令,以卸料板为目标体,“工具类型”选择“实体”,然在图形区选择未建腔的零件,单击“腔设计”对话框中的“确定”按钮完成建腔。采用同样的方法对凹模板和其他部件建腔,凹模板建腔结果如图 11.50 所示。

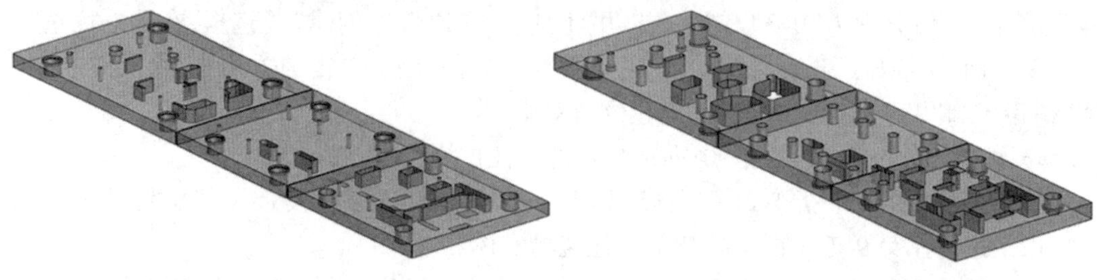

图 11.49　卸料板建腔结果　　图 11.50　凹模板建腔结果

11.6　本章小结

本章首先介绍了冲裁凸、凹模,折弯凸、凹模,成形凸、凹模的尺寸和安装参数,设计命令参数和使用方法,其次讲解了凸、凹模加强和固定结构形式和设计方法,最后讲解了让位槽和腔体设计方法。在介绍设计知识后,书中通过实例详细介绍了凸、凹模,凸、凹模加强和固定结构以及让位槽的设计过程。

11.7　思考题

1. 思考如何设计冲裁凸、凹模,折弯凸、凹模,成形凸、凹模,简述每种设计方法的操作过程和需要的参数有哪些?

2. 凸、凹模固定和加强结构形式有哪些?如何设计?

3. 举例说明为什么要设计让位槽?如何设计让位槽和腔体?

第12章　级进模设计综合实例

本章通过综合实例介绍级进模设计过程,包括中间工步设计、条料排样、模架设计、冲裁组件设计、折弯组件设计、成形组件设计、标准件设计、让位槽及腔体设计等步骤。通过对本章的学习,读者可以掌握级进模设计的方法和技巧,完成级进模设计的大部分工作。

12.1　设计任务

设计图12.1所示爪件级进模,零件厚度为1.5 mm。爪件级进模共有10个工位,工位1~4为冲裁和成形工序,工位5为空工位,工位6~8为弯曲工序,工位9和10为落料工序。

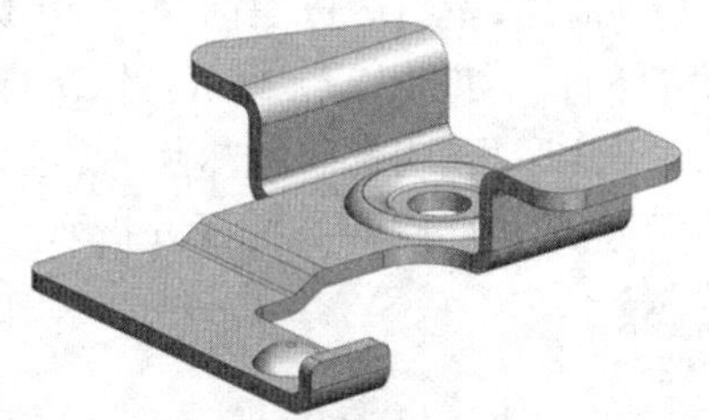

图12.1　爪件模型

12.2　设计过程

12.2.1　中间工步设计

1. 进入级进模向导

将本章二维码中的文件夹"第12章\爪件模具"复制到电脑。启动NX 1953,打开文件夹中"爪件.prt"文件。单击"应用模块\注塑模和冲模\级进模",进入级进模向导。

2. 创建中间工步

单击级进模向导中的"定义中间工步"图标,弹出图12.2所示对话框。在对话框设置"工步序列"为"从部件到毛坯","中间工步数量"为"10","起始工位"为"1","步距"为55 mm,"步距方向"为"*X*"方向,其他设置保持默认,单击"确定",创建的中间工步如图12.3所示。

图 12.2　“定义中间工步”对话框

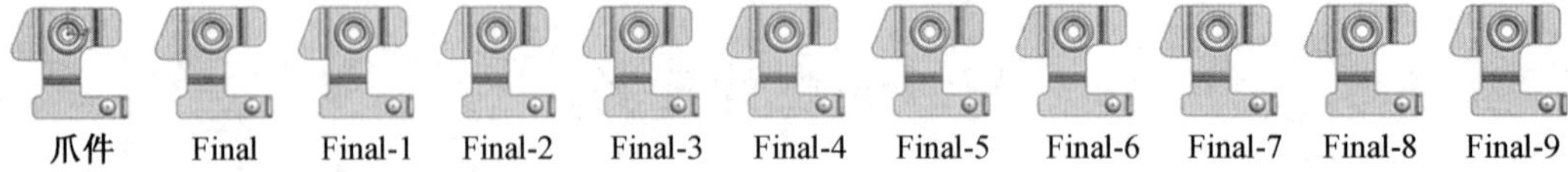

图 12.3　中间工步

3. 展开折弯

双击“Final-3”将其设为工作部件，单击级进模向导中的“折弯操作”图标，在“折弯操作”对话框中选择操作类型为“伸直”，如图 12.4 所示。依次选择图 12.5 所示两处折弯，将其展平。如果展开方向有误，可以勾选或者取消“显示备选结果”复选框进行切换。采用同样的方法展平 Final-4 的两处折弯和 Final-5 的 3 处折弯。

图 12.4　展平折弯

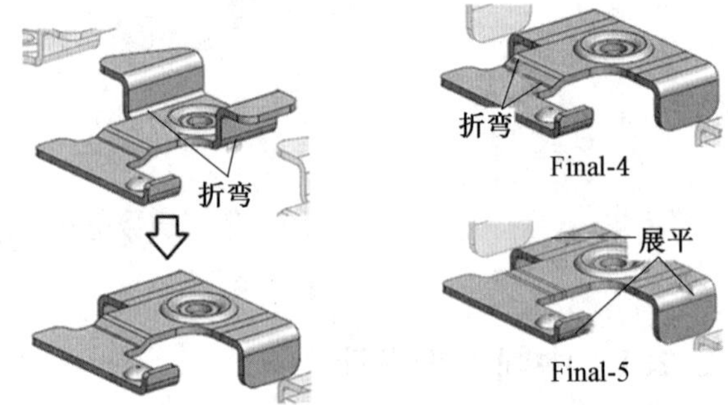

图 12.5　展平 Final-4 和展平 Final-5

4. 改变孔径

双击“Final-8”将其设为工作部件，单击“菜单\插入\偏置或缩放\偏置面”，弹出图 12.6 所示对话框。将“偏置”距离设置为“1 mm”，然后选择圆孔内表面，单击“确定”，将孔直径缩小 2 mm，变为 3 mm。

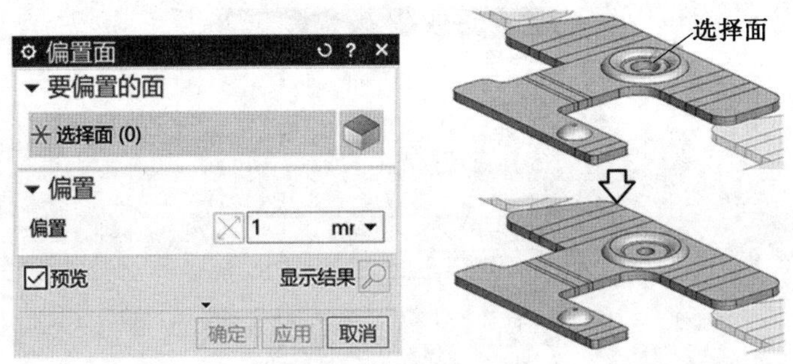

图 12.6　偏置面

5. 删除成形面

双击“Final-9”将其设为工作部件，单击“菜单\插入\同步建模\删除面”，弹出图 12.7 所示对话框。在“删除面”对话框取消勾选“预览”复选框，然后选择图 12.7 中位置①指示成形面，单击对话框中的“应用”按钮删除面。使用同样的方法，删除位置②～④指示成形面。

最终完成的中间工步如图 12.8 所示。在“装配导航器”中双击“爪件_top”将装配顶层节点设为工作部件，单击“文件\保存\全部保存”，保存文件。

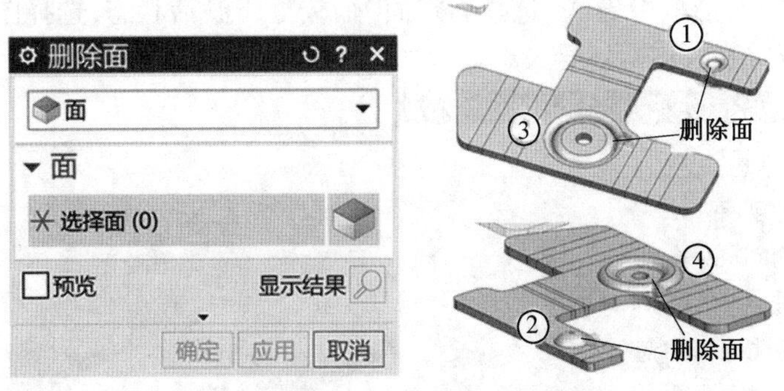

图 12.7　删除面

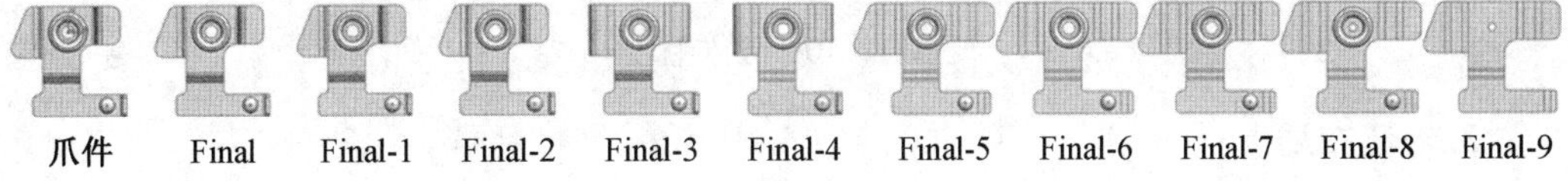

图 12.8　最终完成的中间工步

12.2.2　条料排样

1. 初始化项目

单击级进模向导中的“初始化项目”图标，弹出图 12.9 所示对话框。系统以爪件所在路径为项目路径，并识别到零件厚度为 1.5 mm，采用默认的项目名、零件材料和项目模板，单击“确定”按钮，完成项目初始化。

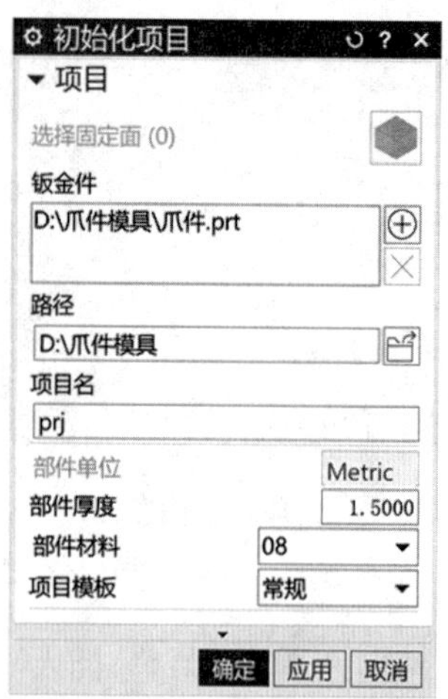

图 12.9 “初始化项目”对话框

2. 导入毛坯

单击“毛坯生成器”图标,弹出图 12.10 所示对话框。选择“创建”模式,然后单击“导入毛坯部件”按钮,在项目路径所在文件夹中选择已经展平的“Final-9”作为毛坯部件。在“毛坯生成器”对话框中确认“选择固定面”命令处于激活状态,选择图 12.10 所示面,然后单击“确定”按钮,将毛坯导入。

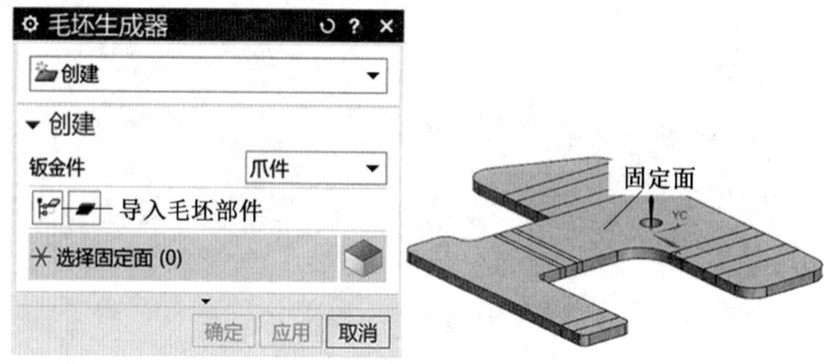

图 12.10 导入毛坯

3. 毛坯布局

单击“毛坯布局”图标,弹出图 12.11 所示对话框。选择“创建布局”模式,设置“步距”为“55”,“宽度”为“54”,“侧距”方式选择“下”,下侧值为“3”,然后单击“确定”按钮,毛坯布局结果如图 12.11 所示。

4. 废料设计

(1)采用“孔边界”方法设计毛坯内部孔废料。

单击“废料设计”图标,弹出图 12.12 所示对话框。选择“创建”模式,“方法”中选择“孔边界”,单击“应用”按钮,创建如图 12.12 所示废料 1。

(2)采用“封闭曲线”方法设计废料。

在“废料设计”对话框中选择“封闭曲线”按钮,单击图 12.13(a)所示面为草绘平面,

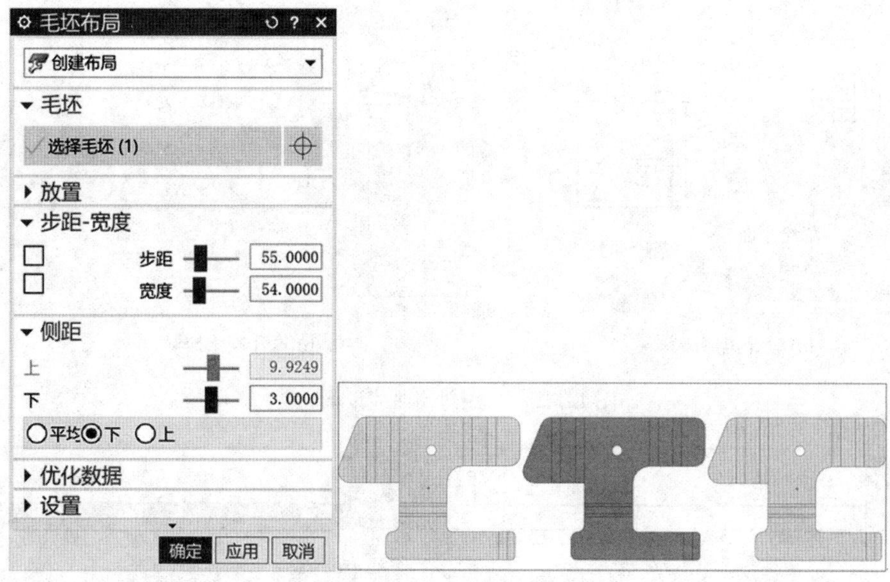

图 12.11　毛坯布局

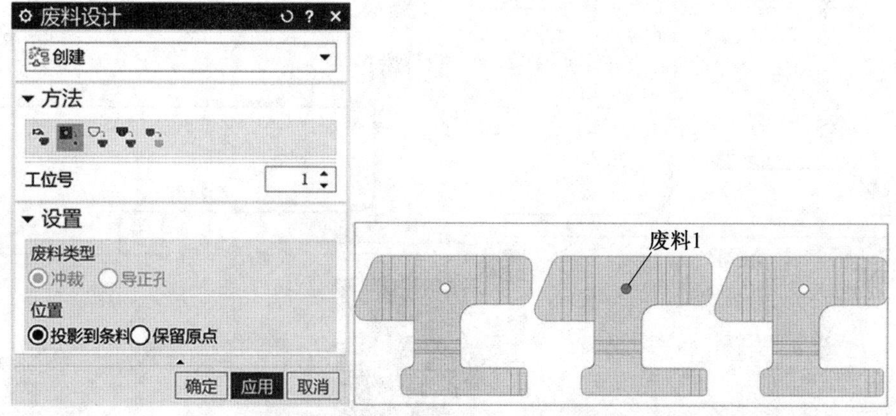

图 12.12　设计毛坯内部孔废料

进入草绘环境。绘制图 12.13(a)所示轮廓线,单击“完成”退出草图,返回“废料设计”对话框。在“废料类型”中选择“冲裁”,单击“应用”完成废料 2 的创建,如图 12.13(a)所示。采用同样的方法,设计图 12.13(b)所示的两个圆形废料,其中 $\phi3$ 圆(废料 3)和 $\phi5$ 圆(废料 4)废料类型分别为导正孔和冲裁。

(3)采用“毛坯边界+草图”方法设计废料。

在“废料设计”对话框中选择“毛坯边界+草图”按钮,单击图 12.13(a)所示面为草绘平面,进入草绘环境,绘制图 12.14 所示轮廓线,单击“完成”退出草图,返回“废料设计”对话框,单击“应用”完成废料 5 的创建,如图 12.14 所示。采用同样的方法,按照图12.15所示草绘曲线,创建废料 6 ~9。

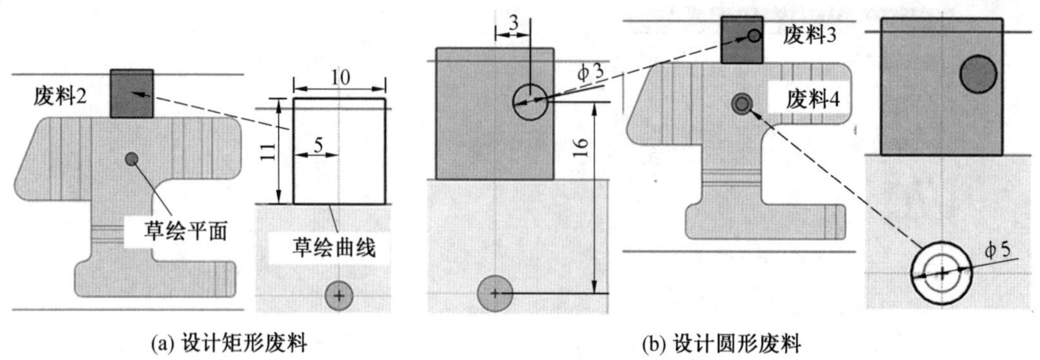

(a) 设计矩形废料　　(b) 设计圆形废料

图 12.13　采用封闭曲线设计废料

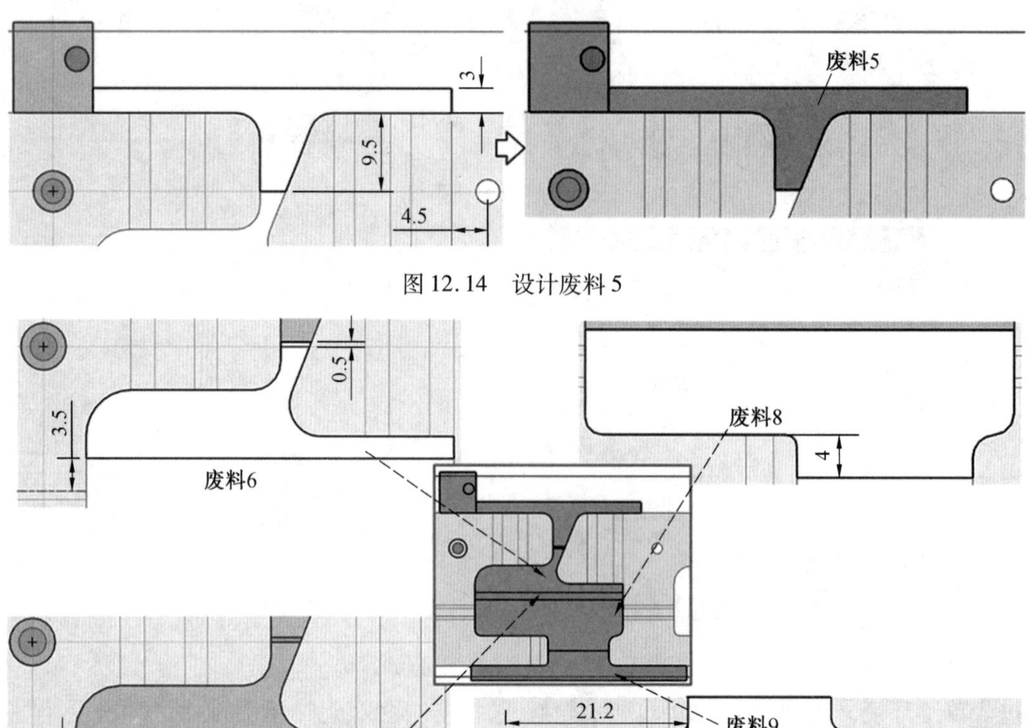

图 12.14　设计废料 5

图 12.15　设计废料 6 ~ 9

(4)创建重叠。

在“废料设计”对话框中选择“附件”模式,如图 12.16 所示,设置“重叠宽度”为“0.5”,在图形区先选择废料 2,再选择图 12.16 所示废料 2 的边,单击“应用”按钮,创建重叠部分。采用同样的方法创建图 12.17 所示的 3 处重叠部分。

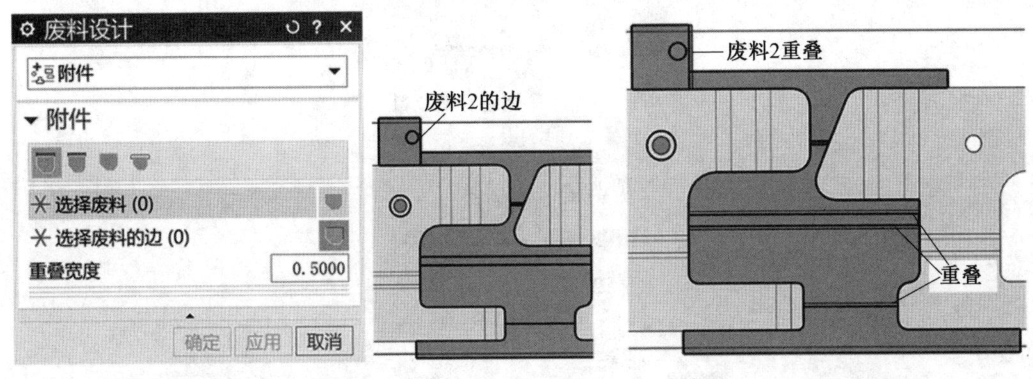

图 12.16　创建重叠

图 12.17　创建重叠结果

5. 条料排样

(1)创建条料。

单击“条料排样”图标，弹出“条料排样导航器”，如图 12.18 所示。双击“工位号”将其值设置为“10”。用鼠标右键单击“条料排样定义”，在弹出的快捷菜单中选择“创建”，系统将创建条料，如图 12.19 所示，除了导正孔废料自动排列外，其余废料都在工位 1。

图 12.18　创建重叠结果

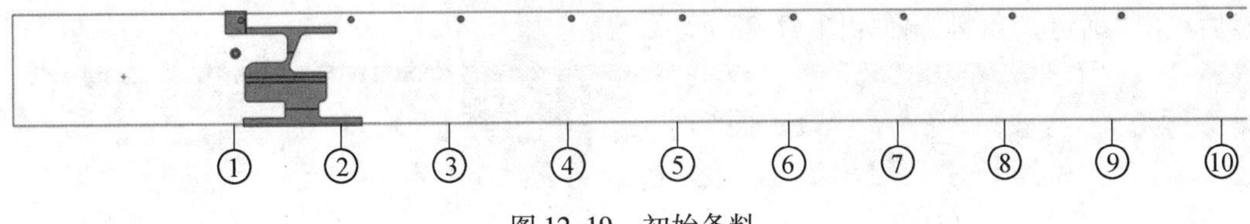

图 12.19　初始条料

(2)移动废料。

在“条料排样导航器”的“工位 1”节点找到图 12.20 所示要选择的废料，然后用鼠标右键单击，在弹出的快捷菜单中选择下移 2，将原来在工位 1 的废料移动到工位 3。采用同样的方法，按照图 12.20 所示废料工位号，将废料移动到各自工位，结果如图 12.21 所示。

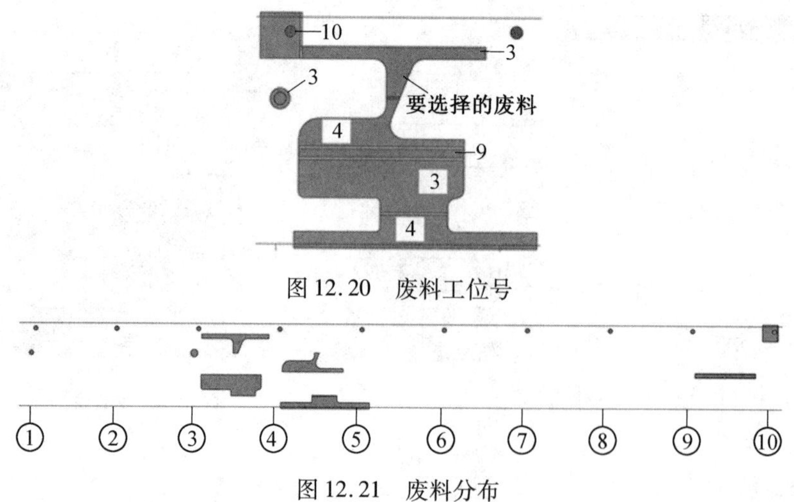

图 12.20　废料工位号

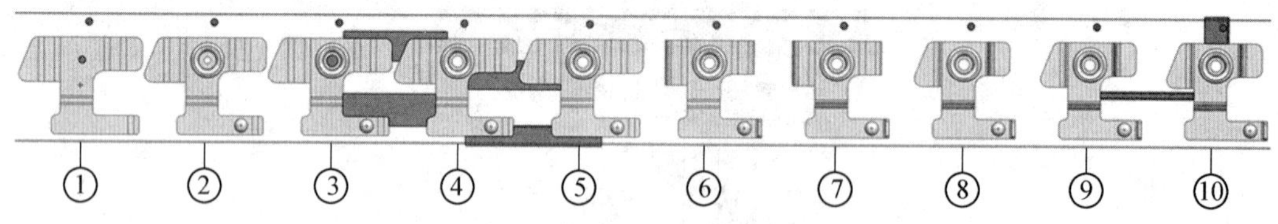

图 12.21　废料分布

(3)载入中间部件。

在“条料排样导航器”中用鼠标右键单击“中间部件”,在弹出的快捷菜单单击“打开”,弹出“选择部件”对话框,在项目路径所在文件夹中选择“爪件_top”,然后单击“确定”载入中间部件,结果如图 12.22 所示。

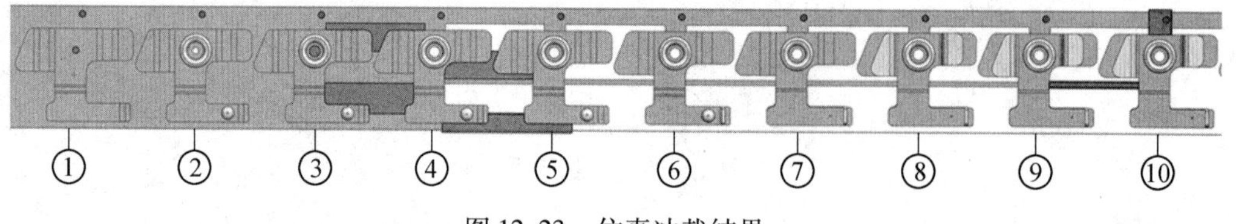

图 12.22　载入的中间部件

(4)仿真冲裁。

在“条料排样导航器”中用鼠标右键单击“条料排样定义”,在快捷菜单中选择“仿真冲裁”,在弹出的“条料排样设计”对话框中指定“起始工位”为“1”,“终止工位”为“10”,然后单击“确定”,条料排样如图 12.23 所示。

图 12.23　仿真冲裁结果

(5)移除毛坯材料。

在“条料排样导航器”中用鼠标右键单击“条料排样定义”,在快捷菜单中选择“移除毛坯材料”,在弹出的“条料排样设计”对话框中指定“起始工位”为“1”,“终止工位”为“9”,然后单击“确定”,移除条料与中间部件重叠的材料,结果如图 12.24 所示。

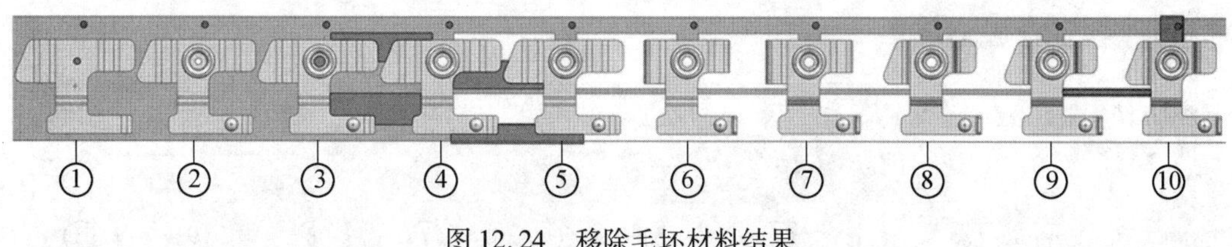

图 12.24　移除毛坯材料结果

12.2.3　模架设计

单击“管理模架”图标，弹出图 12.25 所示对话框。在对话框中选择“设计模架”模式，设置“目录”为“DB_UNIVERSAL1”，“板数量”为“9 PLATES”。单击“选取工作区域”图标，弹出“点”对话框，先后在模具工作区域左上角和右下角单击，框选图 12.25 所示工作区域。系统根据工作区域大小，推荐 6020 模架。单击“指定参考点”图标，弹出“点”对话框，捕捉条料左边中点为参考点。在“管理模架”对话框中设置“到模架边缘的距离”为“55”，单击“确定”加载模架。

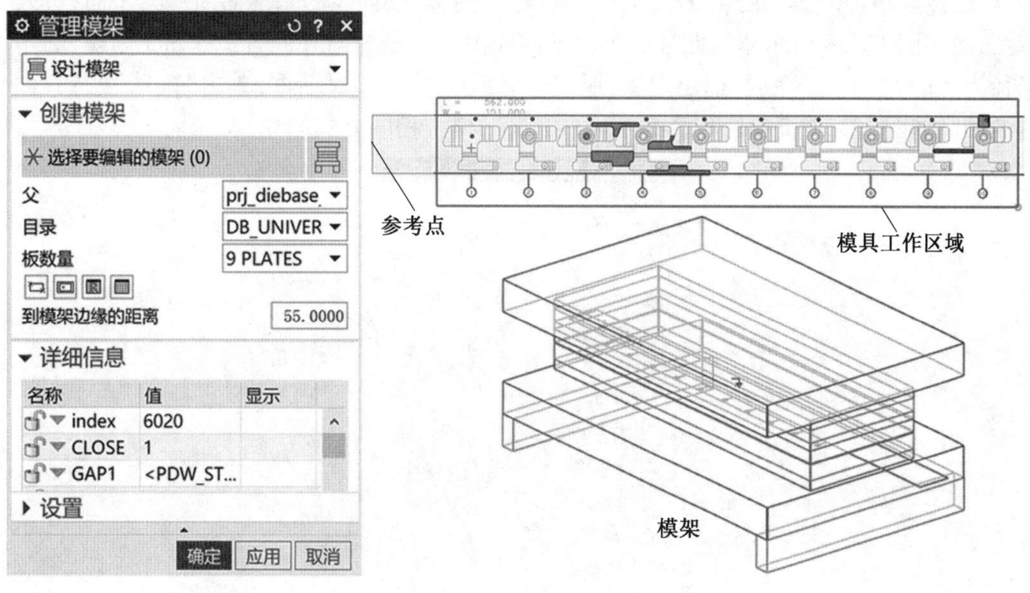

图 12.25　设计模架

12.2.4　冲裁凸模和凹模设计

1. 创建用户定义凸模

在“装配导航器”中双击“prj_control_000”，将其设置为工作部件，单击“prj_die _008”前的复选框将其隐藏，只显示条料。单击“凸模镶块”图标，弹出图 12.26 所示“凸模镶块设计”对话框。在对话框中设置“镶块类型”为“用户定义”，确定“选择废料”命令处于激活状态，选择图 12.26 所示 6 块废料，单击“确认”按钮，创建用户定义凸模镶块。

2. 创建用户定义凹模

单击“凹模镶块”图标，弹出图 12.27 所示“凹模镶块设计”对话框。在图形区选择

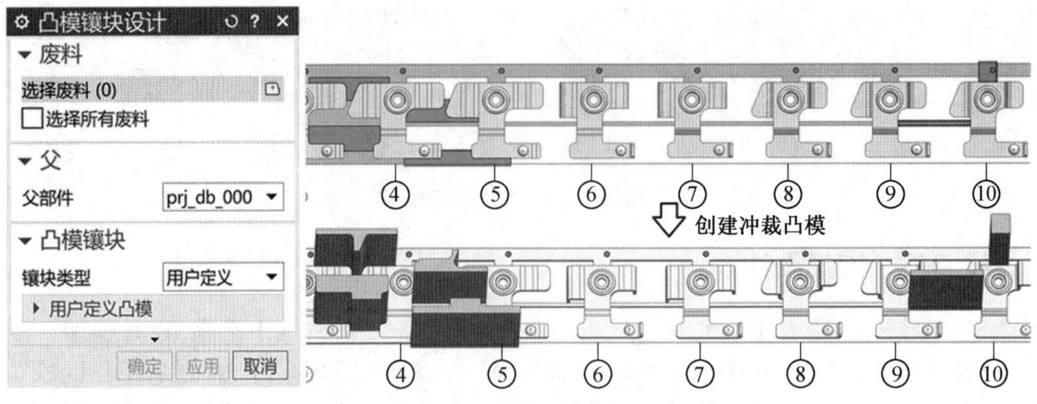

图 12.26　用户定义凸模

图 12.28中指示的废料，然后在对话框“凹模镶块”选项区选择“镶块模式”为“草图轮廓”，并确认选择“凹模镶块”，单击“创建基准平面”图标，系统创建通过选择废料底面的基准面，然后单击“选择轮廓”右边的“绘制截面”图标，以创建的基准面为草绘平面，进入草图，绘制图 12.28 所示草绘曲线。该草绘曲线由废料轮廓向外偏置 2.5 mm 创建，圆角半径为 2 mm。单击“完成”退出草图，返回“凹模镶块设计”对话框，单击“确认”按钮，创建的凹模如图 12.28 所示。其余 5 个用户定义凹模按相同方式创建。

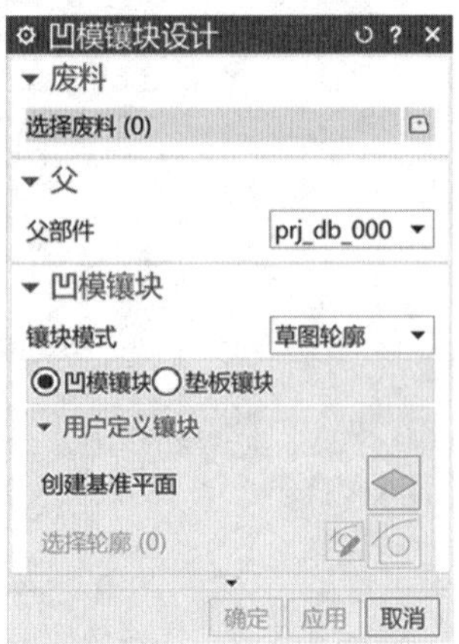

图 12.27　“凹模镶块设计”对话框

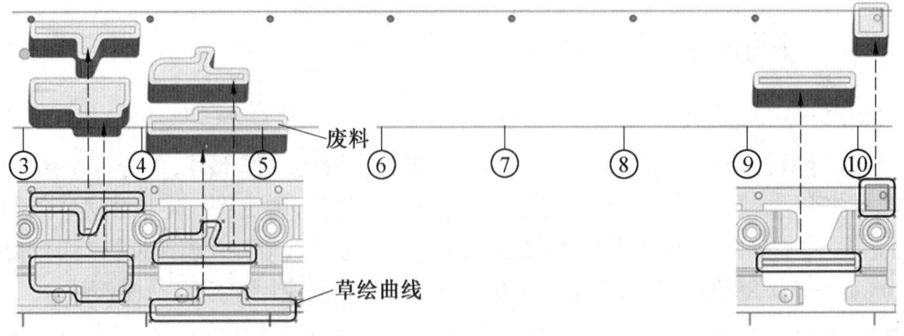

图 12.28　用户定义的凹模

3. 创建标准圆形凸模

单击“凸模镶块”图标，弹出图 12.29 所示“凸模镶块设计”对话框。选择图 12.30 所示的 1 号圆形废料，在对话框中设置“镶块类型”为“标准”，单击“标准凸模”图标，弹出图 12.31所示“标准件管理”对话框。在“标准件管理”对话框中设置凸模直径 D 值为 6，单击“确定”，加载标准圆形凸模，并返回“凸模镶块设计”对话框。在“凸模镶块设计”对话框中单击“应用”完成圆形凸模的创建。采用相同的方法创建图 12.30 所示的 2 号和 3 号圆形废料的凸模，其中 2 号废料的凸模直径为 6 mm，3 号废料的凸模直径为 10 mm。

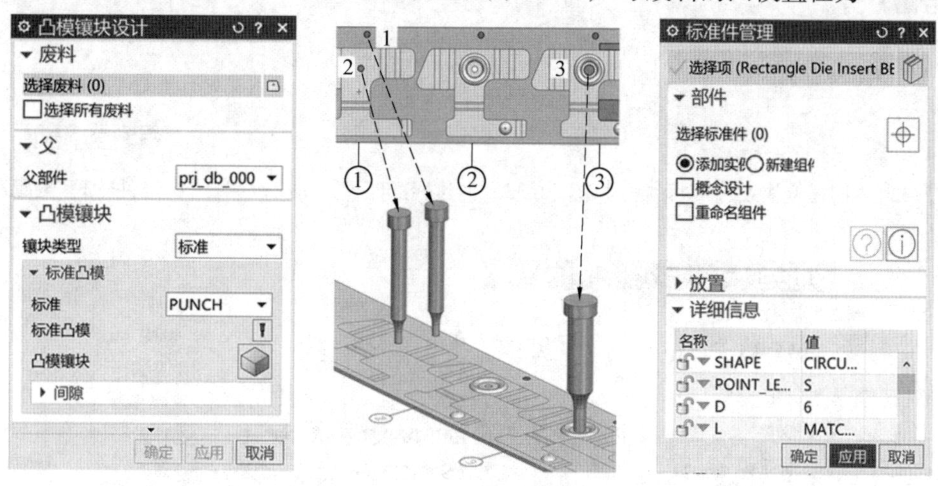

图 12.29　“凸模镶块设计”对话框　图 12.30　创建标准凸模　图 12.31　“标准件管理”对话框

4. 创建标准圆形凹模

单击“凹模镶块”图标，弹出图 12.32 所示“凹模镶块设计”对话框。选择图 12.33 所示的 1 号圆形废料，在对话框中设置“镶块模式”为“标准镶块”，单击“标准镶块”图标，弹出图 12.34 所示“标准件管理”对话框。在“标准件管理”对话框中设置凹模直径 D 值为 6，单击“确定”，加载标准圆形凹模，并返回“凹模镶块设计”对话框。在“凹模镶块设计”对话框中单击“应用”完成圆形凹模的创建。采用相同的方法创建图 12.33 所示的 2 号和 3 号圆形废料的凹模，其中 2 号废料的凹模直径为 6 mm，3 号废料的凹模直径为 10 mm。

5. 创建模腔废料孔

单击“型腔和废料孔”图标，弹出图 12.35 所示对话框。在对话框设置“型腔类型”为“锥角”，“凹模镶块层叠”数为“1”，H 为 3，A 为 -1，C_1 为 2，C_2 为 3，BBP 和 DS 中的废料孔设置为“CIRCLE”，选择图 12.33 中的 3 块圆形废料，单击“确定”，系统为每块圆形废料创建了废料孔实体。采用相同的方法，在“模腔废料孔”对话框中设置 BBP 和 DS 中的废料孔为“FILLET”，为 6 块异形废料创建废料孔实体，结果如图 12.36 所示。

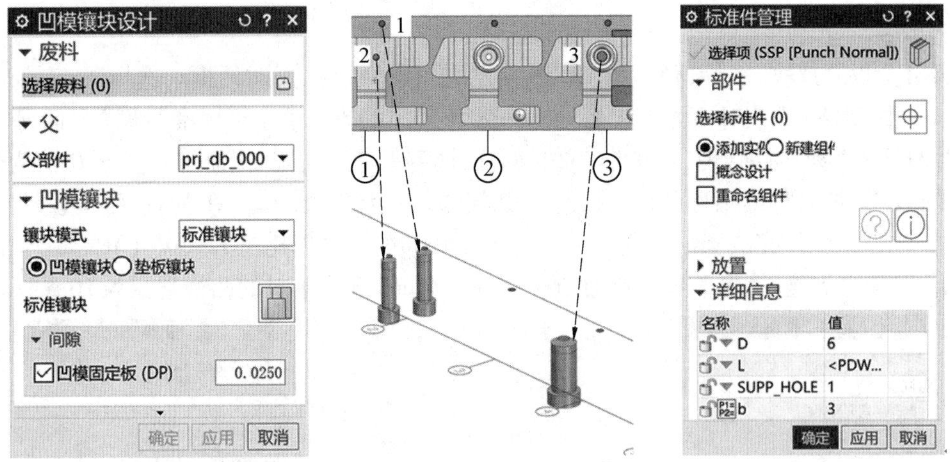

图 12.32　“凹模镶块设计”对话框　　图 12.33　创建标准凹模　　图 12.34　“标准件管理”对话框

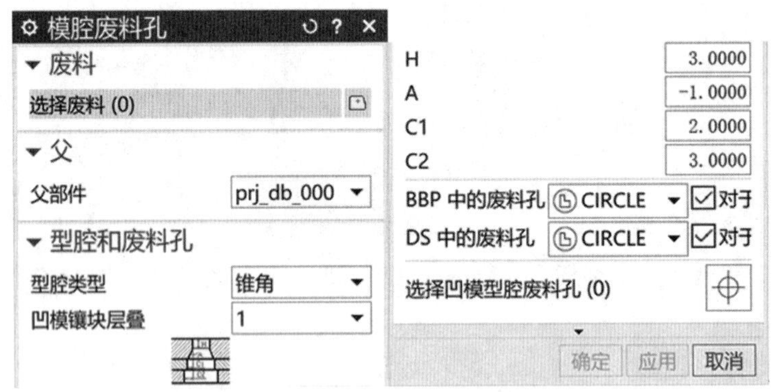

图 12.35　“模腔废料孔”对话框

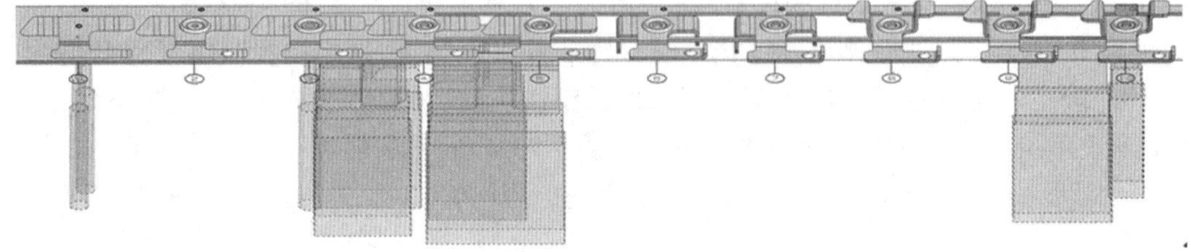

图 12.36　模腔废料孔实体

12.2.5　折弯凸模和凹模设计

1. 创建第 6 工位 90°向下折弯凸模和凹模

(1)创建 90°向下折弯凸模。

折弯凸模的设计过程如图 12.37 所示。单击“折弯镶块设计”图标,弹出“折弯镶块设计”对话框。确认“选择折弯起始面”命令处于激活状态,单击折弯面(图 12.37),选择 90°“折弯类型”和“凸模”的“镶块类型”,然后单击“标准镶块”图标,弹出“标准件管理”

对话框并显示“重用库”。在“重用库”选择“Straight_Down\Punch”节点，在“成员选择”列表区选择“Down Punch_Type_1[Without Screw]”。在“标准件管理”对话框“详细信息”列表中设置参数值：$W=8$，bs_W = 0。单击“标准件管理”对话框的“确定”按钮，返回“折弯镶块设计”对话框，单击“确定”，完成折弯凸模的加载。采用同样的方法创建第 6 工位另一个 90°向下折弯凸模。

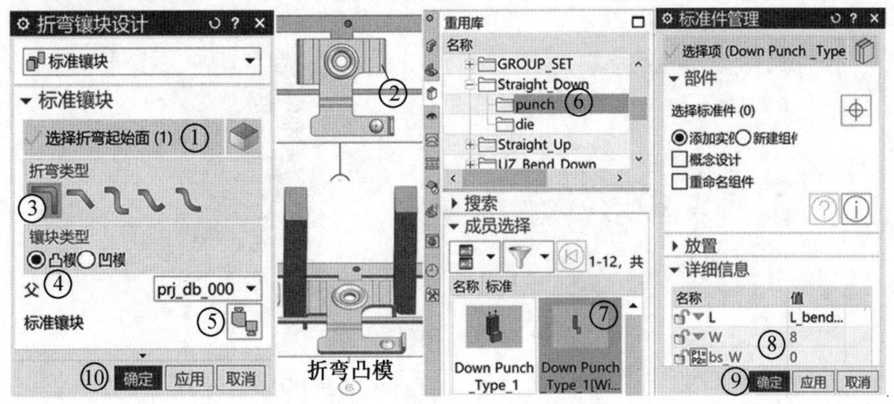

图 12.37　创建 90°向下折弯凸模

(2)创建顶料块。

顶料块设计过程如图 12.38 所示。单击“常规镶块”图标，弹出“常规镶块”对话框。确认“选择面”命令处于激活状态，单击图 12.38 所示选择面，选择镶块类型为“用户定义”，单击“创建基准”图标，系统创建通过选择面的基准平面，然后单击“选择曲线”右边的“绘制截面”图标，以基准平面为草绘平面，进入草绘环境，绘制草绘曲线。退出草图后，返回“常规镶块”对话框，设置“起点”为“0”，“终点”为“52”，单击“确定”，完成顶料块的加载。

双击顶料块将其设置为工作部件，选择“菜单\插入\关联复制\WAVE 几何链接器”，在弹出的对话框中选择“体”类型，然后选择工位 6 中间部件实体，单击“确定”按钮，将工位 6 实体链接到顶料块。以顶料块为目标体，以工位 6 实体为工具体进行求差运算，修改顶料块端部形状。

(3)创建 90°向下折弯凹模。

折弯凹模的设计过程与折弯凸模的设计过程类似。确认“折弯镶块设计”对话框中的“选择折弯起始面”命令处于激活状态，选择图 12.39 所示折弯面，选择 90°“折弯类型”和“凹模”的“镶块类型”，然后单击“标准镶块”图标，弹出“标准件管理”对话框并显示“重用库”。在“重用库”选择“Straight_Down\Die”节点，在“成员选择”列表区选择“BDDIA[Bend Down Die insert, Without Screw]”。在“标准件管理”对话框中设置参数值：$W=35.3$。创建的 90°向下折弯凹模如图 12.39 所示。折弯凹模只有一条成形边有圆角，需要创建另外一边的圆角，如图 12.40 所示。双击折弯凹模，将其设置为工作部件，采用实体建模中的“边倒圆”命令，为折弯凹模成形“边倒圆”角，半径为 1 mm。

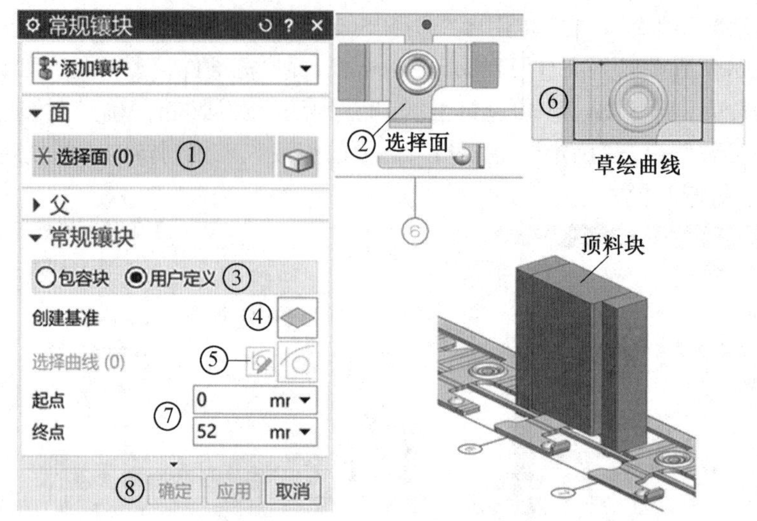

图 12.38　创建顶料块

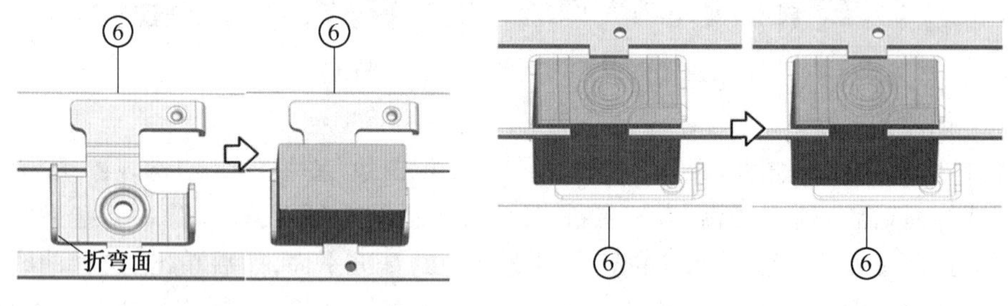

图 12.39　创建的 90°向下折弯凹模　　图 12.40　修改折弯凹模

2. 创建第 6 工位 90°向上折弯凸模和凹模

单击“折弯镶块设计”图标，弹出“折弯镶块设计”对话框。确认“选择折弯起始面”命令处于激活状态，单击图 12.41 中的折弯面 1，选择 90°“折弯类型”和“凸模”的“镶块类型”，然后单击“标准镶块”图标，弹出“标准件管理”对话框并显示“重用库”。在“重用库”选择“Straight_Up\Punch”节点，在“成员选择”列表区选择“BUID[Bend Up Punch]”。在“标准件管理”对话框“详细信息”列表中设置参数值：pnch_W = 10，shdr_W = 10。单击“标准件管理”对话框的“确定”按钮，返回“折弯镶块设计”对话框，单击“确定”，完成折弯凸模的加载。

折弯凹模与折弯凸模的创建过程相似。折弯凹模的“折弯起始面”为图 12.41 的折弯面 2，在“折弯镶块设计”对话框选择 90°“折弯类型”和“凹模”的“镶块类型”，在“重用库”的节点为“Straight_Up\Die”，在“成员选择”列表区选择“Bend Up Insert[Without Screw]”，设置参数值：$W=10$。创建的折弯凸、凹模如图 12.41 所示。

向上折弯凹模的下部与凸包特征有重叠，需要以折弯凹模为目标体，以工位 6 中间部件实体为工具体进行求差运算，以修改折弯凹模。修改过程与顶料块相同，此处不再讲述。

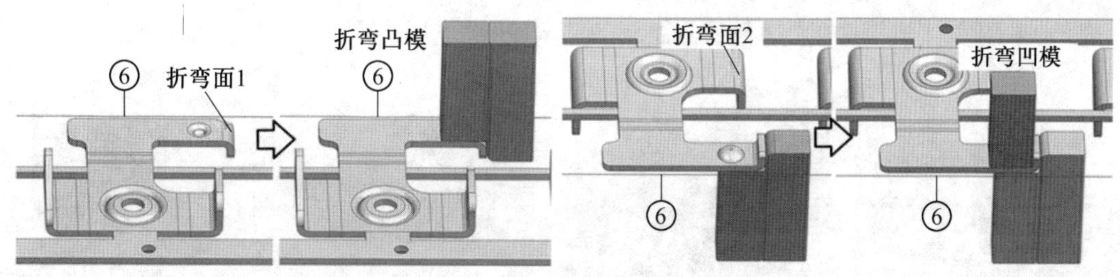

图 12.41　创建向上折弯凸模和凹模

3. 创建第 7 工位 Z 形折弯凸模和凹模

打开“折弯镶块设计”对话框，确认“选择折弯起始面”命令处于激活状态，单击图 12.42 中的折弯面 1，选择 Z 形“折弯类型”和“凸模”的“镶块类型”，然后单击“标准镶块”图标，弹出“标准件管理”对话框并显示“重用库”。在“重用库”选择“Z_Bend_Down\Punch”节点，在“成员选择”列表区选择“Z Bend Down Punch”。在“标准件管理”对话框“详细信息”列表中设置参数值：$W=14$，$W_1=4$。单击“标准件管理”对话框的“确定”按钮，返回“折弯镶块设计”对话框，单击“确定”，完成 Z 形折弯凸模的加载。

Z 形折弯凹模与折弯凸模的创建过程相似。“折弯起始面”为图 12.42 的折弯面 2，在“折弯镶块设计”对话框选择 Z 形折弯和“凹模”的“镶块类型”，在“重用库”的节点为“Z_Bend_Down\Die”，在“成员选择”列表区选择“Z Bend Down Die Insert”，设置参数值：$W=4$，$W_d=12$。创建的 Z 形折弯凸模和凹模如图 12.42 所示。

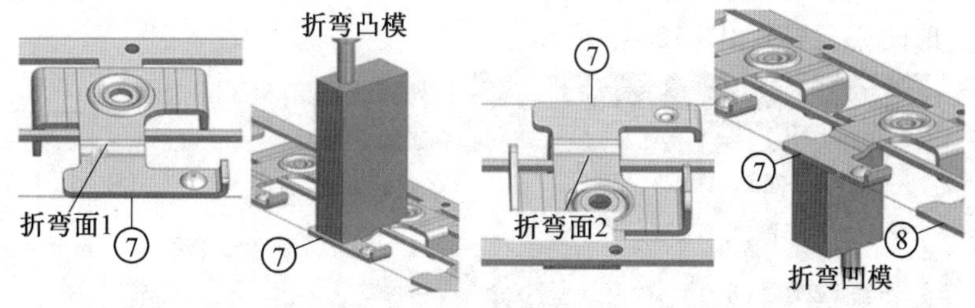

图 12.42　创建的 Z 形折弯凸模和凹模

4. 创建第 8 工位 90°向上折弯凸模和凹模

打开“折弯镶块设计”对话框，确认“选择折弯起始面”命令处于激活状态，单击图 12.43 中的折弯面 1，选择 90°“折弯类型”和“凸模”的“镶块类型”，然后单击“标准镶块”图标，弹出“标准件管理”对话框并显示“重用库”。在“重用库”选择“Straight_Up\Punch”节点，在“成员选择”列表区选择“BUIA[Bend Up Punch])”。在“标准件管理”对话框“详细信息”列表中设置参数值：pnch_W=14，shdr_W=24.15，单击“确定”。返回“折弯镶块设计”对话框，单击“确定”，完成折弯凸模的加载。用同样的方法加载图 12.43 折弯面 2 的凸模，其参数值：pnch_W=14，shdr_W=0。

折弯凹模与折弯凸模的创建过程相似。折弯凹模的“折弯起始面”为图 12.43 的折弯面 3，在“折弯镶块设计”对话框选择 90°折弯和凹模“镶块类型”，在“重用库”的节点为“Straight_Up\Die”，在“成员选择”列表区选择“Bend Up Insert[Without Screw]”，设置参数 $W=21.15$。创建的折弯凸模和凹模如图 12.43 所示。双击折弯凹模，将其设置为工作部件，采用实体建模中的“边倒圆”命令，为折弯凹模成形边倒圆角，半径为 1 mm。

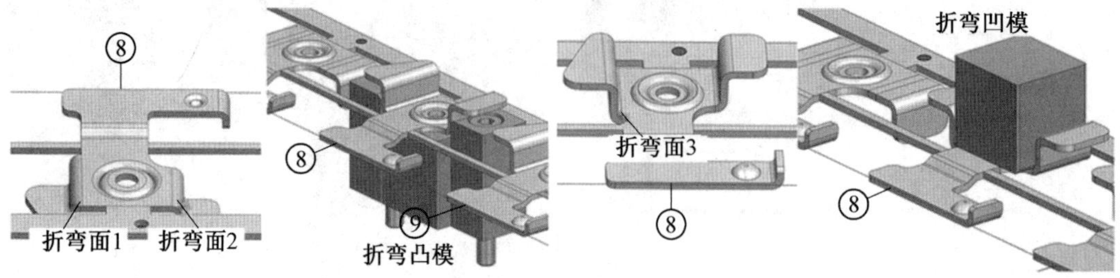

图 12.43　创建 90°向上折弯凸模和凹模

12.2.6　成形凸模和凹模设计

1. 创建第 2 工位环形凸包凸模和凹模

单击“成形镶块设计”图标，弹出图 12.44 所示“成形镶块设计”对话框。确认“选择种子面”命令处于激活状态，单击选择图 12.45 所示种子面，然后单击选择边界面。预览成形区域，如果无误，单击“完成预览”，退出预览状态。在“创建成形毛坯”选项区选择“设计成形凸模”，选择“毛坯类型”为“用户定义”，勾选“直接通过成形区域修剪”，单击“创建基准平面”按钮，系统自动创建基准面，然后单击“选择毛坯轮廓”右边的“绘制截面”图标，以创建的基准面为草绘平面，进入草图环境，绘制图 12.45 所示草图，然后单击“完成”退出草图。设置凸模拉伸体“高度”为“52”，在“成形镶块设计”对话框中单击“确定”，创建成形凸模，结果如图 12.45 所示。

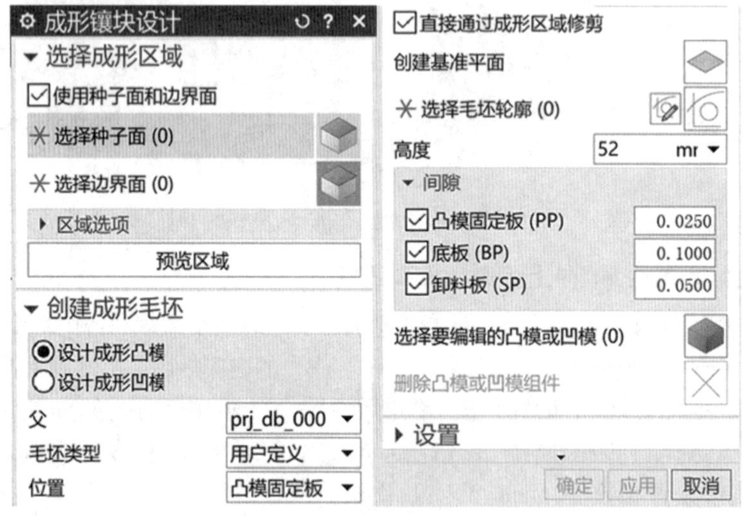

图 12.44　“成形镶块设计”对话框

成形凹模的创建过程和成形凸模相似。创建成形凹模使用的种子面和边界面如图 12.46 所示。在“成形镶块设计”对话框选择“设计成形凹模”，“毛坯类型”为“用户定义”，不勾选“直接通过成形区域修剪”，单击“创建基准平面”图标，无须绘制草图，单击“确定”后，创建的成形凹模如图 12.46 所示。

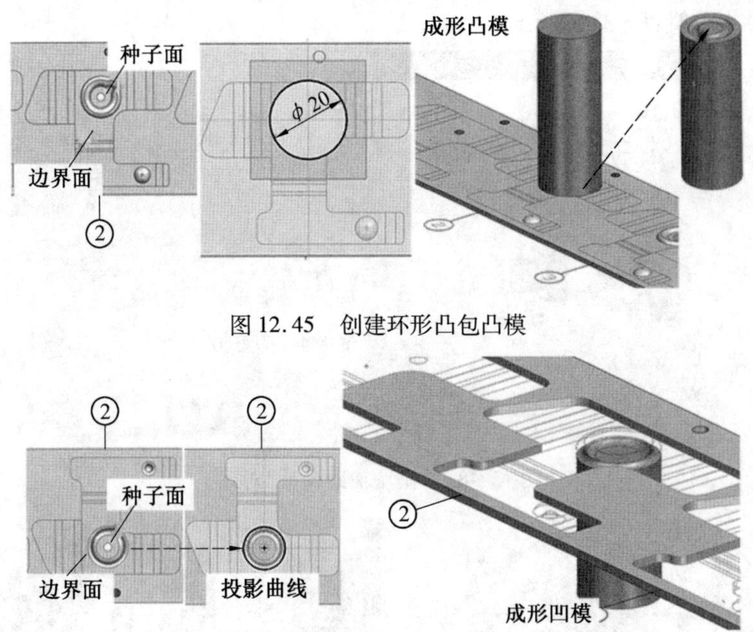

图 12.45　创建环形凸包凸模

图 12.46　创建环形凸包凹模

2. 创建第 2 工位凸包凸模和凹模

凸包凸模和凹模的创建方法和环形凸包凸模和凹模的创建方法相同。创建凸包凸模和凹模使用的种子面、边界面、草绘曲线以及创建结果如图 12.47 所示。

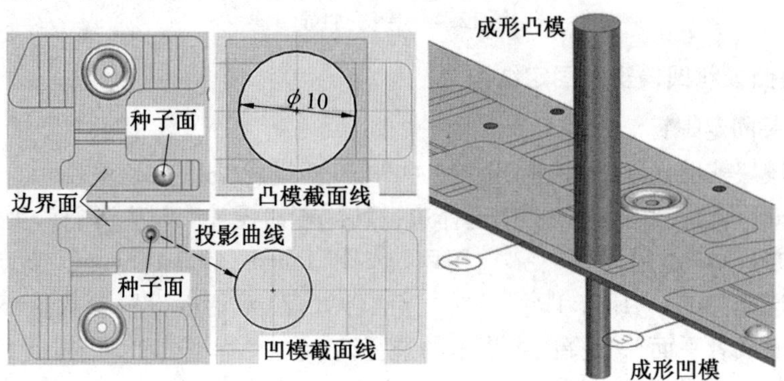

图 12.47　创建凸包凸模和凹模

12.2.7　凸模和凹模辅助设计

1. 创建凸模和凹模加强结构

单击“镶块辅助设计”图标，弹出图 12.48 所示“镶块辅助设计”对话框。在对话框中选择“凸缘”模式，指定参数值：$L=57$，$W=6$，$L_1=53$，确认“选择冲头边”命令处于激活状态，单击图 12.49 中的边 1，然后单击“确定”，创建加强结构，如图 12.49 所示。图 12.49 中其他 3 个凸模加强结构的创建方法相同，其中创建边 2 加强结构使用的参数值：$L=38$，$W=6$，$L_1=34$，创建边 3 加强结构使用的参数值：$L=42$，$W=6$，$L_1=38$，创建边 4 和边 5 加强结构使用的参数值：$L=38$，$W=3$，$L_1=34$。

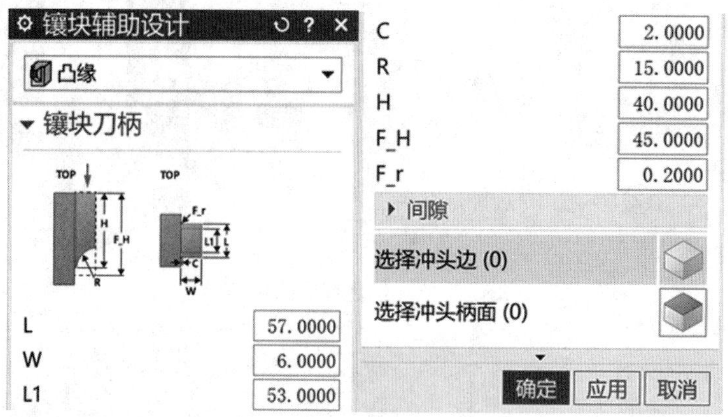

图 12.48　“镶块辅助设计”对话框

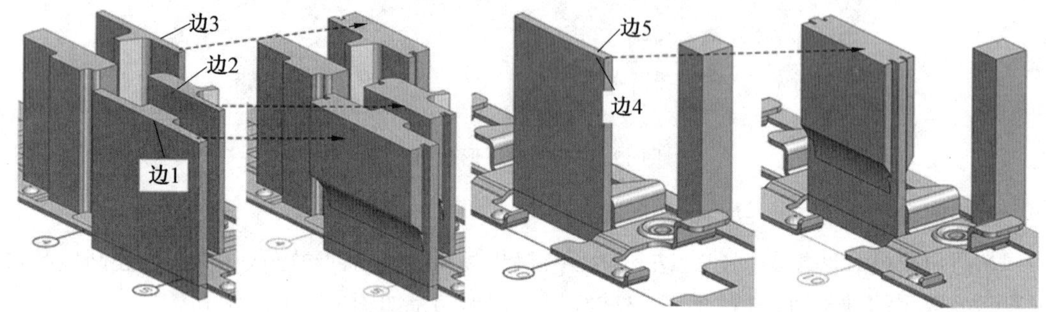

图 12.49　镶块加强结构

2. 创建凸模和凹模安装固定结构

(1)安装固定螺钉。

打开“镶块辅助设计”对话框，选择“冲头安装”模式，如图 12.50 所示。确认“选择冲头边”命令处于激活状态，单击图中选择边，然后单击“设计安装头”图标，弹出“标准件管理”对话框并显示“重用库”。在“重用库”选择“Punch_Mount\Screw”节点，在“成员选择”列表区选择“Screw[Top, TP]”。在“标准件管理”对话框设置参数值：SIZE=6，然后单击“选择面或者平面”，选择图中指示的选择面，单击“标准件管理”对话框中的“应用”按钮，弹出“标准件位置”对话框。在“标准件位置”对话框单击“指定点”，单击图 12.50 中的参考点，然后设置“*X* 偏置”为“15 mm”，“*Y* 偏置”为“6 mm”，单击“确定”按钮，返回“标准件管理”对话框，单击“取消”按钮，返回“镶块辅助设计”对话框，单击“确定”完成固定螺钉的加载。

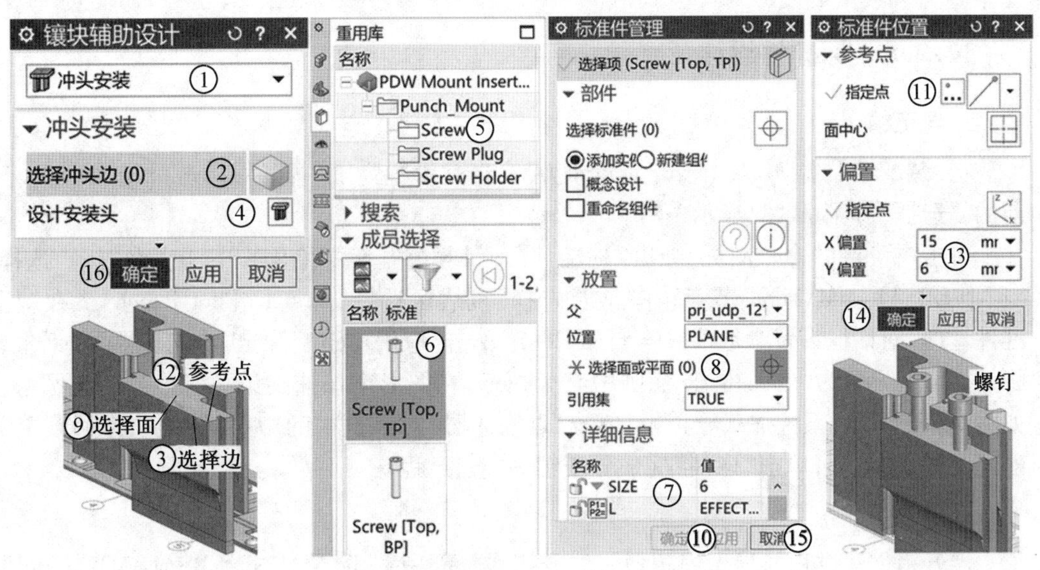

图 12.50　创建固定螺钉

(2)创建挂台固定结构。

打开“镶块辅助设计”对话框,在对话框中选择“挂台”模式,指定参数值:$L=7$,$W=3$,$H=5$,确认“选择冲头边”命令处于激活状态,单击图 12.51 所示第 6 工位凸模的边,然后单击“确定”按钮,创建挂台。

采用同样的方法,创建其他固定螺钉和挂台,最终结果如图 12.52 所示。

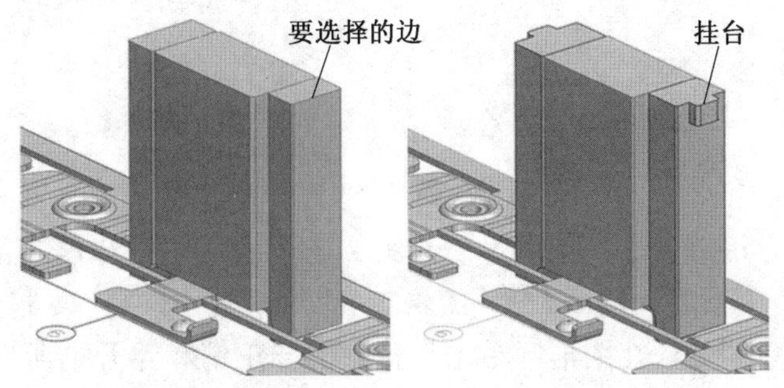

图 12.51　创建挂台

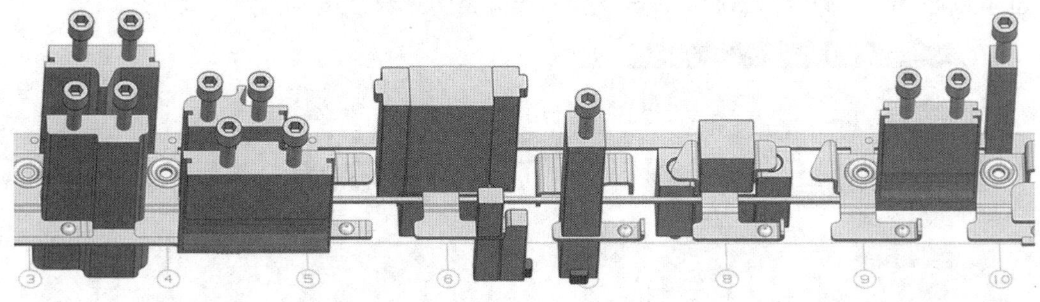

图 12.52　固定螺钉和挂台

12.2.8　标准件设计

1. 导正销

在“装配导航器”中双击“prj_control_000”将其设置为工作部件，单击“prj_die _008”前的复选框将其隐藏，只显示条料。

单击“标准件”命令图标，弹出“标准件”对话框并显示“重用库”。在“重用库”选择“UNIVERSAL_MM\Pilot”节点，在“成员选择”列表区选择“Straight Pilot Punch”。在“标准件管理”对话框设置参数值：$H=5$，$P=2.92$，单击“应用”按钮，弹出“点构造器”对话框，将捕捉类型设置为“圆弧中心/椭圆中心/球心”，在图形窗口捕捉第 2 工位导正孔圆心，如图 12.53 所示，系统加载导正销，单击“点构造器”对话框中的“返回”按钮，返回到“标准件管理”对话框，单击“取消”完成导正销的创建过程。

2. 浮升销

浮升销创建过程与导正销相似。浮升销在“重用库”选择“UNIVERSAL_MM\Lifter”节点，在“成员选择”列表区选择“Pilot Lifter Asm”。在“标准件管理”对话框设置参数值：$D=6$，$A=3.2$。创建的浮升销如图 12.53 所示。

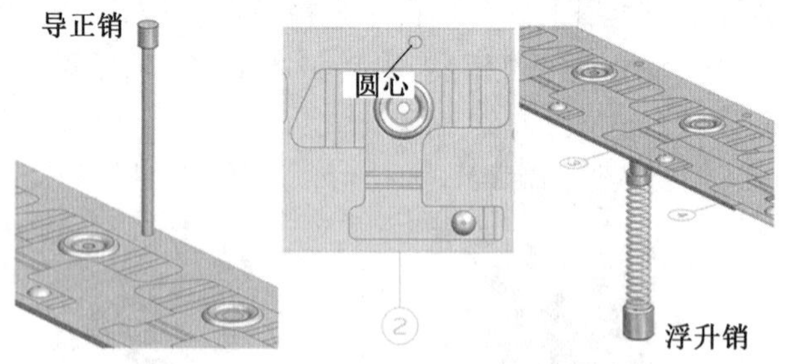

图 12.53　创建导正销和浮升销

其他工位的导正销和浮升销通过复制第 2 工位的导正销和浮升销进行创建。单击“镶块编辑工具”图标，在弹出的“镶块编辑工具”对话框中选择“复制”模式，确认“选择镶块”命令处于激活状态，在图形区单击创建好的导正销和浮升销所有组件；单击“指定控制点”，在图形区捕捉图 12.53 所示圆心；单击“指定目标点”，依次捕捉第 5 ~ 9 工位导正孔圆心，单击“确定”按钮，完成导正销和浮升销的复制，结果如图 12.54 所示。

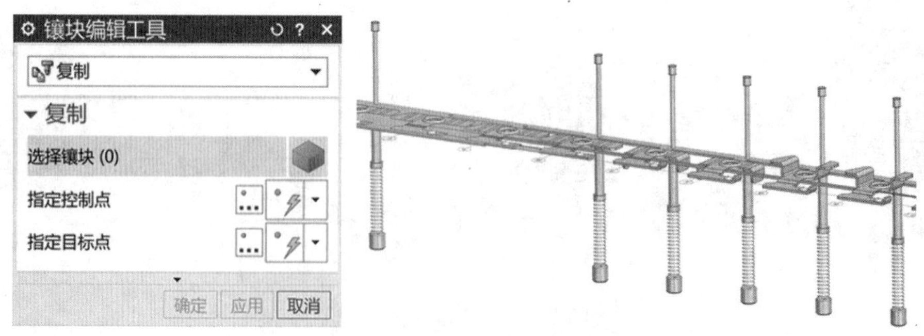

图 12.54　复制导正销和浮升销

3. 导柱和导套

(1)安装模架导柱和导套。

在“装配导航器”中双击“prj_control_000”将其设置为工作部件,单击“prj_die _008”前的复选框将其显示。

单击“标准件”命令图标,弹出“标准件”对话框并显示“重用库”。在“重用库”选择“UNIVERSAL_MM\Guide”节点,在“成员选择”列表区选择“Removable Outer Guide Set”。在“标准件管理”对话框设置参数值:TYPE=4,D=28,X=50,Y=35,单击“应用”按钮,系统加载模架导柱和导套,如图 12.55 所示。

(2)安装卸料板导柱和导套。

单击“标准件”命令图标,弹出“标准件”对话框并显示“重用库”。在“重用库”选择“UNIVERSAL_MM\Guide”节点,在“成员选择”列表区选择“Inner Guide Set”。在“标准件管理”对话框设置参数值:TYPE=1,NUM=6,d_1=14,X=55,Y=30,单击“应用”按钮,系统加载卸料板导柱和导套,如图 12.55 所示。

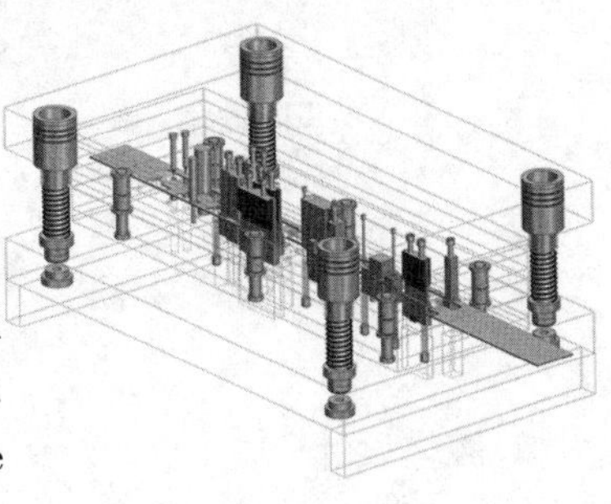

图 12.55　创建的导柱和导套

12.2.9　让位槽和腔体设计

1. 创建让位槽实体

让位槽实体如图 12.56 所示,本例以图中让位槽 1 ~3 为例讲解设计方法。在图形区只显示条料,单击“让位槽设计”图标,弹出“让位槽设计”对话框,如图 12.57 所示。在对话框选择“创建”模式,选择“包容块”方法,确认“选择面”命令处于激活状态,在图形区单击图 12.57 所示第 8 工位的两个面,系统显示包容块,单击图示方向箭头,指定间隙值为 5,其余面间隙值为 0.3,勾选“让位槽设计”对话框“在原位置创建”复选框,单击“确定”创建让位槽。由于第 8 工位进行 90°向上折弯,折弯凸模会伸进卸料板。所以,这里设计的让位槽实体,包含了折弯凸模和工件向上折弯部分的空间。

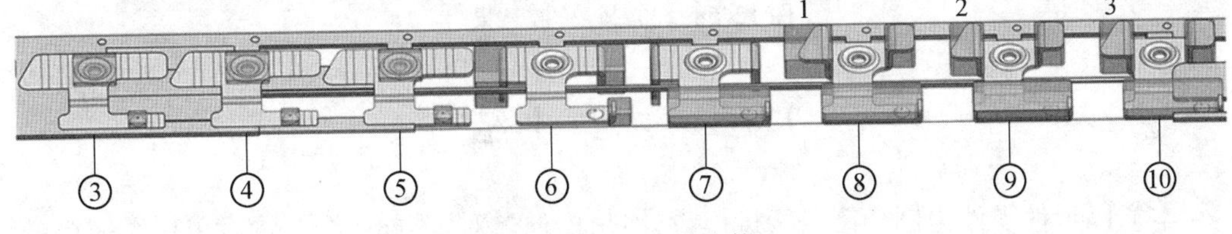

图 12.56　让位槽实体

让位槽实体 2 的创建方法和让位槽实体 1 相同。不同之处在于,第 9 工位让位槽实体 2 只需要创建工件向上折弯部分的空间,因此所有间隙值采用 0.3 即可。让位槽实体 3 是通过复制让位槽实体 2 创建的。在“让位槽设计”对话框选择“复制”模式,选择让位槽实体 2,指定复制数量为 1,单击“让位槽设计”对话框中的“确定”按钮,完成让位槽实体 3 的创建。

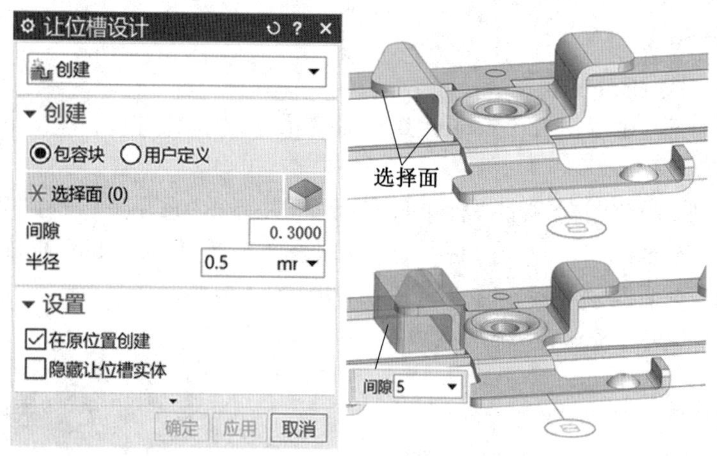

图 12.57　让位槽设计

2. 腔体设计

单击“腔设计”图标,系统弹出“开腔”对话框,选择“去除材料”模式,在图形区选择卸料板为目标体,“工具类型”选择“组件”,在“工具”选项区单击“查找相交”按钮,然后单击“确定”按钮,完成卸料板建腔,结果如图 12.58 所示。如果有个别零件没有建腔,可以再次执行“腔设计”图标,以卸料板为目标体,“工具类型”选择实体,然后在图形区选择未建腔的零件,单击“腔设计”对话框中的“确定”按钮完成建腔。采用同样的方法对其他部件建腔。

单击“文件\保存\全部保存”,保存模具文件。

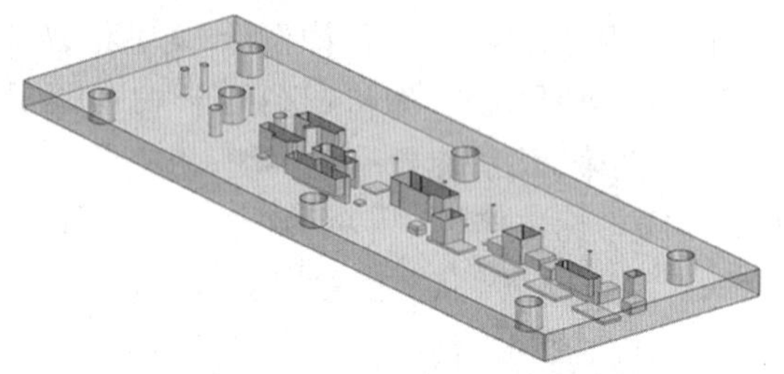

图 12.58　卸料板建腔结果

12.3　本章小结

本章以爪件零件为例介绍了级进模设计过程,通过对本章的学习,读者可以掌握级进模条料排样、冲裁组件、折弯组件、成形组件、标准件以及让位槽和腔体设计的方法,熟悉级进模设计的相关命令。

12.4　思考题

1. 根据本章内容,思考级进模设计的一般过程。

2. 思考条料排样如何进行？冲裁组件、折弯组件、成形组件加载时是如何定位以及如何确定尺寸的?

参 考 文 献

[1] 北京兆迪科技有限公司. CATIA V5R21 产品工程师宝典[M]. 北京:中国水利水电出版社,2014.

[2] 申开智. 塑料成型模具[M]. 3 版. 北京:中国轻工业出版社,2013.

[3] 贾雪艳,许玢. UG NX 10.0 中文版模具设计案例实战:从入门到精通[M]. 北京:清华大学出版社,2015.

[4] 铭卓设计. UG NX 6 模具设计实例详解[M]. 北京:清华大学出版社,2009.

[5] 高玉新,李丽华,戴晟,等. UG NX 8.0 模具设计教程[M]. 北京:机械工业出版社,2013.

[6] 伍先明,陈志钢,杨军,等. 塑料模具设计指导[M]. 3 版. 北京:国防工业出版社,2012.

[7] 陈炎嗣. 多工位级进模设计与制造[M]. 2 版. 北京:机械工业出版社,2014.

[8] 金龙建. 多工位级进模实例精选[M]. 2 版. 北京:机械工业出版社,2016.

[9] 黄红辉,王凌云. UG NX 冷冲模设计实例教程[M]. 北京:机械工业出版社,2015.

[10] 王树勋. UG NX 8.5 多工位级进模设计[M]. 北京:电子工业出版社,2014.

[11] 李颖晴,肖金财. NX 8.0 级进模设计技术应用与实例[M]. 北京:电子工业出版社,2012.